U0342372

普通高等教育“十四五”规划教材

微 生 物 学

主编　高 旭　高德富　刘 寅

北 京
冶 金 工 业 出 版 社
2021

内 容 简 介

本书共分为10章，分别介绍各类微生物的基本知识，内容包括绪论、原核微生物、真核微生物、病毒和亚病毒、微生物的营养、微生物的代谢、微生物的生长及控制、微生物的遗传与变异、微生物生态、病原微生物及传染病的发生。在每章最后有大量操作性实训，可帮助学习者更好地理解和掌握本学科内容。

本书可作为理、工、农、林、医各类高等院校和师范院校生命科学专业教学用书，也可供有关生物科技人员参考。

图书在版编目(CIP)数据

微生物学/高旭，高德富，刘寅主编.—北京：冶金工业出版社，2021.1

普通高等教育“十四五”规划教材

ISBN 978-7-5024-8690-7

Ⅰ.①微… Ⅱ.①高… ②高… ③刘… Ⅲ.①微生物学—高等学校—教材 Ⅳ.①Q93

中国版本图书馆CIP数据核字(2021)第016100号

出 版 人 苏长永
地　　址 北京市东城区嵩祝院北巷39号 邮编 100009 电话 (010)64027926
网　　址 www.cnmip.com.cn 电子信箱 yjcbs@cnmip.com.cn
责任编辑 俞跃春 刘林烨 美术编辑 郑小利 版式设计 禹 蕊
责任校对 卿文春 责任印制 禹 蕊
ISBN 978-7-5024-8690-7
冶金工业出版社出版发行；各地新华书店经销；北京印刷一厂印刷
2021年1月第1版，2021年1月第1次印刷
787mm×1092mm 1/16；16.75印张；406千字；256页
49.00元

冶金工业出版社 投稿电话 (010)64027932 投稿信箱 tougao@cnmip.com.cn
冶金工业出版社营销中心 电话 (010)64044283 传真 (010)64027893
冶金工业出版社天猫旗舰店 yjgycbs.tmall.com

前　　言

本书遵循统一规划、集中编写、整体协调的指导思想，书中内容依据编者们对微生物学近几十年来发展的脉络把握，以基础微生物为引线向分子水平过渡，关注微生物在人类领域中的作用，如病原微生物、传染与免疫、微生物与环境保护、微生物与食品、微生物与人类可持续生存和发展等，力求把握现代微生物学发展的主流，反映最新的学科进展，符合和遵循由浅入深、循序渐进的学习规律，注重各知识之间的内在联系，结合生产应用与实践案例，做到理论与实践相结合，形成基础性、系统性、先进性、启发性、适用性和可读性的有机统一。

编者针对普通高校课程设置和学生的特点编写了本书，着重介绍了微生物学的基本理论、基本知识和基本技术；适当介绍新理论、新知识和新技术；取材广泛、重点突出、条理清晰、结构合理、概念准确、图文并茂，内容编排力求体现系统性、科学性和先进性，注重突出微生物学的特点。在注重加强基础的同时，突出新颖性和启发性；体现理论与实践的有机结合，有利于学生能力的培养。每章最后有与之相关的实训内容，注重学生动手能力和实训报告书写及分析能力的培养。

本书由延边大学高旭、河南中医药大学高德富、郑州轻工业大学刘寅担任主编。

由于编者水平所限，书中疏漏和不足之处在所难免，欢迎广大读者批评指正。

编　者

2020 年 3 月

前言

目　录

1 绪　　论

学习引导

学习目标

（1）了解微生物学的概念、种类和分布。

（2）熟悉微生物学的发展史，微生物学的分支学科。

（3）掌握微生物的共同特点。

重点难点

（1）重点：微生物学的发展史，微生物的五大共性。

（2）难点：微生物的五大共性，微生物的作用。

1.1　微生物与微生物学

微生物（Microorganism，Microbe）是一切肉眼看不见或看不清楚的微小生物的总称，包括非细胞类（病毒、亚病毒等）、原核类（真细菌、古菌等）和真核类（真菌、原生动物、藻类等）。

微生物与其他生物共同生活在我们的自然界中。当你清晨起床后，深深吸一口清新的空气，喝一杯可口的酸奶，品尝着美味的面包或馒头的时候，你就已经开始享受到了微生物给你带来的好处；当你因患感冒或其他某些疾病而躺在医院的病床上，经受病痛的折磨时，那便是有害的微生物侵蚀了你的身体；但当白衣护士给你服用（或注射）抗生素类药物，使你很快恢复了健康时，你得感谢微生物给你带来的福音，因为抗生素是微生物的“奉献”……这些都是微生物在与人们打交道。由此可见，微生物与人们的生产和生活息息相关。

1.1.1　微生物

1.1.1.1　什么是微生物

微生物（Microorganisms）是一群个体微小、结构简单，人的肉眼看不见，必须借助于光学显微镜或电子显微镜才能看到的微小生物。

微生物的种类很多，主要包括细菌、放线菌、支原体、立克次氏体、衣原体、蓝细菌、酵母菌、霉菌、原生动物、病毒、类病毒、朊病毒等。

微生物引起的现象相当普遍。如：人、动物和植物的传染病，馒头、面包的膨胀，酒、醋酿造，泡菜发酸，衣物生霉，食物腐败，肥料沤制等，都是微生物生命活动的结果。

1.1.1.2 微生物的五大共性

微生物的类群根据有无细胞结构划分为两大类：非细胞型生物，包括病毒、类病毒、朊病毒、拟病毒；细胞型生物［其又根据细胞结构特点不同分为：原核生物如细菌、放线菌、蓝细胞、支原体等；真核生物如真菌（霉菌、酵母菌）、藻类等］。

微生物虽然结构有差别，但都具有五大共性。

A 个体微小，结构简单

微生物的个体极其微小，要通过显微镜放大才能看清，要测量它们，必须用 μm 或 nm 作单位。如一个典型的球菌体积仅为 $1\mu m^3$，真菌中霉菌菌丝的直径为 3~10μm，细菌的直径一般为 0.5~1μm，至于病毒，就更小了，几十个或几百个才有一个细菌那么大，已超出了普通显微镜可见的范围，要在电子显微镜下才能观察。最近芬兰科学家 E. O. Kajander 等发现了一种能引起尿结石的纳米细菌，其直径最小仅为 50nm，甚至比最大的病毒更小一些。这种细菌分裂缓慢，三天才分裂一次，是目前所知的最小的具有细胞壁的细菌。迄今为止所知的个体较大的细菌是硫细菌，其大小一般在 0.1~0.3mm，能够清楚地用肉眼看到。

它们的结构也是非常简单的，大多数微生物为单细胞，只有少数为简单的多细胞；有的是非细胞形态的。又如 PSTV 是由 359 个核苷酸组成的 RNA，长度为 50nm；朊病毒仅由蛋白质分子组成。

B 吸收多，转化快

科学家研究发现微生物吸收和转化物质的能力比动物、植物要高很多倍，如在合适的环境下，大肠杆菌（*Escherichia coli*，简称 *E. coli*）每小时内可消耗其自重 2000 倍的乳糖。产朊假丝酵母（*Candidautilis*）合成蛋白质的能力比大豆强 100 倍，比食用公牛强 10 万倍。

微生物的这个特性为它们的高速生长繁殖和产生大量代谢产物提供了充分的物质基础，从而使微生物有可能更好地发挥“活的化工厂”的作用，人类对微生物的利用主要体现在它们的生物化学转化能力上。

C 生长旺，繁殖快

生物界中，微生物具有惊人的生长繁殖速度，由于微生物个体很小，因此它们具有巨大的比表面积。人的比表面积设为 1，大肠杆菌的比表面积就是 200 万。微生物是通过表面与外界环境进行物质和能量的交换。巨大的比表面积使它们能够在自身与外界环境之间迅速交换营养物质和废物。

微生物繁殖速度要比动、植物快得多。微生物能以很高的速度进行繁殖，其中二等分裂的细菌尤为突出。一般细菌在适宜条件下每 18min 就可繁殖一代，不到 90min 就可“五世同堂”。24h 就可繁殖 72 代，1 个菌体可增殖到 47×10^{22} 个！人们研究得最透彻的微生物是大肠杆菌（*Escherichia coli*），其细胞在合适的生长条件下，每分裂一次的时间是 12.5~20.0min。如按 20min 分裂一次计，则每小时分裂三次，24h 可达到 4.722×10^{24} 个（约 4.722×10^{6}kg）。

事实上，由于种种客观条件的限制，细菌的指数分裂只能维持数小时，在液体培养基中，细菌细胞的浓度一般仅能达到 10^8~10^9 个/mL。另外，T_2Phage1→150/半小时。

微生物的这一特性在发酵工业上具有重要的实践意义，主要体现在它的生产效率高、发酵周期短上。同时也给生物学研究带来极大的优越性：它使科研周期大大缩短、经费减少、效率提高。当然，对于感染人、畜和植物等的病原微生物或使物品发霉的微生物来说，它们的这个特性就会给人类带来极大的麻烦甚至严重的危害，因而需要认真对待。

D 适应强、易变异

微生物有极其灵活的适应性，这是高等动植物无法比拟的，诸如抗热性、抗寒性、抗盐性、抗酸性、抗压力等能力。例如：在海洋深处的某些硫细菌可在250~300℃生长；嗜盐细菌可在饱和盐水中正常生长繁殖；氧化硫杆菌（*Thiobacillus thiooxidans*）在pH为1~2的酸性环境中生长。一种芽孢杆菌（*Bacillus. sp*）的芽孢在琥珀内蜜蜂肠道中已保存了2500万年~4000万年。

微生物的个体一般都是单倍体，加之它具有繁殖快、数量多以及与外界环境直接接触等特点，虽然微生物的变异频率仅为（10^{-9}~10^{-6}），也可在短时间内产生大量变异的后代。在微生物育种中利用变异这一特性可获得高产菌株。例如，在1943年，利用产黄青霉（*Penicillium chrysogenum*）发酵生产青霉素，每毫升青霉素发酵液中只分泌约20单位的青霉素，生产1茶匙青霉素约需数千英镑。而现在通过微生物遗传育种工作者的不懈努力，使该菌产量变异逐渐累积，加之其他条件的改进，每毫升发酵液中青霉素分泌量达到5万单位，甚至达到10万单位，成本大大降低。这在动植物育种工作中是不可思议的。这是对人类有益的变异。

实践中常遇到一些有害变异，在医疗中最常见的是致病菌对抗生素所产生的抗药性变异。青霉素在1943年刚问世时，对金黄色葡萄球菌（*Staphylococcus aureusr*）最低抑菌浓度为0.02μg/mL，过了几年，抑菌浓度不断提高，有的菌株的耐药性竟比原始菌株提高了1万倍。在20世纪40年代用青霉素治疗时，即使是严重感染的病人，每天只需10万单位；而现在成人需160万单位，新生儿也不少于40万单位；病情严重时，甚至用数千万单位。说明了“滥用抗生素无异于玩火”的口号是有充分科学依据的。

E 分布广，种类多

据统计，目前已发现的微生物有十万种以上。不同种类的微生物具有不同的代谢方式，能利用不同的有机、无机物质为营养，能适应不同环境而生存，因而广泛分布于自然界。上至28km的天空，下至6000m的深海，无论土壤、空气、水域、各种物体的表面，到处都有微生物的存在，可以形容为“无处不在，无孔不入”。

土壤：微生物的“大本营”。任意一颗土粒，就是一个微生物世界。据测定，1克土中有数亿个细胞。空气：微生物坐在尘埃或飞沫上，凭借风力，随空气流动可漫游3000km远，20000m高。水域：有大量微生物，在6000m的深海（约600个大气压）还有微生物。其他生物体：健康人体表及体内也有大量微生物，如大肠杆菌等；动植物体内，也生长着大量的微生物。食物：各种食物中都有微生物，可造成食物的霉变、腐烂。如黄曲霉（食物中毒、癌）。恶劣环境：90℃温泉、盐湖、稀酸液、高压环境、严寒（极地、冻库）。

随着分离、培养方法的改进和研究工作的进一步深入，将会有更多的微生物被发现。有人估计目前至多只开发利用了其中的百分之一。因而研究和开发微生物资源的前景是十分光明的。

1.1.2 微生物学及其分支学科

1.1.2.1 微生物学

微生物学是研究微生物在一定条件下的形态结构、生理生化、遗传变异以及微生物的进化、分类、生态等生命活动规律及其应用的一门学科。

研究的内容包括：微生物的形态结构、分类鉴定、生理生化、生长繁殖、遗传变异、生态分布和分类进化等生命活动的基本规律，并将其应用于工业发酵、医学卫生和生物工程等领域的科学。

微生物的研究内容包括：

(1) 生物细胞的结构和功能，研究细胞的构建及其能量、物质、信息的运转。

(2) 微生物的进化和多样性，微生物的种类，不同种类微生物之间的相似性和区别，以及微生物的起源。

(3) 生态学规律，研究不同微生物之间以及它们同环境之间的相互作用。

(4) 微生物同人类的关系。

随着微生物学的不断发展，已形成了基础微生物学和应用微生物学，又可分为许多不同的分支学科，各分支学科的相互配合、相互促进，有利于微生物学全面深入地发展，随着时间的推移还会不断地形成新的学科和研究领域。

1.1.2.2 微生物学的分支学科

微生物学随着研究范围的日益广泛和深入，又形成了许多分支。

(1) 按研究微生物基本生命活动规律的目的来分，有普通微生物学、微生物分类学、微生物生理学、微生物生态学、微生物遗传学等。

(2) 按研究对象分，有细菌学、真菌学、病毒学、菌物学、藻类学等。

(3) 按应用领域分，有农业微生物学、工业微生物学、医学微生物学、食品微生物学、兽医微生物学、预防微生物学等。

(4) 按微生物所在的生态环境分，有土壤微生物学、海洋微生物学、环境微生物学、宇宙微生物学等。

1.1.3 微生物的作用

众所共知，当前人类正面临着多种危机，诸如粮食危机、能源匮乏、生态恶化和人口爆炸等。人类进入21世纪后，将遇到从利用有限的矿物资源时代过渡到利用无限的生物资源时代而产生的一系列新问题。由于微生物具有五大特点，使得它们能够在解决人类面临的各种危机中发挥不可替代的独特作用，现分述如下。

1.1.3.1 微生物与粮食

粮食生产是全人类生存中至关重要的大事。微生物在提高土壤肥力、改进作物特性(如构建固氮植物)、促进粮食增产、防治粮食作物的病虫害、防止粮食霉腐变质，以及把富余粮食转化为糖、单细胞蛋白、各种饮料和调味品等方面，都可大显身手。

1.1.3.2 微生物与能源

当前，化学能源日益枯竭正在严重困扰着世界各国。微生物在能源生产上有其独特的优点：(1) 把自然界蕴藏量极其丰富的纤维素转化成乙醇。(2) 利用产甲烷菌把自然界蕴藏量最丰富的可再生资源转化成甲烷。(3) 利用光合细菌、蓝细菌或厌氧梭菌等微生物生产“清洁能源”——氢气。(4) 通过微生物发酵产气或其代谢产物来提高石油采收率(黄原胶：水溶性胶体多糖，具增黏、稳定、与石油及其中的成分互溶等优良特性；用来作为注水增稠剂，注入油层驱油，也可作为钻井黏滑剂，同时可脱去石油中的石蜡，改善成品的品质)。(5) 研制微生物电池使之实用化。

1.1.3.3 微生物与资源

微生物能将地球上永不枯竭的纤维素等可再生资源转化成各种化工、轻工和制药等工业的原料。这些产品除了传统的乙醇、丙醇、丁醇、乙酸、甘油、乳酸、苹果酸等外，还可生产水杨酸、乌头酸、丙烯酸、己二酸、长链脂肪酸、亚麻酸油和聚羟基丁酸酯(PHB) 等。由于发酵工程具有代谢产物种类多、原料来源广、能源消耗低、经济效益高和环境污染少等优点，必将逐步取代目前需高温、高压，能耗大和产生“三废”多的化学工业。另外，微生物在金属矿藏资源的开发和利用上也有独特的作用。

1.1.3.4 微生物与环境保护

在环境保护方面可利用微生物的地方甚多：利用微生物肥料、微生物杀虫剂或农用抗生素来取代会造成环境恶化的各种化学肥料或化学农药；利用微生物生产的 PHB（聚羟基丁酸酯）制造易降解的医用塑料制品以减少环境污染；利用微生物来净化生活污水和有毒工业污水；利用微生物技术来监察环境的污染度，如用艾姆氏法检测环境中的“三致”物质，利用 EMB（伊红美蓝培养基）培养来检查饮用水的肠道病原菌等。

1.1.3.5 微生物与人类健康

微生物与人类健康有着密切的关系。首先各种传染病是人类的主要疾病，而防治这类疾病的主要手段是利用各种微生物生产的药物，尤其是抗生素。自从遗传工程开创以来，进一步扩大了微生物代谢产物的范围和品种，使昔日由动物才能产生的胰岛素、干扰素和白介素等高效药物转向由“工程菌”来生产。与人类生殖、避孕等密切相关的甾体激素类药物也早已从化工生产方式转向微生物生物转化的生产方式。此外，一大批与人类健康、长寿有关的生物制品，如疫苗、类毒素等均是微生物产品。

1.1.4 研究微生物的基本方法

在自然科学中，微生物世界难以被认识的主要障碍是个体微小、外貌不显、杂居混生、因果难联。在微生物学的创立和发展中，克服这四道难关的主要代表是列文虎克、巴斯德、柯赫等人。由他们所创建的显微镜技术、无菌技术、纯种分离技术和微生物纯种培养技术等四项独特研究方法，为微生物学的创建和发展奠定了基础，而且至今仍有力地推动着现代生物学的研究和生产实践的发展。

1.1.4.1 显微镜技术

栖居于自然界中的微生物是肉眼难以分辨地杂居丛生着。在显微镜问世之前，人们无法目睹这个丰富多彩的微生物世界。光学显微镜的诞生，将肉眼的分辨率提高到微米级水平，而电子显微镜的出现使人眼分辨率达到纳米水平。从此过去视而不见、触而不觉的微生物世界就展现在人们的眼前。

第一台显微镜是由荷兰的杨森父子发明的。安东尼·列文虎克（Antony Van Leeuwenhoek，1632—1723，简称列文虎克）是第一个用显微镜来观察和描述微生物的科学家。以后光学显微镜中相继出现了相差、暗视野和荧光等新附件，加上良好的制片和染色技术等又大大推动了微生物的形态、解剖和分类等研究。20 世纪 30 年代初电子显微镜技术，以及与之配套的各种新技术和新方法的应用，使微生物学的研究从细胞水平逐渐向亚细胞和分子水平迈进。所以显微镜技术的问世和完善，不仅为揭开微生物世界作出贡献，也为揭示微观领域的奥秘提供了强有力的工具。

1.1.4.2 无菌技术

要真正揭开微生物世界的奥秘，就得深入研究，也就是必须创造一个无其他微生物干扰的无菌环境，即我们俗称的无菌技术。无菌技术是在分离、转接及培养纯培养物时防止其被其他微生物污染的技术。现代无菌技术是由法国人阿贝特（Appert）在食品保藏中偶然发现的。而对灭菌技术的原理作出科学解释的是巴斯德，他所进行的举世闻名的曲颈瓶实验，不仅彻底否定了当时十分流行的“生命自然发生学说”，而且为微生物学中的无菌技术的创立和发展奠定了理论和实践基础。

1.1.4.3 纯种分离技术

纯种分离技术是人类揭开微生物世界奥秘的重要手段。要揭示在自然条件下处于杂居混生状态的某种微生物的特点，以及它对人类是有益还是有害，就必须采用在无菌技术基础上的纯种分离技术。早期对微生物群体进行单个纯化分离者是李斯特。但真正取得突破的是柯赫发明的培养皿琼脂平板技术。从此它为微生物的纯种分离技术奠定了扎实的基础。直到现在它仍广泛地应用于微生物的菌种筛选、鉴定、育种、计数及各种生物测定等工作中。

1.1.4.4 微生物纯种培养技术

微生物纯种培养技术在科学实验和生产实践中有着极其重大的理论与实践意义。为微生物提供初级培养的实验方法并不复杂，但要使微生物在大规模生产中良好地生长或累积代谢产物，就得考虑最为合理的培养装置和有效的工艺条件，并且还要在整个微生物的发酵过程中严防其他微生物的干扰，即防止杂菌污染。在整个微生物纯种培养技术的发展过程中，大规模液体深层通气搅拌发酵装置——发酵罐的发明及大规模地普及使用，为生物工程学开辟了崭新的前景。同时微生物发酵工业也已成为国民经济的重要支柱之一。

综上所述，微生物学中四项独特的基本研究技术无疑为微生物学的创始、奠基和发展提供了强力支持。随着微生物在工、农、医及环保等领域中日益广泛地应用，微生物学的研究方法和技术必将日趋完善和发挥更大的作用。

课堂讨论

（1）简述微生物的种类。

（2）微生物对人类有哪些作用？

（3）简述研究微生物的基本方法。

1.2 微生物学发展简史

在微生物学的发展过程中，按照研究内容和目的不同，相继建立了许多分支学科：研究微生物基本性状的有关基础理论的有微生物形态学、微生物分类学、微生物生理学、微生物遗传学和微生物生态学；研究微生物各个类群的有细菌学、真菌学、藻类学、原生动物学、病毒学等；研究在实践中应用微生物的有医学微生物学、工业微生物学、农业微生物学、食品微生物学、乳品微生物学、石油微生物学、土壤微生物学、水的微生物学、饲料微生物学、环境微生物学、免疫微生物学等。

由于微生物学各分支学科的相互配合、相互促进，以及与生物化学、生物物理学、分子生物学等学科的相互渗透，使其在基础理论研究和实际应用两方面都有了迅速发展。

1.2.1 微生物的发现和微生物学的发展

1.2.1.1 微生物的发现

真正看见并描述微生物的第一人是荷兰人安东尼·列文虎克（Antony Van Leeuwenhoek，1632—1723），但他的最大贡献不是在商界而是他利用自制的显微镜发现了微生物世界（当时被称为微小动物），他的显微镜放大倍数为50~300倍，构造很简单，仅有一个透镜安装在两片金属薄片的中间，在透镜前面有一根金属短棒，在棒的尖端放置需要观察的样品，通过调焦螺旋调节焦距。

利用这种显微镜，列文虎克清楚地看见了细菌和原生动物。首次揭示了一个崭新的生物世界——微生物界。由于他的划时代贡献，1680年他被选为英国皇家学会会员。

1.2.1.2 微生物学发展的奠基者

继列文虎克发现微生物世界以后的200年间，微生物学的研究基本上停留在形态描述和分门别类的阶段。直到19世纪中期，以法国的巴斯德（Louis Pasteur，1822—1895）和德国的柯赫（Robert Koch，1843—1910）为代表的科学家才将微生物的研究从形态描述推进到生理学研究阶段，揭露了微生物是造成腐败发酵和人畜疾病的原因，并建立了分离、培养、接种和灭菌等一系列独特的微生物技术，从而奠定了微生物学的基础，同时开辟了医学和工业微生物等分支学科。巴斯德和柯赫分别是微生物学和细菌学的奠基人。

A 巴斯德（Pasteur）

Pasteur原是化学家，曾在化学上作出过重要的贡献，后来转向微生物学研究领域，为微生物学的建立和发展作出了卓越的贡献。主要集中在下列三方面：

（1）彻底否定了“自然发生”学说。“自生说”是一个古老的学说，认为一切生物是自然发生的。到了17世纪，虽然由于研究植物和动物的生长发育和生活循环，使“自生说”逐渐软弱，但是由于技术问题，如何证实微生物不是自然发生的仍然是一个难题，这不仅是“自生说”的一个顽固阵地，同时也是人们正确认识微生物生命活动的一大屏障。

Pasteur在前人工作的基础上，进行了许多实验，其中著名的曲颈瓶实验无可辩驳地证实，空气内确实含有微生物，它们引起有机质的腐败。Pasteur自制了一个具有细长而弯曲的颈的玻璃瓶，其中盛有有机物水浸液，经加热灭菌后，瓶内可一直保持无菌状态，有机物不发生腐败，因为弯曲的瓶颈阻挡了外面空气中微生物直达有机物浸液内，一旦将瓶颈打断，瓶内浸液中才有了微生物，有机质发生腐败。Pasteur 的实验彻底否定了“自生说”，并从此建立了病原学说，推动了微生物学的发展。

(2) 免疫学—预防接种。Jenner 虽然早在 1798 年发明了种痘法可预防天花，但却不了解这个免疫过程的基本机制，因此，这个发现没能获得继续发展。1877 年，巴斯德研究了鸡霍乱，发现将病原菌减毒可诱发免疫性，以预防鸡霍乱病。其后他又研究了牛、羊炭疽病和狂犬病，并首次制成狂犬疫苗，证实其免疫学说，为人类防病、治病作出了重大贡献。

(3) 证实发酵是由微生物引起的。酒精发酵是一个由微生物引起的生物过程还是一个纯粹的化学反应过程，曾是化学家和微生物学家激烈争论的问题。巴斯德在否定“自生说”的基础上，认为一切发酵作用都可能和微生物的生长繁殖有关。经不断地努力，Pasteur 终于分离到了许多引起发酵的微生物，并证实酒精发酵是由酵母菌引起的。

此外，Pasteur 还发现乳酸发酵、醋酸发酵和丁酸发酵都是不同细菌所引起的。这为进一步研究微生物的生理生化奠定了基础。

(4) 其他贡献。一直沿用至今的巴斯德消毒法（60~65℃）作短时间加热处理（杀死有害微生物的一种消毒法）和家蚕软化病问题的解决也是巴斯德的重要贡献，他不仅在实践上解决了当时法国酒变质和家蚕软化病的实际问题，而且也推动了微生物病原学说发展，并深刻影响了医学的发展。

B 柯赫（Koch）

Koch 是著名的细菌学家，他曾经是一名医生，并因此对病原细菌的研究作出了突出的贡献：

(1) 证实了炭疽病菌是炭疽病的病原菌。

(2) 发现了肺结核病的病原菌，这是当时死亡率极高的传染性疾病，因此 Koch 获得了诺贝尔生理学或医学奖。

(3) 提出了证明某种微生物是否为某种疾病病原体的基本原则——柯赫法则。Koch 建立了研究微生物的一系列重要方法，尤其在分离微生物纯种方面，利用平板分离方法寻找并分离到多种传染病的病原菌。

1884 年提出了柯赫法则，其主要内容为：病原微生物总是在患传染病的动物中发现而不存在于健康个体中；这一微生物可以离开动物体，并被培养为纯种微生物；这种纯种培养物接种到敏感动物体后，应当出现特有的病症；该微生物可以从患病的试验动物体中重新分离出来，并可在实验室中再次培养，此后它仍然应该与原始病原微生物相同。

Koch 除了在病原菌研究方面的伟大成就外，在微生物基本操作技术方面的贡献更是为微生物学的发展奠定了技术基础，这些技术包括：

(1) 用固体培养基分离纯化微生物的技术，这是进行微生物学研究的基本前提，这项技术一直沿用至今。

(2) 配制培养基。也是当今微生物学研究的基本技术之一。这两项技术不仅是具有微生物学研究特色的重要技术，而且也为当今动植物细胞的培养作出了十分重要的贡献。

1.2.2 微生物学的发展历史

微生物学的发展历史可分为五个时期。

1.2.2.1 史前期

史前期是指人类还未见到微生物个体尤其是细菌细胞前的一段漫长的历史时期，大约在距今8000年前一直到1676年间。在史前期，世界各国人民在生产实践中积累了许多利用有益微生物和防治有害微生物的经验。

主要体现在：

(1) 酿造业方面。我国人民所创造的制曲酿酒工艺有四大特点：历史悠久、工艺独特、经验丰富、品种多样。此后也逐渐能利用微生物制造醋、酱油。

(2) 农业方面。古人提出了肥田要熟粪（堆肥）及瓜豆间作的耕作制度（主要利用根瘤菌固氮）。同时对作物、牧畜、蚕桑的病害及防治也逐步有所认识。

(3) 医学方面。对疾病的病原及传染问题已有接近正确的推论，对防治疾病有丰富的经验。例如：种“牛痘”就是通过种“人痘”发展来的，用于预防天花。

1.2.2.2 初创期

从1676年Leeuwenhoek用自制的单式显微镜观察到细菌的个体起，直至1861年近200年的时间。在这一时期，人们对微生物的研究仅停留在形态描述的低级水平上，对它们的生理活动及其与人类实践活动的关系却未加研究，因此微生物学作为一门学科在当时还未形成。主要代表人物是荷兰的Leeuwenhoek。

1.2.2.3 奠基期

从1861年巴斯德根据曲颈瓶实验彻底推翻生命的自然发生说并建立胚种学说起，直至1897年的一段时间。这个阶段的主要特点是：

(1) 建立了一系列研究微生物所必要的独特方法。

(2) 借助于良好的研究方法，开创了寻找病原微生物的“黄金时期”。

(3) 把微生物的研究从形态描述推进到生理学研究的新水平。

(4) 微生物学以独立的学科形式开始形成。主要代表人物是法国的Pasteur和德国的Koch。

1.2.2.4 发展期

1897年德国人Buchner用无细胞酵母菌压榨汁中的“酒化酶”对葡萄糖进行酒精发酵成功，从而开创了微生物生化研究的新时代。在发展期中，微生物学研究有以下几个特点：

(1) 进入微生物生化水平的研究；

(2) 应用微生物的分支学科更为扩大，出现了抗生素等学科；

(3) 开始寻找各种有益微生物代谢产物；

(4) 普通微生物学开始形成；

(5) 各相关学科和技术方法相互渗透，相互促进，加速了微生物学的发展。主要代表人物是美国的Doudoroff。

1.2.2.5 成熟期

从1953年4月25日英国的《自然》杂志发表关于DNA结构的双螺旋模型起，整个生命科学就进入了分子生物学研究的新阶段，同样也是微生物学发展史上成熟期到来的标志。本时期的特点包括：

(1) 微生物学从一门在生命科学中较为孤立的以应用为主的学科，成为一门十分热门的前沿基础学科。

(2) 在基础理论的研究方面，逐步进入到分子水平，微生物迅速成为分子生物学研究中的最主要的对象。

(3) 在应用研究方面，向着更自觉、更有效和可控制的方向发展。主要代表人物是Watson 和 Crick。

1.2.3 20世纪的微生物学

19世纪中期到20世纪初，微生物学作为一门独立的学科已经形成，并进行着自身的发展。但在20世纪早期还未与生物学的主流相汇合。当时大多数生物学家的研究兴趣是有关高等动植物细胞的结构和功能、生态学、繁殖和发育、遗传以及进化等；而微生物学家更关心的是感染疾病的因子、免疫、寻找新的化学治疗药物以及微生物代谢等。

到了20世纪40年代，随着生物学的发展，许多生物学难以解决的理论和技术问题十分突出，特别是遗传学上的争论问题，使得微生物这样一种简单而又具完整生命活动的小生物成了生物学研究的“明星”，微生物学很快与生物学主流汇合，并被推到了整个生命科学发展的前沿，获得了迅速的发展，在生命科学发展中作出了巨大的贡献。

1.2.4 21世纪微生物学展望

1.2.4.1 微生物基因组学研究将全面展开

所谓“基因组学”于1986年由Thomas Roderick首创，至今已发展为一专门的学科领域，包括全基因组的序列分析、功能分析和比较分析，是结构、功能和进化基因组学交织的学科。目前已经完成基因组测序的微生物主要是模式微生物、特殊微生物及医用微生物。而随着基因组作图测序方法的不断进步与完善，基因组研究将成为一种常规的研究方法，为从本质上认识微生物自身以及利用和改造微生物做出巨大贡献。并将带动分子微生物学等基础研究学科的发展。

1.2.4.2 一些分支学科得到发展

以了解微生物之间、微生物与其他生物、微生物与环境的相互作用为研究内容的微生物生态学、环境微生物学、细胞微生物学等，将在基因组信息的基础上获得长足发展，为人类的生存和健康发挥积极的作用。

1.2.4.3 微生物生命现象的特性和共性将更加受到重视

微生物生命现象的特性和共性可概括为：

(1) 微生物具有其他生物不具备的生物学特性，例如可在其他生物无法生存的极端环境下生存和繁殖，具有其他生物不具备的代谢途径和功能，如化能营养、厌氧生活、生物固氮和不释放氧的光合作用等，反映了微生物极其丰富的多样性。

(2) 微生物具有其他生物共有的基本生物学特性，即生长、繁殖、代谢、共用一套遗传密码等，甚至其基因组上含有与高等生物同源的基因，充分反映了生物的高度统一性。

(3) 易操作性。微生物有个体小、结构简单、生长周期短，易大量培养，易变异，重复性强等优势，十分易于操作。

微生物具备生命现象的特性和共性，是21世纪进一步解决生物学重大理论问题（如生命起源与进化，物质运动的基本规律等）和实际应用问题（如新的微生物资源的开发利用，能源、粮食等）的最理想的材料。

另外，微生物学与其他学科实现更广泛的交叉，获得新的发展。同时，微生物产业将呈现全新的局面。

课堂讨论

（1）简述微生物学的发展史。

（2）简述20世纪、21世纪微生物学的发展情况。

1.3 实训：微生物大小和数量的测定

1.3.1 实训目的

（1）了解显微镜测定微生物大小与血球计数板测定微生物数量的原理。

（2）学习并掌握显微镜下测定微生物细胞大小的技术，包括目镜测微尺、镜台测微尺的校正技术与测定细胞大小的技术。

（3）了解血球计数板的结构，学习并掌握血球计数板计数微生物数量的技术。

1.3.2 实训原理

1.3.2.1 微生物大小的测定

微生物细胞的大小，是微生物重要的形态特征之一，也是分类鉴定的依据之一。由于菌体很小，只能在显微镜下来测量。用于测量微生物细胞大小的工具有目镜测微尺和镜台测微尺。

A 目镜测微尺

目镜测微尺是一块圆形玻片，在玻片中央把5mm长度刻成50等分，或把10mm长度刻成100等分。测量时，将其放在接目镜中的隔板上（此处正好与物体的中间像重叠）来测量经显微镜放大后的细胞物像。由于不同目镜、物镜组合的放大倍数不相同，目镜测微尺每格实际表示的长度也不一样，因此目镜测微尺测量微生物大小时须先用置于镜台上的镜台测微尺校正，再求出在一定放大倍数下，目镜测微尺每小格所代表的相对长度。如图1-1所示。

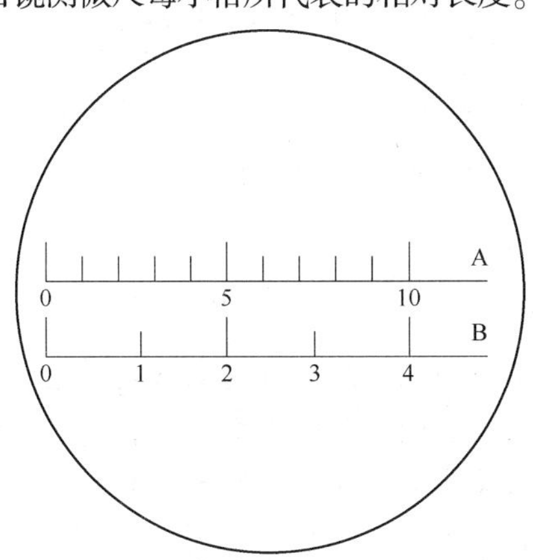

图1-1 镜台测微尺标定目镜测微尺时两者重叠情景

A—目镜测微尺；B—镜台测微尺

B 镜台测微尺

镜台测微尺是中央部分刻有精确等分线的载玻片，一般将 1mm 等分为 100 格，每格长 10μm（即 0.01mm），是专门用来校正目镜测微尺的。校正时，将镜台测微尺放在载物台上，由于镜台测微尺与细胞标本处于同一位置，都要经过物镜和目镜的两次放大成像进入视野，即镜台测微尺随着显微镜总放大倍数的放大而放大，因此从镜台测微尺上得到的读数就是细胞的真实大小，所以用镜台测微尺的已知长度在一定放大倍数下校正目镜测微尺，即可求出目镜测微尺每格所代表的长度，然后移去镜台测微尺，换上待测标本片，用校正好的目镜测微尺在同样放大倍数下测量微生物大小。

1.3.2.2 血球计数板测定微生物数量

镜检计数法适用于各种含单细胞菌体的纯培养悬浮液，如有杂菌或杂质常不易分辨。菌体较大的酵母菌或霉菌孢子可采用血球计数板；一般细菌则采用彼得罗夫·霍泽（Petroff Hausser）细菌计数板。两种计数板的原理和部件相同，只是细菌计数板较薄，可以使用油镜观察。而血球计数板较厚，不能使用油镜，故细菌不易看清。

血球计数板是一块特制的厚载玻片，载玻片上有 4 条槽构成 3 个平台。中间的平台较宽，其中间又被一短横槽分隔成两半，每个半边上面各有一个方格网。每个方格网共分 9 大格，其中间的一大格（又称为计数室）常被用作微生物的计数。计数室的刻度有两种：一种是一个大方格分为 16 个中方格，而每个中方格又分成 25 个小方格；另一种是一个大方格分成 25 个中方格，而每个中方格又分成 16 个小方格。但是不管计数室是哪一种构造，它们都有一个共同特点，即每个大方格都由 400 个小方格组成。

每个大方格边长为 1mm，则每个大方格的面积为 $1mm^2$，每个小方格的面积为 $1/400mm^2$，盖上盖玻片后，盖玻片与计数室底部之间的高度为 0.1mm，所以每个计数室（大方格）的体积为 $0.1mm^3$，每个小方格的体积为 $1/4000mm^3$。使用血球计数板直接计数时，先要测定每个小方格（或中方格）中微生物的数量，再换算成每毫升菌液（或每克样品）中微生物细胞的数量。

1.3.3 实训材料

（1）菌种：酵母菌液，枯草芽孢杆菌斜面培养物。

（2）试剂：美兰染液，结晶紫，蒸馏水等。

（3）仪器：显微镜，目镜测微尺，镜台测微尺，血球计数板、盖玻片（22mm×22mm）、吸水纸、计数器、滴管、擦镜纸，酒精灯等。

1.3.4 操作步骤

1.3.4.1 目镜测微尺的校正

把目镜的上透镜旋下，将目镜测微尺的刻度朝下轻轻地装入目镜的隔板上，把镜台测微尺置于载物台上，刻度朝上。先用低倍镜观察，对准焦距，视野中看清镜台测微尺的刻度后，转动目镜，使目镜测微尺与镜台测微尺的刻度平行，移动推动器，使两尺重叠，再使两尺的“0”刻度完全重合，定位后，仔细寻找两尺第二个完全重合的刻度，计数两重合刻度之间目镜测微尺的格数和镜台测微尺的格数。因为镜台测微尺的刻度每格长 10μm，所以由下列公式可以算出目镜测微尺每格所代表的长度：

$$目镜测微尺每格所代表的长度（\mu m）=\frac{两重合线间镜台测微尺格数}{两重合线间目镜测微尺格数}\times 10 \quad (1-1)$$

用此法分别校正，在物镜倍数为10×、40×、100×下目镜测微尺每小格所代表的长度。

注意事项：由于不同显微镜及附件的放大倍数不同，因此校正目镜测微尺必须针对特定的显微镜和附件（特定的物镜、目镜、镜筒长度）进行，而且只能在特定的情况下重复使用，当更换不同放大倍数的目镜或物镜时，必须重新校正目镜测微尺每一格所代表的长度。将目镜测微尺的校正结果填入表1-1。

表1-1 目镜测微尺的校正结果

物镜倍数	目镜测微尺格数	物镜测微尺格数	目镜测微尺每格代表的长度

1.3.4.2 细胞大小的测定

酵母菌大小的测定步骤为：

（1）取一滴酵母菌菌悬液制成水浸片。

（2）移去镜台测微尺，换上酵母菌水浸片，先在低倍镜下找到目的物，然后在高倍镜下用目镜测微尺来测量酵母菌菌体的直径各占几格（不足一格的部分估计到小数点后一位数）。测出的格数乘上目镜测微尺每格的校正值，即等于该菌的直径。

枯草芽孢杆菌大小的测定步骤为：

（1）将载玻片洗净晾干后，在其中央滴一滴蒸馏水，然后通过无菌操作，用接种针取少量枯草芽孢杆菌的斜面培养物于蒸馏水中悬浮，然后干燥。

（2）单染色。用结晶紫染液或美兰染液对其进行单染色，染色一定时间后冲洗载玻片的背面，将染液冲洗掉。

（3）置于显微镜下镜检，用目镜测微尺测量枯草芽孢杆菌的长和宽。（注意事项：测量菌体大小时要在同一个标本片上测定3个大小相近的菌体，求出平均值，才能代表该菌的大小。而且一般是用对数生长期的菌体进行测定。）

1.3.4.3 酵母菌菌悬液中酵母菌菌数的测定

酵母菌菌悬液中酵母菌菌数的测定步骤为：

（1）取洁净的血球计数板一块，在计数室上盖上一块盖玻片。

（2）将酵母菌菌悬液充分摇匀，用滴管吸取少许，从计数板中间平台两侧的沟槽内沿盖玻片的右上角滴入一小滴（不宜过多），使菌液沿两玻片间自行渗入计数室（勿使产生气泡），并用吸水纸吸去沟槽中流出的多余菌液。

（3）先在低倍镜下找到计数室后，再转换高倍镜观察计数。

（4）计数时用16中格的计数板，要按对角线方位，取左上、左下、右上、右下的4个中格（即100小格）的酵母菌数。如果是25中格计数板，除数上述4格外，还需数中央1中格的酵母菌数（即80小格）。由于菌体在计数室中处于不同的空间位置，要在不同的焦距下才能看到，因而观察时必须不断调节微调螺旋，方能数到全部菌体，防止遗漏。如菌体位于中格的双线上，计数时则数上线不数下线，数左线不数右线，以减少误差。

（5）凡酵母菌的芽体达到母细胞大小一半时，即可作为两个菌体计算。每个样品重复计数2~3次（每次数值不应相差过大，否则应重新操作），取其平均值，按下述公式计算出每毫升菌液所含酵母菌细胞数（25中格）。

$$酵母菌菌数（mL）=\frac{A}{5}\times 25\times 10^4\times B \quad (1-1)$$

式中 A——5个中方格菌数和；

B——稀释倍数。

（6）血球计数板用后，在水龙头上用水流冲洗干净，可以用去污粉洗净，切勿用硬物洗刷或抹擦，以免损坏网格刻度。洗净后自行晾干或用吹风机吹干。

1.3.5 实训结果

通过计数计算微生物的数目。

1.3.6 实训作业

（1）为什么更换不同放大倍数的目镜和物镜时，必须用镜台测微尺重新对目镜测微尺进行校正？

（2）在不改变目镜和物镜测微尺，而换用不同放大倍数的物镜来测定同一细菌的大小时，其测定结果是否相同？为什么？

（3）结合实验体会，总结哪些因素会造成血细胞计数板的计数误差，应如何避免。

（4）某单位希望检测一种干酵母粉中活菌存活率，请设计1~2种可行的检测方法。

拓展训练

一、名词解释

（1）微生物；

（2）列文虎克；

（3）巴斯德。

二、简答题

（1）为什么说微生物的“体积小、面积大”是决定其他四个共性的关键？

（2）为什么把列文虎克称为“微生物学先驱者”，巴斯德称为“微生物学奠基人”，柯赫称为“细菌学奠基人”？

（3）简述微生物学的发展史及其特点。

知识链接

微生物世界之最及致病微生物

一、微生物世界之最

目前世界上已知最大的微生物：1985年Fishelson、Montgomery及Myrberg三人发现一种生长于红海水域中的热带鱼（名叫surgeonfish）的小肠管道中的微生物费氏刺骨鱼菌（*Epulopiscium fishelsoni*），这是当时世界上所发现最大的微生物。它外形酷似雪茄烟，长约

200~500μm，最长可达600μm，体积约为大肠杆菌的100万倍，这种微生物并不需要由显微镜观察便可直接由肉眼察觉到它的存在。打破上个纪录的最大的微生物则是1997年，由Heidi Schulz在纳米比亚海岸海洋沉淀土中所发现的呈球状的细菌，直径约100~750μm。这比之前所提的微生物大上2~4倍。2011年9月我国科学家在海南发现世界最大真菌子实体，该子实体已生长了20年，长度超过10m，宽度接近1m，厚度在5cm左右，体积为409262~525140cm^3，重量超过500kg。

目前世界上已知最小的能独立生活的微生物：支原体，过去也译成“霉形体”，它是一类介于细菌和病毒之间的单细胞微生物，是地球上已知的能独立生活的最小微生物，大小约为100nm。支原体一般都是寄生生物，其中最有名的当数肺炎支原体（*M. Pneumonia*），它能引起哺乳动物特别是牛的呼吸器官发生严重病变。

病毒：最小的植物病毒——莴苣花叶病毒，粗1.5nm，长28nm；最小的动物病毒——口蹄疫病毒，直径只有2.1nm。

亚病毒（包括类病毒、拟病毒、朊病毒）：是世界上最小的微生物。拟病毒的大小和类病毒相似；朊病毒比已知的最小的常规病毒还小得多（约30~50nm）；类病毒是目前已知最小的可传染的致病因子，比普通病毒简单，1971年首次报道的马铃薯纺锤形块茎病类病毒，它的大小只有莴苣花叶病毒的1/39。

二、病原微生物

引起人和动物疾病的微生物称为病原微生物，其有八大类。

（1）真菌：引起皮肤病，深部组织感染。

（2）放线菌：皮肤，伤口感染。

（3）螺旋体：皮肤病，血液感染，如梅毒、钩端螺旋体病。

（4）细菌：化脓性皮肤病，上呼吸道感染，泌尿道感染，食物中毒，败血症，急性传染病等。

（5）立克次体：斑疹伤寒等。

（6）衣原体：沙眼，泌尿生殖道感染。

（7）病毒：肝炎，乙型脑炎，麻疹，艾滋病等。

（8）支原体：肺炎，尿路感染。

生物界的微生物达几万种，大多数对人类有益，只有一小部分能致病。有些微生物通常不致病，在特定环境下能引起感染，称为条件致病菌。有些微生物能引起食品变质、腐败，正因为它们分解自然界的物体，才能完成大自然的物质循环。

2 原核微生物

学习引导

学习目标

(1) 了解原核微生物的形态结构。
(2) 理解原核微生物结构与功能的关系。
(3) 掌握革兰氏染色的原理。

重点难点

(1) 重点：细菌的基本结构、特殊结构；革兰氏染色法的原理。
(2) 难点：G^+、G^-细菌细胞壁的区别。

2.1 细 菌

原核微生物是微生物中非常重要的一大类群。这一类群与人类关系最为密切，数量最多，研究其基本的形态、特征是最基本的要求。各种原核微生物细胞所具有的共同构造包括细胞壁（支原体例外）、细胞质膜、细胞质、核区和若干种内含物等；只有部分种类才具有的一些构造称作特殊构造，包括糖被（荚膜，黏液层）、鞭毛、菌毛和性菌毛等构造；少数种类还可形成芽孢、孢囊等具有抵御外界不良环境功能的特殊构造。

2.1.1 细菌的形态和排列

观察细菌最常用的仪器是光学显微镜，细菌大小可以用测微尺在显微镜下进行测量，一般以微米（μm）为单位，如图 2-1 所示。不同种类的细菌大小不一，同一种细菌也因菌龄和环境因素的影响而有差异。细菌按其外形，主要有球菌、杆菌和螺旋菌三大类，如图 2-2 所示。

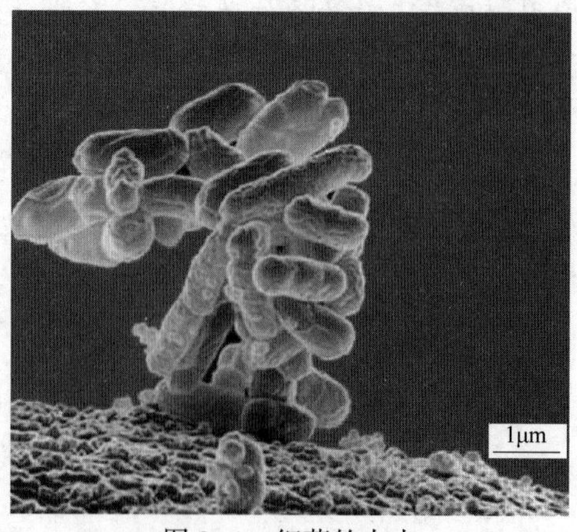

图 2-1 细菌的大小

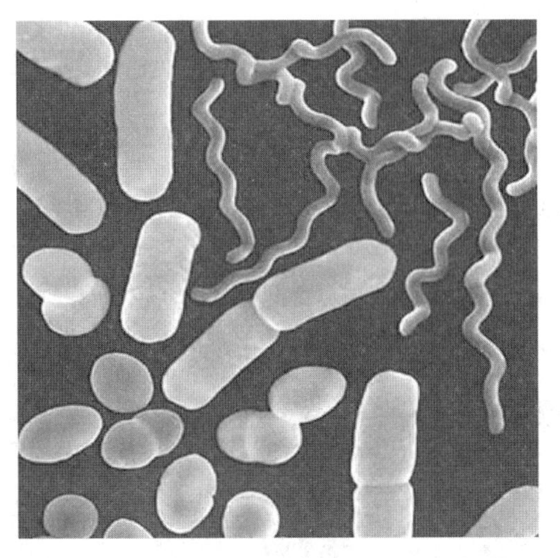

图 2-2　细菌的形态

2.1.1.1　球菌

多数球菌（*Coccus*）直径约为 0.8~1.2μm，外观呈圆球形或近似球形。由于繁殖时细菌分裂平面不同和分裂后菌体之间相互黏附程度不一，可形成不同的排列方式，这对一些球菌的鉴别颇有意义，如图 2-3 所示。

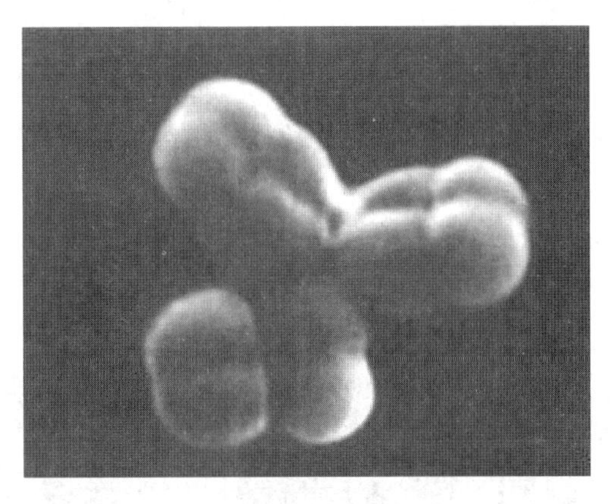

图 2-3　球菌

（1）双球菌（*Diplococcus*）：在一个平面上分裂，分裂后两个菌体成对排列，如脑膜炎奈瑟菌、肺炎链球菌。

（2）链球菌（*Streptococcus*）：在一个平面上分裂，分裂后多个菌体粘连成链状，如乙型溶血性链球菌。

（3）葡萄球菌（*Staphylococcus*）：在多个不规则的平面上分裂，分裂后菌体无一定规则地粘连在一起，似葡萄状，如金黄色葡萄球菌。

（4）四联球菌（*Tetrads*）：在两个互相垂直的平面上分裂，分裂后四个菌体黏附在一起呈正方形，如四联加夫基菌。

（5）八叠球菌（*Sarcina*）：在三个互相垂直的平面上分裂，分裂后八个菌体黏附成包裹状立方体，如藤黄八叠球菌。

各类球菌在标本或培养物中除上述典型排列方式外，还可有分散的单个菌体存在。

2.1.1.2 杆菌

不同杆菌（*Bacillus*）的大小、长短、粗细很不一致，一般长 1~10μm，宽 0.2~1.0μm。大的杆菌如炭疽芽孢杆菌长 3~10μm，中等的如大肠埃希菌长 2~3μm，小的如布鲁菌长仅 0.6~1.5μm。

根据形状分为球杆菌、分支杆菌、棒状杆菌、丝状杆菌。根据排列方式分为单杆菌、双杆菌、链杆菌。如图 2-4 所示。

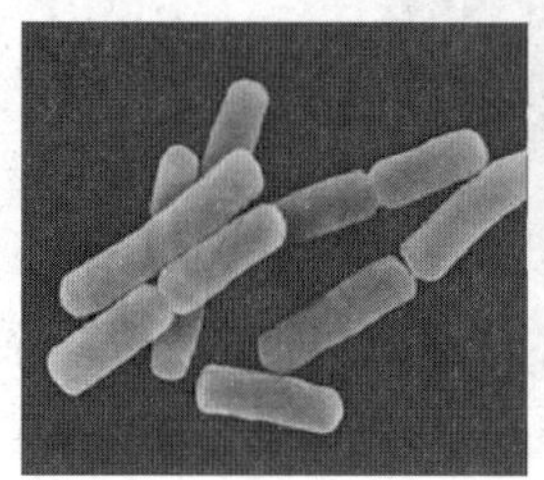
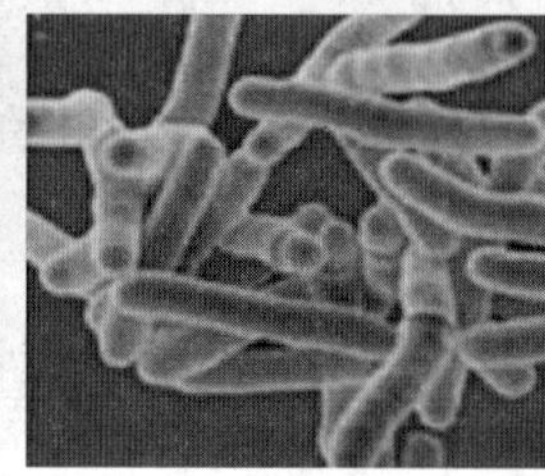
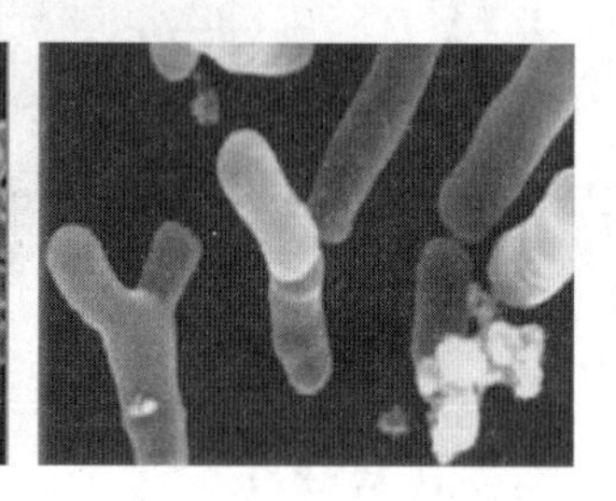

图 2-4 杆菌

杆菌形态多数呈直杆状，也有的菌体稍弯；多数呈分散存在，也有的呈链状排列，称为链杆菌（*Streptobacillus*）；菌体两端大多呈钝圆形，少数两端平齐（如炭疽芽孢杆菌）或两端尖细（如梭杆菌）。有的杆菌末端膨大成棒状，称为棒状杆菌（*Corynebacterium*）；有的菌体短小，近于椭圆形，称为球杆菌（*Coccobacillus*）；有的常呈分支生长趋势，称为分枝杆菌（*Mycobacterium*）；有的末端常呈分叉状，称为双歧杆菌（*Bifidobacterium*）。

2.1.1.3 螺旋菌

螺旋菌（*Spiral bacterium*）呈螺旋形，菌体弯曲，一般长 1~50μm，宽 0.2~1.0μm。根据弯曲程度和螺旋数分为弧菌、螺旋菌，如图 2-5 所示。

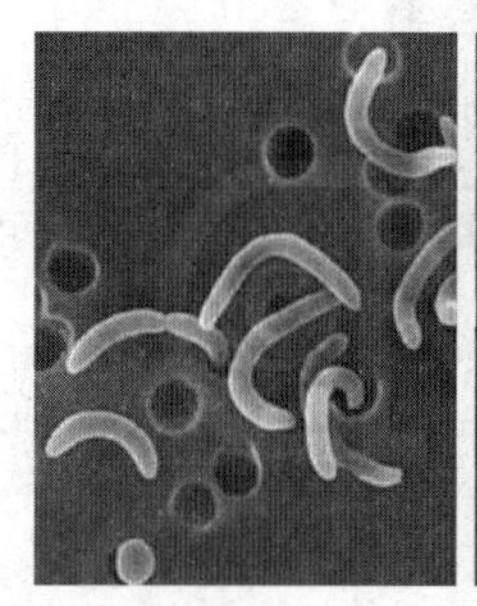
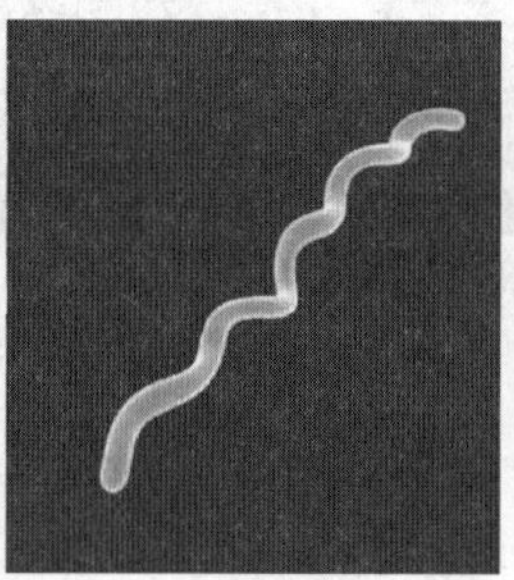
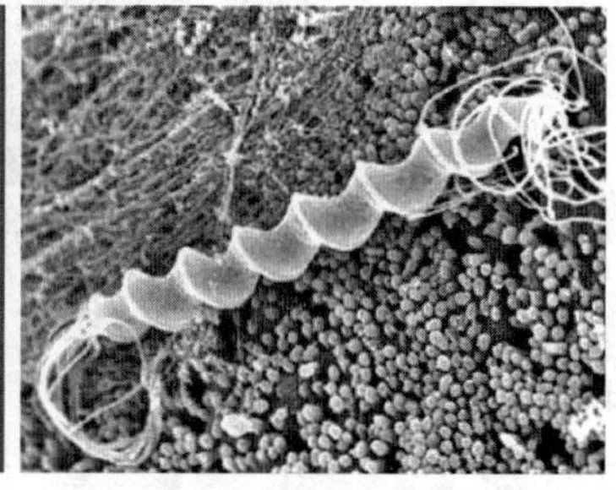

图 2-5 螺旋菌

有的菌体长 2~3μm，只有一个弯曲，呈弧形或逗点状，称为弧菌（*Vibrio*），如霍乱弧菌；有的菌体长 3~6μm，有数个弯曲，称为螺菌（*Spirillum*），如鼠咬热螺菌；也有的菌体细长弯曲，呈弧形或螺旋形，称为螺杆菌（*Helicobacterium*），如幽门螺杆菌。

细菌的形态受温度、pH、培养基成分和培养时间等因素影响很大。一般是细菌在适宜的生长条件下培养 8~18d 时形态比较典型，在不利环境或菌龄老时常出现梨形、气球状和丝状等不规则的多形性（Polymorphism），称为衰退型（Involution form）。因此，观察细菌的大小和形态，应选择适宜生长条件下的对数期为宜。

2.1.2 细菌的结构

细菌虽小，仍具有一定的细胞结构和功能。细胞壁、细胞膜、细胞质和核质是各种细菌都有的，是细菌的基本结构；荚膜、鞭毛、菌毛、芽孢仅某些细菌具有，为其特殊结构，如图 2-6 所示。

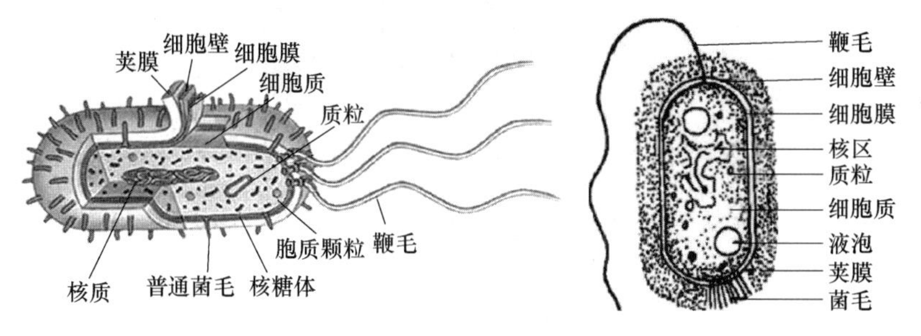

图 2-6　细菌细胞结构图

2.1.2.1 细菌的基本结构

A　细胞壁

细胞壁（Cell wall）位于细菌细胞的最外层，包绕在细胞膜的周围，是一种膜状结构，组成较复杂，并随不同细菌而异。用革兰氏染色法可将细菌分为两大类，即革兰氏阳性菌和革兰氏阴性菌。两类细菌细胞壁的共有组分为肽聚糖，但各自有其特殊组分。

（1）肽聚糖（Peptidoglycan）。肽聚糖是一类复杂的多聚体，是细菌细胞壁中的主要组分，为原核细胞所特有，又称为粘肽（Mucopeptide）、糖肽（Glycopeptide）或胞壁质（Murein）。革兰氏阳性菌的肽聚糖由聚糖骨架、四肽侧链和五肽交联桥三部分组成，革兰氏阴性菌的肽聚糖仅由聚糖骨架和四肽侧链两部分组成，如图 2-7 所示。

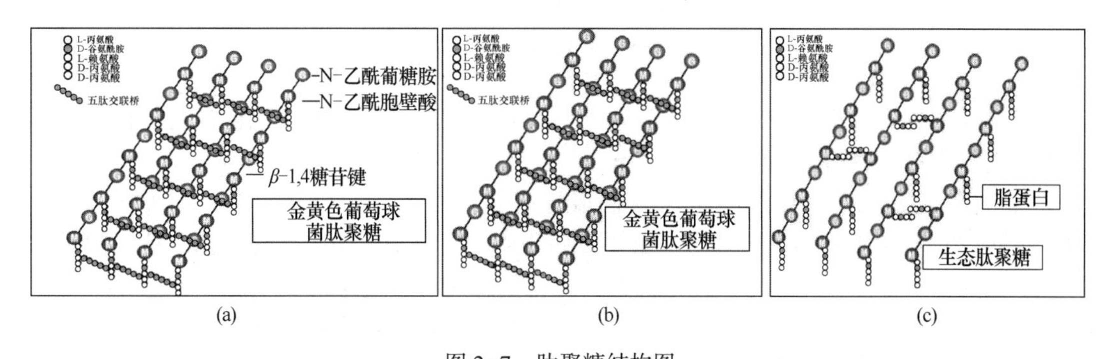

图 2-7　肽聚糖结构图

（a）G^+和 G^-共有结构；（b）G^+的交联桥；（c）G^-无交联桥

（2）革兰氏阳性菌（G^+）细胞壁特殊组分。革兰氏阳性菌的细胞壁较厚（20～80nm），除含有 15～50 层肽聚糖结构外，大多数尚含有大量的磷壁酸（Teichoic acid），少数是磷壁醛酸（Teichuroic acid），约占细胞壁干重的 50%，如图 2-8 所示。

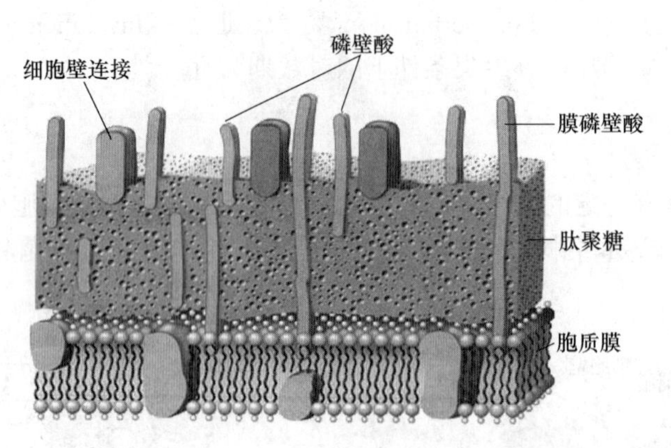

图 2-8 只有 G^+ 有的膜磷壁酸和壁磷壁酸

此外，某些革兰氏阳性菌细胞壁表面尚有一些特殊的表面蛋白质，如金黄色葡萄球菌的 A 蛋白，A 群链球菌的 M 蛋白等。

(3) 革兰氏阴性菌 (G^-) 细胞壁特殊组分。革兰氏阴性菌细胞壁较薄 (10~15nm)，但结构较复杂。除含有 1~2 层的肽聚糖结构外，尚有其特殊组分外膜 (Outer membrane)，约占细胞壁干重的 80%，如图 2-10 所示。外膜由脂蛋白、脂质双层和脂多糖三部分组成，如图 2-9 所示。

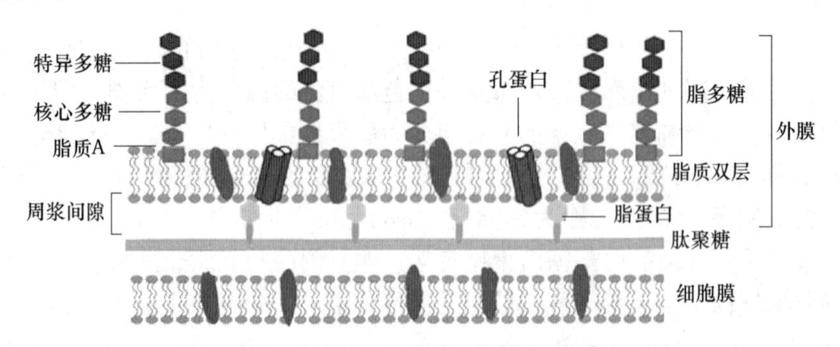

图 2-9 只有 G^- 有的外膜

革兰氏阳性和阴性菌细胞壁结构显著不同，导致这两类细菌在染色性、抗原性、致病性及对药物的敏感性等方面存在很大差异。

革兰氏阴性菌的外膜由脂蛋白、脂多糖 (LPS)、脂质双层组成。其中的脂多糖 (LPS) 即 G^- 菌的内毒素，是 G^- 菌的重要致病物质，使白细胞增多，直至休克死亡；另一方面，LPS 也可增强机体非特异性抵抗力，并有抗肿瘤等有益作用。外膜结构包括：

1) 脂质 A：内毒素的毒性和生物学活性的主要成分，无种属特异性，不同细菌的脂质 A 骨架基本一致，故不同细菌产生的内毒素的毒性作用均相似。

2) 核心多糖：有属特异性，位于脂质 A 的外层。

3) 特异多糖：即 G^- 菌的菌体抗原 (O 抗原)，是脂多糖的最外层。

G^- 菌的外膜是一种有效的屏障结构，使细菌不易受到机体的体液、杀菌物质、肠道的胆盐及消化酶等的作用。G^+ 与 G^- 细胞壁构造比较图如图 2-10 所示。

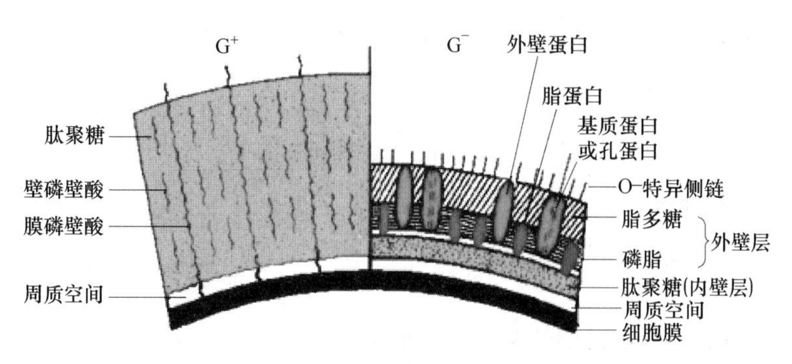

图 2-10　G^+与 G^-细胞壁构造比较图

（4）细胞壁的功能。细菌细胞壁坚韧而富弹性，其主要功能是维持菌体固有的形态，并保护细菌抵抗低渗环境。细菌细胞质内有高浓度的无机盐和大分子营养物质，其渗透压高达 5~25 个大气压。由于细胞壁的保护作用，使细菌能承受内部巨大的渗透压而不会破裂，并能在相对低渗的环境下生存。细胞壁上有许多小孔，参与菌体内外的物质交换。菌体表面带有多种抗原表位，可以诱发机体的免疫应答。

（5）细菌细胞壁缺陷型（细菌 L 型）。细菌细胞壁的肽聚糖结构受到理化或生物因素的直接破坏或合成被抑制，这种细胞壁受损的细菌一般在普通环境中不能耐受菌体内的高渗透压而将会涨裂死亡。但在高渗环境下，它们仍可存活。革兰氏阳性菌细胞壁缺失后，原生质仅被一层细胞膜包住，称为原生质体（Protoplast）；革兰氏阴性菌肽聚糖层受损后尚有外膜保护，称为原生质球（Spheroplast）。这种细胞壁受损的细菌能够生长和分裂者称为细菌细胞壁缺陷型或 L 型（Bacterial L form），因 1935 年 Klieneberger 首先在 Lister 研究院发现而得名。

B　细胞膜

细胞膜（Cell membrane）或称胞质膜（Cytoplasmic membrane），位于细胞壁内侧，紧包着细胞质。厚约 7.5nm，柔韧致密，富有弹性，占细胞干重的 10%~30%。细菌细胞膜的结构与真核细胞的基本相同，由磷脂和多种蛋白质组成，但不含胆固醇，如图 2-11 所示。

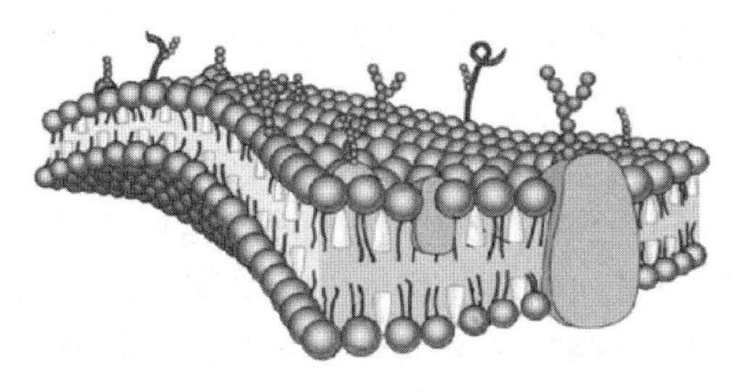

图 2-11　细菌细胞膜的结构图

细胞膜的主要功能有：（1）物质转运；（2）呼吸和分泌；（3）生物合成；（4）细菌部分细胞膜内陷、折叠、卷曲形成的囊状物，称为中介体，参与细菌分裂。

C　细胞质

细胞膜包裹的溶胶状物质为细胞质（Cytoplasm）或称原生质（Protoplasm），由水、蛋白质、脂类、核酸及少量糖和无机盐组成，其中含有许多重要结构。

（1）核糖体：链霉素（与细菌核糖体的30S亚基结合）和红霉素（与细菌核糖体的50S亚基结合）均能干扰其蛋白质合成，从而杀死细菌，但对人体核糖体无害。

（2）质粒：染色体外的遗传物质，为闭合环状双链DNA。

（3）胞质颗粒：贮藏有营养物质。异染颗粒（也称迂回体，嗜碱性强，用甲基蓝染色时着色较深，呈紫色）常见于白喉棒状杆菌。

D 核质

细菌是原核细胞，不具成形的核。细菌的遗传物质称为核质（Nuclear material）或拟核（Nucleoid），集中于细胞质的某一区域，多在菌体中央，无核膜、核仁和有丝分裂器；因其功能与真核细胞的染色体相似，故习惯上亦称之为细菌的染色体（Chromosome）。

2.1.2.2 细菌的特殊结构

A 荚膜

某些细菌在其细胞壁外包绕一层黏液性物质，为疏水性多糖或蛋白质的多聚体，用理化方法去除后并不影响菌细胞的生命活动，如图2-12所示。凡黏液性物质牢固地与细胞壁结合，厚度≥0.2μm，边界明显者称为荚膜（Capsule）或大荚膜（Macrocapsule），厚度<0.2μm者称为微荚膜（Microcapsule），伤寒沙门菌的Vi抗原，以及大肠埃希菌的K抗原等属之。若黏液性物质疏松地附着于菌细胞表面，边界不明显且易被洗脱者称为黏液层（Slime layer）。介于荚膜和黏液层之间的结构称为糖萼（Glycocalyx），由多糖或糖蛋白组成，是从菌体伸出的疏松纤维网状结构。

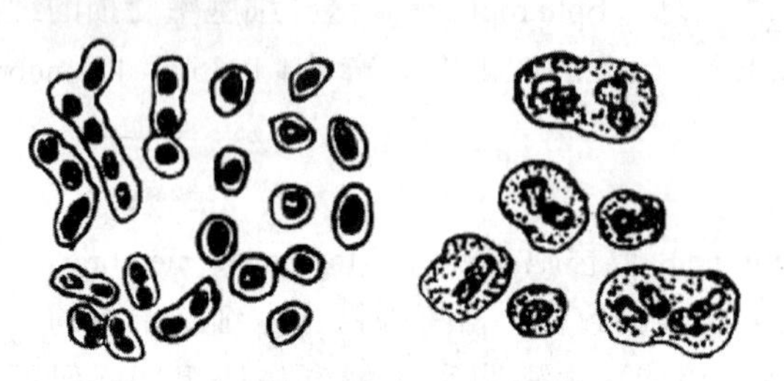

图2-12 荚膜图

荚膜的功能有：（1）抗吞噬作用；（2）黏附作用；（3）抗有害物质的损伤作用。

B 鞭毛

许多细菌，包括所有的弧菌和螺菌，约半数的杆菌和个别球菌，在菌体上附有细长并呈波状弯曲的丝状物，少仅1~2根，多者达数百根。这些丝状物称为鞭毛（Flagellum），是细菌的运动器官。鞭毛由基础小体、钩状体、丝状体三部分组成。鞭毛长5~20μm，直径12~30nm，需用电子显微镜观察，或经特殊染色法使鞭毛增粗后才能在普通光学显微镜下看到。有鞭毛的包括单毛菌、双毛菌、丛毛菌、周毛菌，如图2-13所示。

鞭毛的功能：使细菌能在液体中自由游动，速度迅速。细菌的运动有化学趋向性，常向营养物质处前进，而逃离有害物质。有些细菌的鞭毛与致病性有关。

C 菌毛

许多革兰氏阴性菌和少数革兰氏阳性菌菌体表面存在着一种比鞭毛更细、更短而直硬

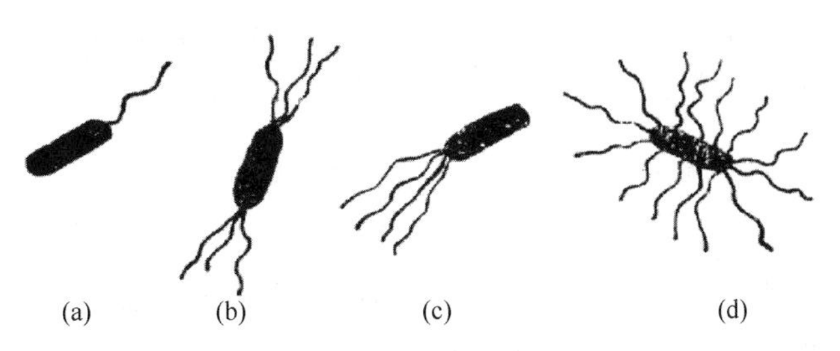

图 2-13 鞭毛图

（a）单毛菌；（b）双毛菌；（c）丛毛菌；（d）周毛菌

的丝状物，与细菌的运动无关，称为菌毛（Pilus 或 Fimbriae）。菌毛由结构蛋白亚单位菌毛蛋白（pilin）组成，螺旋状排列成圆柱体，新形成的菌毛蛋白分子插入菌毛的基底部。菌毛蛋白具有抗原性，其编码基因位于细菌的染色体或质粒上。菌毛在普通光学显微镜下看不到，必须用电子显微镜观察。根据功能不同，菌毛可分为普通菌毛和性菌毛两类。普通菌毛与细菌黏附有关。性菌毛仅见于少数 G^- 菌。具有传递遗传物质作用，如图 2-14 所示。

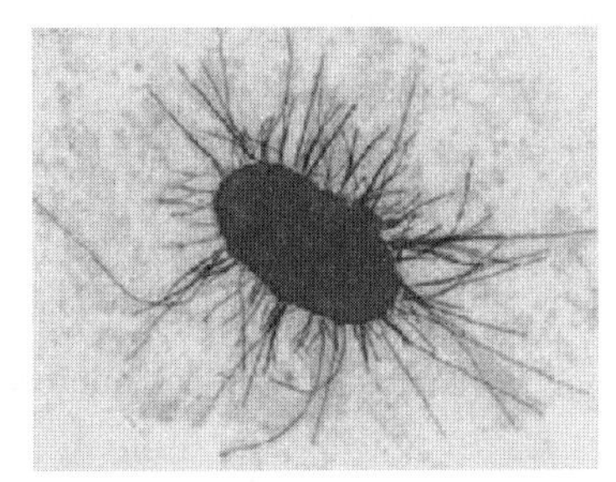
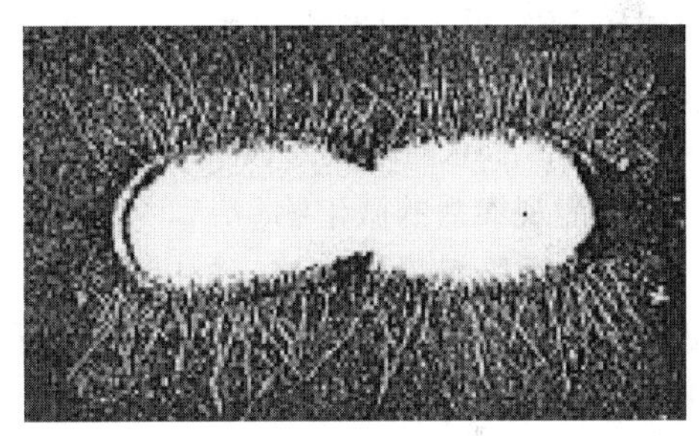

图 2-14 菌毛图

D 芽孢

某些细菌在一定环境条件下，如营养缺乏，尤其是 C、N、P 元素不足时，生长繁殖减速，启动芽孢形成基因，在菌体内形成一个圆形或卵圆形小体，是细菌的休眠形式，称为内芽孢（Endospore），简称芽孢（Spore），以别于真菌在菌体外部形成的孢子。产生芽孢的细菌都是 G^-，重要的有芽孢杆菌属（炭疽芽孢杆菌等）和梭菌属（破伤风梭菌等）。

芽孢由内向外依次是：核心、内膜、芽孢壁、皮质、外膜、芽孢壳和芽孢外衣。芽孢具有完整的核质、酶系统和合成菌体组分的结构，能保存细菌的全部生命必需物质，芽孢形成后细菌即失去繁殖能力。一个细菌只形成一个芽孢，一个芽孢也只能生成一个菌体，如图 2-15 所示。

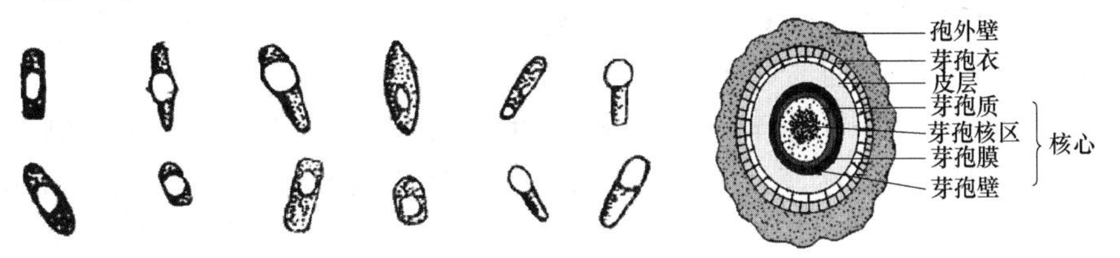

图 2-15 细菌芽孢图及模式图

芽孢的功能：细菌的芽孢对热、干燥、辐射、化学消毒剂等理化因素均有强大的抵抗力。此外，当芽孢成为繁殖体后，能迅速大量繁殖而致病。

2.1.3 细菌形态与结构检查法

2.1.3.1 显微镜放大法

细菌形体微小，肉眼不能直接看到，必须借助显微镜放大后才能看到。

普通光学显微镜（Light microscope）以可见光（日光或灯光）为光源，波长0.4~0.7μm，平均约0.5μm；其分辨率为光波波长的一半，即0.25μm。0.25μm的微粒经油镜放大1000倍后成0.25mm，人的眼睛便能看清。一般细菌都大于0.25μm，故可用普通光学显微镜予以观察。

电子显微镜（Electron microscope）是利用电子流代替可见光波，以电磁圈代替放大透镜。电子流波长极短，约为0.005nm，其放大倍数可达数十万倍，能分辨1nm的微粒。不仅能看清细菌的外形，内部超微结构也可一览无遗。电子显微镜显示的形象，可投射到荧光屏上，也可照相。当前使用的电子显微镜有两类，即透射电子显微镜（Transmission Electron Microscope，TEM）和扫描电子显微镜（Scanning Electron Microscope，SEM）。SEM的分辨率一般较TEM低，但可清楚地显露观察物体的三维立体图像。配合电子显微镜观察使用的标本制备方法有用磷钨酸或钼酸铵作负染色、投影法（Shadowing）、超薄切片（Ultrathin section）、冰冻蚀刻法（Freeze etching）等。电子显微镜标本须在真空干燥的状态下检查，故不能观察活的微生物。

此外，尚有暗视野显微镜（Darkfield microscope）、相差显微镜（Phase contrast microscope）、荧光显微镜（Fluorescence microscope）和同焦点显微镜（Cofocal microscope）等，适用于观察不同情况下的细菌形态和（或）结构。

2.1.3.2 染色法

细菌体小、半透明，经染色后才能观察得较清楚。染色法是染色剂与细菌细胞质的结合。最常用的染色剂是盐类。其中，碱性染色剂（basic stain）由有色的阳离子和无色的阴离子构成，酸性染色剂（acidic stain）则相反。细菌细胞富含核酸，可以与带正电荷的碱性染色剂结合；酸性染色剂不能使细菌着色，而使背景着色形成反差，故称为负染（Negative staining）。

染色法有多种，最常用最重要的分类鉴别染色法是革兰氏染色法（Gram stain）。该法是丹麦细菌学家革兰氏（Hans Christian Gram）于1884年创建的，至今仍在广泛应用。标本固定后，先用碱性染料结晶紫初染，再加碘液媒染，使之生成结晶紫—碘复合物；此时不同细菌均被染成深紫色。然后用95%乙醇处理，有些细菌被脱色，有些不能。最后用稀释复红或沙黄复染。此法可将细菌分为两大类：不被乙醇脱色仍保留紫色者为革兰氏阳性菌，被乙醇脱色后复染成红色者为革兰氏阴性菌。革兰氏染色法在鉴别细菌、选择抗菌药物、研究细菌致病性等方面都具有极其重要的意义。

革兰氏染色法的原理与细菌细胞壁结构密切相关，如果在结晶紫—碘染之后，乙醇脱色之前去除革兰氏阳性菌的细胞壁，革兰氏阳性菌细胞就能够被脱色。目前，对革兰氏阳性菌和革兰氏阴性菌细胞壁的化学组分已十分清楚，但对革兰氏阳性菌细胞壁阻止染料被溶出的原因尚不清楚，染色显色如图2-16所示。

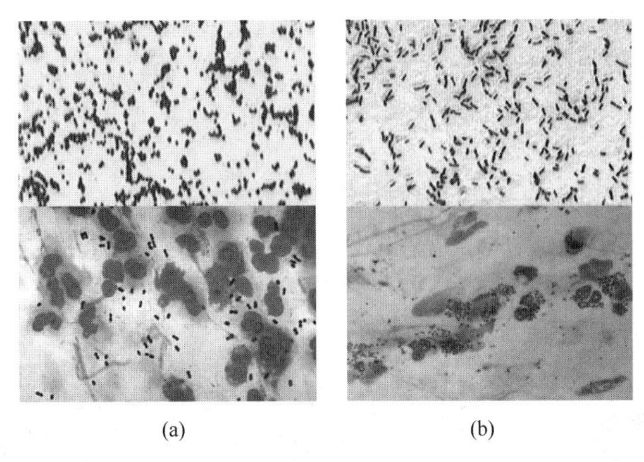

图 2-16 革兰氏染色图

（a）G^+染色图；（b）G^-染色图

细菌染色法中尚有单染色法、抗酸染色法，以及荚膜、芽孢、鞭毛、细胞壁、核质等特殊染色法。

2.1.4 细菌的繁殖

2.1.4.1 细菌的繁殖方式

A 无性繁殖

裂殖（Schizosonx）是细菌最普遍、最主要的繁殖方式。在细菌细胞分裂前，先进行染色体 DNA 的复制，所形成的双份染色体 DNA 彼此分开，移向细菌细胞两端，在细菌细胞中间形成横隔壁和细胞膜，产生两个子细胞。

除裂殖外，少数细菌进行出芽生殖，如图 2-17 所示。

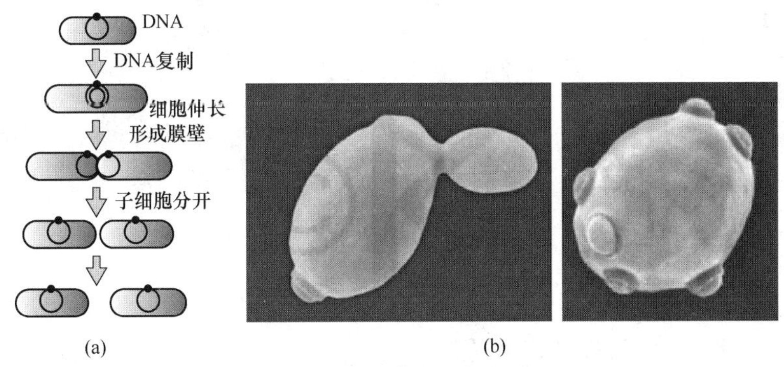

图 2-17 细菌的无性生殖

（a）裂殖过程；（b）出芽生殖

B 有性繁殖

少数细菌进行有性繁殖，通过性菌毛传递遗传物质，但频率很低。

2.1.4.2 细菌的无性繁殖

A 同形裂殖

若分裂产生的两个子细胞大小基本相等，称为同形裂殖。

B 异形裂殖

若分裂产生的两个子细胞大小不等，则称为异形裂殖。异形裂殖多发生于陈旧培养基中。

2.1.5 细菌的群体形态

2.1.5.1 细菌在固体培养基上的培养特点

一个或少数几个细菌在固体培养基上生长繁殖所形成的肉眼可见的微生物群体，称为菌落。常见的菌落形态如图2-18所示。在特定的条件下，细菌具有一定的培养特点，且有较高的稳定性和专一性，形成一定特征的菌落，如图2-19所示。

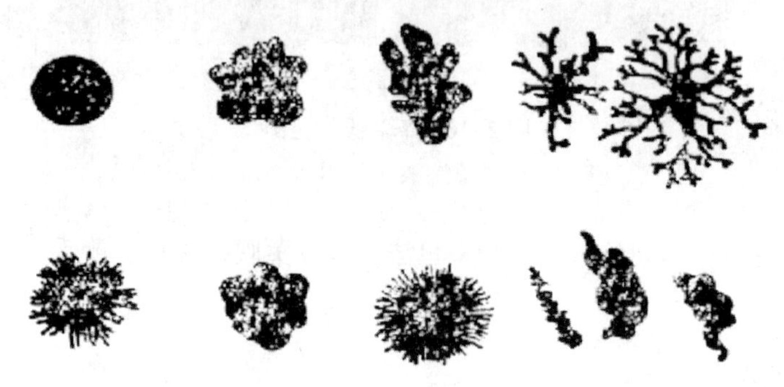

图2-18 细菌的菌落形态

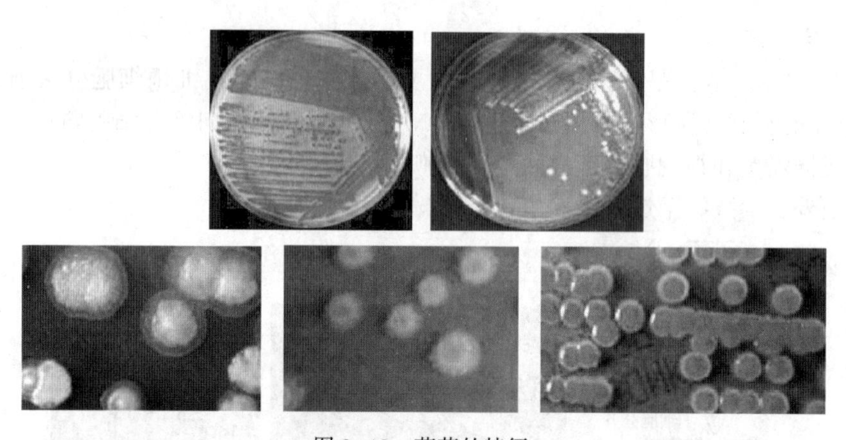

图2-19 菌落的特征

细菌在固体培养基接种线上由母细胞繁殖长成的一片密集的、具有一定形态结构特征的细菌群落，一般为大批菌落聚集而成菌苔。

2.1.5.2 细菌在半固体培养基上的培养特点

以穿刺接种法将细菌接种至含0.3%~0.5%琼脂的半固体培养基中，如果细菌不长鞭毛，则只能在穿刺线上生长；如果长鞭毛，则不但在穿刺线上生长，也在穿刺线的周围扩散生长。

2.1.5.3 细菌在液体培养基中的培养特征

在液体培养基中，细菌生长能使培养基混浊。混浊情况因细菌对氧气的需求不同而有区别：好养菌仅使培养液上部混浊；厌氧菌仅使培养液下部混浊；兼性厌氧菌则使培养液均匀混浊。有的细菌可在培养液表面形成菌环或菌膜，或在底部产生絮状沉淀，有的产生气泡、色素。细菌在液体培养基中的培养特征也是分类鉴定的依据之一。

课堂讨论

(1) 描述细菌的形态结构。
(2) 细菌有哪些特殊的结构?
(3) 描述革兰氏染色的过程及特点。

2.2 放 线 菌

放线菌菌体形态为分枝的丝状体，属于原核微生物。放线菌革兰氏染色都呈阳性反应，不运动，大部分是腐生菌，少数为寄生菌。放线菌对国民经济的重要性，在于它们是抗生素的主要产生菌，许多在临床和农业生产上有使用价值的抗生素都是由放线菌产生的。放线菌还可用于生产各种酶和维生素，在甾体转化、石油脱蜡、烃类发酵、污水处理等方面也有所应用。有的菌还能与植物共生，固定大气氮。由于放线菌有很强的分解纤维素、石蜡、琼脂、角蛋白和橡胶等复杂有机物的能力，故它们在自然界物质循环和提高土壤肥力等方面有着重要的作用。此外，少数放线菌也能引起人、畜和植物疾病，如马铃薯疮痂病和人畜共患的诺卡氏菌病等。

2.2.1 放线菌的形态构造

放线菌的菌体为单细胞，最简单的为杆状或原始菌丝，大部分放线菌由分枝发达的菌丝组成。菌丝无横隔膜，菌丝直径与杆状细菌差不多，大约 1μm。细胞壁中含有 N-乙酰胞壁酸与二氨基庚二酸，而不含几丁质与纤维素。链霉菌属（*Streptomyces*）是放线菌中发育较为高等的放线菌，这里以其为例来阐明放线菌的一般形态构造。根据放线菌菌丝的形态与功能不同，分为基内菌丝、气生菌丝与孢子丝，如图 2-20 所示。

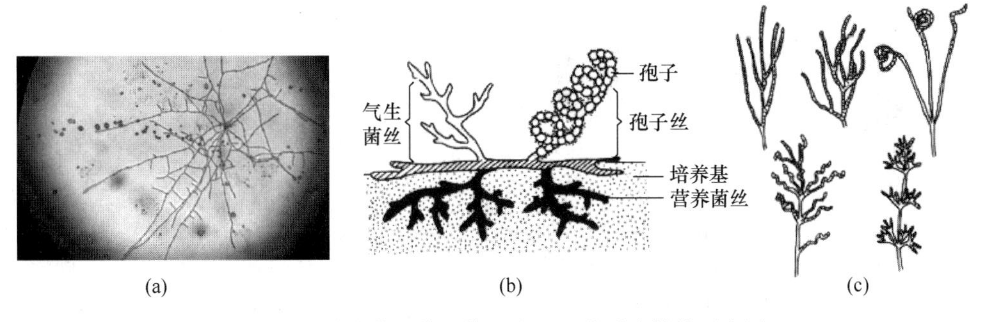

图 2-20 放线菌、菌丝体和孢子丝的形态结构示意图
(a) 放线菌；(b) 菌丝体；(c) 孢子丝

2.2.1.1 基内菌丝

基内菌丝（Substrate mycelium）又称营养菌丝（Vegetative mycelium）或初级菌丝（Primary mycelium），生长于培养基内，主要功能为吸收营养物。链霉菌基内菌丝一般无横隔膜，多分枝，直径常在 0.2～1.0μm。有的无色，有的能产生色素，呈红、橙、黄、

绿、蓝、紫、褐、黑等不同颜色。色素有水溶性的，也有脂溶性的。若是水溶性的色素，则可渗入培养基内，将培养基染上相应的颜色；如是非水溶性的（或脂溶性）色素，则使菌落呈现相应的颜色。不同类型的放线菌基内菌丝的形态特征有所区别，例如诺卡氏菌（*Nocardia*）基内菌丝强烈弯曲如树根状，生长到一定菌龄后，产生横隔膜，并断裂成不同形状的杆菌体。又如束丝放线菌（*Actinosynnema*）基丝可参与气丝一起扭成菌丝束，屹立在基质表面，好似刚出土的“竹笋”状，等等。

2.2.1.2 气生菌丝

气生菌丝（Aerial mycelium）又称二级菌丝（Secondary mycelium）。由基内菌丝长出培养基外伸向空间的菌丝为气生菌丝。在显微镜下观察时，气生菌丝体颜色较深，直径较基内菌丝粗，约 1~1.4μm，直或弯曲，有的产生色素。各类放线菌能否产生菌丝体，取决于种的特征、营养条件和环境因子。

2.2.1.3 孢子丝

放线菌生长至一定阶段，在其气生菌丝上分化出可以形成孢子的菌丝，为孢子丝。孢子丝的形状以及在气生菌丝上的排列方式，随不同菌种而不同。孢子丝的形状有直形、波浪形、螺旋形之分，如图 2-21 所示。螺旋状孢子丝的螺旋结构与长度均很稳定，螺旋数目、疏密程度、旋转方向等都是种的特征。孢子丝的排列方式，有的交替着生，有的丛生或轮生。孢子丝从一点分出 3 个以上的孢子枝者，称轮生枝。它有一级轮生和二级轮生之分。轮生类群的孢子丝多为二级轮生。这些特征，均为放线菌菌种鉴定的依据。

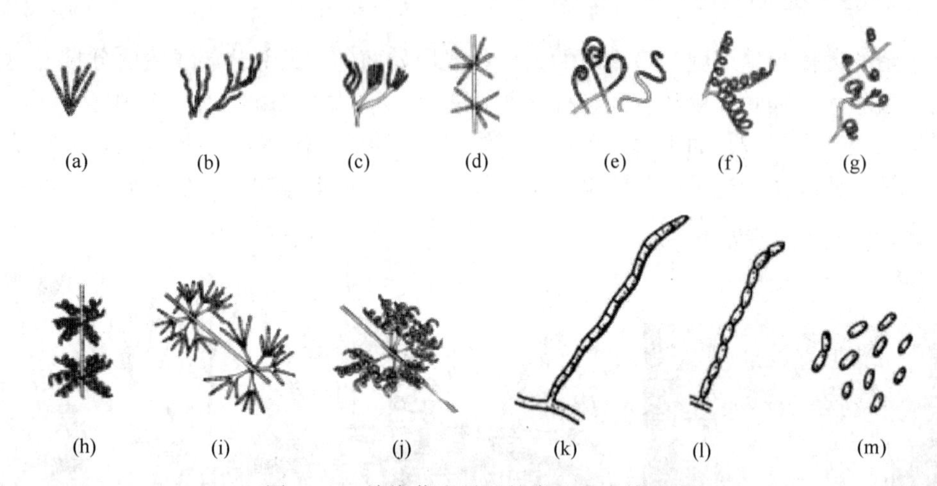

图 2-21 放线菌孢子丝的类型及成熟过程

（a）直形；（b）波曲形；（c）簇生形；（d）单轮生，无螺旋；（e）开环形，简单螺旋，钩形；（f）开放螺旋形；（g）封闭螺旋形；（h）单轮生螺旋；（i）双轮生，无螺旋；（j）双轮生，无螺旋；（k）孢子丝中形成横隔膜；（l）沿横隔膜断裂形成孢子；（m）成熟的孢子

孢子丝生长到一定阶段断裂为孢子，或称分生孢子（Conidium）。孢子有球形、椭圆形、杆形、瓜子形等不同形状。在电子显微镜下可见孢子表面结构，有的光滑，有的带小疣，有的生刺或呈毛发状。孢子常具有不同色素。孢子形状、表面结构、颜色等均为鉴定放线菌菌种的依据。

2.2.2 放线菌的繁殖与菌落特征

放线菌主要通过无性孢子及菌丝片段进行繁殖。用电子显微技术和超薄切片的研究表明，放线菌通过产生横隔膜的方式使孢子丝分裂成为一串孢子。孢子在适宜环境中吸收水分，膨胀萌发，长出1~4根芽管，形成新的菌丝体，如图2-22所示。少数放线菌首先在菌丝上形成孢子囊，在孢子囊内形成孢囊孢子。孢子囊可在气生菌丝上形成，也可在营养菌丝上形成，或二者均可生成。孢子囊成熟后，释放出大量孢囊孢子。孢囊孢子可萌发形成菌丝体。

图2-22 链霉菌的生活史简图

1—孢子萌发；2—基内菌丝体；3—气生菌丝体；4—孢子丝；5—孢子丝分化为孢子

初级的放线菌如放线菌属（*Actinomyces*）、分枝杆菌属（*Mycobacterium*）只形成短小分枝或基内菌丝，并通过细胞分裂或菌丝断裂来繁殖。放线菌的菌丝片段可形成新的菌丝体。在液体振荡培养工业发酵时很少形成分生孢子，因而液体发酵就是利用这一方式进行增殖的。

放线菌菌落在光学显微镜下观察，周围具放射状菌丝。放线菌菌落因种类不同可分为两类。一类是由产生大量分枝的气生菌丝的菌种所形成的菌落，以链霉菌的菌落为代表。链霉菌菌丝较细，生长缓慢，菌丝分枝互相交错缠绕，因而形成的菌落质地致密，表面呈紧密的绒状或坚实、干燥、多皱，菌落较小而不广泛延伸；营养菌丝长在培养基内，所以菌落与培养基结合较紧，不易挑起或整个菌落被挑起而不致破碎。幼龄菌落因气生菌丝尚未分化成孢子丝，故菌落表面与细菌菌落相似而不易区分。当形成大量孢子布满菌落表面时，就形成外观为绒状、粉末状或颗粒状的典型的放线菌菌落；有些种类的孢子含有色素，如与基内菌丝的颜色不同，则使菌落表面与背面呈现不同颜色。另一类菌落由不产生大量菌丝体的种类形成，如诺卡氏菌的菌落，因其一般只有基内菌丝，结构松散，黏着力差，结构呈粉质状，用针挑起则易粉碎。放线菌菌落常具土腥味，如图2-23所示。

2.2.3 放线菌的主要类群

2.2.3.1 链霉菌属

链霉菌属（*Streptomyces*）有发育良好的分枝状菌丝体，菌丝无横隔膜，直径约0.4~1μm，长短不一，多核。菌丝体有营养菌丝、气生菌丝和孢子丝之分。孢子丝再形成分生

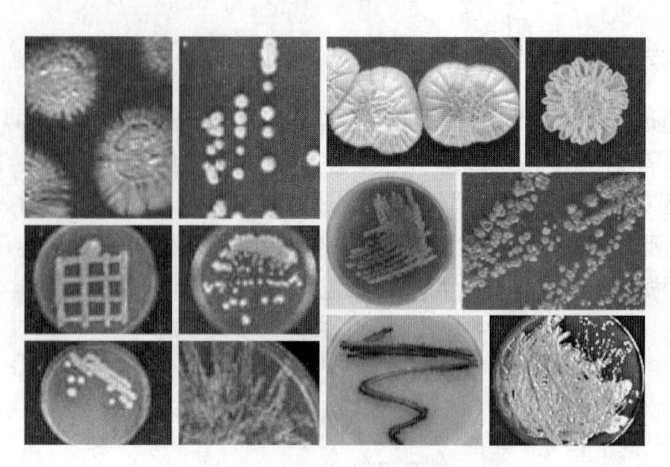

图 2-23 放线菌菌落形态

孢子。链霉菌主要借分生孢子繁殖，其生活史如图 2-22 所示。

已知的链霉菌属的菌有千余种，大多生长在含水量较低、通气良好的土壤中。链霉菌能分解纤维素、石蜡、蜡与各种碳氢化合物。链霉菌是产生抗生素的主要菌株来源。许多著名的常用的抗生素如链霉素、土霉素，抗肿瘤的博来霉素、丝裂霉素，抗真菌的制霉菌素，抗结核的卡那霉素，能有效防治水稻纹枯病的井冈霉素等，都是链霉菌属的次生代谢产物。

2.2.3.2 小单孢菌属

小单孢菌属（*Micromonospora*）基内菌丝发育良好，多分枝，无横隔膜，不断裂，直径为 0.3~0.6μm，一般不形成气生菌丝体。孢子单生，无柄，直接从基内菌丝上产生，或在基内菌丝上长出短孢子梗，顶端着生一个孢子，如图 2-24 所示。

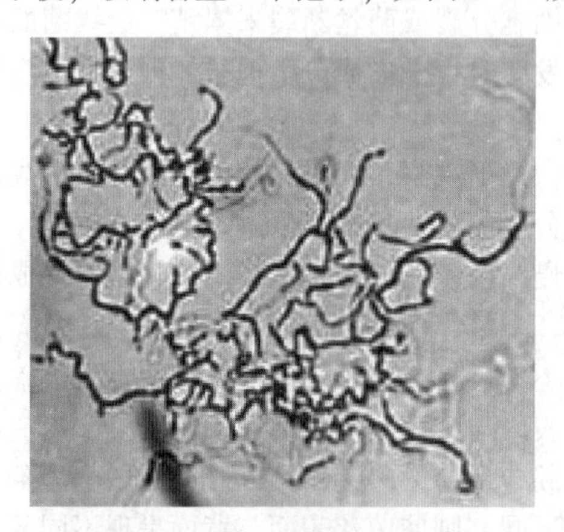

图 2-24 小单孢菌的形态

小单孢菌属与链霉菌属相比，菌丝体较细、无气生菌丝；菌落小，一般为 2~3mm，呈橙黄色或红色，也有深褐色、黑色、蓝色者；菌丝生长力较弱，一般在 15~20 天便停止发育，生长温度略高，一般为 32~37℃，所以很易区别开。

此属多分布于土壤或堆肥中。庆大霉素即由棘孢小单孢菌（*Micromonospora echinospora*）产生。

2.2.3.3 诺卡氏菌属

诺卡氏菌属（*Nocardia*）在培养基上形成典型的菌丝体，菌丝纤细，多数弯曲如树根状，生长到十几小时时开始形成横隔膜，并断裂成多形态的杆状、球状或带叉的杆状体。诺卡氏菌属中大多数种无气生菌丝，只有基内菌丝，菌落秃裸；有的则在基内菌丝体上覆盖着极薄一层气生菌丝，有横隔膜，断裂成杆状，如图 2-25 所示。菌落比链霉菌的小，表面多皱，致密干燥，或平滑凸起不等，有黄、黄绿、红橙等颜色。

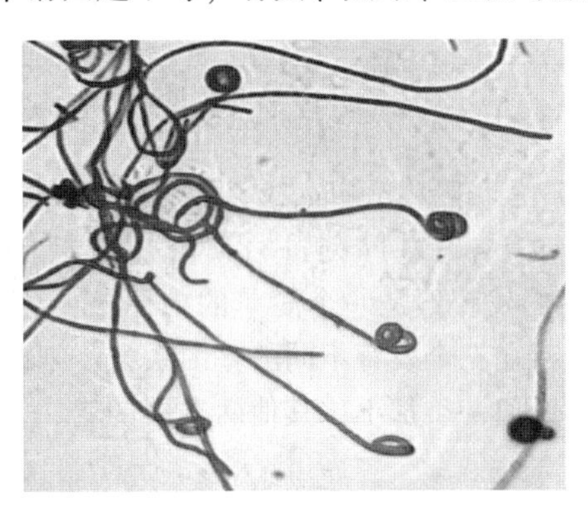

图 2-25 诺卡氏菌的形态

利福霉素由地中海诺卡氏菌（*N. mediterranei*）产生。有些诺卡氏菌可用于石油脱蜡、烃类发酵以及污水处理中分解腈类化合物。

2.2.3.4 放线菌属

放线菌属（*Actinomyces*）仅有基内菌丝，有横隔膜，易断裂成“V”形或“Y”形体。菌落呈污白色。一般为厌氧或兼性厌氧菌，因此，在 CO_2 气体存在下容易生长。放线菌属多为致病菌。典型种为牛型放线菌（*Actinomyces bovis*），始发现于牛的颚肿病，通常见于动物口腔内。另一个是衣氏放线菌（*Act. israeli*），寄生在人体上，可引起后颚骨瘤肿病和肺脏及胸部的放线菌病。

2.2.3.5 游动放线菌属

游动放线菌属（*Actinoplanes*）以基内菌丝为主，有的有气生菌丝，有的气生菌丝少，菌丝有隔或无隔。在基内菌丝上生孢囊梗，梗顶端生孢囊，孢囊成熟，释放出有鞭毛、在水中能运动的游动孢子，如图 2-26 所示。

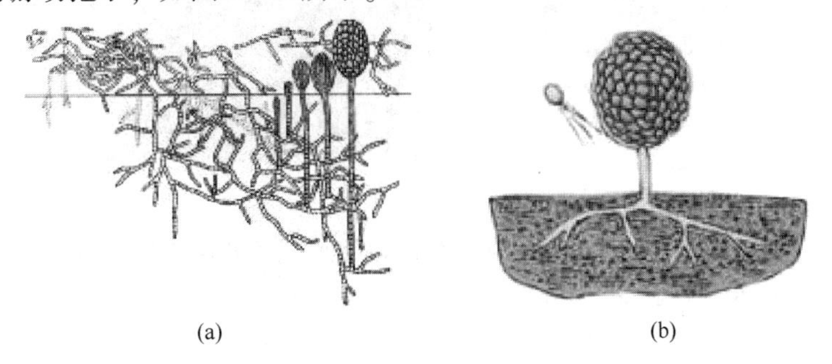

(a) (b)

图 2-26 游动放线菌属的形态（引自 Prescott et al.，2002）

（a）游动放线菌孢囊的发育；（b）游动放线菌孢囊孢子成熟并释放出来

课堂讨论

(1) 放线菌的结构特点有哪些?
(2) 放线菌的菌落特点有哪些?
(3) 简述放线菌和人类的关系。
(4) 放线菌的繁殖方式有哪些?

2.3 古 菌

"古细菌"（Archaebacteria，现用 Archaea）这一概念是沃斯（Woese）及他的同事们对代表性细菌类群的 16S rRNA 碱基序列进行研究比较后于 1977 年提出来的。沃斯（Woese）等人认为，生物界的发育不是一个简单的由原核生物发育到更完全更复杂的真核生物的过程，而是明显地存在三个发育不同的基因系统：细菌、古菌和真核生物。从发育的观点看，这三个类型中任何一类都不比其他两类更古老。

2.3.1 古菌的一般特性

2.3.1.1 古菌的细胞壁

古菌中除热原体类群无细胞壁外，其细胞壁的结构和化学组分与细菌不同。许多 G^+ 古菌的细胞壁结构类似于 G^+ 细菌，有一层单独的匀质厚壁。而 G^- 古菌细胞壁则与 G^- 细菌细胞壁不同，无复杂的肽聚糖网状结构，取而代之的是蛋白质或糖蛋白的表层（见图 2-27）。这一蛋白层可厚达 20~40nm，有时有两层，一层鞘围绕着一电子密度层。

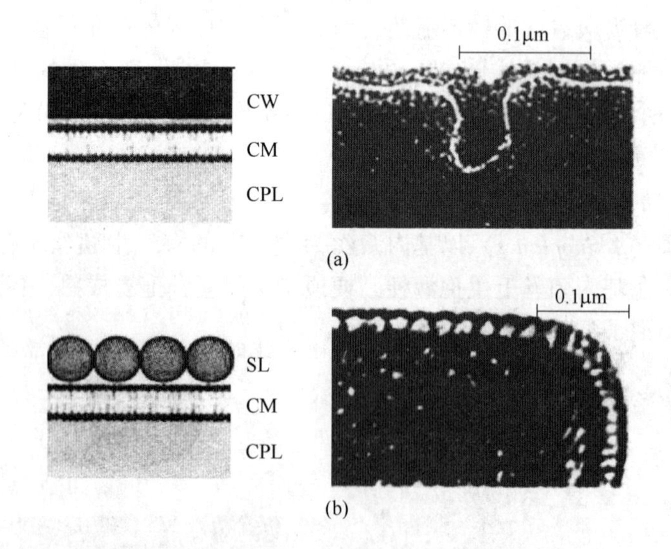

图 2-27 古菌的细胞外膜示意图和电子显微照片

(a) 甲酸甲烷杆菌，一种典型的 G^+ 古菌；(b) 顽固热变形菌，为 G^- 古菌

CW—细胞壁；SL—表层；CM—细胞膜；CPL—细胞质

所有古菌细胞壁中都不含胞壁酸、D 型氨基酸和二氨基庚二酸，而含假肽聚糖。假肽

聚糖（Pseudopeptidoglycan）的结构虽与肽聚糖相似，但其多糖骨架则是由 N-乙酰葡萄糖胺和 N-乙酰塔罗糖醛酸（N-acetyltalisaminouronic acid）以 β-1，3-糖苷键交替连接而成，连在后一氨基糖上的肽尾由 L-G1u、L-A1a、L-Lys 3 个 L 型氨基酸组成，肽桥则由 L-Glu 组成（见图 2-28），显然所有古菌都不受溶菌酶水解。

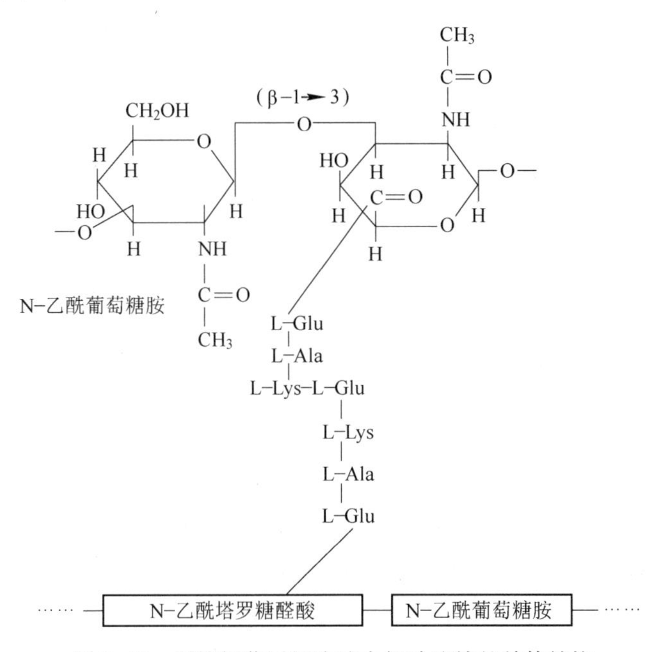

图 2-28　甲烷杆菌属细胞壁中假肽聚糖的单体结构

2.3.1.2　古菌的细胞膜

古菌细胞膜中磷脂的亲水头仍由甘油组成，但疏水尾却由长链烃组成，一般都是异戊二烯（Isoprenoid）的重复单位，亲水头与疏水尾间通过特殊的醚键连接成植烷甘油醚（Phytanylglycernlethers）。而其他原核生物或真核生物中则是通过酯键把甘油与脂肪酸连在一起。此外在甘油分子 C_3 位上，可连接多种与细菌和真核生物细胞膜上不同的基团，如磷酸酯基、硫酸酯基和糖脂。膜脂的 7%～30%是非极性脂，通常是鲨烯的衍生物（见图 2-29）。这些脂类通过不同方式结合产生不同刚性和厚度的膜。例如，C_{20} 二乙醚能够用来做常规双层膜［见图 2-29(a)］。一个更高硬度的单层膜可以由 C_{40} 四乙醚脂构成［见图 2-29(b)］，如极端嗜热菌的膜（热原体属和硫化叶菌属）几乎全都是四乙醚单层膜。也有古菌的膜可能含有二乙醚、四乙醚和其他脂类的混合物（见图 2-30）。

甘油　酯键　硬脂酸　一种正常的脂类

CH_2—O—C(=O)

CH—O—C(=O)

CH_2—OH

(a)

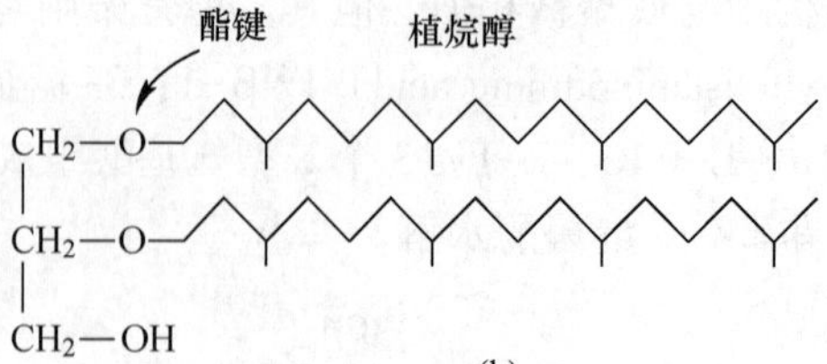

酯键 植烷醇

$CH_2—O$
$CH_2—O$
$CH_2—OH$

(b)

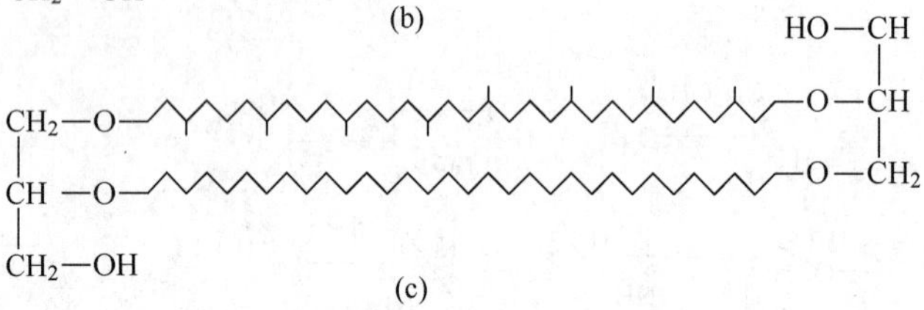

$HO—CH$
$CH_2—O$ $—O—CH$
CH $—O$ $—O—CH_2$
$CH_2—OH$

(c)

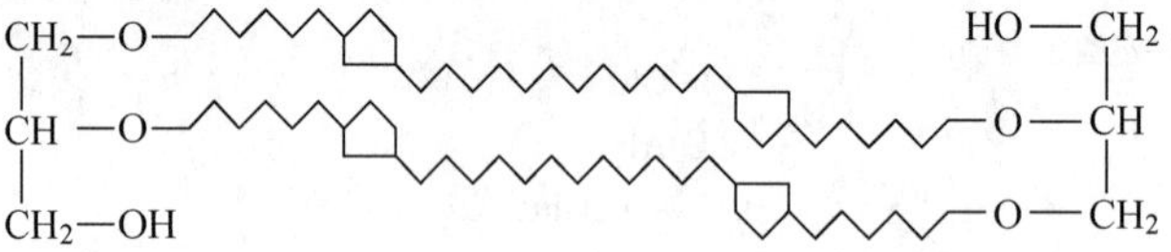

$CH_2—O$ $HO—CH_2$
CH $—O$ $—O—CH$
$CH_2—OH$ $—O—CH_2$

(d)

图 2-29 古菌的膜脂

（a）古菌甘油脂酯；（b）植烷醇甘油二乙醚；（c）二联植烷醇二甘油四乙醚；（d）双五环 C_{40} 二植烷醇四乙醚
（图 2-29（a）中古菌的酯类是异戊烯甘油醚，而不是甘油脂肪酸酯，图 2-29（b）~图 2-29（d）均为古菌甘油酯醚键）

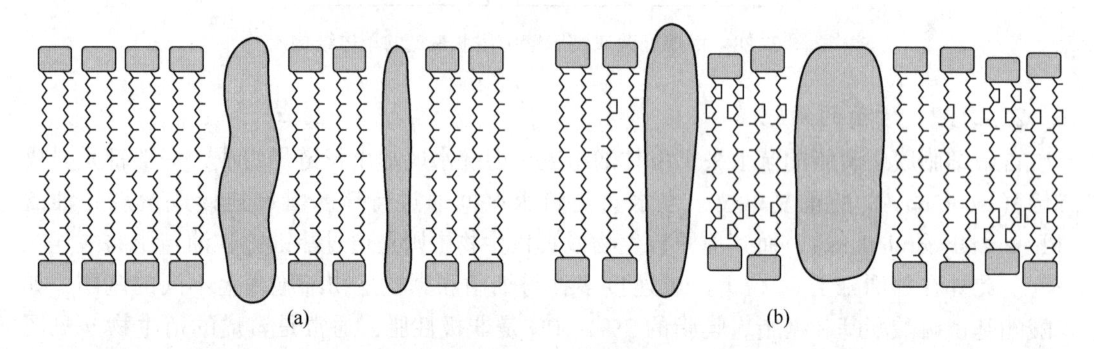

图 2-30 古菌的膜

（a）由膜内在蛋白质和双层 C_{20} 二乙醚组成的膜；（b）由膜内在蛋白质和 C_{40} 四乙醚组成的一种坚硬的单层膜

2.3.2 古菌的分类

古菌是一群具有独特基因结构或系统发育生物大分子序列的单细胞生物，并具有特殊生理功能和独特的生态特征。根据它们之间系统发育关系和生理特性，可将古菌分为 5 大类群，如图 2-31 所示。

2.3.3 产甲烷古菌群

这是一群严格厌氧、能产生甲烷的生理类群，其形态各异，包括球形、杆形、螺旋形、长丝状等，如图 2-32 所示。一些产甲烷细菌属的特征见表 2-1。

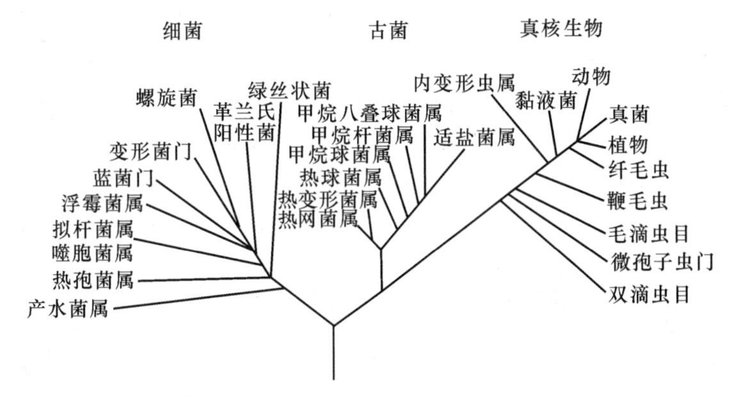

图 2-31　核糖体 RNA 绘制的生命系统发生树

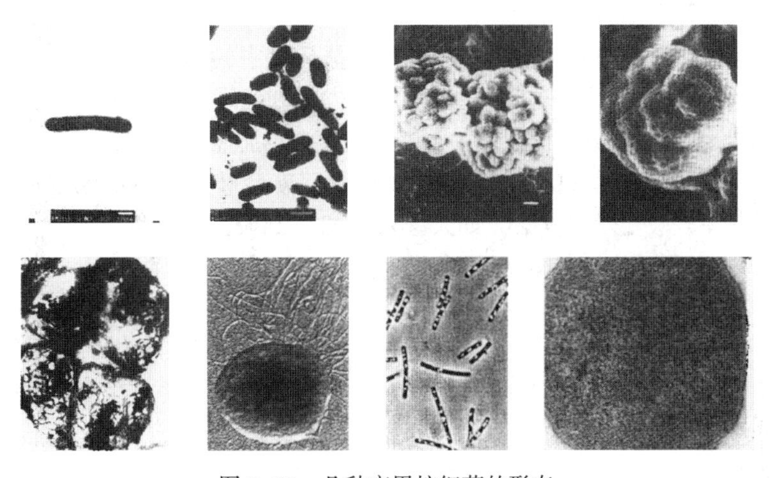

图 2-32　几种产甲烷细菌的形态

表 2-1　一些产甲烷细菌属的特征

属名	形态与 Gram 反应	细胞壁主要成分	产生甲烷的底物和特性
甲烷杆菌属（*Methanobacterium*）	长杆状、G^+	假胞壁质	H_2+CO_2+甲酸
甲烷短杆菌（*Methanobrevibacter*）	短杆状、G^+	假胞壁质	H_2+CO_2+甲酸
甲烷球菌属（*Methanococcus*）	不规则球状、G^-	蛋白质单位，少量葡萄糖胺	H_2+CO_2，丙酮酸$+CO_2$，甲酸
甲烷微菌属（*Methanomicrobium*）	短杆状、G^-	蛋白质亚单位	H_2+CO_2，甲酸
产甲烷菌属（*Methanogenium*）	不规则球状、G^-	蛋白质亚单位	H_2+CO_2，甲酸
甲烷螺菌属（*Methanospirillum*）	螺旋状、G^-	蛋白质亚单位，蛋白质鞘	H_2+CO_2，甲酸
甲烷八叠球菌属（*Methanosarcina*）	大的不规则球状、聚集成团。G^+	异多糖	H_2+CO_2，乙酸，甲醇，甲胺

产甲烷细菌细胞内常含有辅酶 M、甲烷呋喃、亚甲基蝶呤、F_{420} 和 F_{430}，在 CO_2 还原成甲烷时，前三个辅因子携带一个碳，而 F_{420} 携带电子和 H_2。F_{420} 在荧光显微镜下检查时，能自发荧光，是识别产甲烷细菌的一个重要方法。F_{430} 是一个镍-四吡咯，作为甲基—CoM 甲基还原酶的辅因子。有些产甲烷菌能同化 CO_2，进行自养生活，但该过程不经过卡尔文循环，而是从两个 CO_2 分子形成乙酰辅酶 A，后将乙酰辅酶 A 转化成丙酮酸和其他产物。

产甲烷细菌不能利用复杂的碳水化合物、蛋白质等，基质谱很窄，大多数种可利用 H_2/CO_2，很多种可利用 HCOOH，有两个属可利用乙酸，甲烷八叠球菌属种还可利用 H_2/CO_2、甲醇、乙酸、甲胺类物质。极个别种可利用异丙醇。

产甲烷菌主要分布在有机质丰富的厌氧的环境中，如沼泽、湖泥、污水和垃圾处理场、动物的瘤胃及消化道和沼气发酵池中。产甲烷细菌在沼气发酵、污水处理和解决我国农村能源方面有广泛的应用。

2.3.4 极端嗜盐古菌群

这是一类生活在很高浓度甚至接近饱和浓度盐环境中的古菌。

细胞形态为杆形、球形、三角形、多角形、方形和盘形等（见图 2-33）。所有极端嗜盐古菌为 G^- 菌，细胞壁由糖蛋白组成，而 Na^+ 结合在细胞壁的外表面，以保持细胞的完整性和稳定性。若表面没有足够的 Na^+ 存在，其细胞壁就会破裂而使细胞溶解。该菌细胞壁的糖蛋白也含有许多酸性的氨基酸，如天冬氨酸和谷氨酸，其羧基形成的负电荷区被 Na^+ 束缚。若 Na^+ 减少，蛋白的负电荷部分将彼此排斥，而导致细胞溶解。

极端嗜盐古菌的另一个主要特点是细胞膜上存在菌紫膜质（Bacteriorhodpsin），是一种可以作为光受体的蛋白色素，由于其结构和功能类似于眼睛的视觉色素（紫膜质）而得名。在菌紫膜质中，含有一种类似于胡萝卜素的视黄醛分子，它能吸收光并催化质子（H^+）转移和通过细胞质膜。由于含有视黄醛，菌紫膜质呈紫色。在光线照射下，色素会脱色，在此过程中，质子被转运至膜外，形成质子梯度，从而产生能量并合成 ATP。菌紫膜质可强烈地吸收 570nm 绿色光谱区的光线，而且 ATP 的合成是靠互联结合的 ATP 酶进行的。因此，极端嗜盐古菌能不靠光合细菌所特有的菌绿素而进行光合磷酸化作用。此外，它们也含有与细菌类似的细胞色素和铁氧还蛋白。

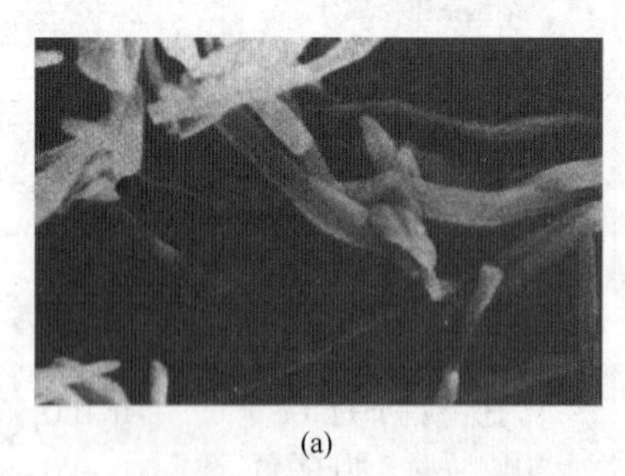
(a)

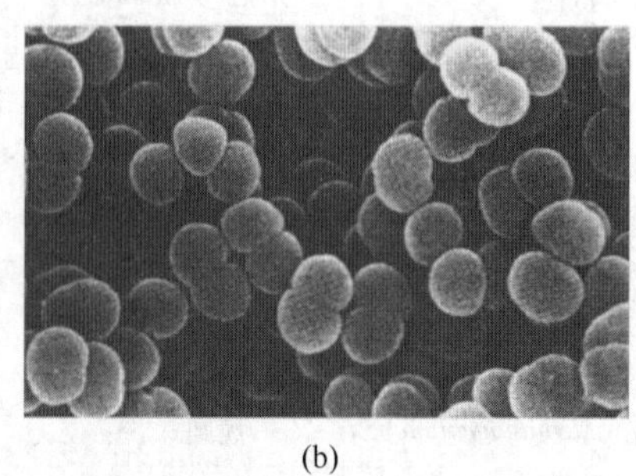
(b)

图 2-33 极端嗜盐古生菌的形态

（a）盐沼盐杆菌（*Halobacterium salinarium*）；（b）鳕盐球菌（*Halobacterium morrhuae*）

极端嗜盐古菌的细胞质蛋白也呈高度酸性，但保持其活性的离子是 K^+，而不是 Na^+。

此外，盐杆菌的细胞质蛋白含有微量的亲水性氨基酸，使其在含有高离子浓度的细胞质内，高度极性的细胞质蛋白质仍处于溶解状态，使非极性的疏水性氨基酸趋向于成簇，并可能失去活性。极端嗜盐古菌以二分裂方式繁殖。菌落由于细胞内含有 C_{50} 类胡萝卜素（菌红素），产红色、粉红色、橙色或紫色等不同色素。大多数菌种不运动，仅有少数菌株靠丛生极生鞭毛缓慢运动。大多数菌种专性好氧。

极端嗜盐古菌的生长需要至少 1.5mol/L 的 NaCl，许多种需 3.5~4.0mol/L NaCl 才生长良好。在高盐条件下能从体外向细胞质内泵入大量的 K^+，以致细胞内的 K^+浓度显著高于体外的 Na^+浓度，以维持细胞内外的渗透压平衡。化能有机营养型，能利用氨基酸或有机酸作为能量来源，良好的生长需要补充主要是维生素类物质的生长因子。

极端嗜盐古菌主要分布于盐湖、晒盐场、高盐腌制品等环境，可引起腌制品等腐败和脱色。嗜盐古菌的菌紫膜质也可用来做太阳能电池。

2.3.5 还原硫酸盐古菌群

这一类主要是指利用硫代硫酸盐和硫酸盐形成 H_2S 的 G^-古菌。

细胞一般为不规则球形、三角形（见图 2-34），直径在 0.4~2.0μm，单个或成对。菌落可呈绿黑色，在 420nm 处可产蓝绿色荧光，严格厌氧。

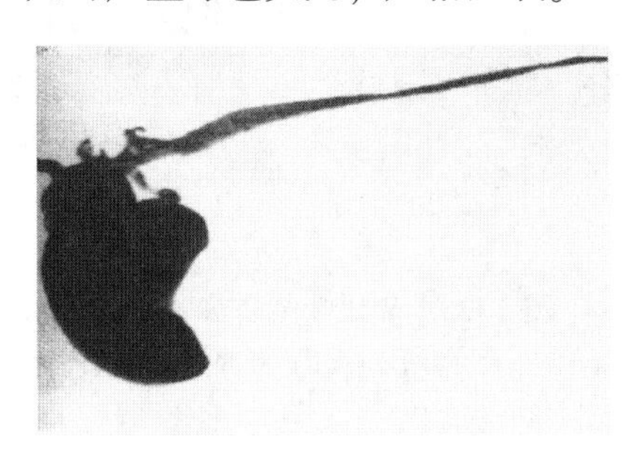

图 2-34 自养古生球菌

营养类型可为化能异养、化能自养或化能混合营养等。自养生长时可利用硫代硫酸盐和 H_2 作电子供体，但难以利用硫酸盐。异养生长时可利用葡萄糖、乳酸盐、甲酸盐和蛋白质等作电子供体，或以硫酸盐、亚硫酸盐、硫代硫酸盐等作电子供体并生成 H_2S，有的还可生成少量甲烷。也可还原元素硫，但有硫酸盐、亚硫酸盐和硫代硫酸盐存在时，元素硫可抑制这类古菌的生长。生长温度范围为 60~95℃，最适范围为 80~83℃，pH 范围为 4.5~7.5，最适 PH 为 6.0。生长需要浓度为 0.9%~3.6%的 NaCl。DNA 中（G+C）mol%为 41~46（Tm）。这类古菌主要分布于深海海底、热泉和地层深部储油层。

2.3.6 极端嗜热硫代谢的古菌群

这是一种极端嗜热能代谢元素硫的古菌。细胞形态呈多样性，除杆状、球状外，还有片球状、圆盘状、不规则球状、圆盘带有附属丝和杆状外覆包被物等。

这类古生菌群专性嗜热，最适生长温度在 70~110℃，大多数种嗜酸性和嗜中性。有化能自养、化能异养和兼性营养三种不同的营养类型。好氧、兼性厌氧或严格厌氧。在好氧条件下可将硫或 H_2S 氧化为 H_2SO_4，在厌氧条件下可还原元素硫为 H_2S。

绝大多数极端嗜热古菌是专性厌氧菌，进行化能有机营养或化能无机营养的产能代谢。元素硫在代谢过程中可作为电子受体，也可在化能无机营养代谢过程中作为电子供体。有些菌则能利用不同的有机物作为电子供体，以 O_2 为电子受体。此外，许多化能无机营养的极端嗜热古菌能以 H_2 作为能源，在好氧条件下以 H_2 作为电子供体。其他化能无机营养的类群在生长时还需要 SO 和 Fe^{2+}，并在氧化 H_2 或 Fe^{2+} 的过程中还原 NO_3^- 为 NO_2^-，并最后产生 N_2 或 NH_4^+。这些现象说明，这类古菌能进行多种呼吸作用，产生能量。许多情况下，元素硫起着关键作用，由于它在能量代谢过程中可作为电子供体或电子受体，所以这类古菌在自然界硫素循环中起重要作用。

主要分布于含硫温泉、火山口、燃烧后的煤矿等环境。其中，硫化古菌属是最早发现的极端嗜热古菌，生长在富含硫黄的酸热温泉中，温度达到 90℃，pH 为 1~5。其形态呈裂片球状（见图 2-35）。

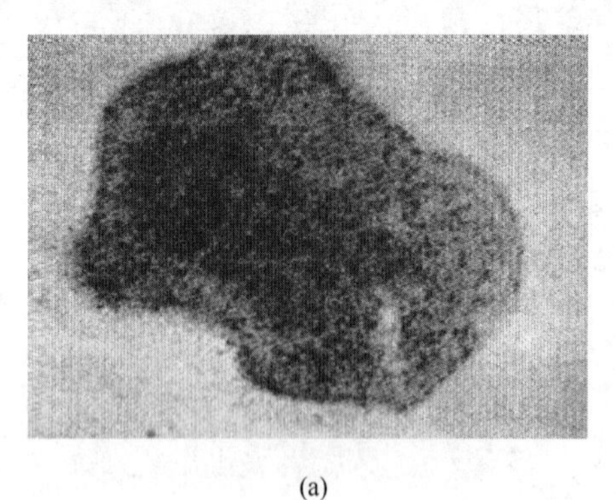

(a)

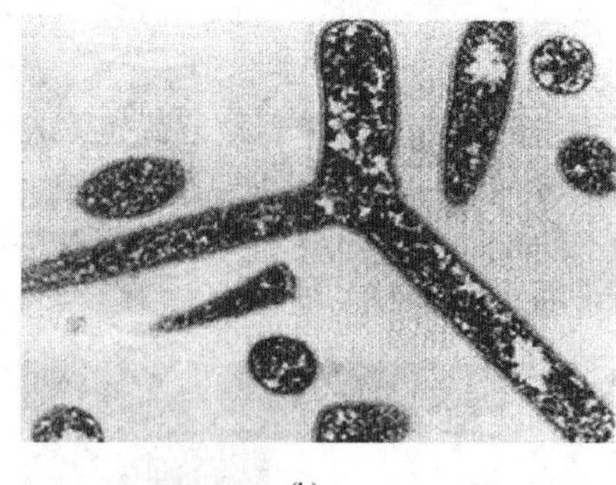

(b)

图 2-35　硫化叶菌和热变形菌

（a）布氏硫化叶菌（*Sulfolobus brierleyi*）的薄切片；（b）顽固热变形菌（*Thermo proteus tenax*）的电镜照片

2.3.7　无细胞壁古生菌群

无细胞壁的多形态细胞（见图 2-36），从球形到丝状，直径为 0.1~5.0μm。细胞仅由一个厚为 5~10nm 的三层膜包围，膜含有带二甘油四醚侧链的 40 碳类异戊二烯醚酯，细胞质膜还含有糖蛋白。无细胞壁的热原体之所以能在渗透压条件下存活，而且能耐得住低 pH 和高温的双重极端条件，与其细胞质膜具有独特的化学成分、结构有关。

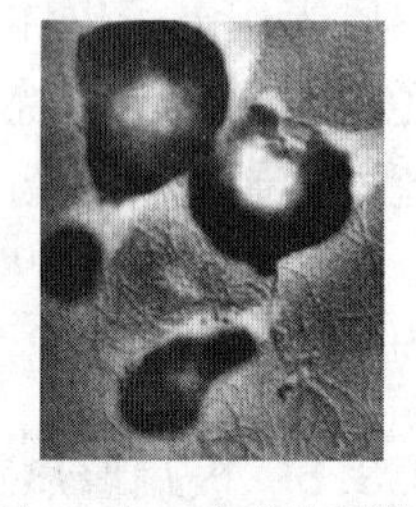

图 2-36　嗜酸热原体

革兰氏阴性菌，在 pH 为 2.0 的琼脂培养基上角落呈现小的棕色“煎蛋”状（0.3mm 左右）。

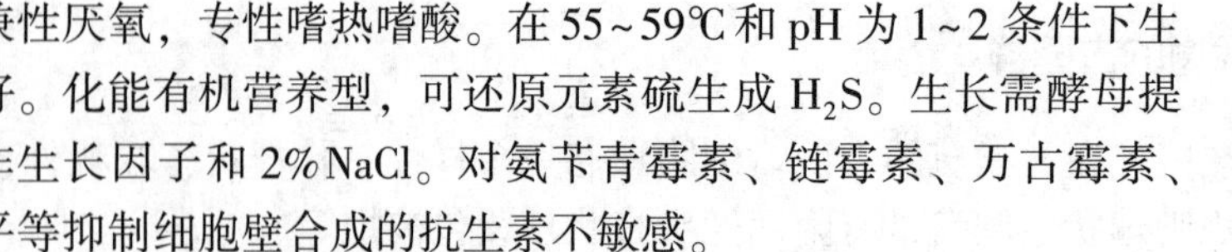

兼性厌氧，专性嗜热嗜酸。在 55~59℃ 和 pH 为 1~2 条件下生长最好。化能有机营养型，可还原元素硫生成 H_2S。生长需酵母提取物作生长因子和 2%NaCl。对氨苄青霉素、链霉素、万古霉素、利福平等抑制细胞壁合成的抗生素不敏感。

分布于自然发热的废煤堆和酸性硫质喷气环境。

课堂讨论

（1）古菌与细菌、真核生物有何异同？

（2）古菌包括哪些类群？为什么它们能在极端环境中生存？

2.4　其他类型的原核微生物

2.4.1　蓝细菌

蓝细菌（*Cyanobacteria*）也称蓝藻或蓝绿藻（*Blue-green algae*），是一类能进行产氧光合作用的原核微生物。

蓝细菌的形态差异很大，可分为5类（见图2-37）：

（1）由二分裂形成的单细胞，如黏杆蓝细菌属（*Gloebacter*）；

（2）内复分裂形成的单细胞，如皮果蓝细菌属（*Dermocarpa*）；

（3）由二分裂形成丝状细胞，如颤蓝细菌属（*Oscillatoria*）；

（4）产生异形胞的丝状细胞，如鱼腥蓝细菌属（*Anabeana*）；

（5）分枝的菌丝，如飞氏蓝细菌属（*Fischerella*）。

蓝细菌的类群及特征见表2-2。

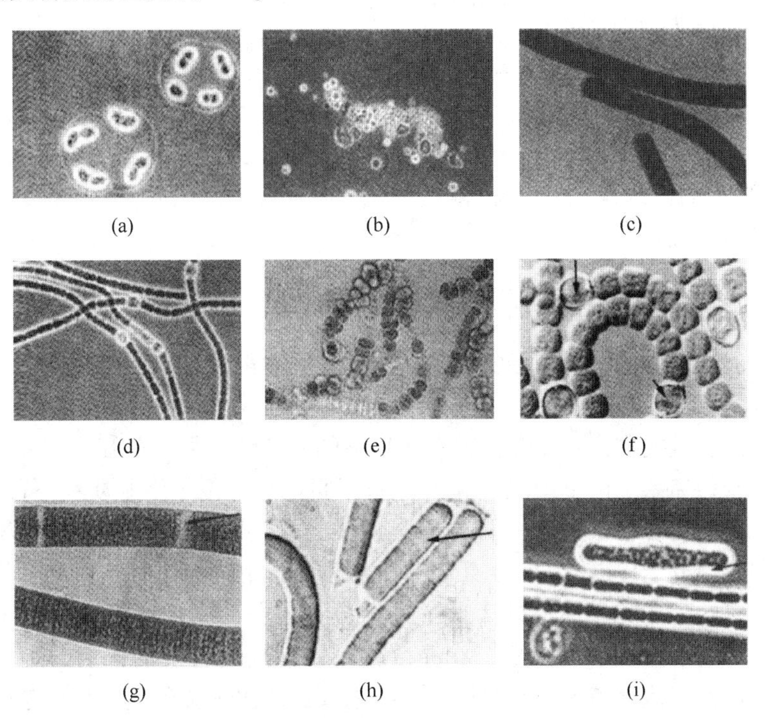

图2-37　蓝细菌的主要形态类型

（a）单细胞的黏杆蓝细菌属；（b）皮果蓝细菌属；（c）丝状的颤蓝细菌属；（d）形成异形胞的丝状鱼腥蓝细菌属；（e）分枝丝状的飞氏蓝细菌属；（f）箭头表示鱼腥蓝细菌的异形胞；（g）颤蓝细菌链丝段形成初期，箭头表示丝状体中的分隔；（h）颤蓝细菌的链丝段；（i）鱼腥蓝细菌的静息孢子

表 2-2 蓝细菌的类群及特征

类 群	种别	DNA（G+C mol%）
类群Ⅰ 单细胞或细胞聚集体	黏杆蓝细菌属（*Gloeothece*） 黏杆菌属（*Gloebacter*） 聚球蓝细菌属（*Synechococcus*） 蓝丝菌属（*Cyanothece*）	35~71
类群Ⅱ 宽球蓝细菌目，通过多分裂产生小球形细胞的小孢子进行繁殖	皮果蓝细菌属（*Dermocarpa*） 异球蓝细菌属（*Xemo*） 小皮果蓝细菌属（*Dermocarpella*）	40~46
类群Ⅲ 颤蓝细菌门，在一个单一细胞水平上通过二分裂形成丝状细胞	颤蓝细菌属（*Oscillatoria*） 螺旋蓝细菌属（*Spirulina*） 眉蓝细菌属（*Calothrix*） 节螺蓝细菌属（*Arthrospira*）	40~67
类群Ⅳ 念珠蓝细菌门，产生异形胞的丝状细胞	鱼腥蓝细菌属（*Anabaena*） 念珠蓝细菌属（*Nostoc*） 节球蓝细菌属（*Nodularia*）	38~46
类群Ⅴ 分枝，细胞分裂形成分枝	飞氏蓝细菌属（*Fischerella*） 真枝蓝细菌属（*Stigonema*） 拟绿胶蓝细菌属（*Chlorogloeopsis*） 软管蓝细菌属（*Hapalosiphon*）	42~46

蓝细菌个体细胞比细菌大，一般直径为3~10μm，最小的为0.5~1.0μm（如细小聚球蓝细菌）；最大的可达60μm，如巨颤蓝细菌（*Oscillatoria princeps*），是迄今已知的最大的原核生物细胞。

蓝细菌细胞壁与革兰氏阴性菌的化学成分相似，由多黏复合物（肽聚糖）构成，含有二氨基庚二酸（DAP）。与其他原核生物相比，在化学组成上，蓝细菌最独特之处是含有由两个或多个双键组成的不饱和脂肪酸，而细菌差不多都含有饱和脂肪酸和单一饱和的脂肪酸（一个双键）。

蓝细菌是光合微生物，其光合内膜有两种不同的结构。某些单细胞的蓝细菌，其光合反应中心和电子传递系统位于细胞质膜上，而藻胆色素则位于细胞质膜下面的内褶层中。但大多数蓝细菌的光合色素位于一种称为类囊体的片层膜中。在类囊体中含有叶绿素a、类胡萝卜素和光合电子传递链的有关组分，这些蓝细菌的光合过程包含光合反应系统Ⅰ和Ⅱ，而且是产氧的。在类囊体的外表面整齐地排列着藻胆蛋白体颗粒，其中含有藻胆蛋白。藻胆素是一类水溶性的色蛋白，在光合作用中起辅助色素的作用，是蓝细菌所特有的。藻胆素又包括藻蓝素和藻红素两种。这些色素量的比例会因生长环境条件，尤其是光照条件的变化而改变，蓝细菌的颜色也因而有所改变。在大多数蓝细菌细胞中，以藻蓝素占优势，使细胞呈特殊的蓝色，故称蓝细菌。藻胆素的功能是吸收光能，并把它转移到光合系统Ⅱ中，而叶绿素a则在光合系统Ⅰ中发挥其作用。

许多蓝细菌的细胞质中有气泡存在，其作用可能是使菌体漂浮，并使菌体能保持在光线最多的地方，以利光合作用。

在蓝细菌丝状体中，还可以看到比一般营养细胞稍大一些、比较透亮的细胞，称异形细胞。异形细胞呈圆形，处于丝状体中间或顶端。所有含有异形细胞的菌种都能固氮。由于异形细胞仅含少量藻胆素，缺乏光合系统Ⅱ，所以它们不产生氧气或固定 CO_2。这样，它们从结构和代谢上就提供了一个厌氧环境，使固氮酶得以避免氧损伤而保持活性。但是，有些不形成异形细胞的单细胞蓝细菌也能固氮。异形细胞与相邻的营养细胞不仅有细胞间的连接，而且有物质的相互交换，即光合作用产物从营养细胞移向异形细胞，而固氮作用的产物从异形细胞转入营养细胞。

蓝细菌没有鞭毛，但能借助于黏液在固体基质表面滑行。有些蓝细菌的滑行运动并不是简单的转移，而是丝状体旋转、逆转和屈曲的结果。蓝细菌的运动还表现出趋光性和趋化性。

蓝细菌主要行分裂繁殖。此外，有些种类可以通过分裂，在母细胞内形成许多球形的小细胞，称为小孢子。母细胞壁破裂后，释放出小孢子，再膨大成营养细胞。少数种类可以类似于芽生方式繁殖，在母细胞顶端以不对称的缢缩分裂形成小的单细胞，称为“外生孢子”。丝状蓝细菌的繁殖靠无规则的丝状体断裂或释放出链丝段，这些细胞短链（丝状体的片段）两端常呈圆锥形，可以丝状体断裂、滑行而离开。有些丝状蓝细菌的营养细胞能分化形成大而有厚壁的休眠细胞，称为静息孢子。这些细胞较一般营养细胞大得多，常含有色素，并含有贮藏性物质，能抗干燥和低温，可度过不良环境。在适宜的生长条件下，静息孢子可以萌发而形成新的丝状体（见图 2-37）。

蓝细菌是光能自养型生物，能像绿色植物一样进行产氧光合作用，同化 CO_2 成为有机物，加之许多种还具有固氮作用，因此，它们的生活条件、营养要求都不高，只要有空气、阳光、水分和少量无机盐类，便能大量成片生长。蓝细菌在岩石风化、土壤形成及保持土壤氮素营养水平上有重要作用，有地球“先锋生物”之美称。

蓝细菌一般喜中温，但在高达 80℃的温泉中及多年不融的冰山上亦可见其踪迹。多种蓝细菌生存于淡水中，是水生态系统食物链中的重要一环。当其恶性增殖时，可形成“水华”（Water bloom），造成水质恶化与污染。有的蓝细菌生于海水甚至深海中，海洋中的“赤潮”（Red tide）系因某类蓝细菌大量繁殖所致。

2.4.2 支原体

支原体又名菌原体，是一类无细胞壁、能在体外独立生活的最小单细胞微生物。最早（1898 年）从患胸膜肺炎的牛体中分离得到，命名为胸膜肺炎微生物。以后从其他动物及人体中也分离到这类菌，统称为类胸膜肺炎微生物，现一般称为支原体。

支原体突出的结构特征是不具细胞壁，只在细胞质表面有一种包含有三层的细胞质膜。质膜的内外层为蛋白质及糖类，中层为类脂和胆固醇，质膜中含有甾醇，这在其他原核微生物中是罕见的。由于没有细胞壁，故细胞柔软，而形态多变，具高度多形性。即使在同一培养基中，细胞也常出现不同大小的球状、长短不一的丝状及各种分枝状（见图 2-38）。球状体最小直径只有 0.1μm，一般为 0.2~0.25μm。而丝状体细胞长度可由几 μm 到 150μm。大多数支原体以二分分裂方式繁殖，有些可以出芽方式繁殖或从球状体长出丝状体，丝状体内原生质凝集成团，出现繁殖小体转变为链球状而后解体再释出单个球状体，以此循环。

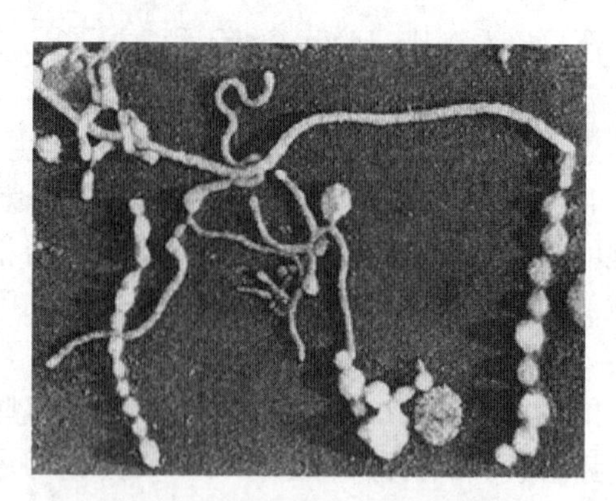

图 2-38 支原体电子显微镜照片

支原体可在人工培养基上生长，其菌落小，直径一般仅为 0.1~1.0mm，并呈典型的“煎鸡蛋”模样，中央较厚，边缘较薄，埋在琼脂中。支原体是能在人工培养基上生长的最小细胞生物。它们虽然可以在人工培养基上生长，但需要较丰富的营养物，通常需加入牛心浸出汁、动物血清，有的还要加入胆甾醇。很多支原体可在鸡胚绒毛尿囊膜与组织培养基上生长。支原体的生长不受青霉素、环丝氨酸等阻碍细胞壁合成的抗生素所抑制，但对其他抗生素如土霉素、四环素等均较敏感。对溶菌酶也无反应。在少量空气下生长良好。寄生型的支原体最适生长温度为 37℃，低于 30℃不能生长。

支原体与无细胞壁的 L 型细菌极其相似，菌落也极为相像，只是 L 型细菌有恢复形成细胞壁的能力，生长不绝对需要甾醇，而支原体从不形成细胞壁，生长需要甾醇。因此在鉴定支原体之前，应在有抗生素的培养基上连续转接五次，以排除误将 L 型细菌当作支原体的可能性。

1967 年日本土居养二（Doi）等报道了一种类似支原体的植物新病原，称类支原体（Mycoplasma-like organism，MLO）。植物上发现的 MLO 的形态、大小、菌落特征都与支原体相似，两者的差异主要在于寄生性支原体在动物体内是细胞间寄生，而植物中的类支原体是细胞内寄生。植物上发现的类支原体并不像支原体那样容易人工培养。

2.4.3 立克次氏体

立克次氏体（*Rickettsia*）是由美国医生 Howard Taylor Rickettsia 在斑疹伤寒患者体内首先发现的病原体。他之后因研究斑疹伤寒受到感染而牺牲，故把这类病原体命名为立克次氏体以志纪念。

立克次氏体大小约（0.3~0.7）μm×(1~2)μm，形态呈球状、杆状。细胞壁由脂多糖及蛋白质组成，与革兰氏阴性菌相似。细胞中含 RNA 和 DNA 两种核酸。此外还有蛋白质、中性脂肪、磷脂、多糖以及某些酶类。已证实有的种有核糖核蛋白体（核糖体）颗粒。立克次氏体不易被碱性染料染色，但能被 Giemsa 染色法染成紫色或蓝色。

立克次氏体为专性细胞内寄生物，除战壕热（五日热）立克次氏体外，均不能在人工培养基上生长，而必须在活细胞内才能生长繁殖。其宿主一般为虱、蚤、蜱、螨等节肢动物，并可传至人或其他脊椎动物（如啮齿动物）。立克次氏体在细胞内行二分裂法繁殖，在代谢活动较低的宿主细胞中生长较好。一般可用鸡胚、敏感动物或合适的组织培养物（如 Hela 细胞株等）来培养立克次氏体。研究表明立克次氏体不能独立生活的原因可能有三：一是能量代谢系统不完全，如不能利用葡萄糖产能而只能氧化谷氨酸产能；二是酶系统不完全，缺少代谢活动必需的脱氢酶（如 NAD）和辅酶 A（CoA）等；三是细胞膜的渗透性过大，虽然有利于从宿主细胞内吸收养料，但在有的环境中生活时体内物质也易于渗漏失去。

立克次氏体对理化因素的抵抗力弱，56℃ 30min 即被灭活，但对低温及干燥的抵抗力强。立克次氏体对化学消毒剂及常用的抗生素敏感，但对磺胺类药物不敏感。人类的流行性斑疹伤寒、恙虫热、Q 热等均由立克次氏体所致。

1972 年，Windsor 和 Black 在感病的植物组织中观察到类似立克次氏体的病原，称其类立克次氏体或类立克次氏体细菌。类立克次氏体是植物的一种新病原，至今已报道过的类立克次氏体有 30 多种。仅几种类立克次氏体在体外培养获得成功。立克次氏体、支原体、衣原体与细菌、病毒的比较见表 2-3。

表 2-3　细菌、支原体、立克次氏体、衣原体和病毒的特征比较

特征	细菌	支原体	立克次氏体	衣原体	病毒
直径/μm	0.5~20	0.2~0.25	0.3~0.7	0.2~0.3	<0.25
可见性	光学显微镜可见	光学显微镜可见	光学显微镜下勉强可见	光学显微镜下勉强可见	电子显微镜下可见
过滤性	不能过滤	能过滤	不能过滤	能过滤	能过滤
革兰氏染色	阳性或阴性	阴性	阴性	阴性	无
细胞壁	有坚韧细胞壁	缺	与 G^- 菌相似	与 G^- 菌相似	无细胞结构
繁殖方式	二等分裂	二等分裂	二等分裂	二等分裂	复制
培养方法	人工培养基	人工培养基	宿主细胞	宿主细胞	宿主细胞
核酸种类	DNA、RNA	DNA、RNA	DNA、RNA	DNA、RNA	DNA、RNA
核糖体	有	有	有	有	无
大分子合成	有	有	进行	进行	只用宿主机体
产生 ATP 系统	有	有	有	无	无
入侵方式	多样	直接	昆虫媒介	直接	取决于宿主细胞性质
对抗生素	敏感	敏感（青霉素例外）	敏感	敏感	不敏感
对干扰素	某些菌敏感	不敏感	有的敏感	有的敏感	敏感

2.4.4 衣原体

衣原体（*Chlamydia*）是一类在真核细胞内专性寄生的 G^- 原核微生物。衣原体细胞比立克次氏体稍小，但形态相似，球形或椭球形，直径 0.2~0.3μm。分析提纯的衣原体主要由蛋白质、核酸、脂类、多糖组成。其中核酸有 RNA 和 DNA 两大类。

衣原体有独特的生活周期，在一个典型的生命周期中有两种细胞类型：一种是小的（0.3μm）、致密的细胞，称原体（Elementary body），具有感染性。另一种是较大（0.5~

1.0μm）、较疏松的细胞，称始体（Initial body）或网状体（Reticulate body）。原体吸附在易感细胞表面，经细胞吞噬而进入细胞，使细胞内形成空泡。空泡中的原体体积逐渐增大，并演化为始体。始体在电子显微镜下观察，已无拟核结构，其染色质分散，呈纤细的网状结构。始体无感染性，但能在空泡中以二分裂方式反复繁殖，直至形成大量新的原体，积聚于细胞质内，形成各种形状的包涵体（Inclusion body），Giemsa 染色呈深紫色。当宿主细胞破裂时释放，重新感染新的宿主细胞（见图 2-39）。每次生活周期约需 48h。

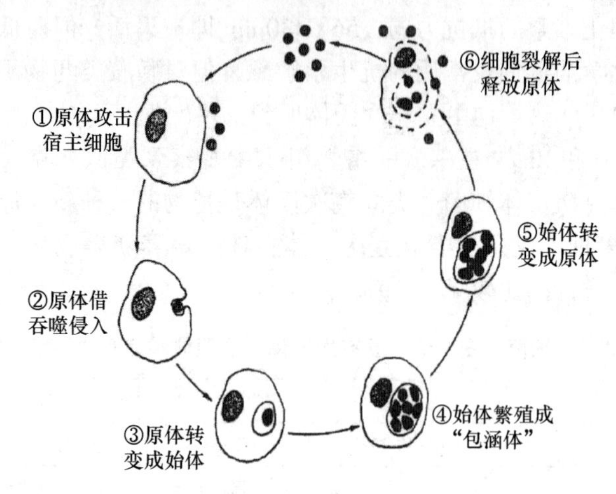

图 2-39 衣原体的感染循环

衣原体虽有一定的代谢能力，但缺乏独立的产能系统。因而必须从宿主细胞得到能量、酶类和一些低分子化合物，既不能独立生活也难以人工培养。衣原体对热敏感，在 56~60℃仅能存活 5~10min。常用消毒剂能迅速灭活衣原体。四环素、红霉素、氯霉素可抑制其生长。

衣原体无须媒介可直接侵入鸟类、哺乳动物和人类。沙眼衣原体是人类沙眼的病原体，甚至引起结膜炎、角膜炎、角膜血管翳等临床症状，成为致盲的重要原因。绝大多数衣原体能在 6~8 日龄的鸡胚卵黄囊中繁殖，我国学者汤飞凡等于 1956 年正是用这种方法首先分离培养成功沙眼衣原体的。

课堂讨论

（1）蓝细菌的形态和细胞结构是怎样的？

（2）试比较衣原体、立克次氏体、支原体的大小及其特点。

2.5 实训：显微镜的使用与细菌形态结构的观察

2.5.1 实训目的

（1）了解普通光学显微镜的构造。

（2）学习显微镜的正确使用及维护。

（3）学习活细菌形态的观察方法。

2.5.2 显微镜的光学原理与组成结构

显微镜是微生物研究的工具，显微镜种类繁多，有光学、相差、暗视野、荧光及电子显微镜等。但它们的原理和结构基本相同。下面以普通光学显微镜为例简要介绍其原理及结构。

2.5.2.1 原理

一般显微镜的光学系统由两部分组成：

（1）成像系统由目镜、棱镜、物镜组成。物镜将标本作第一次放大，然后目镜再将第一次放大的实像作第二次放大。棱镜是专为改变光路用的，物镜光束经棱镜后转向与垂直方向呈45°。

（2）照明系统由聚光镜、可变光栏、集光镜和光源组成。光源可选用自然或人工光源，人工光源由钨卤素灯发出，经集光镜平行光，然后聚光镜将外来光线聚在标本上，从而照亮了标本，便于观察。

2.5.2.2 结构

由光学部分（反光镜、聚光器、物镜和目镜）和机械部分（镜座、镜筒、镜臂、转换器、镜台、推动器、准焦螺旋）组成，主要部件有：

（1）目镜。通常备有5×、10×、16×，一般选用10×。

（2）物镜。它对分辨力有着决定性影响。一般有低倍镜（10×）、高倍镜（40×）和油镜（100×），通常按顺序安装在转换器上。

（3）聚光镜。具有使样品明亮的集光作用，同时还影响物像的分辨力和反差，若将聚光镜的光圈开放到超过物镜的数值孔径时，便产生光斑，若收拢光圈，分辨力下降但反差增大。常用聚光镜为二透镜，N. A = 1. 2，并带有可变光栏和滤光片架。

（4）载物台。又称镜台，载放样品用。一般都装有一个推进器，可由移动手轮作横向或纵向移动载玻片。

（5）准焦螺旋。镜臂上装有两种可以转动的螺旋，能使镜筒上升或下降，称为准焦螺旋。大的螺旋转动一圈。镜筒升降10mm，用于调节低倍镜，叫做粗准焦螺旋。小的螺旋转动一圈，镜筒升降0. 1mm。主要用于调节高倍镜，叫做细准焦螺旋。

2.5.3 显微镜性能

2.5.3.1 数值孔径

显微镜分辨力的高低取决于光学系统的各种条件，但起决定性影响的是物镜。物镜的性能可用数值孔径（N. A 来表示）。数值孔径又叫开口率，它与显微镜的分辨力成正比，与焦深成反比，与镜像亮度平方根成正比。

空气的折射率为1，所以干燥物镜的数值孔径总是小于1，一般为0. 05～0. 95，油镜如用香柏油（折射率为1. 515）作介质，则数值孔径最大可接近1. 5。虽然理论上数值孔径的极限等于所用介质的折射率，但实际上从透镜的制造技术看是达不到的。通常在实用范围内，高级油镜的最大数值孔径为1. 4。

2.5.3.2. 分辨力

分辨力系指分辨物体细微结构的能力，通常用 D 表示，若用数值孔径为1. 25的物镜，则 D=0.22 或其上某结构在 0.44μm 以上时，若被检物大于此数值，即可视见，由此可见 *D* 值愈小，分辨力愈高，物像愈清晰。因此降低波长，增大折射和加大镜口角可提高分辨力。紫外光显微镜和电子显微镜就是利用短波光和电子波来提高分辨力以检视较小的物体。

2.5.3.3　放大倍数

显微镜放大倍数等于物镜放大率和目镜放大率的乘积。

2.5.3.4　焦深

在显微镜下观察一个标本时，焦点对在某一像面时，物像最清晰，这像面为目的面。在视野内除目的面外，还能在目的面的上面和下面看见物像，这两个面之间的距离称为焦深。物镜的焦深和开口率及放大率成反比，即开口率和放大率愈大，焦深愈小。因此调节高倍镜要比调节低倍镜仔细，否则容易使物像滑过而找不到。

2.5.4　使用显微镜

2.5.4.1　显微镜操作

A　取镜

打开镜箱，右手握住镜臂，取出显微镜，用左手托住镜座放于平稳的实验台上。镜检者姿势应端正，一般左眼观察，右眼便于绘图或记录。观察时两眼必须同时睁开，以减少疲劳。

B　调光

一般采用散射光，如光线弱时可用日光灯光作光源。调光步骤为：

(1) 将低倍镜转至镜筒下方，旋转粗调节器，使镜头与载物台相距 0.5cm。

(2) 左眼看目镜，观察光源强弱，调节反光镜（一般用平面镜，若光线弱时可用凹面镜）、光圈与升降聚光镜使视野内光线均匀明亮。若用显微镜灯，则调节光源开关、光圈及升降聚光镜即可。

C　低倍镜观察

将待测标本置于载物台上，用卡尺夹住，移动推动器，使观察标本处于物镜正下方。转动粗螺旋，使载物台上升（或镜筒下降）至距标本 0.5cm 处，由目镜观察，后慢慢下降载物台（或上升镜筒）直至出现模糊像后，用细调节器调至物像清晰为止。

D　高倍镜观察

低倍镜观察到清晰物像后，将观察的部位移至视野中央，转换高倍镜，然后用细调节器调至物像清晰。

E　油镜观察

油镜观察的步骤为：

(1) 在玻片标本的镜检部位滴一滴香柏油，然后将油镜转至正下方。

(2) 小心上升镜台（或下降镜筒），从侧面注视镜头慢慢浸在香柏油中，几乎与标本相碰。应特别小心不能将油镜镜头压在标本上，更不能用力过猛以免压碎玻片或损坏镜头。

(3) 由目镜观察，全开虹彩光圈，调节光源使视野光线达到最亮。

（4）慢慢调节粗调节器，直至视野出现模糊物像为止，然后用细调节器调至清晰。如油镜头已离开油层而未见物像时，必须重复上述步骤。

（5）观察完毕，下降载物台。先用擦镜纸擦去镜头上的油，然后再用一张擦镜纸蘸少许二甲苯，擦去镜头上残留油迹，最后用一张擦镜纸擦去残留的二甲苯。切忌用手或其他纸擦镜头，蘸有香柏油的载玻片用废纸将油擦干，放在指定的地方以便统一处理。

（6）将细菌和酵母菌标本片分别放在低倍镜、高倍镜和油镜下观察。

2.5.4.2 活细菌观察

活的细菌在显微镜下是透明的，不易观察。因此观察时应减弱光照、增加反差，才能获得较好的效果。如果光照很强，细菌和周围液体的差别就难以辨别。观察活细菌常用下面两种方法：

（1）取凹玻片一块放在实验台上，用尖头镊夹盖玻片一块平放桌上，滴一小滴蒸馏水于盖玻片中央，用无菌操作方法取少许菌体放在水滴中，小心地把盖玻片翻转过来，使水滴悬在盖玻片底下，再把它放在凹玻片的凹窝上，轻轻地按一下，使其和凡士林粘紧，使水滴刚好悬在凹窝中。

镜检时，先用低倍镜对着水滴的边沿，用粗动螺旋慢慢下降载物台（或提升镜筒）。由于水滴与玻片的折射率不同，这样就容易调节好焦距，便于找到菌体。然后转高倍镜，用微动螺旋仔细调节焦距，观察活细菌的运动和形态。

（2）取载玻片一块，加灭菌生理盐水一滴，按无菌操作技术取少许菌在水滴中蘸几下，当水滴微浑时即将接种环在酒精灯火焰上灼烧去多余菌体，然后盖上盖玻片。

镜检时先用低倍镜调焦，然后转高倍镜观察。

2.5.5 实训结果

在革兰氏染色法中，大肠杆菌呈红色，是革兰氏阴性菌；金黄色葡萄球菌、枯草芽孢杆菌和藤黄微球菌呈蓝紫色，是革兰氏阳性菌。

2.5.6 注意事项

（1）载玻片要洁净无油迹；滴蒸馏水和取菌不宜过多；涂片要均匀，不宜过厚。

（2）热固定温度不易过高，以载玻片背面不烫手为宜，否则会改变甚至破坏细胞形态。

（3）水洗时，不要直接冲洗有菌体的涂片薄膜处，而应使水从载玻片的一端流下，水流不易过急过大，以免涂片薄膜脱落。

（4）观察时，应以分散开的细菌的革兰氏染色反应为准，过于密集的细菌常常呈阴性。

（5）革兰氏染色的关键在于严格掌握酒精脱色程度。如脱色过度，则阳性菌可被误染为阴性菌；而脱色不够时，阴性菌可被误染为阳性菌。此外，菌龄也影响染色结果，如阳性菌培养时间过长，或已死亡及部分菌自行溶解了，都常呈阴性反应。

2.5.7 实训作业

（1）绘出你所观察的标本片菌体示意图和活细菌运动的示意图。

（2）用显微镜油镜观察微生物后为什么要用二甲苯擦洗油镜镜头？

2.6 实训：细菌的培养及观察

2.6.1 培养基的种类

培养基是细菌生长繁殖所需要的各种营养物质的人工制品。适宜的培养基能使细菌在体外迅速生长繁殖，便于对细菌进行分离和鉴别。可分为基础培养基、营养培养基、选择培养基、鉴别培养基、厌氧菌用培养基和特殊培养基。

2.6.1.1 基础培养基

只含有细菌生长所需的最基本营养成分，应用最广泛，为制备多种培养基的基础，常见的有肉汤培养基、琼脂培养基。

2.6.1.2 营养培养基

在基础培养基中加入葡萄糖、血液、血清、腹水或酵母浸膏等有机物，可供营养要求较高的细菌生长需要或增菌用。如结核分枝杆菌培养基中添加鸡蛋、马铃薯、甘油等。

2.6.1.3 选择培养基

利用不同种类细菌对化学物质的敏感性不同而制成，使分离菌大量繁殖而抑制其他细菌生长的培养基。培养基中含有的抑制剂能抑制非目的菌生长或使其生长不佳，有利于目的菌的检出和识别。选择培养基多为固体平板，用于从标本中分离某些特定的细菌。

2.6.1.4 鉴别培养基

培养基中加有某些特定成分，如糖、醇类和指示剂等，用于检查细菌的各种生化反应，以资鉴别和鉴定细菌。

2.6.1.5 厌氧菌用培养基

专性厌氧菌须在无氧条件下才能生长，故需在培养基中加入半胱氨酸、硫乙醇酸钠等还原剂，降低培养基中氧化还原电势，并应与外界空气隔绝，使培养基本身为无氧的环境。

2.6.1.6 特殊培养基

为某些需要在特殊条件下才能生长的细菌培养之用。如高渗盐增菌培养基、高渗糖增菌培养基、改良 Kagan 氏培养基等。

2.6.2 培养基的制备

制备一般培养基的主要过程基本相似，包括调配、溶化、调整 pH、过滤、分装、灭菌、检定和保存。

2.6.3 细菌检验室的注意事项及无菌技术

细菌培养必须随时为防止污染和病原菌的扩散而进行操作，即无菌操作。细菌检验室的注意事项如下：

（1）细菌的培养应在接种罩或无菌室内进行。有条件的实验室可在超净工作台内进行。

（2）用接种环分离和移种细菌时，用前用后均需灭菌处理。一般采用火焰灭菌法。

（3）从培养瓶或试管培养物中取标本或移种时，在打开瓶口、管口或关闭前，均要在火焰上通过2~3次。切不可使含菌材料污染台面和其他物体。

（4）如不慎将试管等打破造成菌液污染时，不要惊慌，应立即报告负责人，然后用3%来苏或5%石炭酸处理污染台面或地面，至少浸泡30min。

（5）工作完毕后，用紫外光灯照射30min，或用3%来苏擦拭台面，并清洗双手。

2.6.4 接种环和接种针的使用

接种环和接种针由三部分组成，即环（针）部分、金属柄部分和绝热柄部分。接种环和接种针通常选用电热（镍）丝，环的直径随使用目的而不同，一般多为2~4mm，环和针的长度为40~50mm。

接种环（针）使用前后均应进行灭菌处理，将接种环（针）末端直立火焰中，烧红镍丝部分，再使接种环（针）金属柄旋转通过火焰3次灭菌，冷却后用以取菌或待试标本。使用接种环（针）完毕后立即将染菌的镍丝部分于还原焰（内焰）中加热，烤干环（针）端附着的细菌或标本，以免环（针）上残余的细菌或标本因突受高热，爆裂四溅，而污染环境和导致传染危险。然后再移于氧化焰（外焰）中烧红灭菌，最后将金属柄部分往复在火焰中通过3次。用完后的接种环（针），应立即搁置于架上，切勿随手弃置，以免灼焦台面或其他物件。

2.6.5 接种操作区

为避免接种过程中污染环境及空气中的细菌污染培养物，接种应在接种罩或无菌室内进行，此外细菌学实验室所需的设备还包括无菌工作台、生物安全柜和生物安全实验室。

2.6.5.1 接种罩

接种罩的式样很多，可用木框和玻璃制成，亦可用有机玻璃制成。接种罩在用前先以3%石炭酸或来苏轻拭，内需装有紫外线杀菌灯，用前可先行照射，以保证罩内无尘埃和细菌。操作结束后，应立即清理内部，并作罩内消毒处理。

2.6.5.2 无菌工作台

无菌工作台又称超净工作台，目前多采用垂直层流的气流形式。通过变速离心风机将负压箱内经过预滤器过滤的空气压入静压箱，再经高效过滤器进行二级过滤，从出风面吹出的洁净气流，以一定的和均匀的断面风速通过工作区时，将尘埃颗粒和微生物颗粒带走，从而形成无尘无菌的工作环境。使用时应提前50min打开紫外线杀菌灯，30min后关闭并启动送风机。净化区内严禁存放不必要的物件，以保持洁净气流型不受干扰。

2.6.5.3 无菌室

无菌室又称洁净室，是在实验室内部安装的用于无菌操作的小室。室内应有空气过滤装置、紫外线杀菌灯等。

2.6.5.4 生物安全柜

目前微生物试验中多采用生物安全柜，是为操作原代培养物、菌（毒）株以及诊断性标本等具有感染性的实验材料时，用来保护操作者本人、实验室环境以及实验材料，使其避免暴露于上述操作过程中可能产生的感染性气溶胶和溅出物而设计的负压过滤排风柜。

2.6.5.5 生物安全实验室

生物安全实验室简称“BSL 实验室”，是指通过规范的实验设计、实验设备的配置、个人防护装备的使用等建造的实验室。在结构上由一级防护屏障（安全设备）和二级防护屏障（设施）构成，实验室生物安全防护的安全设备和设施的不同组合，构成了四个不同等级生物安全防护水平，一级为最低。

2.6.6 接种法

根据待检标本的性质、培养目的及所用培养基的种类，采用不同的接种方法。常用的有平板划线分离培养法、斜面接种法、液体接种法和穿刺接种法。

2.6.6.1 平板划线分离培养法

分离培养法是通过划线使标本或培养物中混杂的多种细菌在培养基表面逐一分散生长，各自形成菌落，以便根据菌落形态及特征，挑选单个菌落，经过移种而获得纯种细菌(纯培养)。分离细菌最常用的为平板划线分离法：

（1）将接种环火焰灭菌，待冷却后取标本或混合菌液。

（2）用左手持起平板，使平皿盖向上放于台面上或打开平皿盖。

（3）左手斜持（45°）平板，右手持已取材的接种环，在酒精灯上方 5~6cm 处作连续划线法分离细菌。划线时，接种环与平板成 30~40°，轻轻接触平板，以腕力平行滑动接种环。应避免将琼脂划破。先在平板上 1/5 处轻轻涂布，然后即可左右来回以作连续划线接种，线与线间留有适当距离，做到线密而不重复，将整个平板表面布满划线。

如果菌量较大，可采用分区划线法。可将平皿分为若干个区（一般为 5 个区）。先在平板上 1 区轻轻涂布，再在 2，3，…区划线。每划完一个区域，均将接种环灭菌一次，冷后再划下一个区域。每一区域的划线均接触上一区域的接种线 1~2 次，使菌量逐渐减少，以获得单个菌落。

（4）划线完毕，盖好皿盖，做好标记将平皿倒置，置 37℃ 培养 18~24h 后观察结果。

2.6.6.2 斜面接种法

主要用于划线分离培养所获得的单个菌落的移种，以得到纯种细菌和保存菌种，以及观察细菌的某些培养特性。其操作步骤为：

（1）取菌种管置左手食指、中指、无名指之间，拇指压住管底部上侧面。

（2）火焰灭菌接种环。

（3）用右手小指与手掌拔取棉塞（如同时持有两管，可用小指与无名指拔取另一棉塞)，将管口迅速通过火焰 1~2 次。

（4）将已灭菌的接种环伸入菌种管中，从斜面上取少许菌，迅速伸入待接种的培养基管中，在斜面底部向上划一条直线，然后从底部起向上作曲折连续划线，直至斜面上方顶端。37℃ 孵箱中培养 18~24h 即可观察结果。

2.6.6.3 液体接种法

肉汤、胨水、发酵管等均系液体培养基。用于增菌、观察细菌生长现象和检测细菌的生化反应等。其操作步骤为：

（1）持好菌种管及培养基管。

（2）灭菌接种环，由菌种管取菌，伸入培养基管中，在接近液面的管壁上方轻轻研磨，并蘸取少许培养基液体调和，使接种物充分混合于培养基的液体中。

（3）液体培养一般以 18~24h 观察生长特征为好。

2.6.6.4 穿刺接种法

试管内半固体培养基采用此法接种，多用于保存菌种、观察动力及做厌氧培养等。亦可用于观察细菌的某些生化反应。其操作步骤为：

（1）持好菌种管和培养基管。

（2）以灭菌接种针从菌种管取菌。

（3）接种针直刺入培养基的中心（半固体或一般琼脂高层）直达管底部（深入培养基 3/4 处）或沿管壁刺入（醋酸铅高层），接种后接种针应沿原路退出。

（4）经培养后即可观察结果。沿穿刺线生长，线外的培养基清亮者表示细菌无动力；穿刺线模糊不清，或沿穿刺线向外扩散生长，或整个培养基混浊者表示细菌有动力。

2.6.7 培养法

根据培养目的和细菌的种类选用最适宜的培养方法。常用的有一般培养法、二氧化碳培养法和厌氧培养法。

2.6.7.1 一般培养法

一般培养法指需氧菌或兼性厌氧菌等在需氧条件下的培养方法，故又称需氧培养法。将已接种好的培养基置于37℃孵箱中培养 18~24h。但标本中菌量很少或难以生长的细菌（如结核分枝杆菌）需培养 3~7 天甚至 1 个月才能生长。

2.6.7.2 二氧化碳培养法

某些细菌的培养，需要在 5%~10%二氧化碳环境中培养才能生长良好。可采用二氧化碳孵箱，它能自动调节二氧化碳的浓度和温度，使用极为方便。传统的方法则采用烛缸法，将培养基放入缸内，点燃蜡烛放在缸中，加盖（涂以凡士林）密闭。因燃烧而产生的 CO_2 大约占 5%~10%，基本可满足细菌培养的要求。

2.6.7.3 厌氧培养法

厌氧菌标本的采集及运送有特殊的要求及注意事项，应避免正常菌群的污染，尽量少接触空气并立刻送检。厌氧菌的培养法可大致分为：

（1）物理学方法。其包括遮断空气法（层积法）、真空法、空气置换法、厌氧罐培养、厌氧袋法、厌氧手套箱等。

（2）化学方法。其包括焦性没食子酸法、硫乙醇酸钠法、黄磷燃烧法。

（3）生物学方法。其包括需氧菌共生法、燕麦发芽法。

（4）混合法：真空或气体置换与焦性没食子酸法相结合，可根据实际情况选用。

拓展训练

一、选择题

（1）细菌是一类单细胞生物，它的组成有（　　）。

A. 细胞膜、细胞质和细胞核
B. 细胞壁、细胞膜、细胞质和细胞核
C. 细胞壁、细胞质和细胞核
D. 细胞壁、细胞膜、细胞质和未成形的细胞核

（2）下列哪项对细菌的叙述是正确的？（　　）
①是一个细胞　②个体较大　③有球状、杆状和螺旋状
④由菌丝构成菌体　⑤分裂生殖　⑥有的形成芽孢
A. ①②③⑤　B. ①③⑤⑥　C. ①③④⑤　D. ②③⑤⑥

（3）在制作酸奶、泡菜时所利用的细菌是（　　）。
A. 醋酸杆菌　B. 甲烷细菌　C. 乳酸菌　D. 棒状杆菌

（4）有些细菌在环境恶劣时会形成（　　）结构来抵抗不良的环境。
A. 荚膜　B. 芽孢　C. 孢子　D. 细胞壁

（5）大多数细菌只能利用现成的有机物质生活，主要是它们没有（　　）。
A. 荚膜和鞭毛　B. 叶绿体
C. 遗传物质　D. 成形的细胞核

（6）放线菌的结构特点是（　　）。
A. 没有细胞核　B. 有叶绿体
C. 没有成形的细胞核　D. 有细胞核

（7）多数放线菌的营养方式是进行（　　）。
A. 自养生活　B. 异养生活　C. 腐生生活　D. 寄生生活

（8）放线菌的菌丝体呈（　　）。
A. 球状　B. 杆状　C. 放射状　D. 螺旋状

（9）放线菌的生殖方式是（　　）。
A. 孢子生殖　B. 出芽生殖　C. 菌丝体生殖　D. 分裂生殖

（10）放线菌是靠（　　）吸收现成的营养物质。
A. 营养菌丝　B. 气生菌丝
C. 孢子　D. 营养菌丝和气生菌丝

（11）放线菌的菌体是由许多丝状物质组成的，总称（　　）。
A. 螺旋体　B. 孢子囊　C. 分支菌丝　D. 菌丝体

（12）下列属于古菌的细菌是（　　）。
A. 放线菌　B. 霉菌　C. 支原体　D. 产甲烷菌

（13）（　　）主要分布于深海海底、热泉和地层深部储油层。
A. 极端嗜盐古菌群　B. 极端嗜热硫代谢的古菌群
C. 还原硫酸盐古菌群　D. 产甲烷古菌群

（14）没有细胞壁的原核微生物是（　　）。
A. 立克次氏体　B. 支原体　C. 衣原体　D. 螺旋体

（15）支原体的细胞特点是（　　）。
A. 去除细胞壁后的细菌　B. 有细胞壁的原核微生物
C. 无细胞壁的原核微生物　D. 呈分枝丝状的原核微生物

(16) 支原体与细菌的主要不同点是（　　）。

A. 无细胞壁　　B. 对抗生素不敏感

C. 可在培养基上繁殖　　D. 以二分裂方式繁殖

(17) 立克次氏体引起的疾病是（　　）。

A. 伤寒　　B. 斑疹伤寒

C. 回归热　　D. 出血热

二、填空题

(1) 图 2-40 是细菌结构示意图，请根据图回答下列问题。

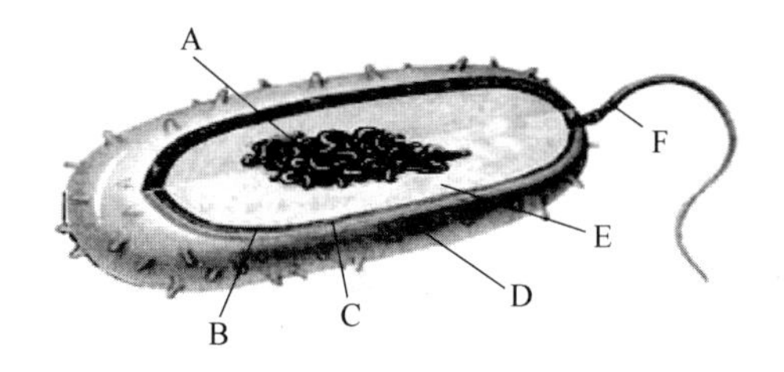

图 2-40　细菌结构（测验用）

1) 写出细菌细胞各部分结构名称：

A ____________；B ____________；C ____________；

D ____________；E ____________；F ____________。

2) 细菌的遗传物质存在于____________（填字母）中。

3) 字母 C 所指的结构增厚时，细菌能够形成____________，以度过不良环境。

4) 字母__________所代表的结构能够控制物质进出细菌细胞。

5) 细菌的繁殖方式是____________、____________等。

(2) 古菌的呼吸类型有____________、____________、____________和____________。

(3) 古菌利用____________、____________、____________和____________进行无性繁殖。

三、判断题

(1) 古菌细胞壁中有胞壁质。（　　）

(2) 古菌中有线粒体。（　　）

(3) 古菌中蛋白质合成的起始氨基酸是甲硫氨酸。（　　）

(4) 古菌中蛋白质合成受白喉毒素抑制。（　　）

知识链接

放线菌属的知识，你了解多少，快来看看吧！

放线菌属（*Actinomyces*）为原核细胞型微生物，革兰氏染色阳性，非抗酸性丝状菌，菌丝细长无分隔，有分枝，直径 0.5～0.8μm。放线菌以裂殖方式繁殖，培养比较困难。

广泛分布于自然界，种类繁多，为人体的正常菌群成员，可引起内源性感染。对人致病的主要是衣氏放线菌，牛放线菌可使牛和猪患病。另外，医学上许多重要的抗生素，如氨基糖苷类、蒽环类、β-内酰胺类、大环内酯类等均为放线菌产生的。

一、放线菌属定义

放线菌科属无芽孢、无运动性、非抗酸性、呈分枝状或棍棒状的革兰氏染色阳性杆菌。菌体大小 0.6×（3~4）μm，糖类发酵产酸不产气，不形成吲哚无尿素酶，厌氧或兼性厌氧，二氧化碳能促进其生长。有 5 个种，其中对人和动物致病的主要是衣氏放线菌和牛放线菌。

二、放线菌属特性

生物学特性：革兰氏染色阳性，非抗酸性丝状菌，菌丝细长无分隔，有分枝，直径 0.5~0.8μm。放线菌以裂殖方式繁殖，培养比较困难。在患者的病灶和脓汁中可找到肉眼可见的黄色小颗粒，称硫磺样颗粒，是放线菌在病变中形成的菌落。压片后镜检可见菌丝末端膨大呈棒状、放射状，形似菊花，故将该菌称为放线菌。用革兰氏染色，菊花形中央部位的菌丝为阳性，四周菌丝末端膨大部分为阴性。

三、致病性与免疫性

放线菌大多寄居于人和动物口腔、上呼吸道、消化道及泌尿生殖道，属于正常菌群。当机体抵抗力降低、口腔卫生不良、拔牙或口腔黏膜受损时，可致内源性感染，引起放线菌病。放线菌病是一种软组织的化脓性炎症，若无继发感染，多呈慢性肉芽肿，好发于面颈部，也可进入胃肠道和肺部，引起相应感染。

放线菌病患者血液中可找到多种抗体，但这些抗体既无诊断意义，对机体也无保护作用。机体对放线菌的免疫主要靠细胞免疫。

四、微生物学检查

放线菌病最主要和最简单的检查方法是在标本中寻找有无硫磺样颗粒。取颗粒制成压片后，在显微镜下检查是否有菊花状排列的菌丝。必要时取脓、痰标本作厌氧培养，放线菌生长缓慢，常需培养 2 周以上，才可见菌落生长。亦可取活组织切片染色检查。

防治原则：注意口腔卫生，及时治疗口腔疾病。对于脓肿及瘘管应进行外科清创，同时配合应用大剂量抗生素治疗，首选青霉素，亦可用红霉素、林可霉素和磺胺类药物。

五、放线菌属代表

放线菌属有 35 个种，常见的有衣氏放线菌、牛放线菌、内氏放线菌、黏液放线菌和龋齿放线菌等，其中对人致病性较强的为衣氏放线菌。

衣氏放线菌属：在病灶和脓样物质中形成硫磺样颗粒，菌体多呈菊花状排列，用苏木紫伊红染色，菌体呈紫色，棒状末端为红色，人工培养较困难。专性厌氧，在脑心浸液琼脂培养基上 35~37℃ 培养 7~14 天后，形成直径 0.5~3mm 的粗糙型不规则菌落。DNA 中的 G+C 克分子含量为 60%。一般为内源性感染，当局部抵抗力降低或全身免疫力受抑制而又有局部损伤时，易诱发以慢性脓肿和多发性瘘管为特征的放线菌病。所形成的抗体可与分枝杆菌、棒状杆菌有交叉反应。可用磺胺类药物、青霉素和四环素等治疗。

牛放线菌：专性厌氧菌。DNA 中的 G+C 克分子含量为 63%。寄生于动物和人的消化道中，特别是口腔、咽部和扁桃体，还未在自然界发现。其在口颊、齿龈等部位发生损伤时侵入组织内，引起放线菌病（化脓、肉牙肿、骨质糜烂等，可转移至肝、肺）。本菌因生长条件的不同而呈现多种形态。在病灶脓液中形成淡黄色硫磺样颗粒，用载玻片压碎进行镜检时，发现其中心系由革兰氏阳性的分枝菌丝和一些短杆状或球状的菌体组成，四周为呈放射状排列的革兰氏阴性棍棒状菌体。

3 真核微生物

学习引导

学习目标

(1) 了解真核微生物的形态结构。

(2) 了解真核微生物结构与功能的关系。

(3) 了解真核微生物的繁殖方式。

重点难点

(1) 重点：真核微生物的基本结构、特殊结构。

(2) 难点：真核微生物的繁殖方式。

3.1 酵　母　菌

酵母菌是一种单细胞真菌，一种肉眼看不见的微小单细胞微生物，能将糖发酵成酒精和二氧化碳，分布于整个自然界，是一种典型的异养兼性厌氧微生物，在有氧和无氧条件下都能够存活，是一种天然发酵剂。

最常提到的酵母菌为酿酒酵母（*Saccharomycescerevisiae*，也称面包酵母），自从几千年前人类就用其发酵面包和酒类，在发酵面包和馒头的过程中面团中会放出二氧化碳。

因酵母菌属于简单的单细胞真核生物，易于培养，且生长迅速，故其被广泛应用于现代生物学研究中。如酿酒酵母作为重要的模式生物，也是遗传学和分子生物学的重要研究材料。

酵母菌中含有环状 DNA 质粒，可以用作基因工程的载体。

3.1.1 酵母菌的形状和大小

酵母菌（Saccharomyce）是基因克隆实验中常用的真核生物受体细胞，培养酵母菌和培养大肠杆菌一样方便。酵母菌克隆载体的种类也很多。酵母菌有质粒存在，这种 2μm 长的质粒称为 2μm 质粒，约 6300bp。这种质粒至少有一段时间存在于细胞核内染色体以外，利用 2μm 质粒和大肠杆菌中的质粒可以构建成能穿梭于细菌细胞与酵母菌细胞之间的穿梭质粒。酵母菌克隆载体都是在这个基础上构建的。

酵母菌一般泛指能发酵糖类的各种单细胞真菌，可用于酿造生产，也可为致病菌，以及遗传工程和细胞周期研究的模式生物。酵母菌是人类文明史中被应用得最早的微生物。目前已知有 1000 多种酵母菌，根据酵母菌产生孢子（子囊孢子和担孢子）的能力，可将酵母菌分成三类：形成孢子的株系属于子囊菌和担子菌，不形成孢子但主要通过出芽生殖来繁殖的称为不完全真菌，或者叫“假酵母”（类酵母）。

目前已知极少部分酵母菌被分类到子囊菌门。酵母菌在自然界分布广泛，主要生长在偏酸性的潮湿的含糖环境。

3.1.1.1　酵母菌介绍

酵母菌是一种单细胞真菌，在有氧和无氧环境下都能生存，属于兼性厌氧菌。

3.1.1.2　细胞形态

酵母菌细胞宽度（直径）约2~6μm，长度5~30μm，有的则更长。个体形态有球状、卵圆、椭圆、柱状和香肠状等，如图3-1所示。

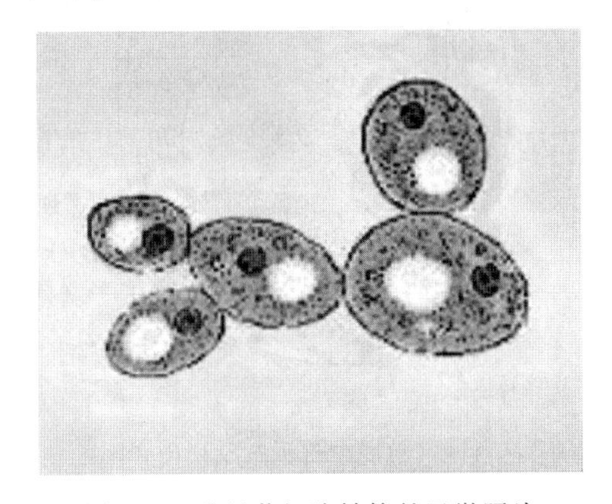

图3-1　酵母菌细胞结构的显微照片

3.1.1.3　生理特性

酵母菌是单细胞微生物。它属于高等微生物的真菌类。有细胞核、细胞膜、细胞壁、线粒体、相同的酶和代谢途径。酵母菌无害，容易生长，空气中、土壤中、水中、动物体内都存在酵母菌。有氧气或者无氧气都能生存。

酵母菌是兼性厌氧生物，未发现专性厌氧的酵母菌，在缺乏氧气时，发酵型的酵母菌通过将糖类转化成为二氧化碳和乙醇（俗称酒精）来获取能量。

3.1.2　酵母菌的细胞结构

多数酵母菌可以分离于富含糖类的环境中，比如一些水果（葡萄、苹果、桃等）或者植物分泌物（如仙人掌的汁）。一些酵母菌在昆虫体内生活。酵母菌是单细胞真核微生物，形态通常有球形、卵圆形、腊肠形、椭圆形、柠檬形或藕节形等，比细菌的单细胞个体要大得多，一般为1~5μm或5~20μm。无鞭毛，不能游动。酵母菌具有典型的真核细胞结构，主要结构有细胞壁、细胞膜、细胞核、细胞质、液泡、线粒体等（见图3-2），现分述如下。

3.1.2.1　细胞壁

酵母菌细胞壁约占整个细胞干重的20%~30%，具有维持细胞形态和细胞间识别的重要作用。按结构划分，酵母菌细胞壁可分为3层，内层为葡聚糖层，中间层主要由蛋白质组成，外层为甘露聚糖层，层与层之间可部分镶嵌；按化学组成划分，甘露聚糖约占酵母菌细胞壁干重的30%，β-葡聚糖约占30%，糖蛋白和几丁质约占20%，蛋白质、类脂、

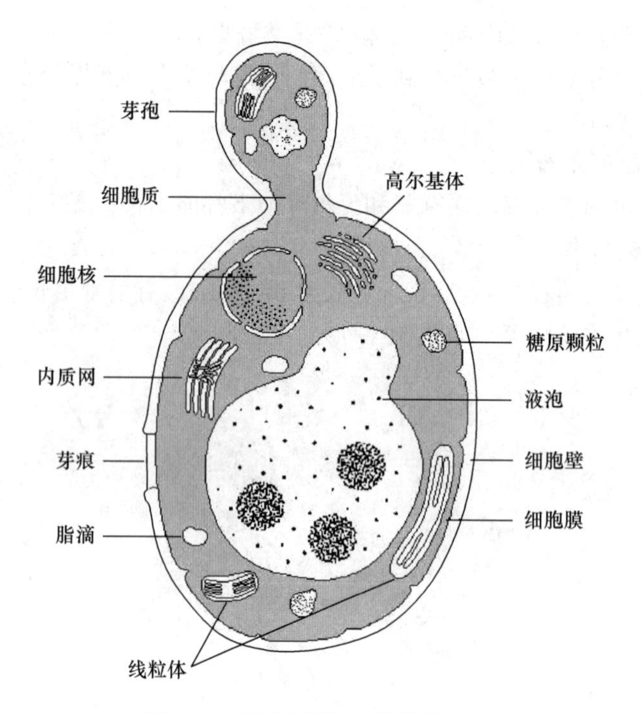

图 3-2 酿酒酵母细胞结构模式图

无机盐等其他成分约占 20%。最内层的 β-葡聚糖属结构多糖，与原生质体膜相连接，构成了酵母菌细胞壁的主要成分，功能是支撑外部甘露聚糖。β-葡聚糖由 β-1,3-葡聚糖和 β-1,6-葡聚糖组成，两者比例为 85∶15。β-葡聚糖以 β-1,3-葡聚糖为骨架，β-1,6-葡聚糖为支链，β-1,6-葡聚糖的还原端连接到 β-1,3-葡聚糖非还原端的末端葡萄糖上，并在氢键作用下共同构成一个三维的网状结构。其网状结构具有较强弹性，在正常渗透压下可大量延伸。而当细胞处于高渗透压情况下时，三维网状结构可迅速收缩，只占原来体积的 40%左右，当渗透压恢复正常后，三维网状结构则可恢复原状。

甘露聚糖具有细胞识别和控制细胞壁孔径等多种生理功能。甘露聚糖以共价键与蛋白质连在一起，主链为单链，通过 α-1,6-糖苷键将多个 α-甘露糖连接形成，甘露糖侧链则以 α-1,2 键和 α-1,3 键与主链连接，部分侧链则结合有决定酵母菌细胞抗原相关的功能基团。β-1,6-葡聚糖和甘露聚糖的连接在酵母菌细胞壁的合成中具有重要作用。

3.1.2.2 细胞膜

酵母菌细胞膜是双磷脂层构造，其间镶嵌着蛋白质和甾醇。酵母菌的细胞膜与原核生物的基本相同。但有的酵母菌如酿酒酵母菌中含有固醇类（甾醇），这在原核生物中是罕见的。

酵母菌细胞膜的功能：控制营养物质的吸收与废物的排出；细胞壁中大分子的生物合成和装配基地；部分酶的合成和作用场所。

3.1.2.3 细胞核

酵母菌具有由多孔核膜包裹着的细胞核，上面有大量的核孔。每一个细胞具有一个核，核呈圆形或卵形，直径一般不超过 1μm，细胞核位置一般位于细胞的中央，由于液泡的逐渐扩大，把细胞核挤在边缘，常变为肾形。

细胞核的结构：

（1）核膜。核孔 40~70nm，占膜面积的 8%，核膜通透性比任何生物膜都大。

（2）染色体。由 DNA 和组蛋白牢固结合而成，呈线状，数目因种而异。

（3）核仁。核内有一个或几个区域 rRNA 含量很高，这一区域为核仁，是合成核糖体的场所。

（4）中心体。在核膜上，由蛋白质亚基组成的细丝状结构，在细胞繁殖分裂中起作用。

细胞核的功能：携带遗传信息，控制细胞的增殖和代谢。

3.1.2.4 细胞质

位于细胞膜和细胞核间，除细胞器以外的透明、黏稠、不断流动的胶状溶液，即为细胞质。细胞质中含有丰富的酶等蛋白质、各种内含物以及中间代谢产物等，是细胞代谢活动的重要场所。

幼龄酵母菌细胞质比较稠密而均匀，含有多种酶系、核糖体、可溶性物质和小颗粒物。成熟细胞质中，出现较大的液泡和各种储藏物，是细胞内储藏的营养物质。

A 线粒体

线粒体为小球形、杆状，一般位于核膜及中心体的表面，直径约为 0.5~1μm，长可达 2μm，具双层膜，内膜内陷为脊。

其结构是双层单位膜包围的细胞器；其中含脂类、蛋白质、少量 RNA 和环状 DNA。

功能：其 DNA 可自主复制，不受核 DNA 控制。决定线粒体的某些遗传性状。也是生物氧化中心。

B 液泡

由单层膜包裹的囊泡物，液泡中含有水、有机酸、盐类和水解酶类，还有一些贮藏颗粒（如肝糖粒、脂肪粒、异染颗粒等）。液泡常在细胞发育后期出现，它的大小可作为衡量细胞成熟的标志。储藏营养物质和水解酶类；与细胞质进行物质交换；调节渗透压。

3.1.3 酵母菌的繁殖方式

酵母菌的繁殖方式分无性繁殖（芽殖、裂殖、芽裂）和有性繁殖（子囊孢子）两大类。

3.1.3.1 芽殖

芽殖发生在细胞壁的预定点上，此点被称为芽痕，每个酵母菌细胞有一至多个芽痕。成熟的酵母菌细胞长出芽体，母细胞的细胞核分裂成两个子核，一个酵母细胞的细胞质进入芽体内，当芽体接近母细胞大小时，自母细胞脱落成为新个体，如此继续出芽。如果酵母菌生长旺盛，在芽体尚未自母细胞脱落前，即可在芽体上又长出新的芽体，最后形成假菌丝状。

3.1.3.2 裂殖

少数种类的酵母菌与细菌一样，借细胞横向分裂而繁殖。其过程是细胞延长，核分裂为二，细胞中央出现隔膜，将细胞横分为两个具有单核的子细胞。

3.1.3.3 子囊孢子

营养状况不好时，一些可进行有性生殖的酵母菌会形成孢子（一般来说是四个），在条件适合时再萌发。一些酵母菌，如假丝酵母菌（或称念珠菌，*Candida*）不能进行有性繁殖。

3.1.4 酵母菌的菌落

菌落（Colony）是由单个细菌（或其他微生物）细胞或一堆同种细胞在适宜固体培养基表面或内部生长繁殖到一定程度，形成肉眼可见的子细胞群落。

大多数酵母菌的菌落特征与细菌相似，但比细菌菌落大而厚，菌落表面光滑、湿润、黏稠，容易挑起，菌落质地均匀，正反面和边缘、中央部位的颜色都很均一，菌落多为乳白色，少数为红色，个别为黑色。菌落的色泽、质地、表面和边缘形状等特征是鉴定酵母菌菌种的重要依据。有的种类单个细胞能互相连接在一起形成假菌丝体，也有极个别的种类能形成真菌丝体。

3.1.5 常见的酵母菌

3.1.5.1 酿酒酵母

酿酒酵母（*Saccharomycescerevisiae*）是发酵工业中最常用的菌种之一。按细胞长与宽的比例可将其分为三组。

A 圆形或卵形为主

长与宽之比为1~2，这类酵母菌除了用于酿造饮料酒和制作面包外，还用于乙醇发酵。其中德国2号和12号（Rasse Ⅱ和Rasse Ⅻ）最有名，但因其不耐高浓度盐类，故只适用于以糖化的淀粉质为原料生产乙醇和白酒。

B 卵形和长卵形为主

也有些圆形或短卵形细胞，长与宽之比通常为2。常形成假菌丝，但不发达也不典型。这类酵母菌主要用于酿造葡萄酒和果酒，也可用于酿造啤酒、蒸馏酒和酵母菌生产。葡萄酒酿造业称此为葡萄酒酵母菌（*Sac. ellisoideus*）。

C 长宽之比大于2为主

它以俗名为台湾396号的酵母菌为代表。我国南方常将其用于糖蜜原料生产乙醇。其特点为耐高渗透压，可耐受高浓度盐类。该酵母菌原称魏氏酵母菌（*Sac. willanus*）。

在啤酒酿造中最早采用的酵母菌是卡尔斯伯啤酒厂的E. C. Hansen（1842—1909年）在1883年分离的卡尔斯伯酵母菌（*Saccharomycescarlsbergensis*），这是一种底面发酵酵母菌。酿酒酵母菌也可用于啤酒酿造，但属上面发酵酵母菌，这两种酵母菌发酵的过程和啤酒风味都有所不同。

目前，在分类上皆采用酿酒酵母菌的学名。底面发酵酵母菌其细胞为圆形或卵圆形，直径为5~10μm。它与酿酒酵母菌在外形上的区别是：卡氏酵母菌部分细胞的细胞壁有一平端。另外，温度对这两类酵母菌的影响也不同。在高温时，酿酒酵母比卡氏酵母生长得更快，但在低温时卡氏酵母菌生长较快。酿酒酵母繁殖速度最高时的温度为33℃，而卡氏酵母菌为36℃。但在8℃时卡氏酵母菌较酿酒酵母繁殖速度几乎快一倍，如图3-3所示。

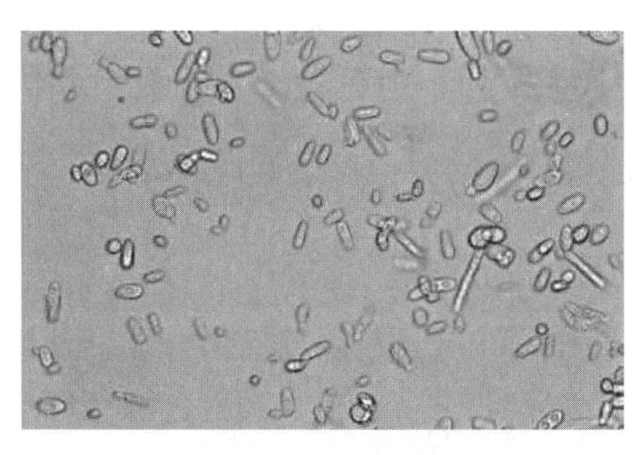

图 3-3 酿酒酵母菌

3.1.5.2 异常汉逊酵母菌

异常汉逊酵母菌（*Hansenulaanomala*）细胞呈圆形，直径 4~7μm，或呈椭圆形或腊肠形，大小为（2.5~6）μm×（4.5~20）μm，甚至有长达 30μm 的长细胞，多边芽殖，发酵，液面有白色菌醭，培养液混浊，有菌体沉淀于管底（见图 3-4）。生长在麦芽汁琼脂斜面上的菌落平坦，乳白色，无光泽，边缘呈丝状。

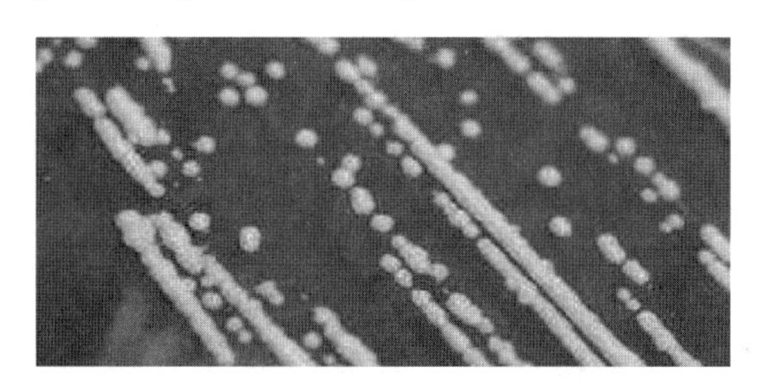

图 3-4 异常汉逊酵母菌

在加盖片的马铃薯葡萄糖琼脂培养基上培养，能生成发达的树状分枝的假菌芽生孢子，呈圆形或椭圆形。菌丝顶端的细胞很长，可达 20μm。子囊是由细胞直接变成的。每个子囊有 1~4 个（多为 2 个）帽形孢子，子囊孢子由子囊内放出后常不散开。从土壤、树枝、树木中流出的汁液、储存的谷物、青储饲料、湖水或溪水、污水和蛀木虫的粪便中，都曾分离到异常汉逊酵母。由于异常汉逊酵母能产生乙酸乙酯，故它常在调节食品的风味中起到一定作用。如将其用于无盐发酵酱油可增加香味，有的厂还将这种菌用于以薯干为原料的白酒的酿造，采用浸香和串香法可酿造出比一般薯干白酒味道更醇和的白酒。它氧化烃类的能力较强，能利用煤油，可以用乙醇和甘油作为碳源，在 100mL 无机盐合成培养基（以 3g 硫酸铵为氮源）中，逐步加入 6mL 乙醇（每次加 2mL），经 6 天培养可得 3.9g 菌体。不少真菌在培养液中能积累游离氨基酸，其中异常汉逊酵母菌积累 L-色氨酸更为突出。

3.1.5.3 粟酒裂殖酵母菌

粟酒裂殖酵母菌（*Schizosaccharomycespombe*）细胞呈圆柱形或圆筒形，末端圆钝，也有的呈椭圆形，大小为（3.55~4.02）μm×（7.11~24.9）μm。营养繁殖方式为裂殖，无真菌丝，无醭，在麦芽汁中能发酵，液体混浊有沉淀（见图 3-5）。培养在麦芽汁琼脂斜面上的菌落为乳白色，光亮、平滑、边缘整齐。在加盖片的马铃薯葡萄糖琼脂培养基上培养不生成假菌丝，也无真菌丝。子囊由两个营养细胞接合后形成，每个子囊有 1~4 个光面的圆形子囊孢子，大小为 3~4μm。该酵母菌最早是从非洲粟酒中分离出来的，以后不同的人曾多次在甘蔗糖蜜中将它分离出来，在水果上也常能发现它。有人曾对在用菊芋（鬼子姜）制成的未水解糖液中粟酒裂殖酵母菌的发酵能力进行研究，结果发现，可得到产量很高的乙醇。

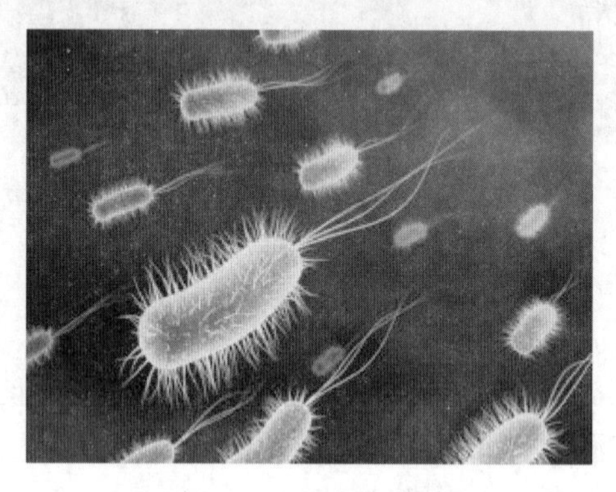

图 3-5　粟酒裂殖酵母菌

3.1.5.4　黏红酵母菌黏红变种

黏红酵母菌黏红变种（Rhodotorulaglutinis）细胞呈卵形到球形，大小为（2.3~5.0）μm×(4.0~10)μm，某些菌株细胞较长，可达 12~16μm，其宽度可增到 7μm，如图 3-6 所示。在麦芽汁琼脂斜面上培养，细胞较液体麦芽汁中小一些，有时也长一些。在斜面上培养一个月以上，菌苔呈现珊瑚红到橙红色或微带橘红色；表面由光滑到褶皱，有光泽，质地黏稠，有时发硬；其横切面扁平，有较宽的凸起部分，边缘由不规则到整齐，顶端常有较原始的假菌丝。在加盖片的玉米粉琼脂培养基上培养，通常无假菌丝或只有较原始类型的假菌丝，但偶尔也有某些菌株的假菌丝很发达，有时甚至出现真菌丝。人们曾从空气、水、花、土壤、鳟鱼肠道、泡菜水、腌小虾、榆树叶的液汁、白杨树的黏液中分离出黏红酵母菌。这个菌种能氧化烷烃，是较好的产脂肪菌种。

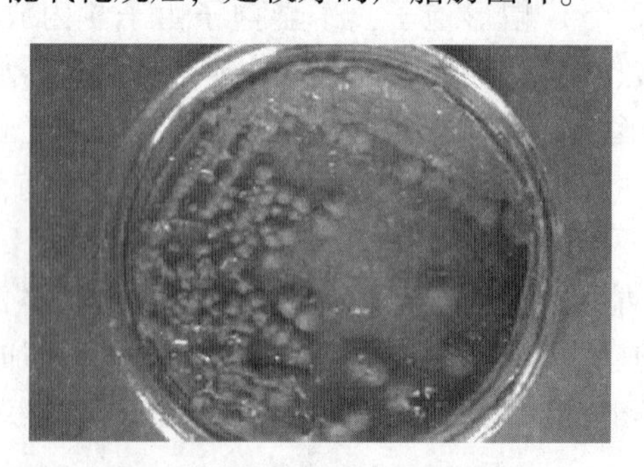

图 3-6　黏红酵母菌黏红变种

3.1.5.5　产朊假丝酵母菌

产朊假丝酵母菌（*Candidautilis*）细胞呈圆形、椭圆形或圆柱形（腊肠形），大小为

(3.5~4.5) μm×(7~13) μm，无醭，管底有菌体沉淀，能发酵。培养在麦芽汁琼脂斜面上的菌落为乳白色，平滑，有光泽或无光泽，边缘整齐或呈菌丝状，如图3-7所示。在加盖片的玉米粉琼脂培养基上培养，仅能生些原始假菌丝，或不发达的假菌丝，或无假菌丝；不产生真菌丝。有人曾从酒坊的酵母菌沉淀、牛的消化道、花、人的唾液中分离出产朊假丝酵母菌。

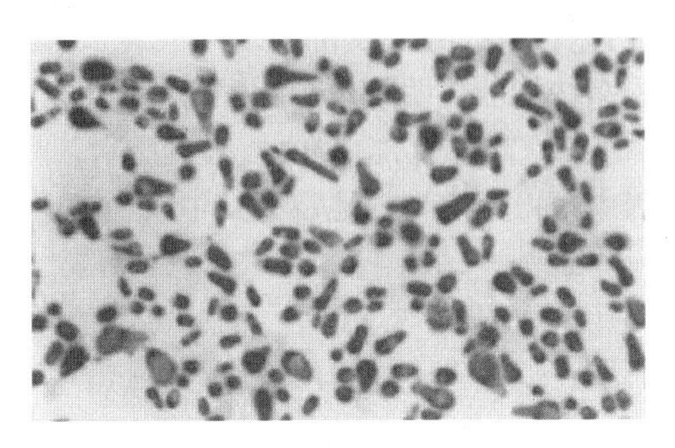

图3-7 产朊假丝酵母菌

在微生物蛋白中，人们研究得最多的是酵母菌蛋白。其中产朊假丝酵母菌和啤酒酵母菌是最常用的，而产朊假丝酵母菌的蛋白质含量和维生素B含量均比啤酒酵母菌高，它能够以尿素和硝酸作为氮源，在培养基中不需要加入任何刺激生长的因子即可生长。特别重要的是，它能利用五碳糖和六碳糖，既能利用造纸工业的亚硫酸废液，也能利用糖蜜、马铃薯淀粉废料、木材水解液等生产出人畜可食的蛋白质。在工业生产酵母菌时，一般不用淀粉废料，即使需要利用时，也常常要将能分泌淀粉酶的肋状拟内孢霉（*Endomycopsisfibuliger*）或柯达氏拟内孢霉（*Endomycopsischodati*）同时加入培养，这样，产朊假丝酵母菌便可利用拟内孢霉分解淀粉所产生的糖作为其菌体生长的碳源。

3.1.6 白地霉

白地霉（*Gcotrichumcandidum*）28~30℃在麦芽汁中培养1天，产生白色醭，呈毛绒状或粉状，韧或易碎。具有真菌丝，有的有两叉分枝，横隔多或少，菌丝宽2.5~9μm，一般为3~7μm，裂殖，节孢子单个或连接成链，呈长筒形、方形，也有椭圆形或圆形，末端圆钝。节孢子绝大多数为（4.9~7.6）μm×(5.4~16.6) μm，如图3-8所示。

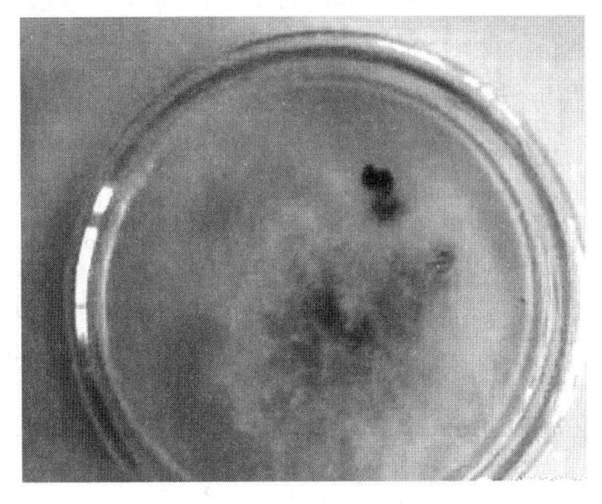

图3-8 白地霉

28～30℃在麦芽汁琼脂斜面划线培养3天，菌落白色，呈毛状或粉状，皮膜型或脂泥型。菌丝及节孢子的形状与麦芽汁中的近似。

28～30℃在麦芽汁琼脂上悬滴培养14h，节孢子发芽形成菌丝，有横隔，悬滴边缘处有的菌丝断裂为节孢子；22h后一部分菌丝末端断裂成节孢子。

25～28℃在麦芽汁琼脂上的巨大菌落，经培养3天后，直径为30～40mm，5天达50～70mm；培养5天的菌落为白色，呈绒毛状或粉状。

此菌能水解蛋白，其中多数能液化明胶及胨化牛奶，少数则只能胨化牛奶，但不液化明胶；其生长最高温度为33～37℃。从动物粪便、有机肥料、烂菜、蔬菜、青菜、树叶、青储饲料、泡菜及土壤垃圾中都可分离到白地霉。其中以烂菜上分布最多，肥料和动物粪便次之。

白地霉的营养价值并不比产朊假丝酵母菌差，因此可供食用及用作饲料，也可用于提取核酸。白地霉还可合成脂肪，但产量不如红酵母菌、脂肪酵母菌等高。

课堂讨论

(1) 描述酵母菌的形态结构。
(2) 酵母菌有哪些特殊的结构?
(3) 描述酵母菌繁殖的过程及特点。

3.2 霉　　菌

霉菌毒素对人和畜禽主要毒性表现在神经和内分泌紊乱、免疫抑制、致癌致畸、肝肾损伤、繁殖障碍等。霉菌毒素对蛋鸡的影响集中表现在：卵巢和输卵管萎缩，产蛋量下降，产畸形蛋；采食量减少、生产性能下降、饲料报酬降低；种蛋的孵化率降低。不同霉菌毒素对蛋鸡造成的危害有所区别。在已经知道的霉菌毒素中对蛋鸡影响及毒害作用较大的有麦焦毒素、单端孢霉毒素、腐马毒素、玉米赤霉烯酮、黄曲霉毒素、赭曲霉毒素等。

3.2.1 霉菌的形状和大小

霉菌（*Moulds*）是形成分枝菌丝的真菌的统称。不是分类学的名词，在分类上属于真菌门的各个亚门。构成霉菌体的基本单位称为菌丝，呈长管状，宽度2～10μm，可不断自前端生长并分枝。无隔或有隔，具一个至多个细胞核。细胞壁分为三层：外层是无定形的β-葡聚糖（87nm）；中层是糖蛋白，蛋白质网中间填充葡聚糖（49nm）；内层是几丁质微纤维，夹杂无定形蛋白质（20nm）。在固体基质上生长时，部分菌丝深入基质吸收养料，称为基质菌丝或营养菌丝；向空中伸展的称气生菌丝，可进一步发育为繁殖菌丝，产生孢子。大量菌丝交织成绒毛状、絮状或网状等，称为菌丝体。

菌丝体常呈白色、褐色、灰色，或呈鲜艳的颜色（菌落为白色毛状的是毛霉，绿色的为青霉，黄色的为黄曲霉），有的可产生色素使基质着色。霉菌繁殖迅速，常造成食品、用具大量霉腐变质，但许多有益种类已被广泛应用，是人类实践活动中最早利用和认识的一类，如图3-9所示。

霉菌是丝状真菌的俗称，意即“发霉的真菌”，往往能形成分枝繁茂的菌丝体，但又不像蘑菇那样产生大型子实体。在潮湿温暖的地方，很多物品上长出肉眼可见的绒毛状、絮状或蛛网状的菌落，那就是霉菌。其细胞壁主要成分为几丁质，注意与链霉菌（放线菌）区分。

图 3-9　霉菌在生活中的例子

3.2.2　霉菌的细胞结构

霉菌菌丝细胞与酵母菌细胞相似，都是由细胞壁、细胞膜、细胞质等组成，如图 3-10 所示。

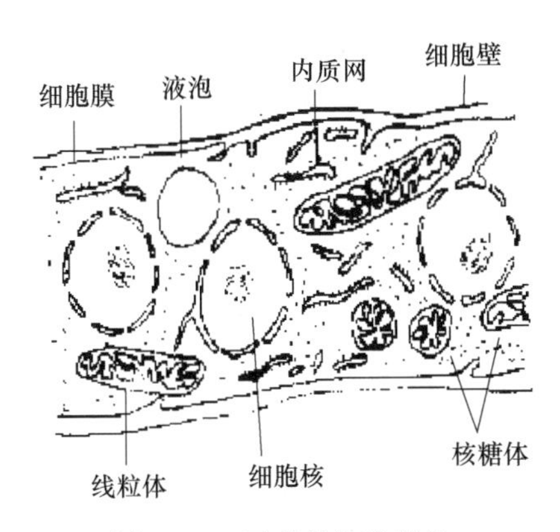

图 3-10　霉菌的细胞结构

3.2.2.1　细胞壁

霉菌细胞壁 100~250nm，厚实且非常坚韧。大多数较高等的陆生霉菌，细胞壁主要由几丁质组成；少数低等水生霉菌细胞壁成分主要由纤维素组成，接近于藻类。几丁质和纤维素均为多聚糖，结构相似，前者的每个葡萄糖上的第 2 个碳原子与乙酰氨基相连，后者则与羟基相连。这两种纤维状物质构成了霉菌细胞壁的网状结构，使细胞壁具有坚韧的机械性能。

3.2.2.2　细胞膜

霉菌细胞膜厚 7~10nm，其组成成分和结构与酵母菌细胞膜相似。

3.2.2.3　细胞质及内含物

初萌发的幼龄菌丝细胞质饱满均匀；成熟或老龄的菌丝细胞质中形成液泡，还含有线粒体、核糖体、微粒、高尔基体、内质网、膜状组织以及肝糖粒、脂肪滴、异染粒等。这些细胞内小器官或内含物，各自司掌着细胞的各种生理功能。

3.2.2.4 细胞核

霉菌属真核生物，细胞核结构和高等生物一样，由双层核膜包裹，核膜上有许多膜孔，核内有核仁和染色体。细菌丝细胞原生质中含有一个至数个核（核直径为0.7~3μm）。

3.2.3 霉菌的繁殖方式

霉菌有着极强的繁殖能力，而且繁殖方式也是多种多样的。虽然霉菌菌丝体上任一片段在适宜条件下都能发展成新个体，但在自然界中，霉菌主要依靠产生形形色色的无性或有性孢子进行繁殖。孢子有点像植物的种子，不过数量特别多，特别小。

3.2.3.1 无性生殖

霉菌的无性孢子直接由生殖菌丝的分化而形成，常见的有节孢子、厚垣孢子、孢囊孢子和分生孢子。

（1）孢囊孢子：生在孢子囊内的孢子，是一种内生孢子。无隔菌丝的霉菌（如毛霉、根霉）主要形成孢囊孢子。

（2）分生孢子：由菌丝顶端或分生孢子梗特化而成，是一种外生孢子。有隔菌丝的霉菌（如青霉、曲霉）主要形成分生孢子。

（3）节孢子：由菌丝断裂而成（如白地霉）。

（4）厚垣孢子：通常菌丝中间细胞变大，原生质浓缩，壁变厚而成（如总状毛霉）。

3.2.3.2 有性生殖

霉菌的有性繁殖过程包括质配、核配、减数分裂三个过程。

（1）质配：是指两个性别不同的单倍体性细胞或菌丝经接触、结合后，细胞质发生融合。

（2）核配：即核融合，产生二倍体的结合子核。

（3）减数分裂：核配后经减数分裂，核中染色体数又由二倍体恢复到单倍体。

常见的有性孢子包括卵孢子、接合孢子、子囊孢子、担孢子。

（1）接合孢子：两个配子囊经结合，然后经质配、核配后发育形成接合孢子。接合孢子的形成分为两种类型：1）异宗配合：由两种不同性菌系的菌丝结合而成；2）同宗配合：可由同一菌丝结合而成。接合孢子萌发时壁破裂，长出芽管，其上形成芽孢子囊。接合孢子的减数分裂过程发生在萌发之前或更多在萌发过程中。

（2）子囊孢子：在同一菌丝或相邻菌丝上两个不同性别细胞结合，形成造囊丝。经质配、核配和减数分裂形成子囊，内生2~8个子孢子囊。许多聚集在一起的子囊被周围菌丝包裹成子囊果，子囊果有三种类型：1）完全封闭，称闭囊；2）中间有孔，称子囊壳；3）呈盘状，称子囊盘。

（3）卵孢子：由两个大小不同的配子囊结合而成。小配子囊称精子器，大配子囊称藏卵器。当结合时，精子器中的原生质和核进入藏卵器，并与藏卵器中的卵球配合，然后卵球生出外壁，发育成为卵孢子。

霉菌的孢子具有小、轻、干、多，以及形态色泽各异、休眠期长和抗逆性强等特点，每个个体所产生的孢子数，经常是成千上万的，有时竟达几百亿、几千亿甚至更多。这些特点有助于霉菌在自然界中随处散播和繁殖。对人类的实践来说，孢子的这些特点有利于接种、扩大培养、菌种选育、保藏和鉴定等工作，对人类的不利之处则是易于造成污染、霉变和易于传播动植物的霉菌病害。

3.2.3.3　霉菌的分类

（1）菌丝不分隔霉菌：孢子囊孢子、厚膜孢子。

（2）菌丝分隔霉菌：分生孢子、裂生孢子。

（3）霉菌繁殖方式。无性繁殖有：孢子囊孢子、分生孢子、裂生孢子、厚膜孢子；有性繁殖有：接合孢子和子囊孢子（2~8个）。

3.2.4　霉菌的菌落

3.2.4.1　霉菌菌落的特征

形态较大，质地疏松，外观干燥，不透明，呈现或松或紧的形状；菌落和培养基间的连接紧密，不易挑取，菌落正面与反面的颜色、构造，以及边缘与中心的颜色、构造常不一致；霉菌的菌丝有营养菌丝和气生菌丝的分化，而气生菌丝没有毛细管水，故它们的菌落必然与细菌或酵母菌的不同，较接近放线菌，如图3-11所示。

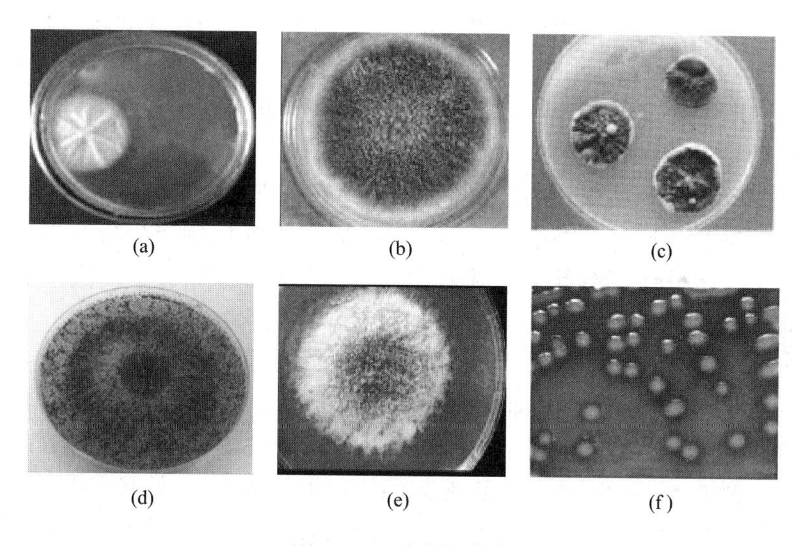

(a)　(b)　(c)　(d)　(e)　(f)

图3-11　霉菌的菌落

（a）红曲菌；（b）黄曲霉；（c）青霉；（d）木霉；（e）毛霉；（f）葡萄球霉

3.2.4.2　霉菌的菌丝

构成霉菌营养体的基本单位是菌丝。菌丝是一种管状的细丝，把它放在显微镜下观察，很像一根透明胶管，它的直径一般为3~10μm，比细菌和放线菌的菌丝约粗几倍到几十倍。菌丝可伸长并产生分枝，许多分枝的菌丝相互交织在一起，就叫菌丝体。

A　根据隔膜分类

根据菌丝中是否存在隔膜，可把霉菌菌丝分成两种类型，分别为无隔膜菌丝和有隔膜菌丝。

（1）无隔膜菌丝：中无隔膜，整团菌丝体就是一个单细胞，其中含有多个细胞核。这是低等真菌所具有的菌丝类型。

（2）有隔膜菌丝：中有隔膜，被隔膜隔开的一段菌丝就是一个细胞，菌丝体由很多个细胞组成，每个细胞内有一个或多个细胞核。在隔膜上有一至多个小孔，使细胞之间的细胞质和营养物质可以相互沟通。这是高等真菌所具有的菌丝类型。

B 根据菌丝作用分类

生长在固体培养基上的霉菌菌丝可分为三部分。

（1）营养菌丝：深入培养基内，吸收营养物质的菌丝。

（2）气生菌丝：营养菌丝向空中生长的菌丝。

（3）繁殖菌丝：部分气生菌丝发育到一定阶段，分化为繁殖菌丝，产生孢子。

C 菌丝变态

为适应不同的环境条件和更有效地摄取营养满足生长发育的需要，许多霉菌的菌丝可以分化成一些特殊的形态和组织，这种特化的形态称为菌丝变态。

（1）吸器：由专性寄生霉菌如锈菌、霜霉菌和白粉菌等产生的菌丝变态，它们是从菌丝上产生出来的旁枝，侵入细胞内分化成根状、指状、球状和佛手状等，用以吸收寄主细胞内的养料。

（2）假根：根霉属霉菌的菌丝与营养基质接触处分化出的根状结构，有固着和吸收养料的功能。

（3）菌网和菌环：某些捕食性霉菌的菌丝变态成环状或网状，用于捕捉其他小生物如线虫、草履虫等。

（4）菌核：大量菌丝集聚成的紧密组织，是一种休眠体，可抵抗不良的环境条件。其外层组织坚硬，颜色较深；内层疏松，大多呈白色。如药用的茯苓、麦角都是菌核。

（5）子实体：是由大量气生菌丝体特化而成，子实体是指在里面或上面可产生孢子的、有一定形状的构造。例如有三类能产有性孢子的结构复杂的子实体，分别称为闭囊壳、子囊壳和子囊盘。

由于霉菌的菌丝较粗而长，因而菌落较大，有的霉菌的菌丝蔓延，没有局限性，其菌落可扩展到整个培养皿，有的种则有一定的局限性，直径 1~2cm 或更小。菌落质地一般比放线菌疏松，外观干燥，不透明，呈现或紧或松的蛛网状、绒毛状或棉絮状；菌落与培养基的连接紧密，不易挑取；菌落正反面的颜色和边缘与中心的颜色常不一致。

3.2.5 常见的霉菌

3.2.5.1 根霉

根霉（*Rhizopus*）孢子囊内囊轴明显，呈球形或近球形，囊轴基部与梗相连处有囊托。根霉的孢子可以在固体培养基内保存，能长期保持生活力。

黑根霉也称匍枝根霉，分布广泛，常出现于生霉的食品上，瓜果蔬菜等在运输和贮藏中的腐烂及甘薯的软腐都与其有关。黑根霉（ATCC6227b）是目前发酵工业上常使用的微生物菌种。黑根霉的最适生长温度约为 28℃，超过 32℃不再生长。

图 3-12 中 1 为孢子囊，2 为孢囊孢子，3 为匍匐枝，4 为假根。此外有性生殖时还可以产生接合孢子囊，无性生殖时产生芽孢。

米根霉在分类上属于接合菌亚门（Zygomycota）接合菌纲（Zygomycota）毛霉目（Mo-

图 3-12　根霉结构

rales）毛霉科（Mucoraceae）根霉属（*Rhizopus*）。菌落疏松或稠密，最初呈白色，后变为灰褐色或黑褐色。菌丝匍匐爬行，无色。假根发达，分枝呈指状或根状，呈褐色。孢囊梗直立或稍弯曲，2~4 株成束，与假根对生，有时膨大或分枝，呈褐色，长 210~2500μm，直径 5~18μm；囊轴呈球形或近球形或卵圆形，呈淡褐色，直径 30~200μm；囊托呈楔型；孢子囊呈球形或近球形，老后呈黑色，直径 60~250μm。孢囊孢子呈椭球形、球形或其他形，呈黄灰色，直径 5~8μm。有厚垣孢子，其形状、大小不一，未见接合孢子。于 37~40℃生长。

根霉在自然界分布很广，用途广泛，其淀粉酶活性很强，是酿造工业中常用的糖化菌。我国最早利用根霉糖化淀粉（即阿明诺法）生产酒精。根霉能生产延胡索酸、乳酸等有机酸，还能产生芳香性的酯类物质。根霉亦是转化甾族化合物的重要菌类。与生物技术关系密切的根霉主要有黑根霉、华根霉和米根霉。

3.2.5.2　毛霉

毛霉（见图 3-13）又叫黑霉、长毛霉，是结核菌门、接合菌纲、毛霉目、毛霉科真菌中的一个大属。毛霉以孢囊孢子和接合孢子繁殖，在土壤、粪便、禾草及空气等环境中存在。

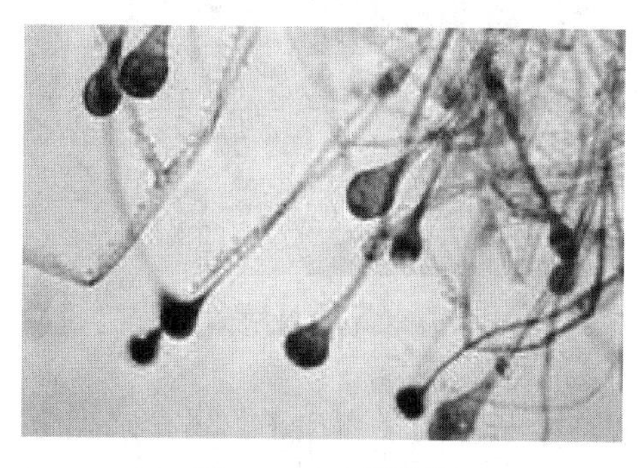

图 3-13　毛霉结构

毛霉（*Mucorales*）以孢囊孢子和接合孢子繁殖。菌丝无隔、多核、分枝状，在基物内外能广泛蔓延，无假根或匍匐菌丝。不产生定形淡黄色菌落。菌丝体上直接生出单生、总状分枝或假轴状分枝的孢囊梗。各分枝顶端着生球形孢子囊，内有形状各异的囊轴，但无囊托。囊内产大量球形/椭球形、壁薄、光滑的孢囊孢子。孢子成熟后孢子囊即破裂并释放孢子。有性生殖借异宗配合或同宗配合，形成一个接合孢子。某些种产生厚垣孢子。毛霉菌丝初期呈白色，后呈灰白色至黑色，这说明孢子囊大量成熟。毛霉菌丝体每日可延伸3cm左右，生产速度明显高于香菇菌丝。

毛霉在土壤、粪便、禾草及空气等环境中存在。在高温、高湿度以及通风不良的条件下生长良好。

毛霉的用途很广，常出现在酒药中，能糖化淀粉并能生成少量乙醇，产生蛋白酶，有分解大豆蛋白的能力，我国多用来做豆腐乳、豆豉。许多毛霉能产生草酸、乳酸、琥珀酸及甘油等，有的毛霉能产生脂肪酶、果胶酶、凝乳酶等。常用的毛霉主要有鲁氏毛霉和总状毛霉。腐生，广泛分布于酒曲、植物残体、腐败有机物、动物粪便和土壤中。

有重要工业应用，如利用其淀粉酶制曲、酿酒；利用其蛋白酶以酿制腐乳、豆豉等。代表种有总状毛霉（*M. racehorses*）、高大毛霉（*M. mucked*）、鲁氏毛霉（*M. rouxianus*）等。分解纤维素的能力最强。

毛霉还与红色酵母菌互利共生。在腐乳制作中，毛霉的作用是产生蛋白酶和脂肪酶，将豆腐中的蛋白质分解成可溶性的小分子多肽和氨基酸，将其中的脂肪分解成甘油和脂肪酸，使腐乳产生芳香物质或具鲜味的蛋白质分解物。另外毛霉具有较强的糖化力，可用于酒精、有机酸等工业原料的糖化。

3.2.5.3 脉孢菌

脉孢菌属（*NeurosPora*）因子囊孢子表面有纵形花纹，犹如叶脉而得名，又称链孢霉。脉孢菌属具有疏松网状的长菌丝，有隔膜、分枝、多核；无性繁殖形成分生孢子，一般为卵圆形，在气生菌丝顶部形成分枝链，分生孢子呈橘黄色或粉红色，常生在面包等淀粉性食物上，故俗称红色面包霉，如图3-14所示。

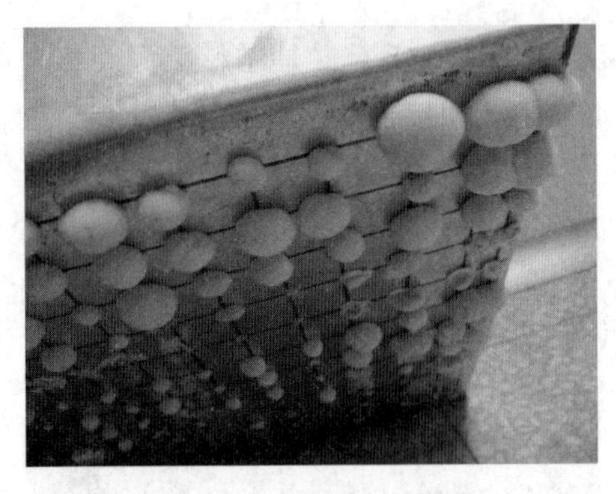

图3-14 脉孢菌

脉孢菌的有性繁殖过程产生子囊和子囊孢子，属异宗配合。一株菌丝体形成子囊壳原，另一株菌丝体的菌丝与子囊壳原的菌丝结合，两株菌丝中的核在共同的细胞质中混杂存在，反复分裂，形成很多核；两个异宗的核配对，形成很多二倍体核，每个结合的核包在一个子囊内；子囊里的二倍体核经两次分裂形成4个单倍体核；再经一次分裂，则成为8个单倍体核，围绕每个核发育成一个子囊孢子。每个子囊中有8个子囊孢子，如图3-15所示。

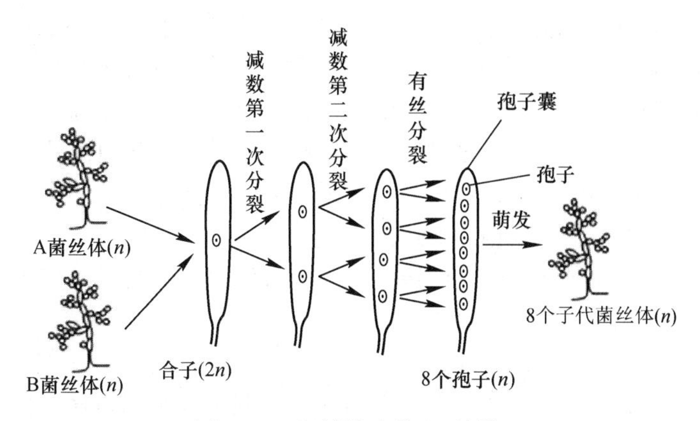

图 3-15　粗糙脉孢菌生活周期

此时，子囊壳原发育成子囊壳。子囊壳呈圆形，具有一个短颈，光滑或具松散的菌丝，褐色或褐黑色，在一般情况下，脉孢菌很少进行有性繁殖。

脉孢菌是研究遗传学的好材料。因为它的子囊孢子在子囊内呈单向排列，表现出有规律的遗传组合。如果用两种菌杂交形成的子囊孢子分别培养，可研究遗传性状的分离及组合情况。在生化途径的研究中也被广泛应用。此外，菌体内含有丰富的蛋白质、维生素 B_{12} 等。有的用于发酵工业。最常见的菌种如粗糙脉孢菌（*NeurosPora crass*）、好食脉孢菌（*NeurosPora sitophila*）。有的可造成食物腐烂。

3.2.5.4　曲霉

曲霉（*Aspergillus*）是发酵工业和食品加工业的重要菌种，已被利用的有近 60 种。2000 多年前，我国就用它制酱，它也是酿酒、制醋曲的主要菌种。现代工业利用曲霉生产各种酶制剂（淀粉酶、蛋白酶、果胶酶等）、有机酸（柠檬酸、葡萄糖酸、五倍子酸等），农业上用作糖化饲料菌种，如图 3-16 所示。

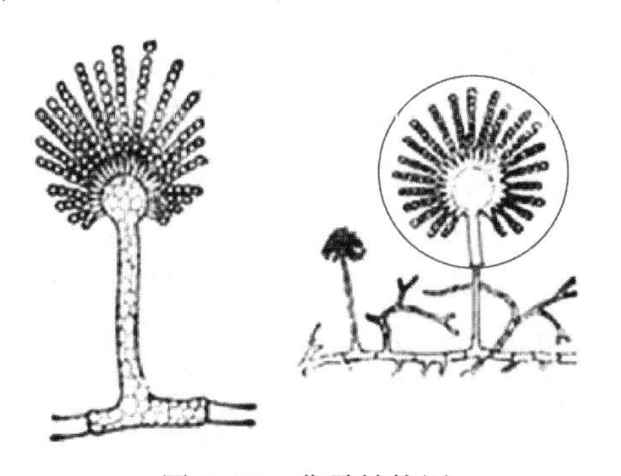

图 3-16　曲霉结构图

曲霉广泛分布在谷物、空气、土壤和各种有机物品上。生长在花生和大米上的曲霉，有的能产生对人体有害的真菌毒素，如黄曲霉毒素 B_1 能导致癌症，有的则引起水果、蔬菜、粮食霉腐。

A　生长过程

曲霉菌丝有隔膜，为多细胞霉菌。在幼小而活力旺盛时，菌丝体产生大量的分生孢子梗。分生孢子梗顶端膨大成为顶囊，一般呈球形。顶囊表面长满一层或两层辐射状小梗(初生小梗与次生小梗)。最上层小梗呈瓶状，顶端着生成串的球形分生孢子。以上几部分结构合称为“孢子穗”。孢子呈绿、黄、橙、褐、黑等颜色。这些都是菌种鉴定的依据。分生孢子梗生于足细胞上，并通过足细胞与营养菌丝相连。曲霉孢子穗的形态，包括分生孢子梗的长度、顶囊的形状、小梗着生是单轮还是双轮，分生孢子的形状、大小、表面结构及颜色等，都是菌种鉴定的依据。

曲霉属中的大多数仅发现了无性阶段，极少数可形成子囊孢子，故在真菌学中仍归于半知菌类。

B　主要品种

(1) 黄曲霉：半知菌类，一种常见腐生真菌。多见于发霉的粮食、粮制品及其他霉腐的有机物上。菌落生长较快，结构疏松，表面呈灰绿色，背面无色或略呈褐色。菌体由许多复杂的分枝菌丝构成。营养菌丝具有分隔；气生菌丝的一部分形成长而粗糙的分生孢子梗，顶端产生烧瓶形或近球形顶囊，表面产生许多小梗（一般为双层)，小梗上着生成串的表面粗糙的球形分生孢子。分生孢子梗、顶囊、小梗和分生孢子合成孢子头，可用于产生淀粉酶、蛋白酶和磷酸二酯酶等，也是酿造工业中的常见菌种。

(2) 黑曲霉：半知菌亚门、丝孢纲、丝孢目、丛梗孢科、曲霉属真菌中的一个常见种。广泛分布于世界各地的粮食、植物性产品和土壤中，是重要的发酵工业菌种，可生产淀粉酶、酸性蛋白酶、纤维素酶、果胶酶、葡萄糖氧化酶、柠檬酸、葡糖酸和没食子酸等。有的菌株还可将羟基孕甾酮转化为雄烯。生长适温28℃左右，最低相对湿度为88%，能引致水分较高的粮食霉变和其他工业器材霉变。

(3) 烟曲霉：分类地位：菌物界>无性型真菌门>半知菌纲>壳霉目>杯霉科>烟曲霉属。分生孢子穗为圆筒形，呈深浅不同的绿色；分生孢子梗光滑，带绿色；顶囊呈烧瓶状，仅上半部产生孢子；分生孢子呈球形，有刺，绿色。

C　科学应用

因为曲霉具有分解蛋白质等复杂有机物的绝招，从古至今，它们在酿造业和食品加工方面大显身手。早在2000多年前，我国人民已懂得依靠曲霉来制酱；它也是民间酿酒造醋的主角。我国特有的调制品豆豉，也是曲霉分解黄豆的杰作。现代工业则利用曲霉生产各种酶制剂、有机酸，以及农业上的糖化饲料。

然而，曲霉家族中也有一些对人类有害的种类。例如长期放在阴暗处的大豆或花生往往长出“黄毛”，这是一种含毒素的黄曲霉。黄曲霉素不仅会造成家禽和家畜中毒，如果严重的话甚至会导致死亡，而且还可以诱发肝癌。因此，久置发霉的豆子或花生绝不能食用，也不能当饲料。

3.2.5.5　青霉

青霉，一般指青霉属（*Penicillium*)。和曲霉属有亲缘关系，有二百多种，代表种是灰绿青霉（*Penicillium glaucum*)，从土壤或空气中很易分离，分枝成帚状的分生孢子从菌丝体伸向空中，各顶端的小梗产生链状的青绿—褐色的分生孢子。根据分生孢子顶端的膨大与否，与曲霉属（*AsPergillus*）相区别。其语源来自其形状（帚状，Penicillus)。子囊壳为封闭型。该属菌产生一种特殊物质。

自从弗莱明（A. Fleming，1929）发现特异青霉（*Penicillium notatum*）产生抑制细菌

生长物质青霉素以来，已对该属菌的很多种进行了研究。特异青霉已被用于制造青霉素，但不具这种生产机能的种还很多，同时，其生产也并不限于青霉属。已知在生理学方面类似曲霉属，同时有很多能产生毒枝菌素（Mycotoxin）。

青霉菌属多细胞，营养菌丝体无色、淡色或具鲜明颜色。菌丝有横隔，分生孢子梗亦有横隔，光滑或粗糙。基部无足细胞，顶端不形成膨大的顶囊，其分生孢子梗经过多次分枝，产生几轮对称或不对称的小梗，形如扫帚，称为帚状体。分生孢子呈球形、椭圆形或短柱形，光滑或粗糙，大部分生长时呈蓝绿色。有少数种产生闭囊壳，内形成子囊和子囊孢子，亦有少数菌种产生菌核。

青霉的孢子耐热性较强，菌体繁殖温度较低，酒石酸、苹果酸、柠檬酸等饮料中常用的酸味剂又是碳源，因而常常引起这些制品的霉变。

A　生活习性

青霉通常在柑橘及其他水果上，冷藏的干酪及被它们的孢子污染的其他食物上均可找到，其分生孢子在土壤内空气中及腐烂的物质上到处存在。青霉营腐生生活，其营养来源极为广泛，是一类杂食性真菌，可生长在任何含有机物的基质上。

B　形态

青霉的营养体为无色或淡色的菌丝体，菌丝各细胞之间有横隔膜，细胞内通常为多核，整个菌丝体分为伸入营养基质中吸取营养的基质菌丝和伸向空气中的气生菌丝，在气生菌丝上产生简单的长而直立的分生孢子梗，顶端以特殊的对称或不对称的扫帚状的方式分枝，称为帚状枝，分枝为多极的分生孢子梗最后产生许多瓶梗，在瓶梗上着生分生孢子链，分生孢子为球形至卵形，呈绿色、蓝色或黄色，即通常看到的各种青霉菌落特有的颜色。

C　生活史

自然界中已发现的青霉绝大多数以无性繁殖的方式繁衍后代，即分生孢子萌发为菌丝体，在气生菌丝上产生分生孢子梗，在分生孢子梗上串生许多分生孢子，分生孢子在适宜环境中又萌发为菌丝体，以此循环反复。

青霉中有极少数种类行有性生殖。其过程为：从营养菌丝上产生雄器和产囊体→雄器顶端与产囊体接触处细胞壁溶解→质配→核配→减数分裂后（一般推测）形成子囊，在此过程中，由产囊体周围营养菌丝逐步包围形成子囊果，当子囊孢子成熟后被释放，在适宜环境中萌发形成新的菌丝体，但不同种青霉其性行为变异很大，有些种雄器似乎没有功能，在原生质体互相接触后，没有发生核的迁移，产囊体内成对的核起源于原来产囊体的核。

D　分类

青霉属于曲霉科（*Eurotiaceae*），青霉和曲霉都为常见属，二者的主要鉴别特征是孢子梗的排列不同，曲霉的孢子梗是辐射状排列，呈头状。青霉与人类生活息息相关，少数种类能引起人和动物的疾病；许多种青霉能造成柑橘、苹果、梨等水果的腐烂；对工业产品、食品、衣物也造成危害；在生物实验室中，它也是一种常见的污染菌，加强通风，降低温度，降低空气相对湿度，可以大大减轻青霉的危害。但在另一方面，青霉对人类非常重要，在工业上，它可用于生产柠檬酸、延胡索酸、葡萄糖酸等有机酸和酶制剂；非常名贵的娄克馥干酪、丹麦青干酪都是用青霉酿制而成的；最著名的抗生素——青霉素就是从青霉的某些品系中提取而来的，它是最早发现、最先提纯、临床上应用最早的抗生素；当前发现的另一重要抗生素——灰黄霉素，是由灰黄青霉产生的，是抑制诸如脚癣之类的真菌性皮肤疾病的最好抗生素。

E 药用价值

青霉素（Benzylpenicillin/Penicillin）又被称为青霉素 G、peillin G、盘尼西林、配尼西林、青霉素钠、苄青霉素钠、青霉素钾、苄青霉素钾（图 3-17）。青霉素是抗菌素的一种，是指从青霉素培养液中提取的、分子中含有青霉烷、能破坏细菌的细胞壁并在细菌细胞的繁殖期起杀菌作用的一类抗生素，是第一种能够治疗人类疾病的抗生素。青霉素类抗生素是 β-内酰胺类中一大类抗生素的总称。

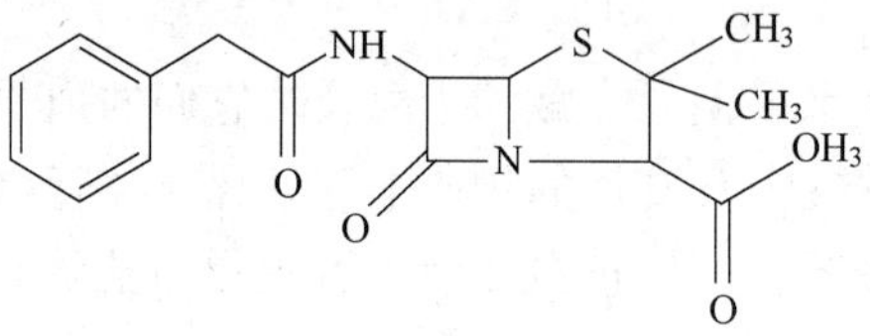

图 3-17 青霉素化学结构式

1928 年英国细菌学家弗莱明首先发现了世界上第一种抗生素——青霉素，1941 年前后英国牛津大学病理学家霍华德 · 弗洛里与生物化学家钱恩实现对青霉素的分离与纯化，并发现其对传染病的疗效，弗莱明、弗洛里、钱恩三人共同获得 1945 年诺贝尔生理学或医学奖。当前所用的抗生素大多数是从微生物培养液中提取的，有些抗生素已能人工合成。由于不同种类的抗生素的化学成分不一，因此它们对微生物的作用机理也很不相同，有些抑制蛋白质的合成，有些抑制核酸的合成，有些则抑制细胞壁的合成。

课堂讨论

（1）试述根霉、曲霉、青霉形态结构的异同。

（2）试述常见霉菌的主要特性及用途。

3.3 大型真菌——蕈菌

蘑菇没有叶绿素，自己不会制造养料，只能利用它的菌丝伸到土壤或腐烂木头中去吸取现成的养分来维持生命。所以蘑菇常常生长在温暖阴湿而富有有机质的地方。蘑菇是一些味道鲜美的食用蕈类的统称，不但含有多种氨基酸，而且蛋白质、无机盐类含量也相当丰富。几乎所有植物都开花、结果，用种子繁殖后代，这叫种子植物。蘑菇是一种比较低等的植物属真菌类，它不会开花、产生种子，只能产生孢子繁殖。孢子散落到哪里就在哪里萌发成为新的蘑菇。

孢子落到土壤中就产生菌丝，依靠营养菌丝吸收养分和水分，然后生出子实体，这就是我们看到的蘑菇。但是子实体开始很小，不易被发觉，等到吸足水分后，在很短的时间里就会伸展开来。

在自然界中还生长着一类肉眼可见的大型真菌子实体蕈菌，它们属于真菌的子囊菌亚门和担子菌亚门，其中大多数都属于担子菌亚门。蕈菌是真菌中进化最高级的，能产生肉眼可见、供人采摘的子实体，通常包括人们所称的蘑菇、木耳等。古代中国将这种大型的真菌称为"蕈"，这类菌也称担子菌或伞菌，蕈菌和其他真菌的区别在于它们可以产生一种孢子，称为担孢子。

蕈菌广泛分布于地球各处，在森林落叶地带更为丰富。常见的双孢蘑菇、木耳、香菇、灵芝等，少数种类有毒或会引起木材朽烂。

3.3.1　形态特征

蕈菌的最大特征是形成形状、大小、颜色各异的大型肉质子实体。典型的蕈菌，其子实体由顶部的菌盖（包括表皮、菌肉和菌褶）、中部的菌柄（常有菌环和菌托）和基部的菌丝体三部分组成，如图 3-18 和图 3-19 所示。

图 3-18　野生蕈菌

图 3-19　药用菌木蹄

子实体是食用菌产生有性孢子的繁殖器官，也叫担子果（子囊菌则称子囊果）。典型伞菌的子实体，是由菌柄、菌盖、菌褶等部分组成的。

3.3.1.1　菌柄

菌柄又叫菇柄或菇脚。起支持菌盖和输送养分的作用。多为圆柱形或纺锤形。大多中生于菌盖上，也有偏生或侧生的，甚至完全无柄。组成菌柄的菌丝体基本上是垂直排列。菌柄皮层由厚壁细胞紧密靠拢组成。菌柄中有的菌丝排列充实（中实）；有的只是疏松的筋质细胞（中松）；有的则无菌丝（中空）。

有些伞菌如双孢蘑菇，子实体幼小时，在菌盖边缘和菌柄间有一层包膜叫内菌幕，覆盖于子实层外。当子实体长大时，菌盖展开，内菌幕与菌盖脱离，残留在菌柄中上部的环状物叫菌环。有些伞菌如草菇在菌蕾时，外面包裹一层菌膜叫外菌幕，能随子实体长大而增厚，以后残留在菌柄基部呈杯状结构，称菌托。菌托的有无以及大小、形状、厚薄等特性是伞菌分类的重要依据。

3.3.1.2　菌盖

菌盖又叫菇盖、菌伞，是菌褶着生的地方。不同的食用菌，菌盖的形状也各不相同。常见的有半球形、扇形、钟形、圆锥形、漏斗形和平展形等。菌盖表面有的光滑，有的有皱纹、条纹或龟裂；有的干燥，有的湿润或黏滑；有的具绒毛、鳞片或晶粒等。菌盖的直径大小不一，通常褶菌盖直径在 6cm 以下的为小型菌类；6~10cm 为中型菌类；10cm 以上的为大型菌类。

菌盖由角质层（亦称覆盖层）和菌肉两部分组成。角质层由保护菌丝组成，依次可分外皮层、盖皮及下皮层。菌肉大多数为白色，由生殖菌丝和联结菌丝组成。生殖菌丝是构成菌肉的主要菌丝类型，它比联结菌丝宽而直，能不断生长，分隔多，分隔处明显缢缩。联结菌丝生长有限，分隔少，常大量或不规则地分枝。在红菇科中，生殖菌丝由球状胞组成，埋于管状联结菌丝的基质中，常失去再生能力，所以这些菇类用组织分离难以成活。有些伞菌除生殖菌丝和联结菌丝外，还有产乳菌丝（或称分泌菌丝），内含乳汁或油滴。

3.3.1.3 菌褶

菌褶又叫菇叶、菇鳃，位于菌盖下方。呈放射状排列的片状结构，产生担孢子的场所。菌褶稀密、长短不等。与菌柄连接的方式有：直生（贴生）：菌褶的一端直接着生在菌柄上；延生：菌褶沿着菌柄向下着生；离生：菌褶不和菌柄接触；弯生：菌褶内端与菌柄着生处呈一凹陷。

菌褶中央是菌髓细胞，两侧是子实层。子实层是产生担子的细胞层。除木耳、猴头菌等的子实层分布在耳片和肉刺的表面外，大多数食用菌的子实层都分布在刀片状菌相的两侧。担子菌的子实层是由无数呈栅状排列的担子和囊状体组成的。

A 担子

担子是担孢子的孕育者。担子有分隔的和不分隔的，不分隔的担子，一般呈棒状，顶端通常具四个小梗，各生一个孢子，有的只有两个小梗和两个孢子。未成熟的担子多无小梗，称为幼担子。但成熟菇体的子实层也有的出现幼担子，它不产生小梗和孢子。银耳类的担子具有纵隔，即纵隔为四个部分，顶端同样生四个孢子。而黑木耳类的担子具横隔，分四节，倾斜伸出四个小梗和生有四个孢子。这类产生在担子上的孢子称为担孢子（产生在子囊内的孢子称子囊孢子）。

B 囊状体

囊状体分布在子实层里，一般都比担子大，为不孕细胞。大多生在菌褶两侧，也有的生在菌褶边缘，后者叫缘囊体。囊状体一般单生，而缘囊体有的丛生。囊状体的形状有棒状、瓶状、梭形、纺锤形或梨形等。囊状体的顶端有钝圆、角状、尾状、圆头状、细长或具有结晶等。囊状体的形态在分类上也是重要的依据之一。

C 孢子

担孢子的形状有球形、卵形、椭圆形、圆柱形、肾形、多角形等。大多数食用菌的孢子表面光滑，但有的有沟、刺、麻点、小瘤及纵条纹。这些都是对伞菌进行分类的重要依据。有些食用菌如草菇的担孢子，具有芽孔。单个孢子通常是透明无色的，但上万上亿个孢子成堆时（孢子印），则呈现有白色、红色、褐色、紫色、黑色等颜色。

3.3.1.4 菌丝体

蕈菌的菌丝体由发育良好而有分隔的菌丝所组成，这些菌丝穿入营养物中并吸收营养。菌丝体通常为白色、鲜黄色或橙黄色，扩展生长成扇形。蕈菌的菌丝分化分为初生、二生和三生菌丝这三个明显的发育阶段。初生菌丝从单核的担孢子萌发而成，担孢子会在此期间分裂很多次导致核期较短。

菌丝被分隔成单核细胞；二生菌丝来源于初生菌丝之间的互相结合，互相之间通过质配形成具有双核细胞的二级菌丝，通过锁状联合的方式在尖端形成啄状突起向下弯曲与母细胞融合，双核细胞不断分裂、不断延伸；三生菌丝体是由大量二级菌丝分化成多种菌丝束，表现为有组织化、特殊化；之后就是形成子实体，三级菌丝在适宜条件下，于交叉处形成细小纽结，进一步分化膨大即可形成子实体。

3.3.2 繁殖特点

蕈菌最大的繁殖特点是产生有性担孢子，在子实体成熟后菌丝的顶端膨大，其中两个核融合成一个新核，完成一次核配，新核经过两次分裂，产生四个单倍体子核，最后在担子细胞的顶端形成四个担孢子。

担孢子有多种类型，分成有隔担子和无隔担子两大类。

3.3.3 菌体结构

在蕈菌的发育过程中，其菌丝的分化可明显地分成5种菌丝/5个阶段：

（1）一级菌丝：担孢子萌发，形成由许多单核细胞构成的菌丝，称一级菌丝。

（2）二级菌丝：不同性别的一级菌丝发生接合后，通过质配形成了由双核细胞构成的二级菌丝，它通过独特的“锁状联合”，即以形成喙状突起而连合两个细胞的方式不断使双核细胞分裂，从而使菌丝尖端不断向前延伸。

（3）三级菌丝：到条件合适时，大量的二级菌丝分化为多种菌丝束，即为三级菌丝。

（4）子实体：菌丝束在适宜条件下会形成菌蕾，然后再分化、膨大成大型子实体。

（5）担孢子：子实体成熟后，双核菌丝的顶端膨大，细胞质变浓厚，在膨大的细胞内发生核配形成二倍体的核。二倍体的核经过减数分裂和有丝分裂，形成4个单倍体子核。这时顶端膨大细胞发育为担子，担子上部随即突出4个梗，每个单倍体子核进入一个小梗内，小梗顶端膨胀生成担孢子。

锁状联合的形成过程极为巧妙：当双核菌丝尖端细胞分裂时，在两个细胞核之间菌丝侧生一个钩状短枝，一个核进入短枝内，另一个核留在菌丝内。两个核同时进行一次有丝分裂，形成4个核。分裂后短枝中的一个子核退回到菌丝尖端。此时，钩状短枝向后弯曲生长接触到菌丝壁，形成拱桥形。菌丝中分裂后的两个核之一趋向前端，同时拱桥正下方两核之间产生一个横隔。短枝尖端与菌丝壁接触处细胞壁溶解，短枝中的一个核回到菌丝中生长尖端后面的一个细胞内，并生出另一个横隔将这个菌丝细胞与短枝隔开，最终在菌丝上就增加了一个双核细胞。

课堂讨论

（1）蕈菌在生长发育过程中，菌丝的分化可分为哪四个阶段？

（2）试述蕈菌双核菌丝的锁状联合的形成过程。

（3）简述蕈菌有性繁殖产生担子及担孢子的过程。

3.4 真核微生物与原核微生物的比较及真菌的分类

真核细胞和原核细胞的主要区别有四点：首先，真核微生物存在有核膜包被的细胞核，原核生物则是不成形的细胞核；其次，真核微生物的细胞壁是甲壳质和纤维素，原核生物是肽聚糖；再次，真核微生物的细胞器包括多种，而原核生物的细胞器只有核糖体；最后，可遗传的变异不同，真核微生物主要存在基因突变、染色体变异，原核微生物则是基因突变。

3.4.1 真核微生物与原核微生物的比较

真核微生物与原核微生物都具有细胞膜、细胞质和遗传物质。但是同时还存在不同点，主要包括：

3.4.1.1 特点不同

A 原核微生物

（1）核质与细胞质之间无核膜因而无成形的细胞核（拟核或类核）；RNA 转录和翻译同时进行。

（2）遗传物质是一条不与组蛋白结合的环状双螺旋脱氧核糖核酸（DNA）丝，不构成染色体（有的原核生物在其主基因组外还有更小的能进出细胞的质粒 DNA）。

（3）以简单二分裂方式繁殖，无有丝分裂或减数分裂。

B 真核微生物

（1）核发育完全（有核膜将细胞核和细胞质分开，两者有明显界限）。

（2）有高度分化的细胞器，如线粒体、中心体、高尔基体、内质网、溶酶体和叶绿体。

（3）进行有丝分裂。

3.4.1.2 结构不同

A 原核微生物

原核微生物仍拥有细胞的基本构造：含有细胞质、细胞壁、细胞膜以及鞭毛。有一个例外：原核微生物中，除了支原体，其余的都有细胞壁；即支原体是唯一不具有细胞壁的原核微生物。

B 真核微生物

真核细胞与原核细胞相比，个体更大，结构更复杂，显著特征是有明显的细胞核，还有一些由膜包裹的细胞器。有细胞壁的真核细胞其内部为原生质体，由细胞质膜包裹着，其中为细胞质和细胞核。细胞质是透明而黏稠的溶胶，由各种细胞器及其他物质组成。除细胞器以外的胶状溶液为细胞浆或称细胞基质，内含细胞骨架、各种酶、储藏物质等。真核微生物主要包括真菌、显微藻类和原生动物等。

3.4.1.3 常见分类不同

A 原核微生物

（1）菌类：菌类包括细菌、放线菌和真菌；真菌又分酵母菌、霉菌和食用菌；细菌和放线菌属于原核生物，而酵母菌、霉菌（毛霉、曲霉、青霉）和食用菌（如银耳、黑木耳、灵芝、菇类）属于真核生物。

（2）藻类：蓝藻（如色球藻、念珠藻、颤藻、螺旋藻）属于原核生物；红藻（如紫菜、石花菜）、褐藻（如海带）属于真核生物。

B 真核微生物

（1）原生动物：原生动物是动物中最原始、最低等、结构最简单的单细胞动物。在动物学中被列入原生动物门。因其形体微小，长度在10～300μm，需在光学显微镜下才能看到。

（2）真菌：真菌的细胞构造包括细胞壁、细胞膜、细胞质、细胞核、线粒体、核糖体、内质网、高尔基体、液泡等。

3.4.2 真菌分类

3.4.2.1 壶菌门

壶菌门（Chytridiomycota）是具有“9+2”结构的鞭毛，并能在水中游动的一类真菌，游动孢子具有一根后生尾鞭式鞭毛。

3.4.2.2 接合菌门

接合菌门（Zygomycota）是由低等的水生真菌发展到陆生种类，由游动的带鞭毛的孢囊孢子发展为不游动的孢囊孢子——静孢子或单孢孢子囊的分生孢子。

3.4.2.3 子囊菌门

子囊菌门（Ascomycota）是真菌中最大的类群，与担子菌同被称为高等真菌，生殖菌丝细胞出现较短双核阶段，其区别于其他真菌的一个特征是产生子囊。

3.4.2.4 担子菌门

担子菌门（Basidiomycota）是一类高等真菌，构成双核亚界，包含2万多种，包括蘑菇、木耳等主要食用菌。更具体地说，担子菌门包括以下组真菌：蘑菇、马勃、stinkhorns（鬼笔科）、支架真菌和人体致病酵母菌隐球菌属等。

3.4.2.5 半知菌类

半知菌类（Deuteromycota）是一种已废止的生物分类，指在子囊菌担子菌的同伴之中，还未发现有性繁殖阶段而在分类学上位置不明的一种临时分类。只进行无性繁殖的菌类被称作不完全型，这一阶段被称为无性阶段。进行有性繁殖的被称为完全型，该阶段被称作有性阶段，通常有性阶段的菌类也是同时进行无性生殖的。

课堂讨论

（1）试述原核细胞和真核细胞的主要差别。

（2）试述真菌分类。

3.5 实训：细菌、酵母菌、放线菌和真菌的接种方法

3.5.1 实训目的

（1）掌握微生物的几种接种技术。

（2）建立无菌操作的概念，掌握无菌操作的基本环节。

3.5.2 基本原理

将微生物培养物或含有微生物的样品在无菌条件下移植到培养基上的操作技术称为接

种。接种的关键是严格进行无菌操作。常用的接种方法有斜面接种、液体接种、穿刺接种、平板接种和固体接种等。

3.5.3 实训材料

(1) 菌种：大肠杆菌、金黄色葡萄球菌、啤酒酵母、玫瑰暗黄链球菌、曲霉、荨麻青霉。

(2) 培养基：琼脂培养基、马铃薯葡萄糖琼脂培养基及高氏1号培养基的斜面和平板。

(3) 试剂：5mL无菌生理盐水试管。

(4) 仪器与其他用品：酒精灯、记号笔、试管、橡胶塞、接种环、培养皿、超净台等。

3.5.4 操作步骤

3.5.4.1 斜面接种法

斜面接种法主要用于传代活化、纯化培养、鉴定或保存菌种。通常先从平板培养基上挑取分离的单个菌落，或挑取斜面，液体培养基中的纯培养物接种到斜面培养基上。操作应在无菌室、接种柜或超净工作台上进行。

A 准备工作

将菌种斜面培养基（简称菌种管）与待接种的新鲜斜面培养基（简称接种管）持在左手拇指、食指、中指及无名指之间，菌种管在外侧，接种管在内侧，斜面向上管口对齐，并能清楚地看到两个试管的斜面，注意不要持成水平，以免管底凝集水浸湿培养基表面。

B 接种环灭菌

右手持接种环柄，将接种环垂直放在火焰上灼烧。镍铬丝部分（环和丝）必须烧红，以达到灭菌目的，然后将除手柄部分的金属杆全用火焰灼烧一遍。

C 拔管塞和烧烤试管口

用右手的小指和手掌之间及无名指和小指之间拨出试管棉塞，将试管口在火焰上通过，以杀灭可能玷污的微生物。

D 接种环冷却和取菌

将灼烧灭菌的接种环插入菌种管内，先接触无菌苔生长的培养基上，待冷却后再从斜面上刮取少许菌苔取出。

E 接种

接种环不能通过火焰，应在火焰旁迅速插入接种管。不同种类微生物的接种方式各异，具体如下。

(1) 细菌和放线菌：由斜面培养基底部自下而上来回做“Z”形密集划线，勿划破培养基。

(2) 真菌：菌落为局限性生长的曲霉、青霉等采用上下涂布法接种。菌落为扩散性生长的根霉、毛霉等采用点植法接种。

F 塞管塞和接种环灭菌

接种完毕，将接种环抽出，灼烧管口，并迅速塞上棉塞。再重新仔细灼烧接种环后，放回原处，并塞紧棉塞。将接种管做好标记后放入试管架，即可进行培养。

3.5.4.2 平板接种法

平板接种法就是用接种环将菌种或用无菌吸管将定量菌液接种至平板培养基的方法，主要用于观察菌落特征、分离纯化菌种和平板活菌计数。其接种方式有倾注接种、涂布接种、划线接种和点植接种。

A 倾注平板法

（1）倾注平板：无菌条件下取适量菌液倾注于平皿中。

（2）倒平板：将灭菌的培养基倒入平皿，并迅速轻轻旋动平皿，使培养基与菌液充分混匀。

（3）培养：培养基凝固后，将平板倒置于培养箱中培养。

B 涂布平板法

（1）倒平板：将灭菌好的培养基倒入平皿。

（2）涂布平板：无菌条件下吸取菌液滴加于平板培养基表面中心位置，左手持平皿并将皿盖打开一缝，右手持涂布棒将菌悬液自平板中央以同心圆方向轻轻向外涂布扩散，使之分布均匀，静置5~10min，使菌液浸入培养基。

（3）培养：培养基凝固后，将平板倒置于培养箱中培养。

C 平板划线法

（1）倒平板：将灭菌好的培养基倒入平皿。

（2）平板划线：通过划线使样品在平板上形成单个菌落。其包括：

1）连续划线法。该方法用于稀释液。

2）分区划线法。该方法用于较浓的菌样（本实验细菌、酵母菌、放线菌采用此方法）。

注意：接种环勿划破培养基，划线不宜重叠，要疏密适中。

D 平板点植接种法

适用于观察霉菌的菌落特征。用接种环蘸少许无菌生理盐水，挑取斜面上少量菌丝或孢子，以三个角三点的形式轻点种于平板培养基上。接种时最好倒置平皿，以免霉菌孢子飞扬。

3.5.4.3 液体接种法

多用于增菌液进行增菌培养，也可用纯培养菌接种液体培养基进行生化实验，其操作方法与注意事项：由斜面培养物接种至液体培养基，用接种环从斜面上蘸取少许菌苔，接种至液体培养基时应在管内靠近液面试管壁上将菌苔轻轻研磨并振荡，或将接种环在液体内振摇几次即可。如接种霉菌菌种时，若用接种环不易挑起培养物时，可用接种钩或接种铲进行。由液体培养物接种液体培养基时，可用接种环或接种针蘸取少许液体移至新液体培养基即可。也可根据需要用吸管、滴管或注射器吸取培养液移至新液体培养基。接种液体培养物时应特别注意勿使菌液溅在工作台上或其他器皿上，以免造成污染。如有溅污，可用酒精棉球灼烧灭菌后，再用消毒液擦净。吸过菌液的吸管或滴管，应立即放入盛有消毒液的容器内。

3.5.4.4 穿刺接种法

此法多用于半固体、醋酸铅、三糖铁琼脂与明胶培养基的接种，操作方法与注意事项与斜面接种法基本相同。但必须使用笔直的接种针，而不能使用接种环。接种柱状高层或半高层斜面培养管时，应向培养基中心穿刺，一直插到接近管底，再沿原路抽出接种针。注意勿使接种针在培养基内左右移动，以使穿刺线整齐，便于观察生长结果。

3.5.4.5 固体接种法

普通斜面和平板接种均属于固体接种。固体接种的另一种形式是接种固体曲料，进行固体发酵。按所用菌种或种子菌来源不同可分为：用菌液接种固体料，包括用菌苔刮洗制成的菌悬液和直接培养的种子发酵液。接种时按无菌操作将菌液直接倒入固体料中，搅拌均匀。注意接种所用水容量要计算在固体料总加水量之内，否则会使接种后含水量加大，影响培养效果。用固体种子接种固体料。包括用孢子粉、菌丝孢子混合种子菌或其他固体培养的种子菌。将种子菌于无菌条件下直接倒入无菌的固体料中即可，但必须充分搅拌使之混合均匀。一般是先把种子菌和少部分固体料混匀后再拌大堆料。

3.5.5 实训结果

用接种后培养一段时间后的培养皿，观察菌落形态及是否染菌。

3.6 实训：细菌、酵母菌、放线菌和真菌的形态与菌落特征观察

3.6.1 实训目的

（1）观察并描述出细菌、酵母菌、放线菌、真菌的平板菌落特征（群体形态）。

（2）了解其菌落在其形态学鉴定上的重要性。

（3）了解观察酵母菌、放线菌、常见霉菌形态特征（个体形态）的基本方法。

3.6.2 基本原理

各种细菌在平板上形成的菌落均具有一定特征，其菌落一般较湿润、光滑、透明、易挑起，菌落正反面及边缘、中央部位的颜色一致，且菌落质地较均匀，菌落往往较小，较薄且有“细腻”感。它对细菌的分类、鉴定有重要的意义。

酵母菌菌落一般亦较湿润、光滑、易挑起，菌落正反面及边缘、中央部位的颜色一致，但其菌落一般比细菌大、厚而且透明度较差。酵母菌是多形、不运动的单细胞微生物，细胞核与细胞质已有明显的分化，菌体比细菌大，一般呈圆形、椭圆形、柱形和藕节形等。本实验用水-碘液浸片来观察生活的酵母形态。

放线菌菌落局限生长，小而薄，多为圆形，边缘呈辐射状，外观呈干燥、不透明的丝状、绒毛状或皮革状等特征。由于营养菌丝伸入培养基中使菌落和培养基连接紧密，故菌丝不易被挑起。一般情况下，菌落中心的颜色常比边缘深，由于气生菌丝、孢子和营养菌丝颜色不同，常使菌落正反面呈不同颜色。可用水浸片法在显微镜下观察其形态。放线菌是由长短不同的纤细的菌丝所形成的单细胞菌丝体。菌体分为潜入培养基中的营养菌丝（或称基内菌丝）和生长在培养基表面的气生菌丝。有些气生菌丝分化成各种孢子丝，呈

螺旋形、波浪形或分枝状等。孢子常呈圆形、椭圆形或杆形。菌丝及孢子的形状和颜色常作为分类的依据。

霉菌的菌落大而疏松，由于孢子不同的形状、构造和颜色，菌落表面往往呈现不同的结构和色泽，菌落在固体培养基上生长呈棉絮状（毛霉）、蜘蛛网状（根霉）、绒毛状（曲霉）和地毯状（青霉）。霉菌的营养体是分枝的丝状体。其个体比细菌和放线菌大得多，分为基内菌丝和气生菌丝。气生菌丝中又可分化出繁殖菌丝。不同霉菌的繁殖菌丝可以形成不同的孢子。霉菌菌丝比较粗大（菌丝和孢子的直径达到3~10μm），通常是细菌菌体宽度的几倍至几十倍。可采用乳酸石碳酸棉蓝浸片法来观察其形态。

3.6.3 实训材料

（1）菌种：大肠杆菌、金黄色葡萄球菌、啤酒酵母、玫瑰暗黄链球菌、曲霉、荨麻青霉的平板培养物。

（2）培养基：营养琼脂培养基、马铃薯葡萄糖琼脂培养基及高氏1号培养基。

（3）试剂与染色剂：0.85%生理盐水、革兰氏染色用碘液、0.1%美蓝染色液、乳酸石碳酸棉蓝染色液、50%乙醇等。

（4）仪器或其他用具：接种针、载玻片、盖玻片、镊子、酒精灯、擦镜纸、显微镜等。

3.6.4 操作步骤

3.6.4.1 菌落特征的观察

A 细菌菌落的描述

菌落大小：大菌落（5mm以上），中等菌落（3~5mm），小菌落（1~2mm），露滴状菌落（1mm以下）。

菌落形状：圆形，放射状，假根状，不规则等；菌落颜色：乳白色，灰白色，金黄色，粉红色等；菌落质地：黏稠，脆硬等；菌落表面形态：有光滑，皱褶，放射状，根状等；菌落边缘形态：有整齐，波状，丝状，锯齿状，裂叶状等形态；菌落隆起形态：扁平，隆起，草帽状，胶状等；透明度：透明，半透明，不透明等。

B 酵母菌菌落形态的描述

可参照细菌菌落的描述。

C 放线菌和霉菌菌落的描述

菌落大小：分局限生长和蔓延生长，用格尺测量菌落的直径和高度。菌落表面的形态：粗糙、同心圆、辐射状沟纹、粉状、绒毛状或皮革状、疏松或紧密、有无水滴等。菌落颜色：菌落正面颜色（包括气生菌丝或孢子颜色）、菌落反面颜色（指营养菌丝颜色），有无水溶性色素（色素会渗入培养基中，使菌落周围的培养基改变颜色）。菌落的组织形状：棉絮状、蜘蛛网状、绒毛状和地毯状。

3.6.4.2 个体形态特征的观察

A 酵母菌的形态观察

水-碘液浸片法：在载玻片中央加1小滴革兰氏染色用碘液，然后在其上加3小滴水，取少许酵母菌苔于水-碘液中混匀，盖上盖玻片后镜检。

B　放线菌的形态观察

（1）插片：在平板的一半面积划线接种，在接种线上将盖玻片1/2长度以45°插入琼脂，平板另一半先插片，然后将少量放线菌孢子接种于盖玻片与琼脂相接的沿线。平板倒置28℃培养3~5天。

（2）0.1%美蓝染色液染色：取1滴染液置于载玻片中央，将上述平板中的盖玻片取出，将有菌的一面向下以45°浸于载玻片的染色液中（避免气泡）。

（3）镜检：用高倍镜观察其单个分生孢子及其基内菌丝。

C　霉菌的形态观察

（1）制片：在干净的载玻片上加一滴乳酸石炭酸棉蓝染色液，用接种针从菌落边缘处取少量带有孢子的菌丝，先置于染色液中把菌丝放开，然后盖上盖玻片，注意不要产生气泡。

（2）镜检：

1）曲霉：高倍镜下观察菌丝有无隔膜，分生孢子着生位置，辨认分生孢子梗、顶囊、小梗和分生孢子。

2）青霉：高倍镜下观察菌丝有无隔膜，辨认分生孢子梗、副枝、小梗和分生孢子。

3.6.5　实训报告

（1）描述你所观察到的各类微生物的菌落特征。

（2）绘图说明你所观察到的各类微生物的形态特征。

拓展训练

一、选择题

（1）酵母菌为单倍体细胞，其菌落有大、小两种类型，在一定条件下可以进行有性生殖。人们发现，当大菌落中的细胞与小菌落中的细胞融合为二倍体的合子后，合子经过减数分裂形成孢子，再由孢子经过出芽生殖形成菌落。其中98%~99%的菌落为大菌落，经出芽生殖的后代中有极少数的小菌落；约1%~2%的菌落为小菌落，经出芽生殖的后代都为小菌落。酵母菌出现这些现象的原因是（　　）。

A. 减数分裂过程中细胞核分配不均匀　　B. 减数分裂过程中细胞质分配不均匀

C. 出芽生殖过程中细胞质分配不均匀　　D. 细胞分裂过程中细胞质分配不均匀

（2）酵母菌培养基中，常含有一定浓度的葡萄糖，但当葡萄糖浓度过高时，反而抑制微生物的生长，原因是（　　）。

A. 细胞会发生质壁分离　　B. 碳源太丰富

C. 改变了酵母菌的pH值　　D. 葡萄糖不是酵母菌的原料

（3）酵母菌繁殖快，菌体含有丰富的蛋白质，通过发酵工程，可制成单细胞蛋白添加到食品中。以下有关单细胞蛋白的叙述正确的是（　　）。

A. 只有蛋白质　　B. 主要是糖类

C. 含有多种成分　　D. 主要是氨基酸

（4）酵母菌的细胞壁主要含（　　）。

A. 肽聚糖和甘露聚糖　　B. 葡聚糖和脂多糖
C. 几丁质和纤维素　　D. 葡聚糖和甘露聚糖

（5）细菌用分裂方式繁殖后代，而酵母菌的繁殖方式为（　　）。
A. 出芽生殖和孢子生殖　　B. 出芽生殖和分裂生殖
C. 分裂生殖和有性生殖　　D. 分裂生殖和孢子生殖

（6）下列关于霉菌的说法，正确的是（　　）。
A. 青霉呈现绿色是因为菌丝或孢子中含有叶绿素
B. 有些霉菌可以用来制作发酵食品
C. 有些霉菌可以产生抗生素，治疗病毒性疾病
D. 霉菌的芽孢散布在空气中可以扩大其分布范围

（7）霉菌的生殖方式是（　　）。
A. 出芽生殖　　B. 孢子生殖　　C. 芽孢生殖　　D. 断裂生殖

（8）夏天我们常发现，存放在壁橱里的衣服和鞋常常发霉，其原因是（　　）。
A. 低温、干燥　　B. 低温、潮湿　　C. 高温、风干　　D. 温暖、潮湿

（9）可以用来酿酒和制作酱、酱油、腐乳的是（　　）。
A. 曲霉　　B. 青霉　　C. 酵母菌　　D. 黄曲霉

（10）霉变的花生可致癌，其致癌的毒素主要产生于（　　）。
A. 黄曲霉　　B. 青霉　　C. 珊瑚菌　　D. 乳酸菌

（11）蕈菌属于（　　）。
A. 真菌　　B. 细菌　　C. 病毒　　D. 亚病毒

（12）蕈菌的繁殖方式为（　　）。
A. 有性繁殖　　B. 无性繁殖
C. 有性繁殖和无性繁殖　　D. 复制生长

（13）蕈菌的用途有（　　）。（多选题）
A. 营养食品和保健食品　　B. 中药蕈菌
C. 提取担子菌多糖　　D. 制备多种酶类

二、填空题

（1）真菌无性繁殖孢子的种类主要有＿＿＿＿、＿＿＿＿、＿＿＿＿、＿＿＿＿和＿＿＿＿五种。

（2）真菌的有性孢子种类有＿＿＿＿、＿＿＿＿、＿＿＿＿和＿＿＿＿。

（3）酵母菌的无性繁殖方式主要有＿＿＿＿和＿＿＿＿。

（4）构成丝状真菌营养体的基本单位是＿＿＿＿。

（5）丝状真菌的无隔菌丝由＿＿＿＿细胞组成，有隔菌丝由＿＿＿＿细胞组成。

（6）真菌菌丝有两种类型，低等真菌的菌丝是＿＿＿＿，高等真菌的菌丝是＿＿＿＿。

（7）有一类真菌，由于仅发现＿＿＿＿，未发现＿＿＿＿，所以在真菌学中叫作半知菌。

三、简答题

（1）简述酵母菌繁殖的种类、过程、特点及酵母菌对人类的用途。

（2）简述霉菌的特殊结构及其繁殖方式。

（3）蕈菌有哪些结构特征？简述蕈菌有哪些用途。

知识链接

背景知识：霉菌预防

霉菌在我们的生活中无处不在，它比较青睐于温暖潮湿的环境，一有合适的环境就会大量地繁殖，必须采取措施来阻止霉菌的繁殖或切断其传播途径，以摆脱霉菌的感染。

一、人体预防

（1）注意身体某部位霉菌的滋生，比如指甲，有时霉菌会侵入指甲造成灰指甲，所以指甲不要留长，经常清理。多汗的皮肤褶皱里，特别是胖人皮肤褶皱比较多，如果是夏季出汗多，有可能在褶皱处滋生霉菌。还有就是脚部也是霉菌滋生的有利环境。

（2）内裤要单独洗，特别是家人或本人有足藓或灰指甲时更应该注意，为了防止交叉感染都应该分开洗。

（3）不要滥用抗生素，大量吃抗生素可能会将有益人体健康的菌群抑制住，破坏人体的天然防御屏障，造成霉菌的大量繁殖。

（4）警惕洗衣机中隐藏霉菌，洗衣机用久了肯定会滋生霉菌，最简单的方法就是用60℃左右的水来彻底清洗就行了。同时洗完的衣物一定要在太阳下晾晒，阳光中的紫外线可以杀死残存的霉菌。

（5）在公共场所最好不要用公用的或者别人用过的洗具。同时选用适宜的个人清洁护理产品。

（6）正确避孕，避孕药中的雌激素有促进霉菌侵袭的作用。如果反复发生霉菌性阴道炎，就尽量不要使用药物避孕。如果患有霉菌性阴道炎，自己治疗的同时，男方也应同时接受治疗，避免交叉感染。

（7）穿着全棉内裤。紧身化纤内裤会使阴道局部的温度及湿度增高，这可是霉菌喜欢的“居住”环境！还是选用棉质的内裤吧！

（8）控制血糖，碱性产品清洗外阴。女性糖尿病患者阴道糖原含量和酸度偏高，易于被霉菌侵害。所以，在控制血糖的同时，还要注意清洗外阴，选用弱碱性产品。

二、食物预防

（1）土法防霉。在100千克的大米中放1千克海带，可有效杀灭害虫、抑制霉菌。虽然防霉变的方法很多，但对霉菌毒素危害的消除是有限的，因此对一些已霉变的食品，不要吝惜，一定要及时丢掉，千万不要持侥幸心理食用，否则会引起食物中毒。

（2）低氧保藏防霉。霉菌多属于需氧微生物，生长繁殖需要氧气，所以瓶（罐）装食品在灭菌后，充以氮气或二氧化碳，加入脱氧剂，将食物夯实，进行脱气处理或加入油封等，都可以造成缺氧环境，防止大多数霉菌繁殖。例如：在装酱油的瓶子里滴一层熟豆油或麻油，隔绝空气，可防止霉菌繁殖生长。用棉签蘸上少许菜油或香油，均匀地涂抹在香肠、肉类腌制食品表面，即可防霉变。醋瓶内加入少许芝麻油或熟花生油，使醋与空气隔绝，防止长白膜。干香菇、木耳、笋干、虾米等干货置密封的容器内保存。

（3）食物放置在通风、干燥的环境中较好。

(4) 低温防霉。肉类食品，在0℃的低温下，可以保存20天不变质；年糕完全浸泡在装有水的瓷缸内，水温保持在10℃以下，可防霉变。

(5) 加热杀菌法。对于大多数霉菌，加热至80℃，持续20分钟即可杀灭；霉菌抗射线能力较弱，可用放射性同位素放出的射线杀灭霉菌。但黄曲霉毒素耐高温，巴氏消毒（80℃）都不能破坏其毒性。

(6) 收割后的粮食要及时晾晒、烘干，储存在通风、干燥的环境中。如发现储藏的粮食中只有少量霉变，可以采取下面的方法：发霉的玉米、花生等大粒谷物，可用人工方法把发霉的玉米粒、花生粒挑掉；发霉的麦子、大米等小粒谷物可用漂洗的方法将霉粒漂洗掉。

三、饲料预防

（一）选用和培育抗菌的饲料作物品种

不同的饲料作物品种对霉菌的敏感性不同，因此培育抗菌性品种，可使饲料作物受霉菌侵染的概率大幅度下降。这也是防霉的根本途径，而生物基因工程逐步扩大应用，使培育抗性品种切实可行。

（二）选择适当的种植或收获技术

从花生中分离到的黄曲霉有80%~90%能产生毒素，远远高于从其他作物中分离到的黄曲霉。在连续种植花生的田块里的花生，黄曲霉污染率高，黄曲霉毒素（AF）的含量也高，破碎的花生易染上黄曲霉，也有利于毒素的生成，故如果采取轮作等种植技术和适当的收获方法将可大大降低霉菌和霉菌毒素的污染。收获和储运过程中应尽量避免虫咬、鼠啃、磨压，避免玉米、花生等谷物的表皮和外壳损伤。

（三）严格控制饲料和原料的水分含量

引起饲料霉变的三个主要条件是湿度、温度和氧气。一般情况下，把水分控制在安全线以下是最简便易行的方法，故作物收获后应迅速将其干燥，且必须保证干燥均匀一致。

（四）改善贮藏条件，抑制霉菌生长

饲料霉变大部分是在贮藏过程中发生的，因此贮藏过程中的防霉是饲料防霉的重要环节。

(1) 物理防霉法：主要有控制贮藏环境的温度、封闭隔氧贮存、气调贮藏、低温通风贮藏以及辐射法等。据介绍，将脱粒后的湿玉米装入内衬塑料袋的麻袋，尽量装满并扎紧袋口，此后因为玉米本身的呼吸作用，消耗了袋中的氧，不仅黄曲霉难以生长，其他霉菌也可受到抑制，是经济简便、很有前途的防霉方法。

(2) 化学防霉法添加防霉剂：此法比较适合饲料工业。作为饲料防霉剂必须既有抑制霉菌作用，又要对人畜无害且价廉，使用方便、可靠。常被用作防霉剂的有丙酸及其盐类、山梨酸及其盐类、双乙酸钠、乙氧喹、延胡索酸、胱氢醋酸盐、龙胆紫、富马酸二甲酯等。

(3) 微生物抑制法：日本永森食品公司发现7种能吞噬黄曲霉和抑制AF产生的微生物，尚未见到实用的报道。

(4) 综合法：酶和抗氧化剂作为防霉剂，是近几年来国际上出现的新型高效防霉剂。它的作用原理与化学防霉剂的防霉原理不同，它是以外加酶取代霉菌体内的酶系，并以抗氧化剂阻碍霉菌正常的氧气吸收，从而阻碍霉菌正常的生理功能达到防霉效果。所使用的酶，要较霉菌体内的酶强 1~500 倍，作用于霉菌时，菌体内的酶就遭到破坏，发生变性，使霉菌不能从饲料中吸取营养，再加上抗氧化剂的作用，霉菌得不到充足的氧气，从而抑制其生长。这种防霉剂对霉菌来说不产生抗性，且使用安全可靠，对外界无不良影响。

应用知识：食用品类蕈菌

一、蘑菇属

蘑菇属（*Agaricus*）又称伞菌属，如图 3-20 所示。担子果通常有白色、褐色或者灰褐色的肉质菌盖，腹面又有辐射状的菌褶，其内形成担子和担孢子，菌柄极易与菌盖分开，孢子为卵圆形或者椭圆形，大部分蘑菇属都可食用，少数有毒。

二、虫草属

虫草属（*Cordyceps*）是真菌寄生于昆虫，将虫体变成充满菌丝的僵虫，再从僵虫两端生出有柄头状或棍棒状的子座。本属最常见的是冬虫夏草（Cordyceps sinensis），它寄生在鳞翅目昆虫的幼虫上，被害的昆虫幼虫冬天钻入土内，夏天虫草菌从虫体内生出一有柄的子座（即所谓的草）。子座单个，罕见 2~3 个，长 4~11cm，基部粗 1.5~4mm，向上渐细，头部膨大形成圆柱形，褐色，初期内部充实，后变中空。子囊壳近表面生，基部大部陷入子座中，先端凸出于子座外，卵形或椭圆形，长 250~500μm，直径 80~200μm，每一个子囊内有 8 个具有隔膜的子囊孢子。虫体表面深棕色，断面白色；有 20~30 环节，腹面有足 8 对，形似蚕，如图 3-21 所示。

图 3-20　蘑菇图

图 3-21　冬虫夏草图

三、灵芝属

灵芝属（*Ganoderma*）的菌盖通常表面有坚硬的皮壳，通体会覆盖坚硬的像漆一样的具有光泽的物质，多在阔叶林、针阔叶混交林的腐木上面找到，部分可做重要的中药材，如图 3-22 所示。

图 3-22　灵芝图

四、木耳属

木耳属（*Auricularia*）的担子果呈现杯状、耳状或者叶状，子实层平滑，有褶皱。担子呈圆柱形，有3个横隔，将担子隔成4个细胞，每个细胞上产生一个小梗，小梗上生担孢子，如图3-23所示。

图3-23　野生木耳

4 病毒和亚病毒

学习引导

学习目标

(1) 了解病毒、亚病毒的形态结构。

(2) 理解病毒结构与功能的关系。

(3) 掌握病毒的繁殖方式。

重点难点

(1) 重点：病毒的基本结构、特殊结构。

(2) 难点：病毒的繁殖方式。

4.1 病毒的形态结构和化学组成

病毒是一种个体微小，结构简单，只含一种核酸（DNA 或 RNA），必须在活细胞内寄生并以复制方式增殖的非细胞型生物。

病毒是一种非细胞生命形态，它由一个核酸长链和蛋白质外壳构成，病毒没有自己的代谢机构，没有酶系统。因此病毒离开了宿主细胞，就成了没有任何生命活动，也不能独立自我繁殖的化学物质。一旦进入宿主细胞后，它就可以利用细胞中的物质和能量以及复制、转录和转译的能力，按照它自己的核酸所包含的遗传信息产生和它一样的新一代病毒。

4.1.1 病毒的大小与形态

4.1.1.1 病毒的大小

较大的病毒直径为 300~450nm，较小的病毒直径仅为 18~22nm，甲型 H_1N_1 流感病毒直径为 90nm。

埃博拉病毒（EBV）属丝状病毒科，呈长丝状体，单股负链 RNA 病毒，有 18959 个碱基，分子量为 4.17×10^6。外有包膜，病毒颗粒直径大约 80nm，大小 100nm×(300~1500)nm，感染能力较强的病毒一般长 665~805nm，有分支形、U 形、6 形或环形，分支形较常见。有囊膜，表面有 8~10nm 长的纤突。纯病毒粒子由一个螺旋形核糖核壳复合体构成，含负链线性 RNA 分子和 4 个毒粒结构蛋白。

SARS 病毒的形态结构：冠状病毒粒子呈不规则形状，直径约 60~220nm；病毒粒子外包着脂肪膜，膜表面有三种糖蛋白：刺突糖蛋白、小包膜糖蛋白、膜糖蛋白。它是寄生在活细胞内，摄取活细胞的营养，进行生存和繁殖的。

最小的病毒是口蹄疫病毒，只有 10nm。最大的病毒是天花病毒（现已消灭）和痘病毒，大小为 250~300nm。经过适当的染色在光学显微镜下可以看到。

4.1.1.2 病毒的形态

主要有以下几种形态：（1）球状病毒；（2）杆状病毒；（3）砖形病毒；（4）有包膜的球状病毒；（5）具有球状头部的病毒；（6）封于包含体内的昆虫病毒。

4.1.2 病毒的化学组成

4.1.2.1 核酸

位于病毒体的中央，化学成分为DNA或RNA，以此分为DNA病毒或RNA病毒两大类。

功能：（1）核酸构成病毒的基因组，为病毒的增殖、遗传和变异等功能提供遗传信息。（2）具有感染性：某些病毒的核酸有感染性。应用化学方法除去病毒衣壳蛋白后获得的核酸进入宿主细胞后能增殖，有感染性，称为感染性核酸。

4.1.2.2 蛋白质

（1）结构蛋白：由病毒的基因组编码，组成病毒体的蛋白成分，如病毒体的衣壳蛋白、基质蛋白和包膜蛋白。

（2）非结构蛋白：由病毒的基因组编码，但不参与病毒体构成的蛋白成分。可存在于病毒体内，如病毒的酶，也可存在于感染细胞中。

（3）病毒结构蛋白有以下几种功能：1）保护病毒核酸，避免环境中的核酸酶和其他理化因素对病毒核酸的破坏；2）参与病毒的感染过程，衣壳蛋白和包膜上的蛋白突起能吸附易感细胞受体，引起感染；3）具有抗原性，病毒基因编码的衣壳蛋白和包膜蛋白具有良好的抗原性，能刺激机体产生免疫反应。

4.1.2.3 脂类和糖

病毒的脂质主要存在于包膜中。有些病毒含有少量糖类，也是构成包膜的表面成分之一。因包膜存在脂质，故脂溶剂可除去包膜，使病毒失去感染性。

4.1.3 病毒的基本结构

4.1.3.1 结构组成

病毒主要由核酸和蛋白质组成，在核酸外围有蛋白质外壳称衣壳。衣壳具有抗原性，由一定数量壳粒组成，每个壳粒又由一个或多个多肽分子组成。不同的病毒体，衣壳所含壳粒数目不同，是鉴别和分类的依据。

有些病毒核衣壳外有包膜，有的包膜表面有钉状突起或刺突，构成病毒体的表面抗原。衣壳与核酸在一起称为核衣壳，无包膜病毒，核衣壳就是病毒体。最简单的病毒中心是核酸（DNA或RNA），外面包被着一层有规律地排列的蛋白亚单位，称为衣壳。

核壳按壳粒的排列方式不同而分为3种模式：二十面体对称，如脊髓灰质炎病毒；螺旋对称，如烟草花叶病毒；复合对称，如T偶数噬菌体，如图4-1所示。

4.1.3.2 结构特点

病毒结构简单，没有细胞结构，是一种最低级的生命体。构成衣壳的形态亚单位称为壳粒，由核酸和衣壳蛋白所构成的粒子称为核衣壳。

较复杂的病毒外边还有由脂质和糖蛋白构成的包膜。在脂质的包膜上还有一种或几种糖蛋白，在形态上形成突起，如流感病毒的血凝素和神经氨酸酶。昆虫病毒中有一类多角体病毒，其核壳被蛋白晶体所包被，形成多角形包涵体。

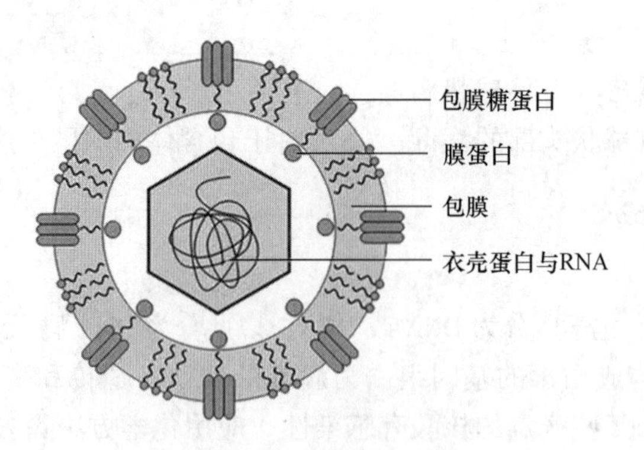

图 4-1 病毒基本结构

病毒只能寄生在活细胞里，靠自己的遗传物质中的遗传信息，利用细胞内的物质，制造出新的病毒，这就是它的繁殖。通俗地说，病毒就是外有一层蛋白质包裹，内有遗传信息，蛋白质就好比皮肤，遗传物质就是大脑。衣壳决定病原特异性。

课堂讨论

(1) 试述病毒的大小和形态。
(2) 试述病毒的化学组成。
(3) 试述病毒的基本结构。

4.2 病毒的增殖

正常细胞分裂次数有限，达到一定分裂次数后就不能再分裂了。通常认为，这和染色体末端的端粒有关，细胞每分裂一次，端粒就缩短一点，短到一定程度后细胞就不能再分裂了。端粒酶可以补充缩短的端粒，使得细胞可以继续分裂下去，但这样一来，细胞也就不再是正常细胞了，而变成了无限分裂的癌细胞。

4.2.1 病毒增殖的一般过程

复制周期分为六个阶段，即吸附、侵入、脱壳、增殖、装配及释放。

病毒体在细胞外处于静止状态，基本上与无生命的物质相似；当病毒进入活细胞后便发挥其生物活性。由于病毒缺少完整的酶系统，不具有合成自身成分的原料和能量，也没有核糖体。因此决定了它的专性寄生性，必须侵入易感的宿主细胞，依靠宿主细胞的酶系统、原料和能量复制病毒的核酸，借助宿主细胞的核糖体翻译病毒的蛋白质。

病毒这种增殖的方式叫作复制（Replication），如图 4-2 所示。病毒复制的过程分为吸附、穿入、脱壳、生物合成及装配释放 5 个步骤，又称复制周期（Replication cycle）。

4.2.2 烈性噬菌体与一步生长曲线

4.2.2.1 烈性噬菌体

烈性噬菌体也称为毒性噬菌体。噬菌体的繁殖一般分为 5 个阶段，即吸附、侵入、增殖（复制与生物合成）、成熟（装配）和裂解（释放）。凡在短时间内能连续完成以上 5

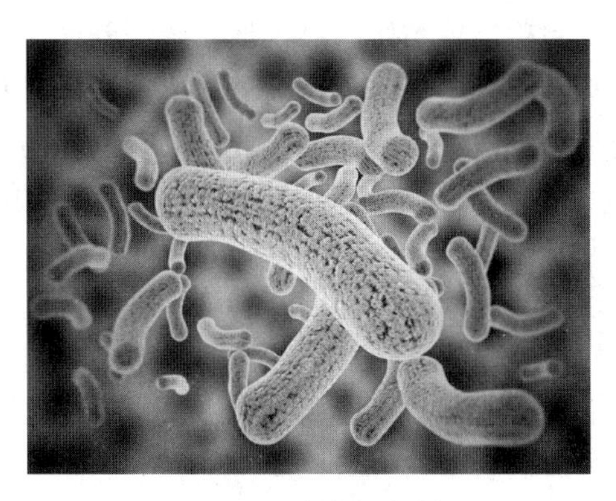

图 4-2 病毒的复制

个阶段而实现其增殖的噬菌体，称为烈性噬菌体（Virulent phage），反之则称为温和噬菌体（Temperate phage）。

4.2.2.2 一步生长曲线

利用烈性噬菌体的生活周期，可在实验室条件下获得噬菌体的生长曲线。具体操作是将适量病毒接种于高浓度敏感细胞培养物，或高倍稀释病毒细胞培养物，或以抗病毒血清处理病毒细胞培养物以建立同步感染，以感染时间为横坐标，病毒的效价为纵坐标，用来测定噬菌体侵染和成熟病毒释放的时间间隔，并用以估计每个被侵染的细胞释放出来的新的噬菌体粒子数量的生长曲线，即为一步生长曲线（One-step growth curve）。

（1）潜伏期：噬菌体的核酸侵入宿主细胞以后至第一个成熟噬菌体粒子装配前的一段时间。它又可以分为两个阶段：

1）隐晦期（Eclipse phase）。该阶段噬菌体在吸附和侵入寄主后，细胞内只出现噬菌体的核酸和蛋白质，还没有释放出噬菌体。在此期间如人为地用氯仿裂解解宿主细胞，此裂解液仍无侵染性。也就是说，这时细胞正处于复制噬菌体核酸和合成蛋白质衣壳的阶段。

2）胞内累积期（即潜伏期的后期）。该阶段是指在隐晦期后，若人为地裂解细胞，其裂解液已呈现侵染性的一段时间，这意味着细胞内已经开始装配噬菌体粒子，此时电镜可以观察到。

（2）裂解期：紧接在潜伏期后的宿主细胞迅速裂解、溶液中噬菌体粒子急速增加的一个阶段。噬菌体或者其他病毒粒子因只有个体装配而不能存在个体生长，再加上宿主细胞裂解的突发性，因此，从理论上来说，其裂解是瞬间出现的；但是事实上因为宿主群体中各个细胞的裂解不可能是同步的，故出现较长的裂解期。

（3）平稳期：感染后的宿主细胞已经全部裂解，溶液中噬菌体的数目达到最高峰，在这个时期，每一个宿主细胞释放的平均噬菌体粒子数即为裂解量。

一步生长曲线的实验方法如下：先把在对数期生长的敏感细菌悬浮液与适量的噬菌体混合，培养时将高浓度的敏感菌培养物与相应的噬菌体悬液以（10~100）∶1 相混合。这种比例可降低几个噬菌体同时侵染一个细菌细胞的概率。经数分钟培养，使噬菌体吸附在细菌上，混合液中加入一定量的该噬菌体的抗血清，以中和尚未吸附的噬菌体。然后再用新鲜培养液进行高倍稀释，以免发生第二次吸附和感染。培养后定时取样，将含噬菌体的样品与敏感细菌混合，在平板上培养，计算每个样品在培养基平板表面产生的噬菌斑数。结果可见，在吸附后的开始一段时间内（5~10min），噬菌斑数不见增加，说明噬菌体尚未完成复制和组装，这段时间称为噬菌体的潜伏期。紧接着在潜伏期后的一段时间（感染后 20~30min），平板中的噬菌斑数突然直线上升，表示噬菌体已从寄主细胞中裂解释放出来，这段时间称为裂解期。每个被感染的细菌释放新的噬菌体的平均数称为裂解量。裂解量=裂解期平均噬菌斑数/潜伏期平均噬菌斑数。当宿主全部裂解，溶液中的噬菌体的效价达到最高点时称为平稳期。

通过一步生长曲线可以得出病毒的潜伏期和裂解量。潜伏期是从病毒吸附细胞到感染细胞释放出子代病毒所需的最短时间。裂解量是每个受感染细胞所产生的子代病毒的平均数目，其值等于稳定期受染细胞所释放的全部子代病毒数目除以潜伏期受染细胞的数目，即等于稳定期病毒效价与潜伏期病毒效价之比。

烈性噬菌体的培养实验与一步生长曲线如图 4-3 和图 4-4 所示。

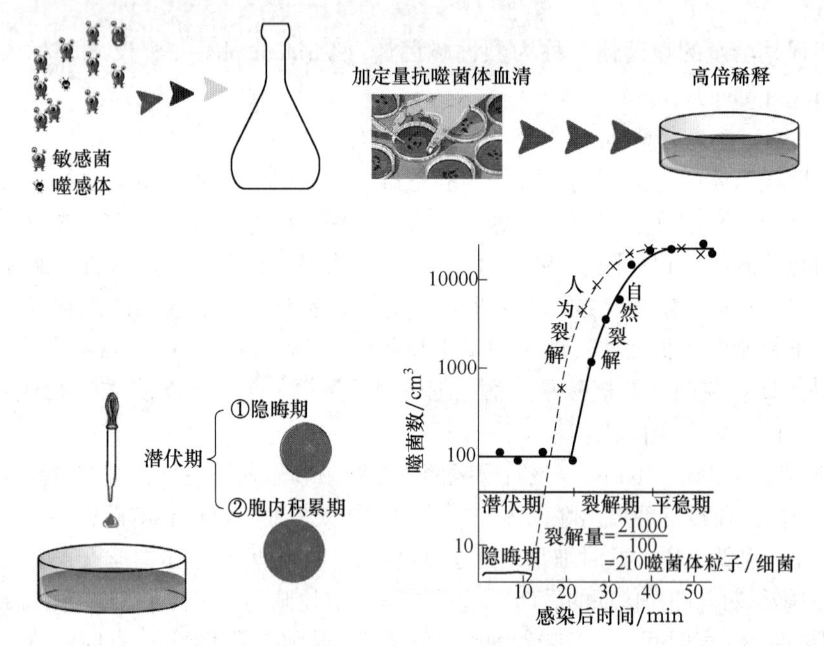

图 4-3 烈性噬菌体的培养实验

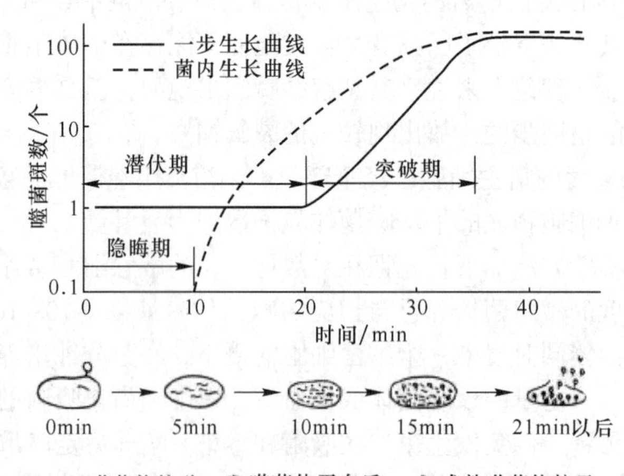

图 4-4 一步生长曲线

4.2.3 温和噬菌体与溶源性细菌

4.2.3.1 温和噬菌体

在短时间内不能连续完成吸附、侵入、增殖、成熟和裂解这 5 个阶段而实现增殖的噬菌体为温和噬菌体；反之，可连续完成的为烈性噬菌体。

温和噬菌体的基因组能与宿主菌基因组整合，并随细菌分裂传至子代细菌的基因组中，不引起细菌裂解。整合在细菌基因组中的噬菌体基因组称为前噬菌体（Prophage），带有前噬菌体基因组的细菌称为溶源性细菌（Lysogenic bacterium）。

前噬菌体偶尔可自发地或在某些理化和生物因素的诱导下脱离宿主菌基因组而进入溶菌周期，产生成熟噬菌体，导致细菌裂解。温和噬菌体的这种产生成熟噬菌体颗粒和溶解宿主菌的潜在能力，称为溶源性（Lysogeny）。溶源性细菌具有抵抗同种或近缘噬菌体重复感染的能力，这种特性称为“免疫性”。

A　感染过程

这类噬菌体感染它的宿主细菌后，可把它的 DNA 整合到细菌染色体中，随着细菌染色体的复制而同时复制。这时不能用任何方法在细菌体内检出噬菌体颗粒的存在，细菌继续生存并进行分裂繁殖。这种携带噬菌体 DNA 的细菌叫溶源性细菌。在一般外界条件下，溶源性细菌只有极少数发生裂解性反应。但若环境改变，如在紫外线下，激发噬菌体 DNA，指令细菌的新陈代谢向着合成 λ 噬菌体的方向进行，产生新的成熟的 λ 噬菌体颗粒。接着细菌裂解，新的噬菌体释放，再去感染邻近的细菌，如图 4-5 所示。

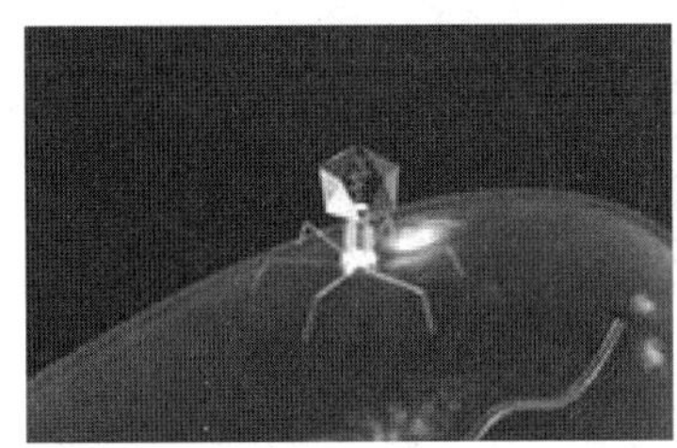
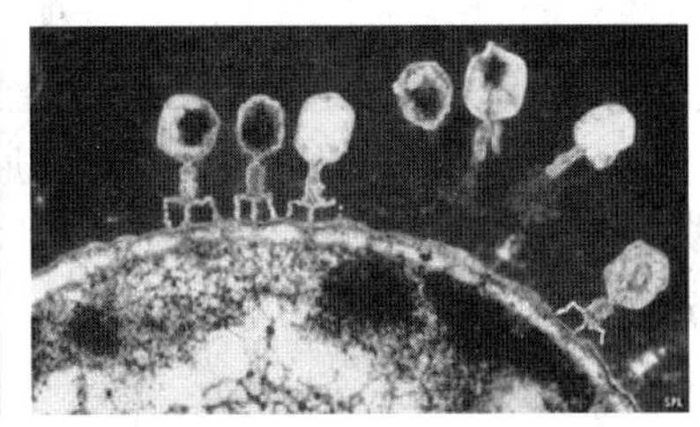

图 4-5　噬菌体对细菌的感染

B　溶源性转换

某些前噬菌体可导致细菌基因型和性状发生改变，这称为溶源性转换（Lysogenic conversion）。例如白喉棒状杆菌产生白喉毒素，是因其前噬菌体带有毒素蛋白结构基因；A 群溶血性链球菌受相关温和噬菌体感染发生溶源性转换，能产生致热外毒素；肉毒梭菌的毒素、金黄色葡萄球菌溶血素的产生，以及沙门菌、志贺菌等的抗原结构和血清型别都与溶源性转换有关。

而某些溶源性细菌可同时伴有其他性状的改变，如白喉棒状杆菌，当其带有 β 噬菌体时，即具有产生致病性白喉外毒素的能力。用 β 噬菌体去感染不产毒素的白喉棒状杆菌，可使该菌转变成产毒菌株，这一过程称为溶源性转变（Lysogenic conversion）。其他有一些细菌，如肉毒梭菌的产毒性和某些金黄色葡萄球菌产生溶血素的性能也都与细菌的溶源性转换有关。

4.2.3.2 溶源性细菌

具有原噬菌体的细菌称为溶源性细菌。噬菌体分为烈性噬菌体和温和噬菌体，在感染寄主细菌细胞时，前者往往在细菌体内增殖并将菌体裂解；后者则不使细菌裂解，而成为与细菌同步增殖的遗传因子——原噬菌体。

温和噬菌体的基因组整合于宿主菌基因中，这种整合在细菌染色体上的噬菌体基因称为原噬菌体，原噬菌体可随细菌染色体的复制而复制，并通过细菌分裂传给下一代，不引起细菌裂解，这种带有原噬菌体的细菌称为溶源性细菌。

原噬菌体通常在寄主细菌细胞中的每个染色体上有1个，细菌分裂时原噬菌体也分裂并分配到两个子细胞中。溶源性细菌在不断分裂增殖过程中，以某种频率（$10^{-4} \sim 10^{-3}$）引起噬菌体的产生，这些噬菌体与感染的噬菌体相同，这种噬菌体可使产生它的细菌裂解。

例如λ噬菌体在使大肠杆菌溶源化时，首先通过特殊的重组机制使噬菌体基因组插入寄主染色体上的特定部位。与此大体相平行地发生阻遏物的积聚，使增殖裂解过程中途停顿，同时插入的噬菌体基因组处于抑制状态，而不能再进行增殖。原噬菌体就是以这种状态插入细菌基因组，作为寄主染色体的一部分而进行复制。如果由于生理条件改变或用紫外线等处理使阻遏物钝化，就开始产生噬菌体。溶源性细菌的研究是由法国 A. Lwoff 等奠定的基础。

4.2.4 病毒的培养与鉴定

4.2.4.1 病毒的培养方法

（1）动物接种：病毒经注射、口服等途径进入易感动物的体内后可大量增殖，并使动物产生特定的反应。优点：操作方面易行。缺点：受机体免疫力影响，常需要用无菌动物。用于疫苗和抗血清的生产。

（2）鸡胚培养：一般用9~12日龄鸡胚，分别接种于卵黄囊内、羊膜腔、尿囊腔等部位。用于病毒分离与疫苗生产。

（3）组织培养：在离体活细胞上培养病毒的方法。取组织片进行培养。

（4）细胞培养：采用该病毒所寄生的细胞的全素培养基来培养该细胞，培养一段时间后放进特定的病毒就可以培养了，注意，若细胞是动物细胞时培养基要加入血清。细胞培养：病毒感染细胞后，大多数引起细胞病变，称为病毒的致细胞病变作用。表现为细胞变形，胞浆内出现颗粒化，核浓缩、核裂解等。

4.2.4.2 病毒的分离培养与鉴定

A 检查前准备

不同病毒嗜好不同组织，相同病毒不同感染时期也有不同的组织和细胞分布，取材应结合病程和病情。常用标本有血液、咽洗液、鼻咽拭子、粪便、脑脊液、水疱液、眼洗液、结膜拭子等。

（1）病程中期较早期和晚期易分离到病毒，病料采集时应适当考虑时间。

（2）不同病毒在不同组织中含量不同，局部感染时可取部分组织或灌洗液，全身感染或隐匿感染时可取血液，中枢神经感染时取脑脊液。

（3）样本留取时应尽量无菌，如因样本来源、操作等原因无法避免细菌污染时应对标本进行特殊处理。

（4）标本需要尽快送检，如不能在 1 小时内送至检测机构需冻存于-20℃，转运时应避免反复冻融。

B 操作方法

（1）去除污染：粪便、鼻咽拭子及其他暴露在外环境中的标本，因携带细菌、真菌和其他病原体，接种前需进行特殊处理，首先对稀释后样本进行高速离心以去除固体沉淀和部分大分子物质，对离心后的上清添加适量抗生素和抗真菌药物以减少细菌和真菌的生长，最后采用合适孔径的滤膜过滤去除细菌等污染物获得病毒悬液。

（2）样本处理和保存：首先将材料用无菌剪分成小块，置于无菌的研钵内尽量磨碎，较软的脑、脊髓等组织可用匀浆器打碎，研磨完全后冻融 1~3 次，加适量生理盐水、磷酸盐缓冲盐水或病毒培养基并添加适量抗生素制成病毒悬液，离心后取上清，必要时还可用滤液接种敏感细胞，如不能及时接种，应添加防冻液置-80℃冰箱或液氮保存。

（3）检验方法，其包括：

1）动物接种。动物活体对病毒的感染率取决于对该病毒是否敏感、病毒接种量、接种部位以及病毒毒力等因素。宿主为人类的病毒接种时最好选择进化最接近人的物种如猩猩、猕猴、狒狒等。由于经济、伦理等因素，实验室常用的动物多为大鼠、小鼠、豚鼠和小猪等。接种部位可分口服灌胃、皮下、腹腔、血管内和颅内注射等。

2）鸡胚接种。鸡胚由于分化程度相对较低，来源充足且造价经济，常用于某些敏感病毒的培养，不同的病毒接种于不同的囊腔中，经过孵育后可获得大量病毒，常用于病毒的分离、培养、增毒，抗原和疫苗制备等。

3）细胞培养。细胞培养是病毒培养最常用的方法，根据病毒的细胞嗜性，选择合适的原代细胞或细胞系进行接种。培养时根据病毒的生长特性可添加适量的生长因子、血清、胰酶等物质。烈性病毒接种后的致细胞病变作用（CPE）可作为病毒感染细胞的直接观察指标，如 CPE 不明显，则需通过 PCR（聚合酶链反应）、WB（蛋白印迹，Western blotting）和 IF（免疫荧光）等方法鉴定病毒是否感染细胞。适应了细胞培养的病毒生长良好，可进行连续传代。

（4）病毒的鉴定：临床来源的病料在接种前通常会对病毒进行初步鉴定，常用方法包括 ELISA（酶联免疫吸附试验）以及 PCR 测序等，获得纯培养的病毒则需要进行再次鉴定以确保病毒的正确性，常用 PCR 测序、IF 和 WB 等。根据临床症状、标本来源及细胞病变等特性鉴定病毒具有较大的误差，病毒的核酸、蛋白作为鉴定依据较准确。

C 临床意义

从病料中成功进行病毒的分离培养和鉴定是诊断病毒感染的“金标准”。虽然并不是所有病毒性疾病的诊断都需作病毒分离，但是若新疾病流行、血清学检测产生交叉反应、两种病毒无法区别，需进一步确诊且同一症状的疾病可能由多种病毒引起，则需要分离病毒。病毒的分离与鉴定对监测流行病的新动向，研究新疾病、新病毒以及疫苗的研发都有重要作用。

课堂讨论

（1）简述病毒增殖的一般过程。

(2) 试述一步生长曲线。

(3) 简述温和噬菌体与溶源性细菌的区别。

4.3 常见病毒

病毒对人类也是有一定好处的，除了用噬菌体（一种专门感染细菌的病毒）可以治疗一些细菌性疾病外，随着人们对病毒的认识及生活规律的掌握，使其在现代医学上推动了免疫学的研究和发展。如：利用一些动物病毒，经过人工处理后制成的疫苗，用于预防接种，为人类带来了巨大的好处。另外，病毒的益处表现在，农业上可利用病毒制剂防治农业和林业的病虫害，不仅安全有效，而且减少了污染，有利于环境保护，因此利用病毒进行生物防治具有重要的发展前景。

4.3.1 噬菌体

4.3.1.1 噬菌体简介

噬菌体（Phage）是侵袭细菌的病毒，也是赋予宿主菌生物学性状的遗传物质。噬菌体必须在活菌内寄生，有严格的宿主特异性，其取决于噬菌体吸附器官和受体菌表面受体的分子结构和互补性。噬菌体是病毒中最为普遍和分布最广的群体。通常在充满细菌群落的地方，如泥土中、动物的肠道里，都可以找到噬菌体。

噬菌体（Bacteriophage，phage）是感染细菌、真菌、藻类、放线菌或螺旋体等微生物的病毒的总称，因部分能引起宿主菌的裂解，故称为噬菌体，如图4-6和图4-7所示。

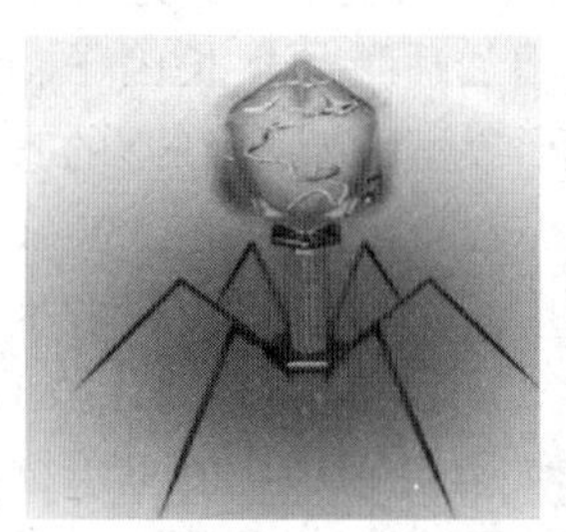

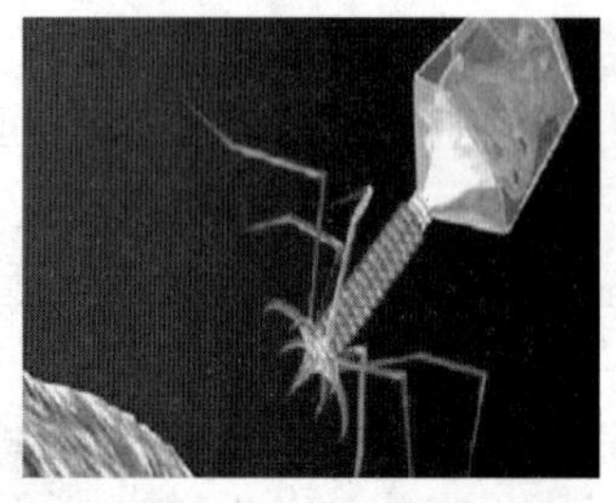

图4-6 噬菌体

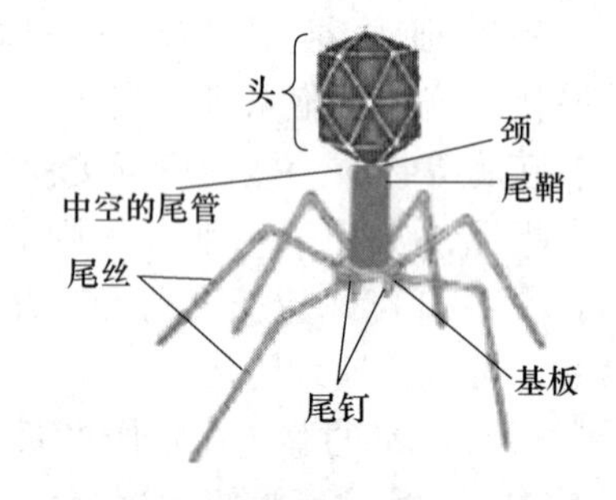

图4-7 T_4 噬菌体结构示意图

作为病毒的一种，噬菌体具有病毒的一些共性：个体微小；不具有完整细胞结构；只含有单一核酸。可视为一种“捕食”细菌的生物。噬菌体基因组含有许多个基因，但所有已知的噬菌体都是在细菌细胞中利用细菌的核糖体、蛋白质合成时所需的各种因子、各种氨基酸和能量产生系统来实现其自身的生长和增殖。

一旦离开了宿主细胞，噬菌体既不能生长，也不能复制。噬菌体是病毒的一种，其特别之处是专以细菌为宿主，较为人知的噬菌体是以大肠杆菌为寄主的 T_2 噬菌体。跟别的病毒一样，噬菌体只是一团由蛋白质外壳包裹的遗传物质，大部分噬菌体还长有“尾巴”，用来将遗传物质注入宿主体内。噬菌体是一种普遍存在的生物体，而且经常都伴随着细菌。通常在一些充满细菌群落的地方，如泥土中、动物的内脏里，都可以找到噬菌体的踪影。世上蕴含最丰富噬菌体的地方就是海水。

4.3.1.2 繁殖特点

A 烈性毒性噬菌体

烈性/毒性噬菌体在宿主菌体内复制增殖，产生许多子代噬菌体，并最终裂解细菌。烈性噬菌体的增殖方式是复制，其增殖过程经历吸附穿入、生物合成和成熟释放 3 个阶段。

进入菌细胞内的噬菌体核酸首先经早期转录产生早期蛋白质，并复制子代核酸，再进行晚期转录产生噬菌体的结构蛋白。子代噬菌体达到一定数量时，由于噬菌体合成酶类的溶解，菌细胞突然裂解，释放出的噬菌体再感染其他敏感细菌。

B 温和噬菌体

感染宿主菌后并不增殖。其基因整合于细菌染色体上，即前噬菌体，随细菌染色体的复制而复制，并随细菌分裂而分配至子代细菌的染色体中。温和噬菌体有溶源性周期和溶菌性周期，可偶尔自发地或在某些理化或生物因素的影响下，整合的前噬菌体脱离宿主菌染色体，进入溶菌性周期导致细菌裂解，并产生新的成熟噬菌体。

4.3.1.3 蛋白质结构

（1）无尾部结构的二十面体：为一个二十面体，外表由规律排列的蛋白亚单位——衣壳壳粒组成，核酸则被包裹在内部。

（2）有尾部结构的二十面体：这种噬菌体除了一个二十面体的头部外，还有一个中空的针状结构及外鞘组成尾部，以及尾丝和尾针组成的基部。

（3）线状体：这种噬菌体呈线状，没有明显的头部结构，而是由壳粒组成的盘旋状结构。

迄今已知的噬菌体大多数是有尾部结构的二十面体，这是因为正多面体是多面体里最简单的结构，搭建起来最容易，所以病毒喜欢采用正多面体的结构。而正多面体一共又只有五种，分别是正四、六、八、十二、二十面体，其中正二十面体是最接近球形的，也就是在体积相同的情况下，需要更少的材料，更为节省。

4.3.2 植物病毒

植物病毒（viruses of plants）是指感染高等植物、藻类等真核生物的病毒。早在 1576 年就有关于植物病毒病的记载，举世闻名的、美丽的荷兰杂色郁金香，实际上就是现在所谓郁金香碎色花病毒造成的。

4.3.2.1 特点

植物细胞最外层有以纤维素为材料构成的细胞壁，足以抵抗病毒的侵入，因而植物病毒的特点之一是必须通过寄主的伤口方能侵入。实验室内常用摩擦叶面造成轻微伤口来接种某些植物病毒。农田操作、人工移植、摘心、整枝、打权时手沾染含病毒的汁液，均可造成病毒传染。病毒也可通过嫁接或植物根在土壤沙砾中伸长时所造成的伤口传染。

在自然界中，植物病毒最重要的传播媒介是节肢动物门中的昆虫（见昆虫纲）和螨类（见蜱螨亚纲）。已知大约有 400 种昆虫可传播 200 种以上的病毒，其中以叶蝉和蚜虫最为主要，仅桃蚜就能传播约 70 种病毒。某些昆虫传播植物病毒的一个重要特点是：病毒既能在植物体内繁殖，也能在昆虫体内繁殖。传播介体除昆虫外，还有真菌、线虫、菟丝子等。

植物没有免疫系统？错！研究发现，植物不仅具有免疫系统，而且和动物的免疫系统非常类似，同时具有内源性免疫和系统获得性免疫。既可以产生对植物病毒或其他致病源的本底抗性，也可以根据入侵者的形态添加新的免疫物质来应对未知的刺激。

绝大多数植物病毒是由核酸构成的核心与蛋白质构成的外壳组成的，极少数还含有脂肪和碳水化合物。植物病毒核酸类型有 ssRNA（单链 RNA）、dsRNA（双链 RNA）、ssDNA（单链 DNA）和 dsDNA（双链 DNA）。但绝大多数含 ssRNA，无包膜，其外壳蛋白亚基或呈二十面体对称，或呈螺旋式对称排列，形成球状或棒状颗粒。大多数植物病毒是由单种外壳蛋白组成形态大小相同的亚基，多个亚基组成外壳。外壳内含有携带其全部基因的病毒核酸。有的植物病毒的核酸分成 1~4 段，分别装在外壳相同的颗粒中，如烟草脆裂病毒的 RNA 分成两段，分别装在两种颗粒中，分子量大的一段装在长棒状颗粒中，小的一段装在短棒中，故称二分体基因组病毒；又如雀麦花叶病毒的 RNA 分成 4 段，RNA_1、RNA_2、RNA_3 和 RNA_4 分别装在外形大小相同的 3 种球形颗粒中，故称三分体基因组病毒。二分体基因组病毒和三分体基因组病毒总称为多分体基因组病毒。

4.3.2.2 最早使用

在 16 世纪早期，荷兰人对一种植株上有着条斑的郁金香极为珍视，不惜重金购买来装扮自己的花园。这种郁金香的颜色不是单一的，它具有缤纷杂乱的花纹，如同喷溅在一起的各种颜色。这种自然之美的奥秘是什么呢？是一种植物病毒。

植物病毒对植物生长产生的危害是使植物的叶或花改变颜色。正是因为病毒的侵染，使花瓣上的原有颜色上产生了花斑或条纹，使花色更加奇异、绚丽，起到对花卉的美化作用。

早在 18 世纪，人们就利用病毒感染引起的植物叶和花的变色，创造新的花卉品种。感染郁金香碎色病毒的杂色花，呈白色花斑和条纹。感染香石竹斑驳病毒的杂色花，也因单色花质地颜色的不同，分为白色、黄色、浅绿色、浅红色等，有五六种杂色花类型，花斑纹都不相同。虞美人杂色花：单色红色花经病毒感染后，在花瓣上出现白色的细条纹，条纹间距不均，色彩鲜艳美丽。

4.3.3 昆虫病毒

昆虫病毒是指以昆虫为宿主的病毒。既能在脊椎动物体内或高等植物体内增殖，又能在昆虫体内增殖的病毒很多，如动物病毒中的布尼亚病毒科、披膜病毒科的甲病毒属与黄病毒属、呼肠孤病毒科的环状病毒属、弹状病毒科的水疱性口炎病毒属与狂犬病毒属，以及植物呼肠孤病毒组与植物弹状病毒组的许多成员。以下对其分类和特征进行介绍。

4.3.3.1 杆状病毒科

杆状病毒科包括 4 个亚组，即：

（1）A 亚组——核型多角体病毒（NPV），如家蚕 NPV、棉铃虫 NPV、松毛虫 NPV、春尺蠖 NPV、舞毒蛾 NPV、斜纹夜蛾 NPV、黏虫 NPV、中国刺蛾 NPV 等。

（2）B 亚组——颗粒体病毒（GV），如黄地老虎 GV、菜粉蝶 GV、茶小卷叶蛾 GV 等。

（3）C 亚组——非包涵体核型杆状病毒，如印度棕榈独角仙病毒。

（4）D 亚组——非包涵体多分体 DNA 基因组核型杆状病毒，如甜菜尺蠖姬蜂病毒。

毒粒呈杆状，大小（40~60）nm×（200~400）nm，有包膜；含有8%~15%的双链DNA（dsDNA），分子量为（58~110）$\times10^6$道尔顿；毒粒的蛋白至少有10~25个多肽，分子量为（1~1.6）$\times10^4$。对乙醚与热不稳定。

核型多角体病毒和颗粒体病毒都能形成包涵体。颗粒体病毒的包涵体是椭圆形，每个包涵体内仅含有一个毒粒，偶有两个。核型多角体病毒的包涵体呈多角形，有两种包埋形式，一种是多角体内包埋着许多单个的病毒粒（单粒包埋型），另一种是1个包膜内包裹着多个核壳（一般称为病毒束），成束地被包埋于多角体蛋白基质中（多粒包埋型）。

包涵体的大小为0.5~15μm。C亚组与D亚组都不形成包涵体。

A亚组、C亚组和D亚组的病毒只在感染的细胞核中增殖，而B亚组的病毒在细胞核和细胞质中都能发育。

感病幼虫常以腹脚或尾脚倒挂于叶片或枝条上而死，死后体软，一触就破，流出脓液。

4.3.3.2 痘病毒科

昆虫痘病毒的形态、大小不一。感染鞘翅目的痘病毒呈椭圆形，大小为450nm×250nm，有一个侧体和单侧凹入的核心，表面具有直径22nm的球状单位。从鳞翅目和直翅目分离的痘病毒也是椭圆形的，大小为350nm×250nm，具有袖状侧体和圆柱形核心，表面有直径40nm的球状单位。双翅目的痘病毒最小，呈砖形，有两个侧体和双凹的核心。本科病毒能形成椭圆形和纺锤形两种包涵体，直径12~20μm，病毒粒含有5%的dsDNA，分子量为（140~240）$\times10^6$。含有4种酶：核苷酸焦磷酸酶、依赖于DNA的RNA多聚酶、中性DNA酶和酸性DNA酶。

感病幼虫外表呈白色，病毒主要在血细胞和脂肪细胞的细胞质中增殖。

昆虫痘病毒与脊椎动物痘病毒在形态结构上十分相似，但它们之间没有共同抗原。用昆虫痘病毒对乳鼠作脑内注射和腹腔注射未能感染，接种于鸡胚绒毛尿囊膜上也不形成痘斑。

4.3.3.3 虹彩病毒科

昆虫虹彩病毒分成两个属：昆虫小虹彩病毒属，直径120nm，提纯的病毒呈蓝色虹彩；昆虫大虹彩病毒属即绿虹彩病毒属，直径180nm，呈黄绿色虹彩。病毒粒都呈二十面体，无包膜，不形成包涵体。病毒在细胞质中增殖，主要在脂肪体中，但其他组织也能感染。发病后期病毒的含量几乎占整个幼虫干重的25%。

虹彩病毒感染幼虫的显著特点是：宿主组织呈现蓝绿色、橙黄色或紫色的虹彩光泽。寄主范围较为广泛，包括半翅目、鳞翅目、鞘翅目、膜翅目和双翅目。

4.3.3.4 小DNA病毒科

浓核症病毒属病毒粒为二十面体，无包膜，直径18~25nm。含有37%单链DNA（ssDNA），分子量为（1.2~1.8）$\times10^6$。抗乙醚、氯仿，耐热。病毒在细胞核中增殖。

目前，从昆虫中分离的小DNA病毒为数不多，但在自然情况下，混合感染现象较为常见，如大蜡螟浓核症病毒常与核型多角体病毒混合感染大蜡螟幼虫，两种病毒可以在同一个细胞核内增殖；鹿眼蛱蝶浓核症病毒也常与颗粒体病毒同时感染鹿眼蛱蝶幼虫。

大蜡螟浓核症病毒除了能感染家蚕卵巢原代细胞培养外，还可以感染培养的小鼠L细胞，但对新生的小鼠没有致病性。

4.3.3.5 呼肠孤病毒科

质型多角体病毒组，病毒粒为二十面体，直径50~65nm，在二十面体上的12个顶点处有12根中空的突起，无包膜，能形成多角形包涵体，大小为0.5~15μm；含有25%~30%dsRNA，分为10个节段，其总分子量为（13~16）×10^6；蛋白质占病毒粒的70%~75%，有3~5个多肽，分子量为（30~151）×10^3。病毒粒含有依赖于RNA的RNA多聚酶，也含有血凝素，具有凝集鸡、绵羊和小鼠红细胞的能力。

病毒在细胞质中增殖，主要感染幼虫的中肠部位，但也能蔓延到其他组织。感病幼虫呈食欲不振、下痢、吐液、脱肛、体积缩小等症状。

4.3.3.6 小RNA病毒科

病毒粒呈二十面体，直径为22~30nm，无包膜，也不形成包涵体。含有ssRNA，分子量为2.5×10^6。病毒在细胞质中增殖，抗乙醚。属于本科的昆虫病毒有蟋蟀麻痹病毒，果蝇C病毒与枯叶蛾病毒等，均未分属。其中枯叶蛾病毒、蟋蟀麻痹病毒的相应抗体天然地存在于猪、牛、绵羊、马、狗、鹿、苍鹭和人的血清中，表明它们能感染这些动物。在利用这些昆虫病毒防治害虫时，应注意安全性。此外，还有蜜蜂急性麻痹病毒、蜜蜂囊雏病毒、蜜蜂X病毒、家蚕软化病病毒、果蝇P病毒与A病毒等小RNA病毒，其分类地位尚未明确。

4.3.3.7 弹状病毒科

果蝇西格马（Σ）病毒是本科成员之一，病毒粒呈子弹状，大小为（130~380）nm×70nm，有包膜，不形成包涵体。含有ssRNA。Σ病毒是一种遗传性的感染因子，感染的果蝇一般不表现症状，但一旦与二氧化碳接触，就会呈现麻痹症状，最后死亡。

果蝇Σ病毒可以在果蝇胚胎的原代或传代细胞中增殖，但不引起明显的细胞病变，这种病毒与牛水疱牲口炎病毒印第安纳株（见弹状病毒科），不仅在形态、大小及核酸类型上很相似，而且牛水疱牲口炎病毒经过一系列的接种传代后，也能适应在果蝇体中增殖，但这两种病毒在血清学上没有关系。

4.3.3.8 野田村病毒科

病毒粒呈球形，直径29nm，每个病毒粒含有两个ssRNA分子，分子量分别为1.15×10^6和0.46×10^6，约占病毒质量的20.5%。从三带喙库蚊中分离的野田村病毒（即日本库蚊病毒）有个引人注目的特性：不仅感染大蜡螟和蜜蜂，导致宿主死亡，而且可以感染小鼠，引起麻痹与死亡，其症状与柯萨奇病毒感染小鼠的症状极为相似。这是第一个既能使昆虫致病又对脊椎动物有病原性的已知病毒。

但属于本科的其他昆虫病毒（如东方蜚蠊病毒等）不能在脊椎动物细胞内增殖。

4.3.4 人类和脊椎动物病毒

脊椎动物病毒可引起许多人类疾病如流行性感冒、肝炎、疱疹、流行性乙型脑炎、狂犬病、艾滋病、非典型肺炎（由SARS病毒引起）等。在已发现的动物病毒中约有1/4的病毒具有致肿瘤作用，至少有5类病毒（乳头瘤病毒、反转录病毒、疱疹病毒、肝DNA病毒和黄病毒）与癌症发病有关。动物病毒侵入寄主细胞后可引起4种结果，如图4-8所示。畜、禽等动物的病毒病也极其普遍，如猪瘟、牛瘟、口蹄疫、鸡瘟、鸡新城疫和劳氏肉瘤等，许多还是人兽共患病，且危害严重。

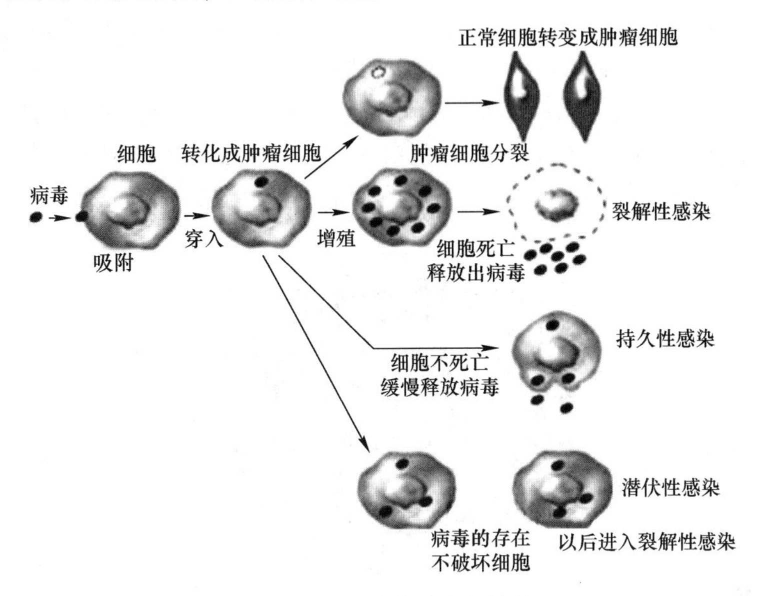

图 4-8 动物病毒感染的结果

动物病毒大多呈球状，含有单链或双链的 DNA 或 RNA。有些有包膜，有些无包膜（裸露的），大小差异很大。

动物病毒的增殖过程与噬菌体相似，但在某些细节上有所不同。大多数动物病毒无吸附结构，少数病毒如流感病毒在其包膜表面长有刺突，可吸附在宿主细胞表面的黏蛋白受体上。

病毒感染时，首先是病毒表面的吸附蛋白与敏感宿主细胞表面的特异受体结合，病毒核壳体或整个病毒粒子侵入细胞。此过程不像噬菌体感染原核生物时，壳体蛋白留在细胞外面。动物病毒基因组和壳体的分离发生在细胞内，称脱壳（Uncoating）。然后病毒基因组在细胞核或在细胞质中，进行病毒大分子的生物合成（包括病毒核酸的复制和转录，合成病毒的结构蛋白和非结构蛋白），最后装配成子代病毒。若是无包膜的病毒、装配成熟的核壳体就是子代病毒体。若是有包膜的病毒，核壳体还要在细胞内，或通过与细胞膜的相互作用获得包膜才能成熟，为子代病毒体，如图 4-9 所示。

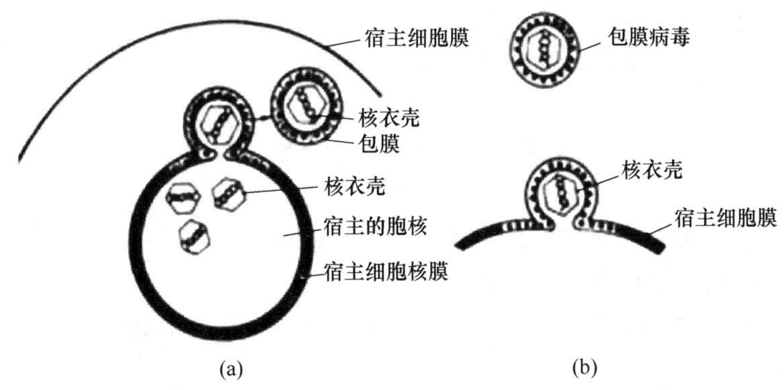

图 4-9 动物细胞吸收有包膜的病毒粒子的过程

（a）病毒核壳体与包膜分离的过程；（b）从宿主细胞质膜芽出时获得包膜

在人类病毒中，危害最大的是1981年1月首先在美国发现的引起艾滋病即获得性免疫缺陷综合征（Acquired immune deficiencysyndrome，AIDS）的病毒，即人类免疫缺陷病毒（Human immunodeficiency virus，HIV），其结构如图4-10所示。HIV病毒呈球形，直径100~120nm。病毒核心内含有RNA和酶（逆转录酶、整合酶、蛋白酶）。病毒壳体由两种蛋白组成，核心蛋白（P_{24}）和核壳蛋白（P_{17}）。病毒壳体外包围着包膜，包膜系双层脂质蛋白膜，其中嵌有gp_{41}和gp_{120}两种糖蛋白，分别组成刺突和跨膜蛋白。

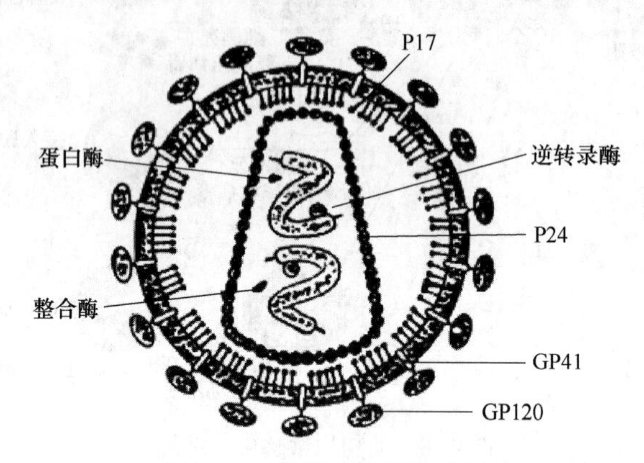

图4-10 艾滋病病毒示意图

当HIV病毒进入寄主细胞后，其逆转录酶利用病毒的RNA作为模板，逆转录相应的DNA分子。然后DNA转移到细胞核，并整合到染色体上，以此作为病毒复制的基地。HIV病毒的寄主细胞通常是T淋巴细胞，这种白细胞在调节免疫系统上起主要作用，一旦受到HIV病毒的侵染和破坏，就会引起人体免疫功能的丧失。

HIV病毒主要通过血液和分泌物（精液、乳汁等），并经黏膜表面和皮肤的破损处进入体内。传播方式包括性生活、输血和使用血制品。患艾滋病的母亲也可通过胎盘或乳汗将病毒传给胎儿。

课堂讨论

（1）试解释为什么所有的病毒只能通过特有的复制方式进行增殖。

（2）植物病毒的核酸多为什么类型？

（3）试说明病毒对抗生素敏感还是对干扰素敏感。

4.4 亚 病 毒

亚病毒是一类比病毒更为简单，仅具有某种核酸而不具有蛋白质，或仅具有蛋白质而不具有核酸，能够侵染动植物的微小病原体。

亚病毒连细胞结构都没有，所以称为非细胞生物。它是微生物中最小的生命实体，它的组成简单。

病毒体中仅含有一种核酸（DNA或RNA）及蛋白质。它们具有专性寄生性，必须在活细胞中才能增殖。因此根据宿主的不同，有动物病毒、植物病毒、细菌病毒（噬菌体）

和拟病毒（寄生在病毒中的病毒）等多种类型。有的病毒甚至没有蛋白质，只含有具有单独侵染性的较小型的核糖核酸（RNA）分子（类病毒），或只含有不具备侵染性的 RNA（拟病毒），以及没有核酸而有感染性的蛋白质颗粒（朊病毒）。我们把这 3 类统称为亚病毒。

4.4.1 类病毒

20 世纪 70 年代初期，美国学者 Diener 及其同事在研究马铃薯纺锤块茎病病原时，观察到病原具有无病毒颗粒和抗原性、对酚等有机溶剂不敏感、耐热（70～75℃）、对高速离心稳定（说明其分子量低）、对 RNA 酶敏感等特点。所有这些特点表明病原并不是病毒，而是一种游离的小分子 RNA。从而提出了一个新的概念——类病毒（Viroid）。在这个概念提出之前，人们一直认为，由蛋白质和核酸两种生物多聚体构成的体系，是原始的生命体系，从未怀疑病毒不是复杂生命体系的最低极限。

4.4.1.1 遗传物质组成

类病毒是一类能感染某些植物致病的单链闭合环状的 RNA 分子。类病毒基因组小，分子量为 1×10^5。目前已测序的类病毒株有 100 多个，其 RNA 分子呈棒状结构，由一些碱基配对的双链区和不配对的单链环状区相间排列而成。它们的一个共同特点就是在二级结构分子中央处有一段保守区。类病毒通常有 246～399 个核苷酸。如马铃薯纺锤块茎类病毒（Potato spindle tuber viroid，PSTVd，Vd 是用来与病毒加以区别）是由 359 个核苷酸单位组成的一个共价闭合环状 RNA 分子，长约 50～70nm。

所有的类病毒 RNA 没有 mRNA 活性，不编码任何多肽，它的复制是借助寄主的 RNA 聚合酶Ⅱ的催化，在细胞核中进行的 RNA 到 RNA 的直接合成。

4.4.1.2 感染

类病毒能独立引起感染，在自然界中存在着毒力不同的类病毒的株系。PSTVd 的弱毒株系只减产 10%左右，而强毒株可减产 70%～80%。

所有的类病毒均能通过机械损伤的途径来传播，经耕作工具接触的机械传播是在自然界中传播这种病害的主要途径。有的类病毒，如 PSTVd 还可经种了和花粉直接传播。类病毒病与病毒病在症状上没有明显的区别，病毒病大多数典型症状也可以由类病毒引起。类病毒感染后有较长的潜伏期，并呈持续性感染。

不同的类病毒具有不同的宿主范围。如对 PSTVd 敏感的寄主植物就数以百计，除茄科外，还有紫草科、桔梗科、石竹科、菊科等。柑橘裂皮类病毒（Citrus exocortis viroid，CEVd）的寄主范围比 PSTVd 要窄些，但也可侵染蜜柑科、菊科、茄科、葫芦科等 50 种植物。

类病毒的发现，是 20 世纪下半叶生物学上的重要事件，开阔了病毒学的视野。它为进一步研究植物中可能存在的类病毒病开辟了一个新的方向。

4.4.1.3 共同的结构特征

绝大部分类病毒均具有共同的结构特征：

（1）位于棒状结构中心有一个高度保守的序列。

（2）靠近这一保守中心区的左侧有一个多聚嘌呤区。

（3）棒状结构左侧序列保守性强，右侧变异性大。可能是通过核苷酸序列或结构改变直接与寄主细胞相互作用、干扰细胞的代谢而致病。

4.4.2 卫星病毒和卫星 RNA

20 世纪 80 年代以来，在澳大利亚陆续从绒毛烟、苜蓿、莨菪和地下三叶草上发现了四种新的植物病毒。

4.4.2.1 卫星 RNA

这些病毒的蛋白质衣壳内都含有两种 RNA 分子，一种是分子量为 1.5×10^6Da 的线状 RNA_1，另一种是分子量约为 10^5Da 的类似于类病毒的环状 RNA_2，这种 RNA_2 分子被称为拟病毒（Virusoid）。拟病毒有两种分子结构，一是环状 RNA_2，二是线状 RNA_3。RNA_2 和 RNA_3 是由同一种 RNA 分子所呈现的两种不同构型，其中 RNA_3 可能是 RNA_2 的前体，即 RNA_2 是通过 RNA_3 环化而形成的。拟病毒在核苷酸组成、大小和二级结构上均与类病毒相似，而在生物学性质上却与卫星 RNA（Satellite RNA）相同，如：

（1）单独没有侵染性，必需依赖于辅助病毒才能进行侵染和复制，其复制需要辅助病毒编码的 RNA 依赖性 RNA 聚合酶。

（2）其 RNA 不具有编码能力，需要利用辅助病毒的外壳蛋白，并与辅助病毒基因组 RNA 一起包裹在同一病毒粒子内。

（3）卫星 RNA 和拟病毒均可干扰辅助病毒的复制。

（4）卫星 RNA 和拟病毒同辅助病毒基因组 RNA 比较，它们之间没有序列同源性。根据卫星 RNA 和拟病毒的这些共同特性，现在也有许多学者将它们统称为卫星 RNA 或卫星病毒。

卫星病毒（Satellite virus）是一类基因组缺损，需要依赖辅助病毒，基因才能复制和表达，才能完成增殖的亚病毒，不单独存在，常伴随着其他病毒一起出现。如大肠杆菌噬菌体 P_4，缺乏编码衣壳蛋白的基因，需辅助病毒大肠杆菌噬菌体 P_2 同时感染，且依赖 P_2 合成的壳体蛋白装配成含 P_2 壳体 1/3 左右的 P_4 壳体，与较小的 P_4DNA 组装成完整的 P_4 颗粒，完成增殖过程。丁型肝炎病毒（HDV）必须利用乙型肝炎病毒的包膜蛋白才能完成复制周期，常见的卫星病毒还有腺联病毒（AAV）、卫星烟草花叶病毒（STMV）、卫星玉米白线花叶病毒（SMWLMV）、卫星稷子花叶病毒（SPMV）等。

卫星病毒（Satellite virus）不单独存在，常伴随着其他病毒一起出现。典型的例子是伴随着烟草坏死病毒（Tobacco necrosis virus）而出现的卫星病毒。这种病毒为球状，大小比一般的球状植物病毒小（直径 17μm，质粒分子量为 2×10^6 道尔顿）。它的 RNA（单链）分子量约 4×10^5，只有烟草坏死病毒的 1/4 左右。病毒 RNA 的遗传信息约 1/2 是衣壳蛋白的（与烟草坏死病毒衣壳蛋白的不同），其余还有哪些信息尚不了解。

卫星病毒正如病毒利用寄主细胞的能量、原料及酶一样，故可以认为卫星病毒是寄生于辅助病毒的小分子寄生物。

迄今为止，已发现有 26 种植物的病毒支持它们各自的卫星病毒，有些卫星病毒还有不同株系。一般卫星病毒大小在 300 个核苷酸左右（194~393），通过内部碱基配对形成复杂的多种结构。

4.4.2.2 共同特点

卫星 RNA 是一类存在于某专一病毒即辅助病毒的衣壳内，并完全依赖于后者才能复制自己的小分子的 RNA 病原因子。因后来又发现少数种类是 DNA，故有人把卫星 RNA 称为卫星核酸。Schneider（1969 年）在烟草环斑病毒中首次发现了卫星 RNA，它们通常有以下几个特点：

（1）多个卫星 RNA 分子可与辅助病毒基因组存在于同一衣壳中。

（2）对宿主植物无独立的侵染性。

（3）其复制和包装全部依赖于辅助病毒而后者不依赖于前者。

（4）不具有 mRNA 活性。

（5）与辅助病毒的 RNA 无同源性。

（6）能干扰辅助病毒的复制从而降低其增殖量。

（7）可改变辅助病毒所引起的植物病害程度和症状。

（8）它对辅助病毒进入宿主不是必要条件。

4.4.3 朊病毒

美国学者 S. B. Prisoner 因发现了羊瘙痒病致病因子——朊病毒（1982 年），而获得了 1997 年的诺贝尔生理学或医学奖。朊病毒（Vireo）亦称蛋白侵染因子（Protein infection factor，PrP），是一种比病毒小、仅有疏水性的具有侵染性的蛋白质分子。

纯化的感染因子称为朊病毒蛋白（Prion protein，PrP）。致病性朊病毒（Prion protein sensitive，PrPsc）具有抗蛋白酶 K 水解的能力，可特异地出现在被感染的脑组织中，呈淀粉样形式存在。

正常的人和动物细胞 DNA 中有编码 PrP 的基因，其表达产物用 PrPc 表示，相对分子量为 33~35kDa。正常细胞表达的 PrPc 与羊瘙痒病的 PrPsc 为同分异构体，PrPc 与 PrPsc 有相同的氨基酸序列，PrPc 有 43%的 α 螺旋和 34%的 β 折叠，而 PrPsc 约有 34%的 α 螺旋和 43%的 β 折叠。多个折叠使 PrPsc 溶解度降低、对蛋白酶的抗性增加。

既然 PrPsc 是一种蛋白质而且不含任何核酸，那么它在人或动物体内又是如何进行复制，如何进行传播的呢？Prusiner 等提出了杂二聚机制假说：PrPsc 单体分子为感染物，从 PrPc 单体分子慢慢改变构象，形成 PrPsc 单体分子，中间经过 PrPc-PrPsc 杂二聚物，然后再转变为 PrPsc-PrPc。在这个过程中，有未知蛋白（proteinX）可能起着调整 PrPc 转化或维持 PrPsc 形态的作用。这个二聚物解离又释放新的 PrPsc，因此不断“复制”下去。

朊病毒的发现在生物学界引起震惊，因为它与目前公认的“中心法则”即生物遗传信息流的方向是“DNA/RNA→蛋白质”的传统观念相抵触。Pursiner 等人阐明羊瘙痒病的发病机制是由于朊病毒分子构象的改变而致病。这一发现开辟了病因学的新领域，为研究其他传染性海绵状脑病的发病原理和病因性质提供了一条新思路，对生物科学的发展具有重大意义。

课堂讨论

（1）试述类病毒的特征。

（2）试述卫星病毒的特征。

（3）试述卫星 RNA 的特征。

4.5 实训：噬菌体效价测定及转导

4.5.1 实训目的

（1）学习噬菌体效价测定的方法。

（2）了解转导原理，学习转导实验方法。

4.5.2 实训材料

（1）菌种：E. coli K_{12} F、E. coli K_{12}S、噬菌体裂解液。

（2）培养基：牛肉膏蛋白胨液体培养基、EMB 培养基、牛肉膏蛋白胨固体培养基。

4.5.3 实训原理

噬菌体的效价就是一毫升培养液中所含活噬菌体的数量。效价测定的方法，一般应用双层琼脂平板法。含有特异宿主细菌的琼脂平板上，一个噬菌体产生一个噬菌斑。

噬菌体的悬浮液是由双重溶源菌（内含一个 λ 及一个 λdg 两种噬菌体）裂解而来的，因此 λ 及 λdg 两种噬菌体是等量的。

λ 噬菌体能够侵染大肠杆菌并能使其裂解，因此能够形成噬菌斑；λdg 噬菌体能够侵染大肠杆菌但不能使其裂解，因此不能够形成噬菌斑。

噬菌体效价（噬菌体数/mL）= 每皿平均噬菌斑数×稀释倍数/0. 5mL×2（λdg 不能够形成噬菌斑且其数量与 λ 相等，因此计算时乘以 2）

λdg 是缺陷型噬菌体，其基因组上带有宿主菌的发酵半乳糖的基因。当 λdg 侵染 S 菌的时候，就能够使得 S 菌具有发酵半乳糖的能力，因此菌落也会显现出发酵半乳糖的特征（菌落有金属光泽）。

转导子数/mL=每皿平均转导子数×稀释倍数/0. 1mL×2（因为裂解液为 0. 5mL，所以要乘以 2）；转导频率=（转导子数/mL）噬菌体效价×100%。

4.5.4 操作步骤

4.5.4.1 噬菌体效价的测定

熔化 100mL EMB 固体培养基、100mL 牛肉膏蛋白胨固体培养基；将熔化的 EMB 培养基中加入 6. 5mL 0. 1%的美蓝和 2mL 2%的伊红；用 100mL 熔化的 EMB 培养基倒 6 个平板，编号 EMB_1 ~ EMB_6。

用 100mL 熔化的牛肉膏蛋白胨固体培养基倒 4 个平板。编号牛固 1 ~ 牛固 4。

水浴加热 5 管素琼脂，溶解后置于 50℃下保温。

稀释裂解液：取 0. 5mL 裂解液，加入到 4. 5mL 牛肉膏蛋白胨液体培养基，稀释成了 10^{-1} 的稀释液，以此方法，再稀释到 10^{-2}、10^{-3}、10^{-4} 并做好标记。

向每支素琼脂中接入 0. 5mL K_{12}S，混匀，再分别取噬菌体裂解液 0. 5mL（10^{0}、10^{-2}、10^{-4}），加入到素琼脂中，摇匀后立刻倒在牛肉膏蛋白胨平板上。

培养：待平板凝固后于 37℃下培养 24h。

观察实验现象，并数出噬菌斑的多少，根据噬菌斑数量计算噬菌体效价。

4.5.4.2 转导

A 点滴法

点滴法的操作步骤为：

（1）取两个 EMB 平板按照上图的轮廓添加试剂，注意接种的裂解液是未经稀释的裂解液。

（2）在 37℃下培养 24h，然后置于室温下培养 6d。

（3）观察实验结果。

B 转导频率的测定

转导频率的测定步骤为：

（1）将 S 菌取 0.5mL 于空试管中，37℃预热 10min，加入 0.5mL 噬菌体裂解液，37℃继续保温 10min。

（2）用牛肉膏蛋白胨液体培养基稀释到 10^{-4}，并注意编号。

（3）取 0.1mL 的稀释液（10^{-3}、10^{-4}）涂布在 EMB 平板上（每种浓度对应两个 EMB 平板），37℃培养 24h，并在室温下培养 6d。

（4）观察实验结果。

4.5.5 实训报告

记录并评价实验结果。

4.5.6 注意事项

（1）素琼脂一定要保持在 50℃水浴中，防止凝固。

（2）转导频率测定时一定要稀释到合适浓度后才能涂平板，保证培养后长出单菌落。

拓展训练

一、选择题

（1）下列叙述中不属于病毒特点的是（ ）。

A. 只能寄生在活细胞里

B. 没有细胞结构

C. 离开活细胞通常会变成结晶体

D. 个体较小，用光学显微镜才能看见

（2）关于病毒与人类生活的关系的说法，错误的是（ ）。

A. 病毒可以引起人类的多种疾病，严重危害人类健康

B. 病毒主要是对人和一些动物有害，对农作物等基本上没有害处

C. 在基因工程中，小小病毒帮了大忙

D. 某些病毒可被利用来制取疫苗，预防疾病

（3）病毒壳体的组成成分是（ ）。

A. 核酸　　B. 蛋白质　　C. 多糖　　D. 脂类

（4）病毒囊膜的组成成分是（ ）。

A. 脂类　　B. 多糖　　C. 蛋白质　　D. 核酸

(5) 下面有关病毒增殖感染，叙述正确的是（　　）。(多选题)

A. 病毒感染宿主活细胞后，不能够完成复制周期，没有感染性子代病毒产生，称为病毒的非增殖性感染

B. 病毒的增殖是以二分裂方式进行的

C. 病毒必须自外环境进入人体细胞才能产生感染

D. 病毒必须依赖宿主细胞，以特殊的自我复制方式进行增殖

E. 病毒感染途径是指病毒接触机体并入侵宿主的部位（如经呼吸道、消化道），由病毒固有的生物学特性所决定

(6) 关于病毒在宿主细胞内的复制周期过程，正确的描述是（　　）。

A. 吸附、穿入、脱壳、生物合成、组装成熟与释放

B. 吸附、脱壳、生物合成、成熟及释放

C. 吸附、结合、穿入、生物合成、成熟及释放

D. 特异性结合、脱壳、复制、组装及释放

(7) 病毒的分类目前以哪种为主？（　　）

A. 寄主　　B. 形态　　C. 核酸　　D. 外壳

(8) 在溶源细胞中，原噬菌体以（　　）状态存在于宿主细胞中。

A. 游离于细胞质中　　B. 缺陷噬菌体

C. 插入寄主染色体　　D. 休眠

(9) HIV 属于（　　）。

A. dsDNA 病毒　　B. ssDNA 病毒

C. dsRNA 病毒　　D. +RNA 逆转录病毒

(10) 病毒的基因组，组成是（　　）。

A. 只有 DNA　　B. 只有 RNA

C. 有 DNA 和 RNA　　D. 有 DNA 或 RNA

(11) 类病毒是一类仅含有侵染性（　　）的病毒。

A. 蛋白质　　B. RNA　　C. DNA　　D. DNA 和 RNA

(12) 有包膜病毒的包膜是在（　　）而获得的。

A. 芽生释放时包裹了宿主细胞膜　　B. 侵入宿主时包裹了宿主细胞膜

C. 基因组与衣壳结合进行装配时　　D. 宿主细胞内进行生物合成时

(13) 下述方法可用于灭活病毒，除了（　　）之外。

A. 将感染病毒的宿主细胞放在含抗生素的培养基中培养

B. 高温

C. 使用乙醚或洗涤剂等脂溶剂破坏病毒的包膜

D. 使用甲醛破坏病毒的衣壳和基因组

二、简答题

(1) 何为病毒？简述病毒的化学组成及核酸种类。

(2) 简述温和噬菌体与烈性噬菌体的区别。

(3) 什么是一步生长曲线？简述其特点。

（4）举例说明植物病毒对人类有益和有害的作用。
（5）简述类病毒种类及卫星病毒的特征。

知识链接

噬菌体发现历史

一、初期：1915~1940 年

1915 年，弗德里克·特沃特（Frederick W. Twort）担任伦敦布朗研究所所长。特沃特在研究中力图寻找用于天花疫苗的痘苗病毒（Vaccina virus）的变异株（Variant），这种变异株可能在活细胞外介质中复制。他在一项试验中将一部分天花疫苗接种给一个含营养琼脂的培养盘。虽然这种病毒未能复制，但是细菌污染物在琼脂盘中生长很快。特沃特继续进行他的培养并注意到，一些细菌菌落显示出“带水的样子”（即变得比较透明）。这样的菌落做进一步培养时也不再能复制（即细菌被杀死）。特沃特把这种现象称为透明转化（Glassy transformation）。他接着证明用透明转化原理感染一个正常的细菌菌落会把这种细菌杀死。这种透明实体很容易通过一个陶瓷过滤器，可被稀释一百万倍，当放在新鲜细菌上的时候就会恢复它的实力，或者说滴度。

特沃特发表了一篇描述这种现象的短文，认为对他所观察的结果的解释是存在一种细菌病毒。由于服役于第一次世界大战，特沃特的研究中断了。返回伦敦后，他没有继续进行这项研究，在这个领域没有作出进一步的贡献。

与此同时，加拿大医学细菌学家费利克斯·德赫雷尔（Felixd’Herelle）当时正在巴黎的巴斯德研究所工作。1915 年 8 月，法国的一个骑兵中队驻扎在巴黎郊外的梅宗-勒菲特（Maisons-Lafitte），一场严重的志贺氏杆菌引发的痢疾对整个部队造成了毁灭性的打击。德赫雷尔对患者的粪便进行过滤，很快从过滤的乳状液中分离出痢疾杆菌，并且加以培养。细菌不断生长，覆盖了培养皿的表面。德赫雷尔偶然观察到清楚的圆点，上面没有长出任何细菌。他把这些东西称为乳样斑（Taches vierges），或称为噬斑（Plaques）。德赫雷尔跟踪观察一名患者的整个感染过程，观察何时细菌最多，斑点何时出现。有意思的是，患者的病情在感染后的第四天开始好转。

德赫雷尔把这些病毒（Virus）称为噬菌体（Bateriophage），紧接着他发明了病毒学研究领域的方法。他将噬斑进行有限的稀释，测定病毒的浓度。他的推论是出现斑点表明病毒为颗粒或称为小体（Corpuscular）。德赫雷尔在研究中还证明病毒感染的第一步是病原体附着（吸附）宿主细胞。他通过把病毒与宿主细胞混合后共沉淀证明了这一点。（他还证明，上清中不存在这种病毒。）一种病毒的附着只是在细菌对与它混合的病毒敏感时才出现，这表明了一种病毒对宿主细胞的吸附有特定的范围。他还用很清楚的现代术语描述了细胞溶菌（lysis）的释放。德赫雷尔在许多方面是现代病毒学原理的创始人之一。

到 1921 年，越来越多的溶源性菌株（Lysogenic bacterial strain）被分离，在一些实验中已经不可能把病毒与它的宿主分开。这使布鲁塞尔巴斯德研究所的朱勒斯·博尔德特（Jules Bordet）认为，德赫雷尔描述的传染性病原体只不过是一种促进自身繁殖的细菌酶（Bacterial enzyme）。虽然这是一种错误的结论，但是它相当接近于朊病毒（Prion）结构和复制的看法。

在20世纪20~30年代，德赫雷尔重点探索他的研究成果在医学上的应用，但是毫无成果。当时进行的基础研究常常受该领域个别科学家的强烈个性所产生的解释的影响。显然有许多不同的噬菌体，一些为溶菌性（Lytic）而另一些则是溶源性（Lysogenic），但是它们之间的相互关系仍然定义不明确。这个时期的重要发现是马克斯·施莱辛格证明纯化的噬菌体最大直径（Linear dimension）为0.1μm，它们由蛋白质和DNA构成，比例大体上相等。1936年那时没有任何人清楚地知道如何利用这种观察结果，但是，它在随后的20年里产生了重大影响。

二、现代：1938~1970年

马克斯·德尔布吕克（Max Delbruck）是吉廷根大学（University of Göttingen）培养出来的物理学家。他的第一份工作是在柏林威廉化学研究所，在那里他与一些研究人员积极地讨论量子物理与遗传学的关系。德尔布吕克对这个领域的兴趣使他发明了一种基因的量子机械模型（Guantum mechanical model of gene）。1937年，他申请并获得了在加利福尼亚理工学院学习的奖学金。一到加利福尼亚理工学院他就开始与另一位研究员埃默里·埃利斯（Emory Ellis）合作。埃利斯当时正在研究一组噬菌体T_2、T_4、T_6（T-偶数噬菌体）。德尔布吕克很快认识到这些病毒适合研究病毒复制。这些噬菌体是探索遗传信息如何决定一种生物体的结构和功能的一个途径。从一开始，这些病毒就被视为了解癌症病毒，甚至了解精子如何使卵子受精并发育为一种新生物体的典型系统。埃利克和德尔布吕克设计出一步生长曲线试验。在这项试验中，一种受感染的细菌经过半个小时的潜伏期（Latent period）或称为隐蔽期（Eclipse period）之后释放了大量噬菌体。这项试验给潜伏期下了定义，即病毒失去传染性的时候。这成为这个噬菌体研究小组的试验范例。

第二次世界大战爆发后，德尔布吕克留在美国（在范德比尔特大学），见到了意大利难民萨尔瓦多·卢里亚（Salvador E. Luria）。卢里亚逃到美国避难，当时在纽约州哥伦比亚大学研究T_1和T_2噬菌体。他们是1940年12月28日在费城举行的一次会议上见面的，并在随后的两天里策划在哥伦比亚大学的试验。两位科学家招聘和领导越来越多的研究人员重点研究利用细菌病毒作为了解生命进程的一个模型。对他们的成功起关键作用的是1941年夏天他们应邀到冷泉港实验室做试验。就这样，一位德国物理学家和一位意大利遗传学家在二战期间一直进行合作，周游美国招聘新一代生物学家，后来这些人被称为噬菌体研究小组。

此后不久，新泽西州普林斯顿RCA实验室的电子显微学家汤姆·安德森（Tom Anderson）见到了德尔布吕克。到1942年3月，他们第一次获得了噬菌体的清晰照片。大约同时，这些噬菌体变异株第一次被分离和鉴定。到1946年，冷泉港实验室开设了第一门噬菌体课程，1947年3月，第一次噬菌体会议有8人出席。分子生物学就是从这些缓慢的开端中发展起来的。这门科学的重点是研究细菌宿主及其病毒。

随后的25年（1950—1975年）是用噬菌体进行病毒学研究硕果累累的时期。数百名病毒学家发表了数千篇论文，主要涉及三个领域：

（1）用T-偶数噬菌体进行的大肠杆菌溶菌性感染研究。

（2）利用λ噬菌体进行的溶源性研究。

（3）几种独特噬菌体的复制和特性研究，例如ΦX174（单链环状DNA）、RNA噬菌体、T_7等。它们为现代分子病毒学和生物学奠定了基础。

到1947~1948年，用生物化学方法研究噬菌体感染细胞在潜伏期发生的变化开始盛行。西摩·科恩（Seymour Cohen）最初曾在哥伦比亚大学与欧文·查格夫（Erwin Chargaff）一道研究脂质和核酸，随后又与温德尔·斯坦利研究烟草花叶病毒RNA，1946年在冷泉港实验室主修德尔布吕克的噬菌体课程。他利用比色法（Colorimetric analisis）研究被噬菌体感染的细胞中DNA和RNA水平的影响。这些研究表明，被噬菌体感染的细胞中大分子合成发生了戏剧性的改变：

（1）RNA的净积累在这些细胞中停止（后来，这成为发现多种RNA的基础，并且第一次证明了信使RNA的存在）。

（2）DNA合成停止了7分钟，随后又以5倍至10倍的速度恢复DNA合成。

（3）与此同时，蒙诺德（Monod）和沃尔曼（Wollman）的研究表明，噬菌体感染后可诱导一种细胞酶——β-半乳糖苷酶（Galactosidase）的合成受到抑制。这些试验把病毒的潜伏期分为初期（在DNA合成之前）和晚期两个阶段。

到1952年底，两项试验对这个领域产生了重要影响。首先，赫尔希和蔡斯利用标记病毒蛋白（SO）和核酸（PO）跟踪噬菌体对细菌的附着。他们能用搅拌机去除病毒的蛋白质衣壳，只保留与受感染细胞有联系的DNA。这使他们能够证明这种DNA具有再生大量新病毒所需的全部信息。赫尔希-蔡斯的试验和沃森与克里克一年后阐述的新DNA结构共同构成了分子生物学革命的奠基石。

病毒学领域的第二项试验是1953年由怀亚特（G. R. Wyatt）和科恩（S. S. Cohen）进行的。他们在研究T-偶数噬菌体时发现一个新的碱基，即5'-羟甲基胞嘧啶（Hydroxymethylcytosine）。这个新发现的碱基似乎取代了细菌DNA中的胞嘧啶（Cytosine）。这使科学家们开始对细菌和受噬菌体感染的细胞中DNA的合成进行了长达10年的研究。最关键的研究表明，病毒把遗传信息引入受感染的细胞中。到1964年，马修斯（Mathews）等人的研究证明，未受感染的细胞中不存在5'-羟甲基胞嘧啶，并且必须由病毒为之编码。这些试验提出了脱氧嘧啶（Deoxypyrimidine）生物合成和DNA复制方面的早期酶学概念，提供的明确的生物化学证据表明可以编码一种新的信息并在受感染的细胞中表达。对这些噬菌体进行详细遗传分析后确认了编码这些噬菌体蛋白质的基因，并绘制了基因图使概念更完整。实际上，对T-偶数噬菌体的rⅡ和B顺反子（Cistron）的遗传分析成为研究最充分的"遗传精细结构"之一。利用噬菌体变异株和提取物体外复制病毒DNA，对我们当代了解DNA如何自我复制作出了重要贡献。最后，通过对噬菌体装配的详细遗传学分析，利用噬菌体突变株体外装配的互补性阐明了有机体如何利用自我装配的原理构建复杂结构。对噬菌体溶菌酶的遗传和生物化学分析有助于阐述突变的分子性质，噬菌体突变（琥珀突变）提供了在分子水平研究第二位点抑制突变（Second-site suppressor mutation）的明确方式。DNA的环形排列、末尾冗余（引起噬菌体杂合体）结构可以解释T偶数噬菌体的环形遗传图。

病毒蛋白质的合成在受噬菌体感染的细胞中发生明显变化，这一点是在早期研究中使用十二烷基硫酸钠一聚丙烯酰胺凝胶［Sodium dodecyl sulfate（SDS）-polyacrylamide gels］时被戏剧性地发现，结果表明病毒蛋白质的合成有特定顺序，分为早期蛋白质和晚期蛋白质。这种一过性的基本调节机制最终发现了调节RNA聚合酶和授予基因特殊性的∑因子。几乎每一个级别的基因调节（转录、RNA稳定性、蛋白合成、蛋白处理）的研究均是通过对噬菌体感染性研究得出的原始数据揭示的。

虽然溶菌噬菌体（Lytic phage）研究取得如此显著的进展，但是仍然没有人能清楚地解释溶源性噬菌体（Lysogenic phage）。这种局面在1949年发生了变化，当时，巴斯德研究所的安德烈·勒沃夫（Andre Lwoff）开始对Bacillus megaterium及其溶源性噬菌体进行研究。通过使用一种显微操纵器将单一细菌分割多达19次，从未释放出任何病毒。当从外部对溶源性细菌进行溶解时，也没有发现病毒。但是经常出现一个细菌自发地发生溶解并释放出许多病毒的现象。紫外线能诱使这些病毒释放是一项重要的发现，这种观察可以概述一种病毒与其宿主之间的奇妙关系。到1954年，巴斯德研究所的雅各布（Jacob）和沃尔曼（Wollman）得出重要的研究结果，即一种溶源性菌株（Hfr，λ）与非溶源性受体在结合之后的遗传杂交（Genetic cross）导致病毒的诱发。他们把这个过程称为合子诱导（Zygotic induction）。事实上溶源性噬菌体或称原噬菌体（Prophage）在其宿主大肠杆菌的染色体中的位置，可在遗传杂交之后用标准的中断交尾实验绘图。这是在概念上了解溶源性病毒的最关键试验之一，理由如下：

（1）病毒的行为就像一种细菌的染色体上的细菌基因一样。

（2）它表明病毒遗传物质由于负面的调节而在病毒中保持静止的试验结果之一。当染色体从溶源性供体细菌传递到非溶源性受体宿主时，该病毒遗传物质丢失。

（3）这有助于解释雅各布和沃尔曼早在1954年就认识到的酶合成以及噬菌体生成的诱导是同一现象的表现。

这些试验为操纵子模型（Operon model）和协同基因调控（Coordinate gene regulation）的研究奠定了基础。

虽然在1953年阐述了DNA的结构，1954年描述了合子诱导，但是溶源现象中细菌染色体与病毒染色体间的关系仍被称为附着部位（Attachment site），当时也只能从这些角度考虑。后来，坎贝尔（Campbell）根据噬菌体标记的顺序在整合状态下不同于复制或生长状态这一事实，提出DNA与细菌染色体进行λ整合的模型，至此，病毒与其宿主间的真正密切关系得到认识。导致分离出λ噬菌体的负调节基因或称抑制基因，这是对溶源菌免疫特性的清楚了解，也是对基因如何进行协同调节的早期范例之一。对λ噬菌体生命周期的遗传分析是微生物遗传学领域的重大学术探索，值得所有分子病毒学和生物学学者进行详细研究。

诸如鼠伤寒沙门氏菌（Salmonella typhimurium）P_{22}这样的溶源性噬菌体是一般性转导（transduction）的第一个例证，而λ噬菌体是特殊转导的第一个例证。病毒可能携带细胞基因，并把这样的基因从一个细胞转移到另一个细胞，这不仅提供了精确遗传绘图的一种方法，而且也是病毒学中的一个新概念。随着细菌的遗传因素被更详细地研究，可以清楚地看出，从溶源性噬菌体研究发展到附加体（Episome）、转座子（Transposon）、反转录转座子（Retrotranspon）、插入元件（Insertion element）、逆转录病毒（Retrovirus）、嗜肝DNA病毒（Hepadnovirus）、类病毒（Viroid）、拟病毒（Virusoid），以及朊病毒（Prion）研究，这一切使得遗传信息在病毒与其宿主之间的定义和分类的关系开始变得模糊不清。从噬菌体研究中得出的遗传和生化概念使病毒学的进一步发展成为可能。溶源菌和溶源性噬菌体研究的经验和教训常常随着对动物病毒的研究而被人们重新学习和修改。

5 微生物的营养

学习引导

学习目标

(1) 了解微生物的化学组成和营养需求。

(2) 掌握微生物对营养物质的吸收方式。

(3) 学会配制培养基。

重点难点

(1) 重点：微生物的化学组成；微生物吸收营养物质的方式。

(2) 难点：培养基的配制。

5.1 微生物的营养物质

营养或营养作用（Nutrition）是指生物体从外部环境中吸收生命活动所必需的物质和能量，以满足其生长和繁殖需要的一种生理功能。参与营养过程并具有营养功能的物质称为营养物质（Nutrient）。营养物质是一切微生物新陈代谢的物质基础，它可为微生物的生命活动提供结构物质、能量、代谢调节物质和生理与生存环境。微生物通过多种方式从环境中吸收营养物质，不同类型的营养物质往往通过不同的运输途径进入细胞。

营养物质是生命活动的基础，没有营养微生物的生命活动就会终止。因此，营养过程是微生物生命活动的重要特征，只有吸收营养物质才能进一步代谢，实现微生物的生长、发育和繁殖。掌握微生物的营养知识是研究、利用微生物的基础，有了营养理论就能更合理、更有目的地选用和设计符合微生物生理需要、有利于发酵生产的培养条件。

5.1.1 微生物细胞的化学组成

5.1.1.1 化学元素

确定微生物需要什么样的营养物质，主要的依据是分析微生物细胞的化学组成和它的代谢产物的化学成分。

根据对各类微生物细胞物质成分的分析，发现微生物细胞的化学组成和其他生物没有本质上的差别。从元素上讲，都含有碳、氢、氧、氮和各种微量元素（见表5-1）。

表5-1 大肠杆菌的化学组成

元 素	占干重比例/%	元 素	占干重比例/%
碳	50	钾	1
氧	20	钠	1

续表 5-1

元　素	占干重比例/%	元　素	占干重比例/%
氮	14	钙	0.5
氢	8	镁	0.5
磷	3	铝	0.5
硫	1	铁	0.2

组成微生物的化学元素常因微生物的种类不同而有差别，表 5-2 对细菌、霉菌、放线菌的组成进行了比较。不仅如此，微生物细胞的化学元素组成也随菌龄和培养条件的不同在一定范围内变化。

表 5-2　三大类微生物细胞中几种主要元素的含量（干重%）

元　素	细菌	酵母菌	霉菌
碳	50~53	45~50	40~63
氢	7	7	—
氮	12~15	7.5~11	7~10
磷	2.0~3.0	0.8~2.6	0.4~4.5
硫	0.2~1.0	0.01~0.24	0.1~0.5
钾	1.0~4.5	1.0~4.0	0.2~2.5
钠	0.5~1.0	0.01~0.1	0.02~0.05
钙	0.01~1.5	0.1~0.3	0.1~1.4
镁	0.1~0.5	0.1~0.5	0.1~0.5
氯化物	0.5	—	—
铁	0.02~0.2	0.01~0.5	0.1~0.2

5.1.1.2　化学成分及其分析

从化合物水平上讲，微生物细胞中都含有水分、糖类、蛋白质、核酸、脂质、维生素和无机盐等物质。微生物细胞中主要的物质及含量见表 5-3 和表 5-4。

表 5-3　原核细胞中化学成分及含量

分子名称	占干重比例/%	分子名称	占干重比例/%
水	—	RNA	20.5
大分子总数	96	3. 单体总数	3.5
蛋白质	55	氨基酸及其前体	0.5
多糖	5	糖类及其前体	2
脂类	9.1	核苷酸及其前体	0.5
DNA	3.1	4. 无机离子	1

表 5-4　三大类微生物细胞中各种成分的含量（干重%）

成分	细菌	酵母菌	真菌
碳	48（46~52）	48（46~52）	48（45~55）
氮	12.5（10~14）	7.5（6~8.5）	6（4~7）

续表 5-4

成分	细菌	酵母菌	真菌
蛋白质	55（50~60）	40（35~45）	32（25~40）
糖类	9（6~15）	38（30~45）	49（40~55）
脂类	7（5~10）	8（5~10）	8（5~10）
核酸	23①（15~25）	8（5~10）	5（2~8）
灰分	6（4~10）	6（4~10）	6（4~10）
磷	—	1.0~2.5	—
硫、镁	—	0.3~1.0	—
钾、钙	—	0.1~0.5	—
钠、铁	—	0.01~0.1	—
锌、铜、锰	—	0.001~0.01	—

① 只有用快速生长的细胞进行分析，才能取得这一高值。

A 水分

各类微生物细胞中都含有大量水分，它是细胞的主要组成成分，一般含量可高达 70%~90%（质量分数）。含水量随着微生物种类的不同而有所差异。细菌含水量为鲜重的 75%~85%，酵母菌为 70%~80%，霉菌为 85%~95%。

细菌的芽孢和霉菌的各种孢子含水量较少。细菌芽孢含水量约为 40%，霉菌孢子约含 38%的水。

同种微生物随着周围环境和培养时间的变化，含水量也不尽相同，如酵母菌在 20℃生长，含水量为 91.2%；在 43℃生长，含水量降为 74%。

在微生物细胞内，一部分水以结合水状态存在。这部分水不易挥发，不冻结，不能作为溶剂，也不能渗透，一般约占总水量的 17%~28%。另一部分水以游离态存在。芽孢内的结合水含量比营养体多，约占芽孢总水量的 50%~70%。这可能是芽孢对外界不良环境具有较强抵抗力的原因之一。

B 糖类

微生物细胞中的糖类有单糖、双糖和多糖，主要以多糖形式存在。单糖主要是己糖和戊糖。己糖是组成双糖或多糖的基本单位，戊糖是核糖的组成成分。多糖有荚膜多糖、纤维素、半纤维素、淀粉和糖原等不同种类。它们有的组成细胞结构，如细胞壁；有的作为细胞贮藏物质，存在于细胞质中，如淀粉粒。

C 蛋白质

蛋白质是细胞干物质的主要成分，分布在细胞壁（肽聚糖）、细胞膜（膜蛋白）、细胞质、细胞核等细胞结构中，在干物质中含量可高达 80%。

微生物体内的蛋白质可分为两类：简单蛋白质和结合蛋白质。简单蛋白质包括球蛋白和清蛋白。结合蛋白质包括核蛋白、糖蛋白、脂蛋白等。在微生物细胞中，核蛋白含量特别高，可占蛋白质总量的 1/3~1/2。

D 核酸

核酸有两种，即核糖核酸（RNA）和脱氧核糖核酸（DNA）。RNA 主要存在于细胞质中，除少量以游离态存在外，大多与蛋白质结合，以核蛋白的形式存在。它的主要功能是为合成蛋白质提供模板、运输工具和合成场所。含 RNA 的某些病毒和亚病毒，它们的感染力和遗传信息由 RNA 所决定。DNA 主要存在于细胞核中，也有少量以质粒形式存在于细胞质中。它是生物遗传变异的物质基础，起着传递遗传变异信息的作用。

细菌和酵母菌细胞中核酸的含量较霉菌高。在同一种微生物中，RNA 的含量常随着生长时期的变化而变化，而 DNA 的含量则是恒定的；DNA 的碱基对顺序、数量和比例通常是不变的，不受菌龄和一般外界因素的影响。因而用 DNA 碱基比例或 G+C 的物质的量分数作为分类鉴定的指标，已在某些细菌和酵母菌的分类中得到应用。

E 其他物质

脂质物质包括脂肪、磷脂、蜡和固醇等。脂质在细胞中或以游离状态存在，或与蛋白质等结合。它们存在于细胞壁、细胞膜、细胞质中，如某些微生物的细胞壁含有蜡质；磷脂和蛋白质结合，是细胞膜的组成成分；脂肪常以油滴状出现在细胞质中，作为贮藏物质；固醇在酵母细胞内含量较多，因它是维生素 D 的前体，故常用来生产维生素 D。

微生物细胞内脂肪含量因种和培养条件不同而相差很大，如产脂内孢霉、产脂球拟酵母和红酵母细胞中脂肪含量高达 50%或更多。另外，含糖量高的培养基能促进脂肪累积。

有些微生物细胞内还含有数量不等、种类不同的维生素，如阿舒假囊酵母和棉阿舒囊霉细胞内含有较多的核黄素；丙酸杆菌属和放线菌菌丝体中含有较多的维生素 B_{12}。

在目前研制和生产的 8000 多种抗生素中，约有 70%是由微生物产生的，而其中又以放线菌最为突出。

无机元素约占细胞干重的 10%，包括磷、硫、镁、铁、钾和钠等。一般磷的含量最高，约占全部灰分的 40%。但在硫细菌中含有较多的硫，铁细菌中含铁丰富。这些无机元素在细胞中除少数以游离状态存在外，大部分都以无机盐形式存在或结合于有机物质中。

除上述一些主要物质外，有些微生物细胞中还含有色素、毒素等。

5.1.2 微生物的营养物质及其功能

微生物的营养物质应满足机体的生长、繁殖和各种生理机能的需要。它们的作用可概括为形成结构（参与细胞组成）、提供能量（提供机体进行各种生理活动所需要的能量）和调节作用（构成酶的活性成分和物质运输系统）。

微生物细胞的化学组成从一个侧面反映了微生物生长繁殖的物质需要。虽然，微生物种类、生理状态和环境不同，其组成也有变化，但通过对细胞元素组成的分析可以大体看出微生物所需要的营养物质。

微生物所需营养物质有六大类要素，即水、碳源、氮源、无机盐、生长因子和能源。

5.1.2.1 水

水是微生物的重要组成部分，在代谢中占有重要地位。

主要作用有五点：

（1）水是微生物细胞的重要组成成分。

（2）直接参与体内一些反应。

（3）作为机体内一些生理生化反应的介质；代谢物只有先溶于水，才能参与反应。

（4）营养物质的吸收、代谢产物的排泄都需要水，特别是微生物没有特殊的摄食器官和排泄器官，这些物质只有溶于水才能通过细胞表面。

(5) 由于水的比热容高，又是良好的热导体，能有效地吸收代谢产生的热量，并将热量迅速地散发出去，从而有效地控制细胞的温度。

水在细胞中有两种存在形式：结合水和游离水。结合水与溶质或其他分子结合在一起，很难加以利用。游离水（或称为非结合水）则可以被微生物利用。

几种生物的游离水含量如图 5-1 所示。

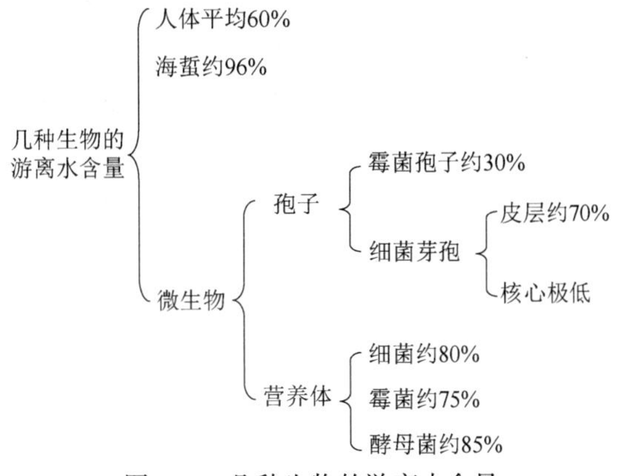

图 5-1 几种生物的游离水含量

游离水的含量可以用水活度（Water activity）表示，水活度是指在一定的温度条件下，溶液的蒸汽压力与同条件下纯水的蒸汽压力之比，如下式所示：

$$\alpha_w = p/p_0 \tag{5-1}$$

式中 p——溶液的蒸汽压力；

p_0——纯水的蒸汽压力。

式(5-1)中，纯水的 α_w 为 1.0，当含有溶质后 $\alpha_w<1$，各种微生物的最适水活度值见表 5-5。

表 5-5 几种微生物的最适水活度值（α_w）

微生物种类	最适 α_w	微生物种类	最适 α_w
一般细菌	0.91	嗜盐细菌	0.76
酵母菌	0.88	嗜盐真菌	0.65
霉菌	0.80	嗜高渗酵母	0.60

5.1.2.2 *碳源*

碳在细胞的干物质中约占 50%，所以微生物对碳的需求最大。凡是作为微生物细胞结构或代谢产物中碳架来源的营养物质，称为碳源（Carbon source）。微生物利用的碳源物质见表 5-6。

表 5-6 微生物利用的碳源物质

碳源种类	碳源物质
糖	葡萄糖、果糖、麦芽糖、蔗糖、淀粉、半乳糖、乳糖、甘露糖、纤维二糖、纤维素、半纤维素、甲壳素、木质素

续表 5-6

碳源种类	碳源物质
有机酸	糖酸、乳酸、柠檬酸、延胡索酸、低级脂肪酸、高级脂肪酸、氨基酸
醇	乙醇
脂	脂肪、磷脂
烃	天然气、石油、石油馏分、石蜡油
碳酸盐大分子	$NaHCO_3$、$CaCO_3$、白垩等；其他芳香族化合物、氰化物、蛋白质、肽、核酸等

作为微生物营养的碳源物质种类很多，从简单的无机物（CO_2、碳酸盐）到复杂的有机含碳化合物（糖、糖的衍生物、脂类、醇类、有机酸、芳香化合物及各种其他含碳化合物等）。但不同微生物利用碳源的能力不同，假单孢菌属可利用 90 种以上的碳源；甲烷氧化菌仅利用两种有机物：甲烷和甲醇；某些纤维素分解菌只能利用纤维素。

大多数微生物是异养型，以有机化合物为碳源。能够利用的碳源种类很多，其中糖类是最好的碳源。糖类中单糖优于双糖，已糖优于戊糖；葡萄糖、蔗糖通常作为培养微生物的主要碳源。多糖中，淀粉可被多数微生物利用，纤维素能被少数微生物利用，纯多糖优于琼脂等杂多糖，醇、有机酸和脂类的利用次于糖类，少数微生物利用酚和氰化物作为碳源，可用于治理“三废”。

异养微生物将碳源在体内经一系列复杂的化学反应，最终用于构成细胞物质，或为机体提供生理活动所需的能量。所以，碳源往往也是能源物质。

自养菌以 CO_2、碳酸盐为唯一或主要的碳源。CO_2 是被彻底氧化的物质，其转化成细胞成分是一个还原过程。因此，这类微生物同时需要从光或其他无机物氧化获得能量。这类微生物的碳源和能源分别属于不同物质。

不少种类的异养微生物，尤其是生长在动物的血液、组织和肠道中的致病微生物除需要有机碳源外还需要少量 CO_2 才能正常生长，因此在培养这些微生物时还需要提供 10%的 CO_2（体积分数）。

5.1.2.3　氮源

凡是构成微生物细胞的物质或代谢产物中氮元素来源的营养物质，称为氮源（Nitrogen source）。细胞干物质中氮的含量仅次于碳和氧。氮是组成核酸和蛋白质的重要元素，氮对微生物的生长发育有着重要作用。从分子态的 N_2 到复杂的含氮化合物都能够被不同微生物所利用，而不同类型的微生物能够利用的氮源差异较大，见表 5-7。

表 5-7　微生物利用的氮源物质

微生物种类	氮源物质
蛋白质	蛋白质及其不同程度降解物（胨、肽、氨基酸等）
氨及铵盐	NH_3、$(NH_4)_2SO_4$ 等
硝酸盐	KNO_3 等
分子氮	N_2
其他	嘌呤、嘧啶；脲、胺、酰胺、氰化物

固氮微生物能利用分子态 N_2 合成自己需要的氨基酸和蛋白质；也能利用无机氮和有

机氮化物，但在这种情况下，它们便失去了固氮能力。此外，有些光合细菌、蓝藻和真菌也有固氮作用。

许多腐生细菌和动植物的病原菌不能固氮，一般利用铵盐或其他含氮盐作氮源。硝酸盐必须先还原为 NH_4^+ 后，才能用于生物合成。以无机氮化物为唯一氮源的微生物都能利用铵盐，但它们并不都能利用硝酸盐。

当以无机氮化物作为唯一氮源培养微生物时，培养基会表现出生理酸性或生理碱性。如以 $(NH_4)_2SO_4$ 为氮源时，NH_4^+ 被利用后，培养基的 pH 会下降，有"生理酸性盐"之称；以 KNO_3 为氮源时，NO_3^- 被利用后，培养基的 pH 会上升，有"生理碱性盐"之称；利用 NH_4NO_3 为氮源时，可避免 pH 急剧升降，但是，NH_4^+ 的吸收快，NO_3^- 的吸收滞后，培养基的 pH 会先降后升。因此，培养基的配方中应加入缓冲物质。

有机氮源有蛋白胨、牛肉膏、酵母膏、玉米浆等，工业上能够用黄豆饼粉、花生饼粉和鱼粉等作为氮源。有机氮源中的氮往往是蛋白质或其降解产物。

氮源一般只提供合成细胞质和细胞中其他结构的原料，不作为能源。只有少数细菌，如硝化细菌利用铵盐、硝酸盐作氮源和能源。

5.1.2.4　无机盐

无机盐也是微生物生长所不可缺少的营养物质。其主要功能是：

（1）作为细胞的组成成分。

（2）作为酶的组成成分。

（3）维持酶的活性。

（4）调节细胞的渗透压、氢离子浓度和氧化还原电位。

（5）作为某些自氧菌的能源。

磷、硫、钾、钠、钙、镁等盐参与细胞结构组成，并与能量转移、细胞透性调节功能有关。微生物对它们的需求量较大（10^{-4}～10^{-3}mol/L），称为"宏量元素"。没有它们，微生物就无法生长。铁、锰、铜、钴、锌、钼等盐一般是酶的辅因子，需求量不大（10^{-8}～10^{-6}mol/L），所以，称为"微量元素"。不同微生物对以上各种元素的需求量各不相同。铁元素介于宏量元素和微量元素之间。

在配制培养基时，可通过添加有关化学试剂来补充宏量元素，其中首选是 K_2HPO_4 和 $MgSO_4$，它们可提供需要量很大的元素：K、P、S 和 Mg。微量元素在一些化学试剂、天然水和天然培养基组分中都以杂质等状态存在，在玻璃器皿等实验用品上也有少量存在，所以，不必另行加入。

5.1.2.5　生长因子

一些异养型微生物在一般碳源、氮源和无机盐的培养基中培养不能生长或生长较差。当在培养基中加入某些组织（或细胞）提取液时，这些微生物就生长良好，说明这些组织或细胞中含有这些微生物生长所必需的营养因子，这些因子称为生长因子（Growth factor）。

生长因子可定义为：某些微生物本身不能从普通的碳源、氮源合成，需要额外少量加入才能满足需要的有机物质，包括氨基酸、维生素、嘌呤、嘧啶及其衍生物，有时也包括一些脂肪酸及其他膜成分。

各种微生物所需的生长因子不同，有的需要多种，有的仅需要一种，有的则不需要，见表5-8。一种微生物所需的生长因子也会随培养条件的变化而变化，如在培养基中是否有前体物质、通气条件、pH和温度等条件，都会影响微生物对生长因子的需求。

表5-8 某些微生物生长所需的生长因子

微生物	生长因子	需要量/mL
弱氧化醋酸杆菌	苯氨基苯甲酸	0~10ng
	烟碱酸	3μg
丙酮丁醇梭菌	苯氨基苯甲酸	0.15ng
金黄色葡萄球菌	硫胺素	0.5ng
白喉棒杆菌	β-丙氨酸	1.5μg
破伤风梭状芽孢杆菌	尿嘧啶	0~4μg
	烟碱酸	0.1μg
粪链球菌	叶酸	0.2μg
	精氨酸	50μg
	酪氨酸	8μg

从自然界直接分离的任何微生物，在其发生营养缺陷突变前的菌株，均称为该微生物的野生型（Wild type）。绝大多数野生型菌株只需简单的碳源和氮源等就能生长，不需要添加生长因子。野生型经人工诱变后，常会丧失合成某种营养物质的能力，称为该微生物的营养缺陷型（Auxotroph），在这些菌株生长的培养基中，必须添加某种氨基酸、嘌呤、嘧啶或维生素等生长因子。营养缺陷型菌株经回复突变或基因重组产生的菌株其营养需要若表型上与野生型相同，称为原养型（Prototroph），这种菌株的营养不需要添加生长因子。

5.1.2.6 能源

能源是指为微生物的生命活动提供最初能量来源的营养物质或辐射能。微生物的能源谱如图5-2所示。

能源谱
- 化学物质
  - 有机物：化能异养型微生物的能源（与碳源相同）
  - 无机物：化能自养型微生物的能源（与碳源不相同）
- 辐射能　光能自养型和光能异养型微生物的能源

图5-2 微生物的能源谱

一种营养物质常有一种以上营养要素的功能，即除单功能营养物质外，还有双功能营养物质，甚至三功能的营养物质。如：辐射能是单功能的；还原态无机养分常是双功能的（NH_4^+ 既是硝化细菌的能源，还是它的氮源）；甚至是三功能的（能源、碳源、氮源）。有机物常有双功能和三功能的作用。

5.1.3 微生物的营养类型

微生物的营养类型比高等生物复杂。按照不同分类方法常将微生物分为不同的类型。

根据微生物生长所需要的碳源物质的性质，可将微生物分成自养型与异养型两大类。又可以微生物生长所需能量来源的不同进行分类，可分成化能营养型与光能营养型。还可根据其生长时能量代谢过程中供氢体性质的不同来分，将微生物分成有机营养型与无机营养型。综合起来，可将微生物营养类型划分为四种基本类型，即化能异养型、化能自养型、光能异养型、光能自养型等，见表 5-9。

表 5-9 微生物的营养类型

营养类型	能源	供氢体	碳源	微生物
光能自养型	光	无机物	CO_2	蓝细菌、红硫细菌、绿硫细菌
光能异养型	光	有机物	CO_2 及简单有机物	紫色无硫细菌（部分光合细菌）
化能自养型	有机物	无机物	CO_2	硝化细菌、硫化细菌、铁细菌、氢细菌、硫磺细菌
化能异养型	有机物	有机物	有机物	绝大部分细菌及全部真核微生物（原生动物、微型后生动物、藻类、真菌均属于真核微生物）

5.1.3.1 光能自养型

光能自养型又称为光能无机营养型（Photolithoautotroph，PLA）。属于这一类的微生物都含有光合色素，能以光作为能源，CO_2 作为碳源。如蓝细菌（含叶绿素）、红硫细菌和绿硫细菌等少数微生物（含细菌叶绿素）能利用光能从二氧化碳合成细胞所需的有机物质。但这种细菌在进行光合作用时，除了需要光能外还需有硫化氢的存在，它们从硫化氢中获得氢，而高等植物则是在水的光解中获得氢以还原二氧化碳。

A 产氧光合作用

藻类和蓝细菌细胞内含有叶绿素，能与高等植物体内一样利用光能分解水产生氧气并还原 CO_2 为有机碳，其反应如下：

$$CO_2+H_2O \xrightarrow[\text{叶绿素}]{\text{光能}} [CH_2O]+O_2\uparrow \tag{5-2}$$

B 不产氧光合作用

光合细菌与蓝细菌不同，它们的细胞内虽含有类似叶绿素的菌绿素，但不能进行以 H_2O 为供氢体的非环式光和磷酸化作用，也不产生氧气。光合细菌吸收光能以无机硫化物（SO_2、H_2S 或 $S_2O_3^{2-}$ 等）为氢或电子供体同化 CO_2，其代表性反应为：

$$CO_2+2H_2S \xrightarrow[\text{叶绿素}]{\text{光能}} [CH_2O]_n+H_2O+2S \tag{5-3}$$

5.1.3.2 光能异养型

以 CO_2 为主要碳源或唯一碳源，以简单有机物（如异丙醇）作为供氢体，利用光能将 CO_2 还原成有机物质，红螺菌属中的一些细菌属于此种营养类型。

$$2(H_3C)_2CHOH+CO_2 \longrightarrow 2CH_3COCH_3+[CH_2O]+H_2O \tag{5-4}$$

光能异养型细菌在生长时大多数需要外源的生长因子，其特点是不能以硫化物为唯一电子供体，需同时供给少量的有机物和少量维生素才能生长。

5.1.3.3 化能自养型

以CO_2或碳酸盐作为唯一或主要碳源，以无机物氧化释放的化学能为能源，利用电子供体如氢气、硫化氢、二价铁离子或亚硝酸盐等使CO_2还原成有机物质。由于受无机物氧化产生能量不足的制约，这类微生物一般生长比较缓慢。

$$\text{无机物}+2O_2 \rightarrow \text{氧化产物}+\text{能量}$$
$$\downarrow$$
$$CO_2+[4H] \rightarrow [CH_2O]+H_2O \quad (5\text{-}5)$$

这类微生物主要有硫化细菌、硝化细菌、氢细菌与铁细菌，其营养特征见表5-10。它们在自然界物质转换过程中起着重要的作用。

表5-10 化能自养型菌的营养特征

细菌类型		主要碳源	能源	电子受体	与氧的关系	有机物利用
硝化细菌	氨氧化细菌	CO_2	NH_4^+	O_2	好氧	非常有限
	亚硝酸盐细菌	CO_2	NO_2^-	O_2	好氧	非常有限
硫化细菌	专性自养型	CO_2	H_2S、S、$S_2O_3^{2-}$	O_2	好氧	非常有限
	兼性自养型	CO_2或有机物	H_2S、S、$S_2O_3^{2-}$、有机物	O_2	好氧	有限
铁细菌		CO_2或有机物	Fe^{2+}	O_2	好氧	可以利用
氢细菌		CO_2	H_2	O_2	好氧	可以利用

5.1.3.4 化能异养型

大部分细菌都以这种营养类型生活和生长，利用有机物作为生长需要的碳源和能源。根据化能异养型微生物利用有机物的特性，又可以将其分为下列两种类型：

(1) 腐生型微生物：利用无生命活性的有机物作为生长的碳源。

(2) 寄生型微生物：寄生在活的细胞内，从寄生体内获得生长所需要的营养物质。

存在于寄生与腐生之间的中间过渡类型微生物，称为兼性腐生型或兼性寄生型。

5.1.4 微生物对营养物质的吸收

外界环境或培养基中的营养物质只有被微生物吸收到细胞内，才能被微生物逐步分解与利用。微生物对营养物质的吸收是借助于细胞膜的半渗透特性及其结构特点，以不同的方式来吸收营养物质和水分的。但不同的物质对细胞膜的渗透性不一样，根据对细胞膜结构以及物质传递的研究，目前一般认为营养物质主要以单纯扩散、促进扩散、主动运输和基团转位四种方式透过微生物细胞膜。

5.1.4.1 单纯扩散

在微生物营养物质的吸收方式中，单纯扩散（Simple diffusion）是通过细胞膜进行内外物质交换最简单的一种方式。营养物质通过分子不规则运动通过细胞膜中的小孔进入细胞，其特点是物质由高浓度的细胞外向低浓度的细胞内扩散（浓度梯度），这是一种单纯的物理扩散作用。

一旦细胞膜内外的物质浓度达到平衡（即浓度梯度消失），简单扩散也就达到动态平衡。但实际上，进入微生物细胞的物质不断地被生长代谢所利用，浓度不断降低，细胞外的物质不断地进入细胞。这种扩散是非特异性的，没有运载蛋白质（渗透酶）的参与，也不与膜上的分子发生反应，本身的分子结构也不发生变化。但膜上的小孔的大小和形状对被扩散的营养物质分子大小有一定的选择性。

由于单纯扩散不需要能量的参与，因此，物质不能进行逆浓度交换。单纯扩散的物质主要是一些小分子的物质，如水、一些气体、有些无机离子及水溶性的小分子物质（甘油、乙醇等）。

5.1.4.2 促进扩散

促进扩散也是一种物质运输方式，它与单纯扩散的方式类似，营养物质在运输过程中不需要能量，物质本身在分子结构上也不会发生变化，不能进行逆浓度运输，运输的速率随着细胞内外该物质浓度差的缩小而降低，直至膜内外的浓度差消失，从而达到动态平衡。

所不同的是这种物质运输方式需要借助于细胞膜上的一种称为渗透酶的特异性蛋白（运载营养物质）参与物质的运输，提高了营养物质的透过速度，以满足微生物细胞代谢的需要。而且每种渗透酶只运输相应的物质，即对被运输的物质有高度的专一性。

促进扩散的运输方式多见于真核微生物中，例如酵母菌运输糖类就是通过这种方式，但在原核生物中却比较少见。在厌氧微生物中，某些物质的吸收和代谢产物的分泌是通过这种方式完成的。

5.1.4.3 主动运输

如果微生物仅依靠单纯扩散和促进扩散这两种方式，那么对营养物质的吸收只能从高浓度到低浓度进行，这样微生物就不能吸收低于细胞内浓度的外界营养物质，生长代谢就会受到限制。

实际上微生物细胞中的有些物质以高于细胞外的浓度在细胞内积累。如大肠杆菌在生长过程中，细胞中的钾离子浓度比细胞外环境高许多倍。以乳糖为碳源的微生物，细胞内的乳糖浓度比细胞外高 500 倍。可见主动运输的特点是营养物质由低浓度向高浓度进行，逆浓度梯度。因此这种物质的运输过程不仅需要渗透酶，还需要代谢能量的参与。

目前研究得比较深入的是大肠杆菌对乳糖的吸收，其细胞膜的渗透酶为β-半乳糖苷酶，它可以在细胞内外特异性地与乳糖结合（在膜内结合程度比膜外小），在 ATP 的作用下，酶蛋白构型发生变化而使乳糖到达膜内，并在膜内降低其对乳糖的亲和力而将乳糖释放出来，从而实现乳糖由细胞外的低浓度向细胞内的高浓度的运输。

5.1.4.4 基团转位

在微生物对营养物质的吸收过程中，还有一种特殊的运输方式是基团转位。这种方式除了具有主动运输的特点外，主要是被运输的物质改变其本身的性质，有些化学基团被转移到被运输的营养物质上。如许多糖及糖的衍生物在运输中由细菌的磷酸酶系统催化，使其磷酸化，这样磷酸基团被转移到糖分子上，以磷酸糖的形式进入细胞。

基团转位可转运葡萄糖、甘露糖、果糖、β-半乳糖苷以及嘌呤、嘧啶、乙酸等，但不能运输氨基酸。此运输系统主要存在于兼性厌氧菌和厌氧菌中，有研究表明，某些好氧菌，如枯草杆菌和巨大芽孢杆菌可利用磷酸转移酶系统将葡萄糖运输到细胞内。

课堂讨论

(1) 叙述微生物的化学组成。

(2) 微生物所需的营养物质包括哪些?

(3) 描述微生物对营养物质的吸收。

5.2 培 养 基

培养基（Medium，复数为 Media，或 Culture media）是人工配制的用于微生物生长繁殖或积累代谢产物的营养基质。培养基的配制应遵循若干原则。由于各种微生物所需的营养物质常有所不同，故培养基的种类很多，目前约有数万种。这些培养基可以根据不同的使用目的、营养物质的不同来源以及培养基的物理状态等分成若干类型以适应科研、生产的需要。

5.2.1 培养基的配制原则与方法

5.2.1.1 培养基的设计与配制原则

针对不同的微生物、不同的营养要求可以有不同的培养基，但是配制培养基必须遵循一定的原则。培养基的配制应遵循以下几个原则：

A 目的明确

根据不同微生物的营养需要配制不同的培养基。在设计培养基前先要明确拟培养什么菌，获得什么产物，是用作实验室研究还是大生产使用，是用作一般的研究还是做精密的生理生化实验研究，是做“种子”培养基还是发酵培养基。根据不同的目的，运用生物化学和微生物学知识提出良好的实验方案。

B 营养协调

注意各种营养物质的浓度，保持合适的渗透压或水活度（a_w）；同时控制不同营养物质的配比。

微生物细胞内各种成分间有一较稳定的比例，因此，在大多数化能异养型微生物配制的培养基中，除水分外，碳源的含量最高，其后依次是氮源、无机元素和生长因子。

C 环境适宜

主要是将培养基的 pH 值控制在适宜的范围之内，以利于不同类型微生物的生长繁殖或代谢产物的积累。在实践中，针对某些微生物在生长过程中产酸性或碱性代谢产物较多的情况，在配制培养基时添加一些缓冲剂或不溶性的碳酸盐，以维持培养基 pH 的相对稳定；常用的缓冲剂是 K_2HPO_4 与 KH_2PO_4 组成的混合物或 $CaCO_3$。

其次，培养基中的物理、化学指标也将影响微生物的培养。如：培养基中的水活度应符合微生物的生长需要（0.63~0.99）；培养基的氧化还原电势（E_h）应符合微生物的需要，一般好氧微生物的 E_h 为+0.3～+0.4V，兼性厌氧菌在+0.1V 以上时进行好氧呼吸，在+0.1V 以下时则进行发酵产能。而厌氧菌只能在+0.1V 以下的环境中。

D 培养基应无菌

制作培养基应尽快配制并立即灭菌，否则会杂菌丛生并破坏培养基固有的成分和性质，故在培养基配制后应彻底杀死培养基中的杂菌。

E 经济节约

在所选培养基成分能满足微生物培养要求的前提下，尽可能选用价格低廉、资源丰富的材料作培养基成分。

如以粗代精：指以粗制的培养基原料代替纯净的培养基原料，如以糖蜜取代蔗糖。以“野”代“家”，指以野生植物原料代替栽培植物原料，如以粗的木薯粉代替优质淀粉。以废代好，指将生产中营养丰富的废弃物作为培养基原料，如造纸厂的亚硫酸废液（含戊糖）可培养酵母菌。以简代繁，指将培养基的成分从复杂改向简单。以氮代朊，指利用氨基酸自养微生物的生物合成能力，以廉价的大气氮、硝酸盐或尿素等代替氨基酸或蛋白质。以纤代糖，指尽量以纤维素代替淀粉或糖类原料。以烃代粮，指以石油或天然气作碳源培养某些石油微生物。以“国”代“进”，指以国产原料代替进口原料。

5.2.1.2 培养基的配制方法

A 生态模拟

在自然条件下，凡有某种微生物大量生长、繁殖的环境，必有此微生物生存所必需的营养和其他条件。若直接取用这类自然基质（经过灭菌）或模拟这类自然条件，就可获得一种“初级”的天然培养基，如可用肉汤、鱼汁培养细菌，用果汁培养酵母菌，用湿润的麸皮、米糠培养霉菌等。

B 参阅文献

任何科学工作者决不能事事都靠直接经验，多查阅、分析和利用资料上的一切对自己研究对象有直接或间接关系的信息，对设计新培养基有着重要的价值。

C 精心设计

在设计、试验新配方时常常需要对多种因子进行比较和反复试验，工作量极大。优选法和正交设计等有效的数学工具可明显提高工作效率。

D 试验比较

要设计 种优化的培养基，在上述3项工作的基础上还得经过具体试验和比较才能最后予以确定。试验的规模一般要遵循由定性到定量、由小到大、由实验室到工厂等逐步扩大的原则。如可先在琼脂平板上确定某种微生物的营养要求，然后做摇瓶培养或台式发酵罐培养试验，最后再扩大到中试并进一步放大到生产型发酵罐中进行试验。

5.2.1.3 培养基的灭菌处理

要获得微生物的纯培养，必须避免杂菌的污染。因此，必须对所用器材及工作场所进行灭菌处理，培养基则需要更加严格的灭菌。

培养基一般采取高压蒸汽灭菌，一般培养基用0.11MPa（121.3℃），15~30min可达到灭菌目的。在高温蒸汽灭菌过程中长时间高温会使某些不耐热物质遭到破坏，如使糖类物质变成氨基酸、焦糖等，因此含糖培养基常使用112.6℃15~30min进行灭菌。对某些对糖要求较高的培养基先将糖进行过滤除菌或间歇灭菌，再与其他已灭菌成分混合。

长时间高温灭菌还会使磷酸盐、碳酸盐等与某些阳离子（钙、镁等）形成难溶性复合物而产生沉淀，因此在配制一些用于观察和定量测定微生物生长状况的合成培养基时，常需在培养基上加入螯合剂，避免培养基中产生沉淀而影响光密度（OD值）的测定，常用的螯合剂是乙二胺四乙酸（EDTA）。高压灭菌后培养基的 pH 会发生改变（一般使 pH 降低），可根据培养微生物的需求，在培养基灭菌前后予以调整。

在配制培养基过程中，泡沫的存在对灭菌处理极为不利，因泡沫中的空气形成隔热层，使泡沫中的微生物很难被杀死，因此在培养基中需要加入消泡沫剂以减少泡沫的产生或适当提高灭菌温度，延长灭菌时间。

5.2.2 培养基的类型及应用

微生物不同，所需要的培养基不同。同一种菌用于不同目的时所需要的培养基也不同。可根据构成培养基的成分、物理状态、用途将培养基分成若干类型。

5.2.2.1 合成、半合成与天然培养基

根据构成培养基的化学成分的了解程度，可将培养基分成合成培养基、半合成培养基和天然培养基三大类。

A 合成培养基

合成培养基（Synthetic media）又称组合培养基（Chemical defined media）。由化学成分完全了解的物质配制而成的培养基。例如用于分离培养放线菌的高氏 1 号培养基，其组成成分均为明确已知的化学成分。

B 半合成培养基

半合成培养基（Semi-synthetic media）又称半组合培养基（Semi-defined media）。它是指一类主要用已知化学成分的试剂配制，同时又添加某些未知成分的天然物质制备而成的培养基。如一般用于培养霉菌的马铃薯蔗糖培养基就属于半合成培养基。

C 天然培养基

天然培养基（Complex media，Undefined media）是指用化学成分并不十分清楚或化学成分不恒定的天然有机物质配制而成的培养基。常用的有机物有牛肉膏、酵母膏、蛋白胨、麦芽汁、豆芽汁、玉米粉、麸皮、牛奶、血清等。如实验室常用于培养细菌的牛肉膏蛋白胨培养基、培养酵母菌的麦芽汁培养基等就属于此类培养基。

5.2.2.2 液体、固体与半固体培养基

根据其物理状态分成液体培养基、固体培养基与半固体培养基三大类。

A 液体培养基

液体培养基（Liquid medium）指呈液体状态的培养基。无论在实验室还是生产实践中，液体培养基都被广泛应用。尤其是工业生产上，液体培养基被用于培养微生物细胞或获得代谢产物等。

B 固体培养基

固体培养基（Solid medium）即指呈固化状态的培养基。根据固态性状，又可分为以下几种类型：

（1）可逆固化培养基（Solidified medium）。可逆固化培养基指一般实验室最常用的固体培养基。由向液体培养基加入一定的在高温条件下融化，而在较低的特定温度下凝固的热可逆凝固剂（Gel-ling agent）配制而成。琼脂是最为优良与应用最为广泛的凝固剂，通常加入 1%~2%的琼脂（Agar）配制固体培养基。明胶曾被广泛使用，但由于明胶的理化

特性远逊于琼脂，现已很少用作培养基凝固剂，除非在检验某些微生物分解蛋白质的生理生化特性等特殊实验时加入5%~12%的明胶（Gelatin）作凝固剂。

（2）不可逆固体培养基。这类培养基一旦凝固就不能再被融化。如医药微生物分离培养中常用的血清培养基及用于化能自养细菌的分离、纯化与培养的硅胶（Silica gel）培养基等。

（3）天然固体培养基（Natural solid medium）。天然固体培养基是指由天然固态营养基质制备而成的固体培养基。常用的天然固态营养基质有麦麸、米糠、木屑、植物秸秆纤维粉、马铃薯片、胡萝卜条、大豆、大米、麦粒等。如固体发酵生产纤维素酶常用麦麸为主要原料的天然固体培养基，又如食用菌生产常用植物秸秆纤维粉为主要原料的天然固体培养基。

C 半固体培养基

半固体培养基（Semi-solid medium）指在液体培养基中加入少量凝固剂而制成的坚硬度较低的固体培养基。一般常用的琼脂浓度为0.2%~0.7%。这种培养基常分装于试管中灭菌后用于穿刺接种，观察被培养微生物的运动性、趋化性研究，厌氧菌培养，菌种保藏等。

5.2.2.3 完全、加富、选择、鉴别与基本培养基

根据培养基的用途，又可将培养基分成以下五种类型。

A 完全培养基

含有微生物生长繁殖所需基本营养成分的培养基称为完全培养基（Complete medium），也称基础培养基。牛肉膏蛋白胨培养基就是基础与应用研究中常用的基础培养基。在基础培养基中加入某些特殊需要的营养成分，还可构成不同用途的其他培养基，以达到更有利于某些微生物生长繁殖的目的。

B 加富培养基

加富培养基（Enrichment medium）指在基础培养基中加入某些特殊需要的营养成分配制而成的营养更为丰富的培养基。加富培养基一般用于培养对营养要求比较苛刻的微生物。在研究致病微生物时常采用加富培养基。如培养某些致病菌常需要在基础培养基中加入血液、血清或动物与植物的组织液等。在含有多种微生物的样品中分离某种微生物时，常需要根据欲分离的微生物的营养嗜好，在基础培养基中添加特定的营养成分，使更加有利于欲分离的目标微生物的生长繁殖。如用液体培养基培养，可使微生物群体中欲要分离的目标微生物随培养时间的延长在数量上逐步占据优势，以利于下一步分离；如用固体平板加富培养基培养，可使微生物群体中欲要分离的微生物较早形成菌落。

C 选择性培养基

用于从混杂的微生物群落中选择性地分离某种或某类微生物而配制的培养基称为选择性培养基（Selective medium）。选择性培养基配制时可根据不同的用途选择特殊的营养成分或添加特定的抑制剂，以达到分离特定微生物的目的。

在实践中有两种方式，一种是正选择，另一种是反选择。所谓正选择是添加某种特定成分为培养基的主要或唯一营养物，以分离能利用该种营养物的微生物。如从混杂的微生物群落中选择性地分离能利用纤维素的微生物时，则把纤维素作为选择培养基的唯一碳

源，把含多种微生物的待分离样品涂布于此种培养基上，凡能在该培养基上生长繁殖的微生物即为能利用纤维素的微生物。

反选择是在培养基中加入某种或某些微生物生长抑制剂，以抑制所不希望出现的微生物，从而从混杂的微生物群体中分离不被抑制和所需要的目标微生物。如在选择培养基中加入青霉素、链霉素以抑制细菌，从而分离霉菌与酵母菌；在选择培养基中加入一定量的10%的酚试剂以抑制细菌与霉菌，分离放线菌；在基因工程中，也常用加入抗生素的选择培养基来筛选带有抗生素标记基因的基因工程菌株或转化子。

D　鉴别培养基

用于鉴别不同类型微生物的培养基称为鉴别培养基（Differential medium）。鉴别培养基主要用于微生物的分类鉴定和分离，或筛选产生某种或某些代谢产物的微生物菌株。如要了解某种微生物利用葡萄糖时是否产酸，就在葡萄糖为唯一碳源的培养基中加入一定量的1%溴麝香草酚蓝酒精溶液。溴麝香草酚蓝是一种在pH为6.8左右时呈浅草青色，pH低于6.6时变黄，pH高于7.0时变蓝的指示剂。当培养的细菌能利用葡萄糖产酸，则使培养基呈酸性而变黄色，从而使利用葡萄糖产酸这一生理生化特性得以被鉴定。

E　基本培养基

基本培养基（Minimum media）是相对于完全或基础培养基而言，它是指野生型（Wild type）微生物在其上能生长，而营养缺陷型（Auxotroph）微生物不能生长的培养基。这类培养基一般是合成培养基，主要用于营养缺陷型突变体的筛选。

实际上，在微生物学研究与应用实践中，还常配制一些结合两种甚至多种功能与类型的综合性培养基。可见，上述各种分类是相对的。

课堂讨论

（1）我们所学过的培养基有哪些？

（2）培养基的作用原理是什么？

5.3　实训：分离纯化乳酸菌

5.3.1　实训目的

（1）学习自制酸奶的方法，熟悉从酸奶中分离和纯化乳酸菌的一般方法。

（2）掌握各类酸奶生产的基本工艺和要求。

（3）学习奶酒的发酵过程、工艺流程，及其注意事项。

（4）对自己所学的科学知识进一步深化，提高实践能力、整体策划部署能力、动手能力、组织能力、团体协作能力、创新能力等。

5.3.2　实训内容

5.3.2.1　酵母菌筛选方案的确定

为了获得最佳酵母菌发酵结果，通过对网络资源以及图书资料的搜索和查询，可知产酯酵母广泛应用于白酒、黄酒、葡萄酒、醋、酱油中，另外，还应用于果汁中。

准备三种菌种来源材料：果皮、酒曲、保藏的酵母斜面。

第一种方法是利用果皮做来源，将削下的果皮放入带玻璃珠的三角瓶充分振摇，梯度稀释，涂布于酵母浸出粉胨葡萄糖培养基（YPD）上。

第二种方法是用各种酒曲作为菌种来源，将酒曲粉碎，称量，梯度稀释，而后涂布于YPD琼脂培养基上。

第三种方法是利用保藏的酵母斜面作为菌种来源，用接种环在酵母斜面上取一环菌，而后用划线法接种于YPD琼脂平板上，用于实验。

利用酵母斜面上的菌种，对其进行培养。因为利用酵母斜面上的菌种在此次实训中可以用到我们所学习的知识，真正将知识用于实践，并在实践中得到巩固。酵母斜面上的酵母菌制得的菌悬液浓度很大，在菌种筛选方面，将菌悬液10进制稀释到10^{-10}～10^{-7}的数量级，各浓度涂布2个平板，另6个平板用划线分离法进行菌种分离，30℃培养24h到48h，观察平板上的菌落生长情况。初选出酵母菌，将菌落拍照后就进行显微镜观察，筛选到典型的酵母菌株，进行生化实验。将平板上的酵母单菌落接种保藏于斜面培养基（PDA），30℃培养48h后，4℃冷藏。将PDA斜面培养基上保存的酵母菌接种于培养液中培养，而后接种于豆芽汁发酵液中，进行发酵测产脂能力。

5.3.2.2 酵母菌的筛选及鉴定

A 培养基的制备、分装、灭菌

共需要准备6种培养基，分别为YPD培养基、PDA培养基、豆芽汁培养基、葡萄糖产酸产气培养基、硝酸盐生化实验培养基、糖发酵实验培养基。各培养基配方如下：

（1）YPD培养基。其包括1%酵母膏，2%蛋白胨，2%葡萄糖，2%琼脂。

（2）PDA培养基。其包括2%马铃薯，2%葡萄糖，22%琼脂。称取切成小块的马铃薯，加水煮烂（20～30min），八层纱布过滤，滤液中加入葡萄糖，最后加入琼脂。

（3）豆芽汁培养基。其包括10%黄豆芽，2%葡萄糖，2%琼脂。洗净豆芽，加水煮沸30min。用纱布过滤。滤液加入琼脂，加热溶解后放入糖，搅拌使其溶解，补水至设定值。

（4）糖产酸产气培养基。其包括营养物（0.5%牛肉膏，1%蛋白胨，0.3%氯化钠，0.2%磷酸氢钠，0.2%溴麝香草酚蓝）配方为20g/1000mL，蒸馏水配制，pH为7.4，分装后加葡萄糖（0.5%）。

（5）硝酸盐生化实验培养基。其包括0.3%牛肉浸膏，0.5%～1%蛋白胨，pH为7.0（100mL培养基加入1g硝酸钾）。

（6）糖发酵实验培养基。其包括营养物（0.5%牛肉膏，1%蛋白胨，0.3%氯化钠，0.2%磷酸氢钠，0.2%溴麝香草酚蓝）配方为20g/1000mL，蒸馏水配制，pH为7.4。分装后加乳糖（0.5%）。

制备：由于第6种培养基与第4种培养基分装前步骤相同，则一组配制即可，再加上无菌水，共需制备6种，故配制过程如下：

（1）天平调平。

（2）准确称取7.8g营养物（配390mL），葡萄糖、蔗糖、乳糖各0.65g。

（3）将营养物放入搪瓷缸中，加入390mL蒸馏水，玻璃棒搅拌将其溶解。

（4）用pH计测其pH是否为7.4，若不是，用氢氧化钠溶液调到7.4。分装：

1）取三个250mL锥形瓶，每个锥形瓶中倒入130mL的上述溶液。

2）将上述称好的葡萄糖、蔗糖、乳糖分别倒入三个锥形瓶中，摇晃锥形瓶使其溶解。

3）将加入糖的营养液分别装入12个试管中，每个试管用移液管放入10mL。

4）将每两个装有葡萄糖、蔗糖、乳糖的试管用牛皮纸扎成一捆，即每6个试管扎成一捆，写上班级、组别后待灭菌。

灭菌：将已经包扎好的试管放入灭菌箱中，进行灭菌待用。

B 酵母菌的分离

酵母菌的分离步骤为：

（1）倒平板。待YPD培养基冷却至50℃左右后，按无菌操作法倒12只平板（每皿约倒15mL），平置，待凝。

（2）酵母菌稀释。取1mL菌悬液放入装有99mL无菌水的锥形瓶中，摇匀后再从锥形瓶中取1mL放入1号管，依次进行，则管里酵母的浓度为10^{-7} ~ 10^{-2}。

（3）平板分离。依次从10^{-7}、10^{-6}、10^{-5}的管里取稀释液进行涂布平板、YPD平板每个浓度涂2个。

（4）划线法分离。用接种环从酵母斜面上取一环酵母，在酒精灯前按无菌操作法进行划线，将酵母接种于6个平板中。

（5）恒温培养。将12个培养皿平板置于30℃恒温箱中培养24~48h。

5.3.3 注意事项

（1）称量前天平要调平。

（2）称取营养物时应准确称取。

（3）溶解后注意调pH值到7.4。

（4）量取培养液时要准确，特别是向试管中分装时要用移液管。

拓展训练

一、选择题

（1）下列物质可用作生长因子的是（　　）。

A. 葡萄糖　　B. 纤维素　　C. NaCl　　D. 叶酸

（2）大肠杆菌属于（　　）的微生物。

A. 光能无机自养　　B. 光能有机异养　　C. 化能无机自养　　D. 化能有机异养

（3）硝化细菌属于（　　）的微生物。

A. 光能无机自养　　B. 光能有机异养　　C. 化能无机自养　　D. 化能有机异养

（4）化能无机自养微生物可利用（　　）为电子供体。

A. CO_2　　B. H_2　　C. O_2　　D. H_2O

（5）用来分离产胞外蛋白酶菌株的酪素培养基是一种（　　）。

A. 基础培养基　　B. 加富培养基　　C. 选择培养基　　D. 鉴别培养基

（6）固体培养基中琼脂含量一般为（　　）。

A. 0.5%　　B. 1.5%　　C. 2.5%　　D. 5%

（7）用来分离固氮菌的培养基中缺乏氮源，这种培养基是一种（　　）。

A. 基础培养基　　B. 加富培养基　　C. 选择培养基　　D. 鉴别培养基

二、填空题

(1) 微生物生长繁殖所需六大营养要素是__________、__________、__________、__________、__________和__________。

(2) 碳源物质为微生物提供__________和__________，碳源物质主要有__________和__________。

(3) 生长因子主要包括__________、__________和__________，其主要作用是__________、__________。

(4) 按用途划分，培养基可分为__________、__________、__________、__________和__________五种类型。

(5) 常用的培养基凝固剂有__________、__________和__________。

三、简答题

(1) 以伊美红蓝（EMB）培养基为例，分析鉴别培养基的作用原理。

(2) 为什么微生物的营养类型多种多样，而植物和动物的营养类型相对单一？

(3) 采用什么方法能分离到能分解并利用苯作为碳源和能源物质的细菌纯培养物？

知识链接

用微生物饲料添加剂代替抗生素添加剂

动物饲料添加抗生素对人类最大的伤害是动物产品中的残余抗生素可经食物链被人类食用而进入人体内或者经由废水排入土地内，再进入人体。经过这样演变会放大抗药菌种的散布或者突变出更顽固的微生物而感染人类。养殖场的动物身上的抗药菌种也可能经由空气传播而传到人类。这种抗药菌种诱发的影响因素包括药物使用时间、使用剂量及抗生素种类等。

抗生素及化学药品使用于家畜禽饲料上，虽然可以改善动物健康，提高其生长与饲料效率，预防疾病的发生，但是，抗药性的产生与药物残留的问题，始终是一大困扰；多数的细菌族群中，会产生某些突变品种，会对抗生素产生拮抗作用，突变品种一旦产生后，细菌本身也会利用各种方法得到这些突变基因，无论机制如何，只要细菌有了抗药性，抗生素就对这类细菌无效。而抗生素或化学药品会残留在家畜禽体内及组织中，饲养家畜禽的农民，如果能遵守使用规范和停药期，药物残留就能控制在科学容许的范围内，但不幸的是使用过量或不遵守停药期的事情屡见不鲜。

而微生物饲料添加剂的主要成分为有益的益生菌，益生菌是以活菌为主制作的饲料添加物，研制而成的微生物饲料经动物摄食后，利用此外源菌种特性使其成为肠道内的优势菌种，借以调整肠道内的菌相，降低病源菌的增殖与繁殖。一个成功的微生物饲料产品，应该以能改善动物的肠道健康，提高动物体抗病力，达到降低使用抗生素概率为参考标准。益生菌作为微生物饲料添加物能改善动物的增重、饲料转换率及降低死亡率，微生物饲料除了对动物具有生长促进及改善肠道菌相功能外，微生物饲料的益生菌对宿主亦具有免疫调节功效。微生物饲料中益生菌已被证实可由肠道黏膜中的淋巴组织中迁移至其他组织，包括脾脏、肝脏及肺脏等，并可在各脏器间改变位置，且可在其中存活数日。

微生物饲料技术能提高动物生长性状，微生物应用于发酵饲料或食品则已是传统技术。近年来，因动物性来源的蛋白质的安全问题与来源匮乏，相对提高对植物性蛋白质的需求，而使微生物饲料发酵技术再度被利用以提高饲料营养价值。乳酸菌本为发酵产品之菌，因此亦可利用接种适当之菌种进行大豆粕固态发酵去除大豆粕中的胀气性寡糖，并且降解过敏性蛋白。经动物试验，于微生物中添加发酵大豆粕至饲粮中，可减少仔猪下痢情形，提高猪只及鸡只体重，并可取代饲粮中部分鱼粉用量。此外乳酸菌可用于微生物发酵饲料，由于经发酵的饲料或原料仍含有活菌，亦可作为益生菌使用。

微生物饲料能生成肠道内各种有机酸，促进酸化作用，助长有益微生物增生，抑制大肠杆菌、粪链球菌等有害肠内菌增生。生成肠道内过氧化氢，微生物饲料可以抑制潜在于肠道内病原微生物的增生。微生物饲料在肠道内生成各种消化酵素，协助肠管内食糜消化与吸收，预防肠道胀气。产生各种维生素。微生物饲料益生菌在肠道内进行生化作用，使肠道内各种有害物质转化成无臭无毒的化合物，以维持畜禽正常生长。微生物饲料益生菌可在肠管黏膜的上皮组织即绒毛表面形成保护膜，以抵抗病原菌入侵。微生物发酵饲料可减少环境恶臭，畜禽所排出粪便能直接作堆肥，有助于提升农作物质量与产量。

6 微生物的代谢

学习引导

学习目标

(1) 掌握异养型微生物的能量代谢过程。

(2) 掌握微生物特有的合成代谢。

(3) 了解微生物的代谢调节。

重点难点

(1) 重点：自养微生物的能量代谢与 CO_2 的固定；固氮作用；肽聚糖的合成。

(2) 难点：能量转换；微生物代谢的调节。

6.1 微生物的代谢概述

微生物在自然界中不是孤立存在的，而是时刻与外界环境发生着密切联系。微生物在其生命活动过程中，一方面不断地从外界环境中吸收营养物质，在体内经过一系列的变化，转变为细胞本身有用的物质；另一方面又不断地向体外排出废物，以维持细胞的正常生长和繁殖，这就是微生物的新陈代谢。

微生物的代谢和高等生物一样，包括物质代谢和能量代谢，让我们来了解一下微生物的新陈代谢。

6.1.1 微生物的新陈代谢

微生物的新陈代谢和其他生物一样，包括同化作用和异化作用两个方面。同化作用又称合成代谢，是指微生物将摄取的营养物质在体内通过一系列生物化学反应，一般是消耗能量反应，使之转化成为细胞的组成物质的过程。异化作用又称分解代谢，是指微生物将自身细胞内复杂的细胞物质及环境中大分子营养物质分解为简单的小分子物质，并释放能量的过程。同化作用和异化作用相辅相成，物质代谢和能量代谢有机地联系在一起，构成新陈代谢的统一整体。如：微生物细胞从环境中获得生物小分子氨基酸，在体内合成大分子蛋白质，这是吸收能量的物质代谢；大分子糖原在微生物体内分解为小分子葡萄糖，最后分解为丙酮酸，进一步分解为 CO_2 和 H_2O，这是释放能量的物质代谢。微生物的各种生命活动，如生长、繁殖、遗传、变异等都是通过新陈代谢等实现的，生物体内的代谢作用一旦停止，生命活动也就终止了。

微生物的新陈代谢有两个突出的特点：其一是代谢活跃，微生物个体微小，相对表面积很大，因此，物质交换频繁、迅速，呈现十分活跃的代谢；其二，微生物的代谢类型多样化，各种微生物的营养要求、能量来源、酶系统、代谢产物各不相同，形成多种多样的代谢类型，以适应复杂的外界环境。微生物在工业生产、自然界物质循环和生态系统中起着十分重要的作用。

6.1.2 微生物代谢的基本过程

微生物代谢的基本过程可分为两大类，即分解代谢和合成代谢。

6.1.2.1 微生物的分解代谢

微生物在生命活动中，能将复杂的大分子物质分解为小分子的可溶性物质，并有能量转变过程，这种物质转变称为分解代谢。大多数微生物都能分解糖和蛋白质，少数微生物能分解脂类。

A 糖的分解

糖类是异养微生物的主要碳素来源和能量来源，包括各种多糖、双糖和单糖。多糖必须在细胞外由相应的胞外酶水解，才能被吸收利用；双糖和单糖被微生物吸收后，立即进入分解途径，被降解成简单的含碳化合物同时释放能量，供应细胞合成所需的碳源和能源。

B 蛋白质及氨基酸的分解

细菌分解蛋白质的酶有两类，一类为蛋白酶，另一类为肽酶。前者为胞外酶，能将蛋白质分解为多肽和二肽。肽类可进入微生物细胞中，肽酶为胞内酶，将进入细胞内的肽水解为游离的氨基酸，供菌体利用。

微生物对氨基酸的分解方式很多，主要为脱氨作用和脱羧作用。不同细菌分解不同氨基酸除生成氨和酸外，还有其他物质产生。如大肠杆菌、枯草杆菌水解含硫氨基酸，产生 H_2S；大肠杆菌、变形杆菌水解色氨酸，可形成吲哚。有些细菌则不能，因此这些特性可用于细菌的鉴定。

C 脂肪的分解

脂肪是脂肪酸和甘油的结合物。某些微生物能产生脂肪酶，将脂肪水解为甘油和脂肪酸。甘油和脂肪酸可被微生物摄入细胞内进行代谢。

6.1.2.2 微生物的合成代谢

微生物的细胞物质主要是由蛋白质、核酸、碳水化合物和脂类等组成。合成这些大分子有机化合物需要大量能量和原料。能量来自营养物质的分解，至于原料，可以是微生物从外界吸收的小分子化合物，但更多的是从营养物质分解中获得。从这里可以看出分解作用与合成作用之间相互依赖的紧密关系，由于它们相互依赖、偶联进行，微生物才能具有旺盛的生命活动和正常的生长繁殖。因而在自然界中得以生存和发展。微生物种类很多，合成途径也比较复杂且多种多样。

6.1.3 代谢产物

微生物在代谢过程中，会产生多种多样的代谢产物。根据代谢产物与微生物生长繁殖的关系，可以分为初级代谢产物和次级代谢产物两类。

6.1.3.1 初级代谢产物

指微生物通过代谢活动所产生的、自身生长和繁殖所必需的物质，如氨基酸、核苷酸、多糖、脂类、维生素等。在不同种类的微生物细胞中，初级代谢产物的种类基本相同。此外，初级代谢产物的合成在不停地进行着，任何一种产物的合成发生障碍都会影响微生物正常的生命活动，甚至导致死亡。

6.1.3.2 次级代谢产物

指微生物生长到一定阶段才产生的化学结构十分复杂、对该微生物无明显生理功能、或并非是微生物生长和繁殖所必需的物质、如抗生素、毒素、激素、色素等。

不同种类的微生物所产生的次级代谢产物不相同，它们可能积累在细胞内，也可能排到外环境中。其中，抗生素是一类具有特异性抑菌和杀菌作用的有机化合物，种类很多，常用的有链霉素、青霉素、红霉素和四环素等。

总之，这些代谢产物都是在微生物细胞的调节下，有步骤地产生的。

6.1.4 代谢调节

6.1.4.1 酶合成的调节

微生物细胞内的酶可以分为组成酶和诱导酶两类。组成酶是微生物细胞内一直存在的酶，它们的合成只受遗传物质的控制，而诱导酶则是在环境中存在某种物质的情况下才能够合成的酶。例如，在用葡萄糖和乳糖作碳源的培养基上培养大肠杆菌，开始时，大肠杆菌只能利用葡萄糖而不能利用乳糖，只有当葡萄糖被消耗完，大肠杆菌才开始利用乳糖。

6.1.4.2 酶活性的调节

微生物还能够通过改变已有酶的催化活性来调节代谢的速率。酶活性发生变化的主要原因是代谢过程中产生的物质与酶结合，致使酶的结构产生变化。这种调节现象在核苷酸、维生素的合成代谢中十分普遍。

上述两种调节方式同时存在，并且密切配合、协调作用。通过对代谢的调节，微生物细胞内一般不会累积大量代谢产物。但在工业生产中，人们总希望微生物能够最大限度地积累对人类有用的代谢产物，这就需要对微生物代谢的调节进行人工控制。

6.1.4.3 人工控制

人工控制微生物代谢的措施包括改变微生物遗传特性、控制生产过程中的各种条件（即发酵条件）等。例如，黄色短杆菌能够利用天冬氨酸合成赖氨酸、苏氨酸和甲硫氨酸。其中，赖氨酸是一种人和高等动物的必需氨基酸，在食品、医药和畜牧业上的需要量很大。在黄色短杆菌的代谢过程中，当赖氨酸和苏氨酸都积累过量时，就会抑制天冬氨酸激酶的活性，使细胞内难以积累赖氨酸；而赖氨酸单独过量就不会出现这种现象。例如，在谷氨酸的生产过程中，可以采取一定的手段改变细胞膜的透性，使谷氨酸能迅速排放到细胞外面，从而解除谷氨酸对谷氨酸脱氢酶的抑制作用，提高谷氨酸的产量。

在实际生产中，人们将通过微生物的培养，大量生产各种代谢产物的过程叫作发酵。发酵的种类很多。根据培养基的物理状态，可分为固体发酵和液体发酵；根据所生成的产物，可分为抗生素发酵、维生素发酵和氨基酸发酵等；根据发酵过程对氧的需求情况，可分为厌氧发酵（如酒精发酵、乳酸发酵）和需氧发酵（如抗生素发酵、氨基酸发酵）。

课堂讨论

(1) 在工业上微生物对人类主要有哪些重要作用？

(2) 微生物的代谢调控包括哪些调节?

6.2 微生物的能量代谢

在生物体内，吸能反应所需要的能量是由放能反应供给的，两者是偶联进行的。其中的能量载体主要是 ATP。ATP 是腺嘌呤核苷三磷酸（简称三磷酸腺苷或腺三磷）的缩写，ATP 的生成和利用是微生物能量代谢的核心。在生物体内，ATP 主要由 ADP 磷酸化生成。生成 ATP 的过程需要供应能量，能量来自光能或化能。以光能生成 ATP 的过程称为光合磷酸化作用，这种转变需要光和色素作媒介。利用化合物氧化过程中释放的能量进行磷酸化生成 ATP 的过程称为氧化磷酸化作用，它为一切生物所共有。微生物的氧化作用可根据最终电子受体的性质不同而分为：呼吸作用、无氧呼吸作用和发酵作用。ATP 主要用于供应合成细胞物质（包括贮藏物质）所需的能量。

所有生物进行生命活动都需要能量，因此，能量代谢成了新陈代谢中的核心问题。自然界中的能量以多种形式存在，但生物只能利用光能或化学能，而光能也必须在一定的生物体（光合生物）内转化成化学能后，才能被生物利用。

生物氧化是发生在活细胞内的一系列产能性氧化反应的总称。生物氧化的形式包括某物质与氧结合、脱氢或失去电子；生物氧化的过程可分为脱氢（或电子）、递氢（或电子）和受氢（或电子）三个阶段；生物氧化的功能则有产能、产还原力和产小分子中间代谢物三种。异养微生物氧化有机物的方式，根据氧化还原反应中电子受体的不同可分成发酵和呼吸两种类型，而呼吸可分为有氧呼吸和无氧呼吸两种方式。

6.2.1 发酵作用

发酵是指微生物细胞将有机物氧化释放的电子直接交给底物本身未完成氧化的某种中间产物，同时释放能量并产生各种不同的代谢产物。在发酵条件下有机化合物只是部分地被氧化，因此只释放出一小部分能量。发酵过程的氧化是与有机物的还原偶联在一起的。被还原的有机物来自于初始发酵的分解代谢，即不需要外界提供电子受体。发酵的种类有很多，可发酵的底物有糖类、有机酸、氨基酸等，其中以微生物发酵葡萄糖最为重要。

生物体内葡萄糖被降解成丙酮酸的过程称为糖酵解，主要分为四种途径：EMP、HMP、ED、磷酸解酮酶途径。

6.2.1.1 EMP 途径

整个 EMP 途径（见图 6-1）大致可分为两个阶段。第一阶段是不涉及氧化还原反应及能量释放的准备阶段，生成两分子中间代谢产物：3-磷酸-甘油醛。第二个阶段发生氧化还原反应，合成 ATP 并形成两分子的丙酮酸。在糖酵解过程中，有两分子 ATP 用于糖的磷酸化，合成四分子 ATP，每氧化一分子葡萄糖净得两个 ATP。在两分子的 1,3-二磷酸-甘油酸的合成过程中，两分子 NAD^+ 被还原成为 NADH。

然而，细胞中的 NAD^+ 供应是有限的，所有的 NAD^+ 都转化为 NADH，葡萄糖的氧化停止。因为 3-二磷酸-甘油醛的氧化反应只有在 NAD^+ 存在时才能进行。这一路径可以通过将丙酮酸还原，使 NADH 氧化重新成为 NAD^+ 而得以克服。例如在酵母细胞中丙酮酸被还原成乙醇，并伴有 CO_2 的释放。而在乳酸菌细胞中，丙酮酸被还原成乳酸。

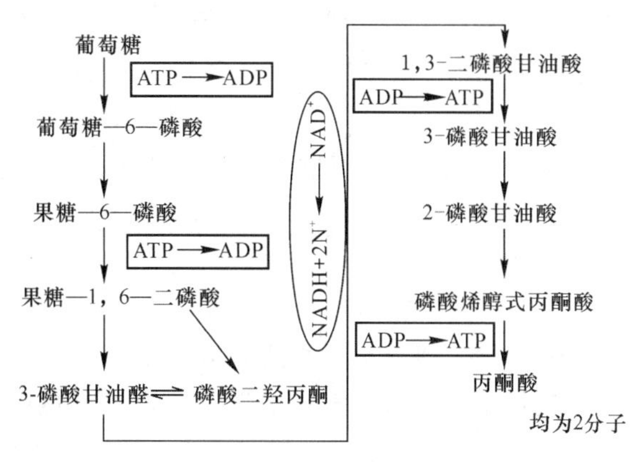

图 6-1　EMP 途径

对于原核生物细胞，丙酮酸的还原途径是多样的，但有一点是一致的：NADH 必须重新被还原成 NAD^+，使得酵解过程中的产能反应得以进行。

EMP 途径可为微生物的生理活动提供 ATP 和 NADH，其中间产物又可为微生物的合成代谢提供碳骨架，并在一定的条件下可逆转合成多糖。

6.2.1.2　HMP 途径

HMP 途径（见图 6-2）是从葡萄糖-6-磷酸开始的，HMP 途径的一个循环的最终结果是一分子葡萄糖-6-磷酸转变成一分子 3-磷酸-甘油醛、三分子 CO_2 和六分子 NADPH。一般认为 HMP 途径合成不是产能途径，而是为生物合成提供大量的还原力（NADPH）和中间代谢产物。如核酮糖-5-磷酸是合成核酸、某些辅酶及组氨酸的原料。另外 HMP 途径中产生的核酮糖-5-磷酸，还可以转化为核酮糖-1,5-二磷酸，在羧化酶作用下固定 CO_2，对于光能自养菌、化能自养菌具有重要意义。

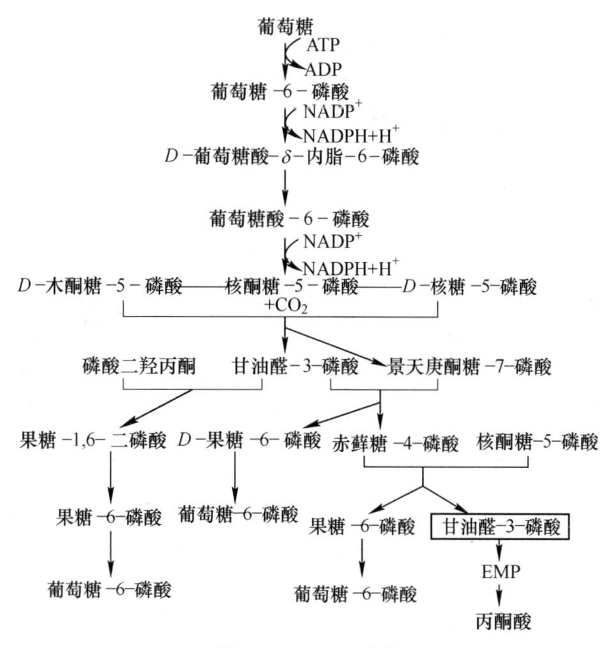

图 6-2　HMP 途径

虽然这条途径中产生的NADPH可经呼吸链氧化产能，1摩尔葡萄糖经HMP途径最终可得到35摩尔ATP，但这不是代谢中的主要方式。因此，不能把HMP途径看作产生ATP的有效机制。

大多数好氧和兼性厌氧微生物中都有HMP途径，而且在同一微生物中往往同时存在EMP和HMP途径，单独具有EMP和HMP途径的微生物较少见。

6.2.1.3 ED途径

ED途径（见图6-3）是在研究嗜糖假单胞菌时发现的，在ED途径中，葡萄糖-6-磷酸首先脱氢产生葡萄糖酸-6-磷酸，接着在脱水酶和醛缩酶的作用下，产生一分子甘油醛-3-磷酸和一分子丙酮酸。3-磷酸-甘油醛进入EMP途径转变成丙酮酸。一分子葡萄糖经ED途径最后生成两分子丙酮酸、一分子ATP、一分子NADPH和NADH。

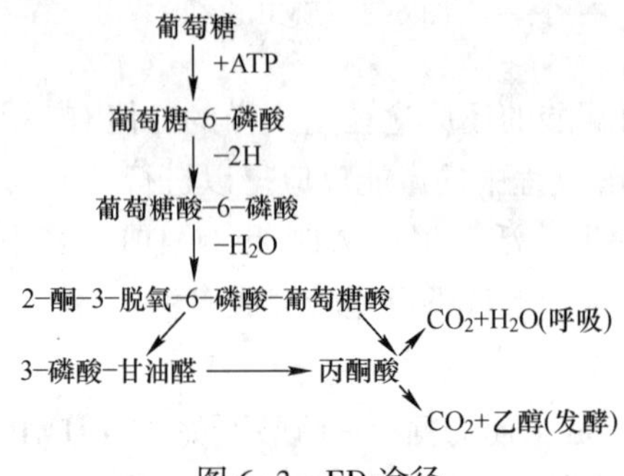

图6-3 ED途径

ED途径在革兰氏阴性菌中分布广泛，特别是假单胞菌和某些固氮菌株存在较多。ED途径可不依赖于EMP和HMP途径而单独存在，但对于靠底物水平磷酸化获得ATP的厌氧菌而言，ED途径不如EMP途径。

6.2.1.4 磷酸解酮酶途径

磷酸解酮酶途径是明串珠菌在进行异型乳酸发酵过程中分解己糖和戊糖的途径。该途径的特征性酶是磷酸解酮酶，根据解酮酶的不同，把具有磷酸戊糖解酮酶的称为PK途径（如图6-4所示），把具有磷酸己糖解酮酶的称为HK途径（如图6-5所示）。

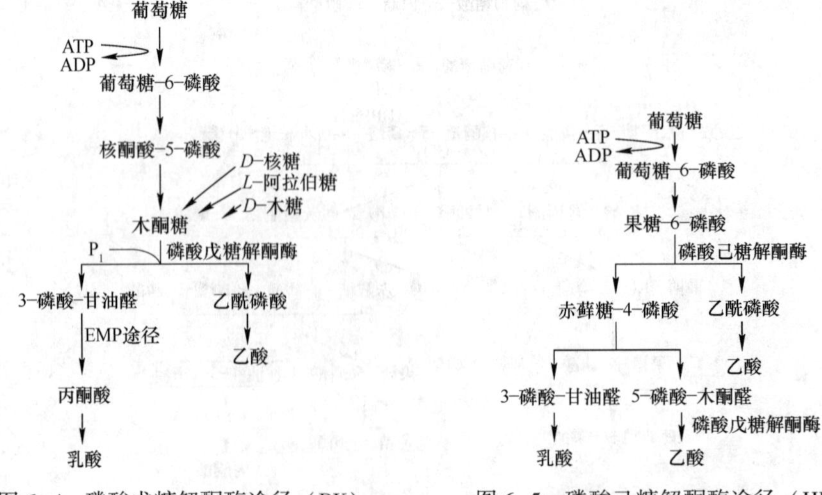

图6-4 磷酸戊糖解酮酶途径（PK） 图6-5 磷酸己糖解酮酶途径（HK）

在糖酵解过程中生成的丙酮酸可被进一步代谢。在无氧条件下，不同的微生物分解丙酮酸后会积累不同的代谢产物。目前发现多种微生物可以发酵葡萄糖产生乙醇，能进行乙醇发酵的微生物包括酵母菌、根霉、曲霉和某些细菌。

根据在不同条件下代谢产物的不同，可将酵母菌利用葡萄糖进行的发酵分为三种类型：如果以乙醛（丙酮酸脱羧）为受体生成乙醇，这种发酵称为酵母的一型发酵。当环境中存在亚硫酸氢钠时，不能以乙醛作为受体，而以磷酸二羟丙酮作为受体时，产物为甘油，称为酵母的二型发酵。在弱碱性条件下（pH=7.6），乙醛因得不到足够的氢而积累，两个乙醛分子间会发生歧化反应，一个作为还原剂形成乙酸，一个作为氧化剂形成乙醇，受体为磷酸二羟丙酮，发酵产物为甘油、乙醇和乙酸，称为酵母的三型发酵。这种发酵方式不产生能量，只能在非生长的情况下进行。

不同的细菌进行乙醇发酵时，其发酵途径也各不相同。如厌氧发酵单胞菌是利用 ED 途径分解葡萄糖为丙酮酸，最后得到乙醇。肠杆菌则是利用 EMP 途径来进行乙醇发酵。许多细菌能利用葡萄糖产生乳酸，这类细菌称为乳酸细菌。

根据产物的不同，乳酸发酵有三种类型：同型乳酸发酵（利用 EMP 途径，产物只有乳酸）、异型乳酸发酵（利用 PK 途径，产物为乳酸及部分乙醇或乙酸）和双歧发酵（利用双歧杆菌发酵葡萄糖产生乳酸的一种途径）。许多厌氧菌可进行丙酸发酵、丙酮-丁醇发酵；某些肠杆菌可进行混合酸发酵，产物为乳酸、乙酸、甲酸、乙醇、CO_2 和氢气等。

6.2.2 呼吸作用

微生物在降解底物的过程中，将释放出的电子交给 NAD（P）、FAD 或 FMN 等电子载体，再经电子传递系统传给外源电子受体，从而生成水或其他还原型产物并释放出能量的过程，称为呼吸作用。其中以分子氧作为最终电子受体的称为有氧呼吸，以氧化型化合物作为最终电子受体的称为无氧呼吸。

呼吸作用与发酵作用的根本区别在于：电子载体不是将电子直接传递给底物降解的中间产物，而是交给电子传递系统，逐步释放出能量后再给最终电子受体。

6.2.2.1 有氧呼吸

在发酵过程中，葡萄糖经过糖酵解作用形成的丙酮酸在厌氧条件下转变成不同的发酵产物，而在有氧呼吸过程中，丙酮酸进入三羧酸循环（TCA）被彻底氧化成水和 CO_2，同时释放出大量能量。

在 TCA 循环过程中，丙酮酸完全氧化为三分子 CO_2，同时生成四分子 NADH 和一分子 $FADH_2$。NADH 和 $FADH_2$ 可以电子传递系统重新被氧化，每氧化一分子 NADH 可生成三分子 ATP，每氧化一分子 $FADH_2$ 可生成两分子 ATP。另外琥珀酰辅酶 A 在氧化成延胡索酸时，包含着底物水平磷酸化作用，由此产生一分子 GTP，随后 GTP 转化为 ATP。因此每一次 TCA 循环可生成 15 分子 ATP。此外在糖酵解过程中产生的两分子 NADH 可经电子传递链系统重新被氧化，产生六分子 ATP。在葡萄糖转变为两分子丙酮酸时还可借底物水平磷酸化生成两分子 ATP。某些需氧微生物在完全氧化葡萄糖的过程中总共可得到 38 分子的 ATP（见图 6-6）。

在糖酵解和三羧酸循环过程中形成的 NADH 和 $FADH_2$ 通过电子传递系统被氧化，最终形成 ATP，为微生物的生命活动提供能量。电子传递系统是由一系列氢和电子传递体组

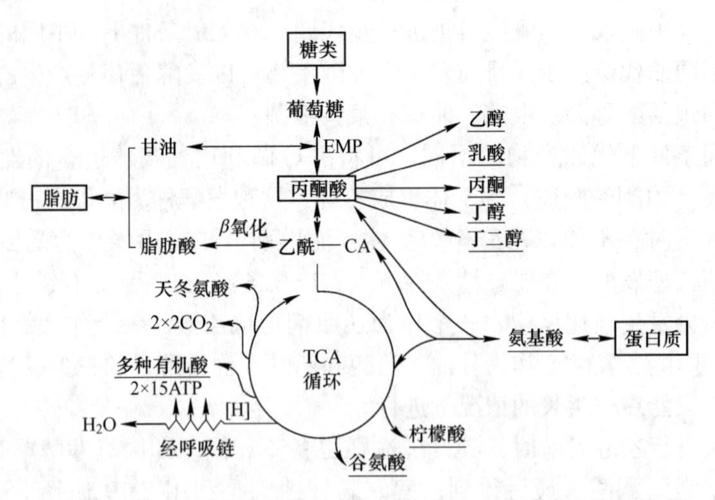

图 6-6 TCA 循环在微生物的分解代谢和合成代谢中的枢纽地位

成的多酶氧化还原体系。NADH、$FADH_2$ 以及其他还原型载体上的氢原子，以质子和电子的形式在其上进行定向传递；其组成酶系是定向有序的，又是不对称地排列在原核微生物的细胞质膜上或是在真核微生物的线粒体内膜上。

这些系统具有两种功能：一是从电子供体接受电子并将电子传递给电子受体；二是通过合成 ATP 把在电子传递过程中释放的一部分能量保存起来。电子传递系统中的氧化还原酶包括：NADH 脱氢酶、黄素蛋白、铁硫蛋白、细胞色素、醌及其化合物。

6.2.2.2 无氧呼吸

某些厌氧和兼性厌氧微生物在无氧条件下进行无氧呼吸。无氧呼吸的最终电子受体不是氧，而是像 NO_3^-、NO_2、SO_4^{2-}、$S_2O_3^{2-}$、CO_2 等这类外源受体。无氧呼吸也需要细胞色素等电子传递体。并在能量分级释放过程中伴随有磷酸化作用，也能产生较多的能量用于生命活动（见图 6-7）。

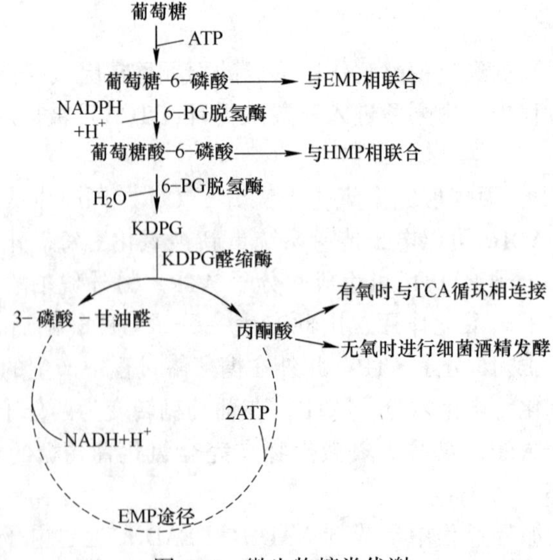

图 6-7 微生物糖类代谢

但由于部分能量随电子转移给最终电子受体，生成的能量不如有氧呼吸产生的多。在无氧条件下，某些微生物在无氧、氮或硫作为呼吸作用的最终电子受体时，可以磷酸盐代替，其结果生成磷化氢，一种易燃气体。在夜晚，气体燃烧会发出绿幽幽的光。

6.2.3 自养微生物的能量代谢与 CO_2 的固定

一些微生物可以从氧化无机物中获得能量，同化合成细胞物质，这类细菌称为化能自养微生物。它们在无机能源氧化过程中通过氧化磷酸化产生 ATP。

6.2.3.1 自养微生物的生物氧化

A 氨的氧化

NH_3 同亚硝酸（NO_2^-）是可以用作能源的最普通的无机氮化合物，能被硝化细菌所氧化。硝化细菌可分为两个亚群，分别为亚硝化细菌和硝化细菌。

氨氧化为硝酸的过程可分为两个阶段，先由亚硝化细菌将氨氧化为亚硝酸，再由硝化细菌将亚硝酸氧化为硝酸。由氨氧化为硝酸是通过这两类细菌依次进行的。硝化细菌都是一些专性好氧的革兰氏阳性细菌，以分子氧为最终电子受体，且大多数是专性无机营养型。它们的细胞都具有复杂的膜内褶结构，这有利于增加细胞的代谢能力。硝化细菌无芽孢，多数为二分裂殖，生长缓慢，平均代时在 10h 以上，分布非常广泛。

B 硫的氧化

硫杆菌能够利用一种或多种还原态或部分还原态的硫化合物（包括硫化物、元素硫、硫代硫酸盐、多硫酸盐和亚硫酸盐）作能源。H_2S 首先被氧化成元素硫，随之被硫氧化酶和细胞色素系统氧化成亚硫酸盐，放出的电子在传递过程中可以偶联产生 4 个 ATP。亚硫酸盐的氧化可分为两条途径，一是直接氧化硫酸盐的途径，由亚硫酸盐-细胞色素 C 还原酶和末端细胞色素系统催化，产生 1 个 ATP；二是经磷酸腺苷硫酸的氧化的途径，每氧化 1 分子亚硫酸盐产生 5 个 ATP。

C 铁的氧化

从亚铁到高铁的氧化，对于少数细菌来说也是一种产能反应，但这种氧化只有少量的能量可以被利用。在低 pH 环境中这种菌能利用亚铁氧化时放出的能量生长。在该菌的呼吸链中发现了一种含铜蛋白质，它与几种细胞色素 C 和一种细胞色素 a_1 氧化酶构成电子传递链。在电子传递到氧的过程中细胞质内有质子消耗，从而驱动 ATP 的合成。

D 氢的氧化

氢细菌都是一些呈革兰氏阴性的兼性化能自养菌。它们能利用分子氢氧化产生的能量同化 CO_2，也能利用其他有机物生长。氢细菌的细胞膜上有泛醌、维生素 K_2 及细胞色素等呼吸链组分。在该菌中，电子直接从氢传递给电子传递系统，电子在呼吸链传递过程中产生了 ATP。在多数氢细菌中有两种与氢的氧化有关的酶。一种是位于壁膜间隙或结合在细胞质膜上的不需 NAD^+ 的颗粒状氧化酶，它能够催化以下反应：

$$H_2 \longrightarrow 2H^+ + 2e^- \tag{6-1}$$

该酶在氧化氢并通过电子传递系统传递电子的过程中，可驱动质子的跨膜运输，形成跨膜质子梯度为 ATP 的合成提供动力；另一种是可溶性氢化酶，它能催化氢的氧化，而使 NAD^+ 还原的反应。所生成的 NADH 主要用于 CO_2 的还原。

6.2.3.2　CO_2 的固定

CO_2 是自养微生物的唯一碳源，异养微生物也能利用 CO_2 作为辅助的碳源。将空气中的 CO_2 同化成细胞物质的过程，称为 CO_2 的固定作用。微生物有两种同化 CO_2 的方式，一类是自养式，另一类为异养式。在自养式中，CO_2 加在一个特殊的受体上，经过循环反应，使之合成糖并重新生成该受体。在异养式中，CO_2 被固定在某种有机酸上。因此异养微生物即使能同化 CO_2，最终却必须靠吸收有机碳化合物生存。

自养微生物同化 CO_2 所需要的能量来自光能或无机物氧化所得的化学能，固定 CO_2 的途径主要有以下三条：

A　卡尔文循环（Calvin cycle）

这个途径存在于所有化能自养微生物和大部分光合细菌中。经卡尔文循环同化 CO_2 的途径可划分为三个阶段：CO_2 的固定；被固定的 CO_2 的还原；CO_2 受体的再生。卡尔文循环每循环一次，可将六分子 CO_2 同化成一分子葡萄糖，其总反应式为：

$$6CO_2+18ATP+12NAD(P)H \longrightarrow C_6H_{12}O_6+18ADP+12NAD(P)^++18Pi \quad (6-2)$$

B　还原性三羧酸循环固定 CO_2

这个途径是在光合细菌、绿硫细菌中发现的。还原羧酸环的第一步反应是将乙酰 CoA 还原羧化为丙酮酸，后者在丙酮酸羧化酶的催化下生成磷酸烯醇式丙酮酸，随即被羧化为草酰乙酸，草酰乙酸经一系列反应转化为琥珀酰 CoA，再被还原羧化为 a-酮戊二酸。a-酮戊二酸转化为柠檬酸后，裂解成乙酸和草酰乙酸。乙酸经乙酰-CoA，在合成酶催化下生成乙酰 CoA，从而完成循环反应。每循环一次，可固定四分子 CO_2、合成一分子草酰乙酸、消耗三分子 ATP、两分子 NAD(P)H 和一分子 $FADH_2$。

C　还原的单羧酸环

这个体系与还原羧酸循环不同，不需要 ATP，只要有 Fd（red）就可运转。Fd（red）由 H_2 或 $NADH_2$ 提供电子生成。光合细菌也有可能利用这个体系把 CO_2 转化成乙酸。

6.2.4　能量转换

在产能代谢过程中，微生物通过底物水平磷酸化和氧化磷酸化将某种物质氧化而释放的能量储存于 ATP 高能分子中，对光能微生物而言，则可通过光合磷酸化将光能转变为化学能储存于 ATP 中。

6.2.4.1　底物水平磷酸化

物质在生物氧化过程中，常生成一些含有高能键的化合物，而这些化合物可直接偶联 ATP 或 GTP 的合成，这种产生 ATP 等高能分子的方式称为底物水平磷酸化。底物水平磷酸化既存在于发酵过程中，也存在于呼吸作用过程中。例如，在 EMP 途径中 1，3-二磷酸甘油酸转变为 3-磷酸甘油酸以及磷酸烯醇式丙酮酸转变为丙酮酸的过程中都分别偶联着一分子 ATP 的形成；在三磷酸循环过程中，琥珀酰辅酶 A 转变为琥珀酸时偶联着一分子 ATP 的形成。

6.2.4.2　氧化磷酸化

物质在生物氧化过程中形成的 NADH 和 $FADH_2$ 可通过位于线粒体内膜和细菌质膜上的电子传递系统将电子传递给氧或其他氧化型物质，偶联着 ATP 的合成，这种产生 ATP

的方式称为氧化磷酸化。一分子 NADH 和 $FADH_2$ 可分别产生三分子和两分子 ATP。

6.2.4.3 光合磷酸化

光合作用是自然界一个极其重要的生物学过程，其实质是通过光合磷酸化将光能转变成化学能，以用于从 CO_2 合成细胞物质。进行光合作用的生物体除了绿色植物外，还包括光合微生物，如藻类、蓝细菌和光合细菌（包括紫色细菌、绿色细菌、嗜盐菌等）。它们利用光能维持生命，同时也为其他生物（如动物和异养微生物）提供了赖以生存的有机物。

A 光合色素

光合色素是光合生物所特有的色素，是将光能转化为化学能的关键物质。共分三类：叶绿素（Chl）或细菌叶绿素（Bchl）、类胡萝卜素和藻胆素。除光合细菌外，叶绿素 a 普遍存在于光合生物中，叶绿素 a、b 共同存在于高等植物、绿藻和蓝绿细菌中，叶绿素 c 存在于褐藻和硅藻中，叶绿素 d 存在于红藻中，叶绿素 e 存在于金黄藻中，褐藻和红藻也含有叶绿素 a。细菌叶绿素具有和高等植物中的叶绿素相类似的化学结构，两者的区别在于侧链基团的不同，以及由此而导致的光吸收特性的差异。此外，叶绿素和细菌叶绿素的吸收光谱在不同的细胞中也有差异。

所有光合生物都有类胡萝卜素。类胡萝卜素虽然不直接参加光合反应，但它们有捕获光能的作用，能把吸收的光能高效地传给细菌叶绿素或叶绿素。而且这种光能同叶绿素或细菌叶绿素直接捕捉到的光能同样可以被用来进行光合磷酸化作用。此外胡萝卜素还有两个作用：一是可以作为叶绿素所催化的光氧化反应的猝灭剂，以保护光合机构不受光氧化损伤，二是可在细胞能量代谢方面起辅助作用。

藻胆素因具有类似胆汁的颜色而得名，其化学结构与叶绿素相似，都含有四个吡咯环，但藻胆素没有长链植醇基，也没有镁原子，而且四个吡咯环是直链的。

B 光合单位

以往将在光合作用过程中还原一分子 CO_2 所需的叶绿素分子数称为光合单位。后来通过分析紫色细菌载色体的结构，获得了对光合单位的进一步认识。光合色素分布于两个“系统”，分别称为“光合系统Ⅰ”和“光合系统Ⅱ”。每个系统即为一个光合单位。这两个系统中的光合色素的成分和比例不同。一个光合单位由一个光捕获复合体和一个反应中心复合体组成。光捕获复合体含有菌绿素和类胡萝卜素，它们吸收一个光子后，引起波长最长的菌绿素（P_{870}）激活，从而传给反应中心，激发态的 P_{870} 可释放出一个高能电子。

C 光合磷酸化

光合磷酸化是指光能转变为化学能的过程。当一个叶绿素分子吸收光量子时，叶绿素即被激活，导致叶绿素或细菌叶绿素释放一个电子而被氧化，释放出的电子在电子传递系统中的传递过程中逐步释放能量，这就是光合磷酸化的基本动力。

（1）环式光合磷酸化：光合细菌主要通过环式光合磷酸化作用产生 ATP，这类细菌主要包括紫色硫细菌、绿色硫细菌、紫色非硫细菌和绿色非硫细菌。在光合细菌中，吸收光量子而被激活的细菌叶绿素释放出高能电子，于是这个细菌叶绿素分子即带有正电荷。所释放出来的高能电子顺序通过铁氧还蛋白、辅酶 Q、细胞色素 b 和 c，再返回到带正电荷的细菌叶绿素分子。在辅酶 Q 将电子传递给细胞色素 c 的过程中，造成了质子的跨膜移动，为 ATP 的合成提供了能量。在这个电子循环传递过程中，光能转变为化学能，故称环式光合磷酸化。环式光合磷酸化可在厌氧条件下进行，产物只有 ATP，无 NADP(H)，也不产生分子氧。

(2) 非环式光合磷酸化：高等植物和蓝细菌与光合细菌不同，它们可以裂解水，以提供细胞合成的还原能力。它们含有两种类型的反应中心，连同天线色素、初级电子受体和供体一起构成了光合系统Ⅰ和光合系统Ⅱ，这两个系统偶联，进行非环式光合磷酸化。在光合系统Ⅰ中，叶绿素分子 P_{700} 吸收光子后被激活，释放出一个高能电子。这个高能电子传递给铁氧还蛋白（Fd），并使之被还原。还原的铁氧还蛋白在 Fd：$NADP^+$ 还原酶的作用下，将 $NADP^+$ 还原为 NADPH。用以还原 P_{700} 的电子来源于光合系统Ⅱ。在光合系统Ⅱ中，叶绿素分子 P_{680} 吸收光子后，释放出一个高能电子。后者先传递给辅酶 Q，再传给光合系统Ⅰ，使 P_{700} 还原。失去电子的 P_{680}，靠水的光解产生的电子来补充。高能电子从辅酶 Q 到光合系统Ⅰ过程中，可推动 ATP 的合成。非环式光合磷酸化的反应式为：

$$2NADP^+ + 2ADP + 2Pi + 2H_2O \longrightarrow 2NADPH + 2H^+ + 2ATP + O_2 \quad (6\text{-}3)$$

有些光合细菌虽然只有一个光合系统，但也以非环式光合磷酸化的方式合成 ATP，如绿硫细菌和绿色细菌。从光反应中心释放出的高能电子经铁硫蛋白、铁氧还蛋白、黄素蛋白，最后用于还原 NAD^+ 生成 NADH。反应中心的还原依靠外源电子供体，如 S^{2-}、$S_2O_3^{2-}$ 等。外源电子供体在氧化过程中放出电子，经电子传递系统传给失去了电子的光合色素，使其还原，同时偶联 ATP 的生成。由于这个电子传递途径也没有形成环式，故也称为非环式光合磷酸化。

课堂讨论

(1) 描述化能异养型微生物的生物氧化。
(2) 描述自养微生物的能量代谢与 CO_2 的固定。
(3) 自述能量转换。

6.3 微生物特有的合成代谢

微生物在代谢过程中，会产生多种多样的代谢产物。根据代谢产物与微生物生长繁殖的关系，可以分为初级代谢产物和次级代谢产物两类。初级代谢产物是指微生物通过代谢活动所产生的、自身生长和繁殖所必需的物质，次级代谢产物是指微生物生长到一定阶段才产生的，化学结构十分复杂，对该微生物无明显生理功能或并非微生物生长和繁殖所必需的物质。

6.3.1 固氮作用

生物固氮是指固氮微生物将大气中的氮还原成氨的过程。生物固氮只发生在少数的细菌和藻类中。

估计全球每年生物固氮作用所固定的氮（N_2）约达 17500 万吨，其中耕地土壤约有 4400 万吨，超过了每年施入土壤 4000 万吨肥料氮素（工业固氮）的量（Burris，1977）。因此，生物固氮作用有很大潜力。

生物固氮概括地说是指某些微生物和藻类通过其体内固氮酶系的作用将分子氮转变为

氨的作用。因地壳含有的可溶性无机氮盐极少，所有生物几乎都需要依赖固氮生物固定大气中的氮而生存，因此生物固氮对维持自然界的氮循环起着极为重要的作用。对固氮生物的研究和利用能为农业开辟肥源，对维持和提高土壤肥力有很大意义。

大气中游离态氮分子在某些微生物体内还原为结合态的氨分子，具有这种能力的微生物称固氮微生物。地球表面每年因生物固氮作用获得的结合态氮约为（1.0~1.8）$\times10^8$ 吨，其中有（0.2~0.4）$\times10^8$ 吨由耕种土壤中的固氮微生物所固定。在农业生产中，充分发挥生物固氮的作用，对增加土壤中的氮素养分、提高土壤肥力具有重要作用。

对生物固氮作用的研究始于 19 世纪。1838 年，法国的 J. B. 布森戈通过田间试验和化学分析，最先确认三叶草和豌豆可从空气中取得氮素。此后俄国的 M. C. 沃罗宁和德国的 H. 黑尔里格尔相继证明了豆科植物与根瘤菌之间的共生关系。1888 年，荷兰的 M. W. 拜耶林克首次从根瘤中分离出固氮微生物的纯培养体，后曾被其他研究者用作接种剂。此后，研究领域从豆科植物拓宽到非豆科植物，从共生固氮发展到非共生固氮以至联合固氮。20 世纪初欧洲和美国已有根瘤菌剂的商品生产。中国从 50 年代起应用根瘤菌于花生、大豆等的生产，取得增产效果。

6.3.1.1 类型

迄今已确认有固氮作用的微生物约有 50 个属 90 多种。包括细菌、放线菌和蓝藻，都属原核生物。其中有的是好气性的，有的是嫌气性的，有的是兼性的。按固氮微生物与高等植物或其他生物之间的关系，可分 3 种类型。

A 共生固氮作用

固氮微生物与另一种能营光合作用的高等植物或其他生物紧密地生活在一起，彼此间形成单独生活时所没有的共生固氮体系：固氮微生物依靠与之共生的生物为其提供生活必需的能源和碳源，而固氮微生物则将固定的氮素供给共生生物作为合成氨基酸和蛋白质的氮源。共生固氮作用又可分为：

（1）豆科植物与微生物的共生固氮。其中最重要的是豆科植物与根瘤菌的共生。土壤中的根瘤菌侵入根部后形成根瘤，固氮即在根瘤中进行。这种共生固氮作用的豆科植物约有 600 多属。

（2）非豆科植物与微生物的共生固氮。这种共生固氮作用的微生物主要是放线菌和蓝藻，能与放线菌共生固氮的植物约有 21 属 200 多种，常见的有木麻黄属、桤木属、沙棘属、胡颓子属、杨梅属等。中国经鉴定的非豆科结瘤/固氮树木已有 40 余种，大多数属于对不利环境有较强抗逆性的植物。蓝藻与非豆科植物的共生固氮，以鱼腥藻与蕨类植物满江红形成的共生体为代表。在这类共生体中，能固氮的鱼腥藻生活在满江红小叶鳞片腹面充满黏质的小腔内，构成共生关系，其固氮率可达 313~670 千克/(公顷年)。满江红分布广泛，尤以在热带和亚热带地区生长繁茂，是中国南方的优良绿肥。

B 非共生固氮作用

非共生固氮作用又称自生固氮作用。固氮微生物不与其他生物发生特异关系，而能独立地生长繁殖并将大气中的氮分子还原为氨分子。这类固氮作用的全过程均在其自身细胞中进行，所固定的氮素常在细胞死亡腐败后释放到土壤中。属于这类的微生物主要有细菌、蓝藻和放线菌，常见于温带中性土壤的有固氮菌属（*Azotobacter*）中的圆褐固氮菌（*A. chroococcum*），常见于热带和亚热带的酸性土壤中的是贝氏固氮菌属（*Bejerinckia*）。广泛分布于各类土壤中的有巴斯德芽孢梭菌（*Clostridium pasteurianum*）和许多微嗜氧菌，后者包括极毛杆菌属（*Pseudomonas*）、无色杆菌属（*Achromobacter*）、克氏杆菌属（*Klebsilla*）和分枝杆菌属（*Mycobacterium*）等。

上述固氮菌在固氮过程中必须依靠外源能量，且对能量的利用效率较低，通常每固定1分子氮所消耗的能量要比根瘤菌大10倍。此外，当土壤含有机化合态氮时，其固氮作用的进行还会受抑制。因而自生固氮作用在农业上的应用一直是个难题。已选育出这类固氮菌突变株，当有氨存在时，其固氮酶活性比同条件的野生型高5万倍。

C 联合固氮作用

某些固氮微生物可生长在植物根系中的黏质鞘套内或皮层细胞之间，对植物有一定的专一性，但不形成密切的共生关系，也不形成特殊的形态结构，是一种松散的共生现象。现已确认的联合固氮体系有甘蔗和贝氏固氮菌（*Bejerinckia*）、雀稗和雀稗固氮菌（*Azotobacter paspal*）、小麦和芽孢细菌（*Bacillus*）、水稻和无色杆菌（*Achromobacter*）等。此类固氮体系的植物多属高光效C_4植物，比C_3植物能分泌更多碳水化合物，有利于根系中微生物的生长和固氮。其固氮效率比在土壤中单独生活时要高。因此通过选育寄生植物接种固氮菌，并加强土壤管理，可提高根际的固氮活性。

6.3.1.2 机理

氮气分子有很高的键能，使之还原必须消耗大量能量。在工业上，用化学固氮方法制造氮肥要在铁催化剂作用下，用500℃的高温及300大气压的高压才能将氮气还原为氨。但固氮微生物则可在常温常压下完成这一过程。因固氮微生物体内存在一种复杂的固氮酶系统，它能催化氮气的还原。固氮酶由两种蛋白质组成：一种为含有钼和铁的钼铁蛋白，分子量为200000；另一种为含铁的铁蛋白，分子量为65000。铁蛋白具有很强的还原性，它提供电子给钼铁蛋白。钼铁蛋白能与氮气分子络合，然后使之还原为氨。在这个过程中，需要腺苷三磷酸（ATP）提供能量和铁氧还蛋白充当强还原剂。氮气还原为氨的化学反应式如下：

$$N_2+6e^-+12ATP+12H_2O \longrightarrow 2N^++12ADP+12Pi+4H^+ \qquad (6-4)$$

式中，ADP为腺苷二磷酸，Pi代表无机磷酸。固氮酶除了能还原氮气外，还能将乙炔（C_2H_2）还原为乙烯（C_2H_4）。由于这个反应可用气相色谱法测定，现已广泛应用于田间实验室测定固氮微生物的固氮酶活性。

6.3.2 肽聚糖的合成

肽聚糖（Peptidoglycan）存在于原核生物细胞壁的大分子聚合物，是由N-乙酰葡萄糖胺（NAG）和N-乙酰胞壁酸（NAM）与四五个氨基酸短肽聚合而成的多层网状大分子结构。在N-乙酰胞壁酸上接有肽链，不同糖链上的肽链交联后形成稳定的水不溶产物。

肽聚糖是由双糖单位、四肽和肽桥聚合而成的多层网状大分子结构。

N-乙酰葡萄糖胺和N-乙酰胞壁酸交替连接的杂多糖与不同组成的肽交叉连接形成的大分子肽聚糖是许多细菌细胞壁的主要成分。如革兰氏阳性细菌（G^+）胞壁所含的肽聚糖占干重的50%~80%，由N-乙酰葡萄糖胺和N-乙酰胞壁酸通过β-1,4糖苷键连接而成，糖链间由肽链交联构成稳定的网状结构，肽链长短视细菌种类不同而异；革兰氏阴性细菌（G^-）胞壁所含的肽聚糖占干重的5%~20%，其双糖单位跟革兰氏阳性菌一样但是四肽的第三个不是L-Lys而是外消旋二氨基庚二酸。

肽聚糖的生物合成过程复杂，步骤多，而且合成部位几经转移。为此把肽聚糖的生物合成分为细胞质中、细胞膜上以及细胞膜外3个合成阶段。正因为肽聚糖合成不是在一个地方完成的，所以合成过程中必须要有能够转运与控制肽聚糖结构元件的载体参与。已知有两种载体：一种是尿苷二磷酸（UDP），另一种是细菌萜醇。

以了解得较清楚的金黄色葡萄球菌的肽聚糖合成为例。

6.3.2.1 第一阶段

在细胞质中合成胞壁酸五肽。这一阶段起始于N-乙酰葡糖胺-1-磷酸，它是由葡萄糖经过下列反应步骤生成的：自N-乙酰葡糖胺-1-磷酸开始，以后的N-乙酰葡糖胺、N-乙酰胞壁酸以及胞壁酸五肽都是与糖载体UDP相结合。

6.3.2.2 第二阶段

在细胞膜上由N-乙酰胞壁酸五肽与N-乙酰葡糖胺合成肽聚糖单体——双糖肽亚单位。这一阶段中有一种称为细菌萜醇（Bcp）的脂质载体参与，这是一种由11个类异戊二烯单位组成的C_{55}类异戊二烯醇，它通过两个磷酸基与N-乙酰胞壁酸相连，载着在细胞质中形成的UDP-N-乙酰胞壁酸五肽转到细胞膜上，在那里与N-乙酰葡糖胺结合，并在L-Lys上接上五肽（Gly），形成双糖肽亚单位。

6.3.2.3 第三阶段

已合成的双糖肽插在细胞膜外的细胞壁生长点中并交联形成肽聚糖。这一阶段的第一步是多糖链的伸长。双糖肽先是插入细胞壁生长点上作为引物的肽聚糖骨架（至少含6~8个肽聚糖单体的分子）中，通过转糖基作用使多糖链延伸一个双糖单位；第二步通过转肽酶的转肽作用（Transpeptidation）使相邻多糖链交联。转肽时先是D-丙氨酰-D-丙氨酸间的肽链断裂，释放出一个D-丙氨酰残基，然后倒数第二个D-丙氨酸的游离羧基与邻链甘氨酸五肽的游离氨基间形成肽键而实现交联。

课堂讨论

（1）什么是固氮作用？
（2）简述微生物合成肽聚糖的过程。

6.4 微生物代谢的调节

微生物在长期的进化过程中，形成了一整套完善的代谢调节系统，以保证各种代谢活动经济而高效地进行。微生物的代谢调节主要有两种方式：酶合成的调节和酶活性的调节。

6.4.1 酶活性的调节

通过改变酶分子的活性来调节代谢速度的调节方式称为酶活性的调节。酶活性的调节方式直接，并且反应快，是发生在蛋白质水平上的调节。活性受到底物或产物（或其结构类似物）影响的酶称为调节酶。这种影响可以是激活，也可以是抑制酶的活性。

6.4.1.1 酶的激活

A 前体激活

通常把底物对酶的影响称为前馈，产物对酶的影响称为反馈。前馈作用一般是对酶的活性起激活作用，在分解代谢中，后面的反应可被前面反应的中间产物所促进。

B 小分子离子激活

金属离子如 Mg^{2+}、K^{+}对于多种酶具有激活作用，如 EMP 途径中，磷酸果糖激酶的活性受到 Mg^{2+}的促进。

C 补偿激活

在相关代谢途径中，一条代谢途径中的中间产物的积累，可以刺激另外一条代谢途径的关键酶或其他酶的活性提高。如在精氨酸生物合成途径中，鸟氨酸的积累可以刺激氨甲酰磷酸合成酶的活性，从而促进精氨酸的合成。

6.4.1.2 酶的抑制

酶的抑制包括竞争性抑制和反馈抑制，在微生物代谢调节中更常见的是反馈抑制，尤其是末端产物对酶活性的反馈抑制。酶的抑制机制可以用别构酶学说来解释：调节酶通常是别构酶，是催化代谢途径一系列反应中的关键酶。一般具有多个亚基，包括催化亚基和调节亚基。抑制过程的效应物称为抑制剂，调节酶的抑制剂通常是末端代谢产物或其结构类似物。抑制剂与调节亚基结合引起酶构象发生变化，使催化亚基的活性中心发生改变，酶的催化性能随之受到影响。抑制物的作用是可逆的，一旦抑制物浓度降低，酶活性就会恢复。

酶活性也受到能荷的调节。能荷不仅能调节 ATP 合成体系的酶的活性，也能调节 ATP 利用体系的酶的活性。当能荷在 0.71 以上时，ATP 合成体系的酶活性受到抑制，ATP 利用体系的酶活性则急剧上升；能荷较低时，情况则相反。

6.4.2 酶合成的调节

这是通过调节酶合成的量来控制微生物代谢速度的调节机制，这类调节在基因转录水平上进行，对代谢活动的调节是间接的也是缓慢的，它的优点是通过阻止酶的过量合成，能够节约生物合成的原料和能量。酶合成的调节主要有两种类型：酶的诱导和酶的阻遏。

6.4.2.1 酶的诱导

A 顺序诱导

第一种酶的底物会诱导第一种酶的合成，第一种酶的产物又可诱导第二种酶的合成，以此类推合成一系列的酶，再依次合成分解中间代谢物的酶，以达到对较复杂代谢途径的分段调节。

B 同时诱导

加入一种诱导剂后，微生物能同时或几乎同时合成几种酶，它主要存在于较短的代谢途径中、合成这些酶的基因由同一个操纵子所控制。

6.4.2.2 酶的阻遏

在某代谢过程中，当末端产物过量时，微生物的调节体系就会阻止代谢途径中包括关键酶在内的一系列酶的合成，从而彻底控制代谢，减少末端产物生成，这种现象称为酶合成的阻遏；可被阻遏的酶称为阻遏酶。阻遏的生理学功能是节约生物体内有限的养分和能量。酶合成的阻遏主要有末端代谢产物阻遏和分解代谢产物阻遏两种类型。

A 末端代谢产物阻遏

由于某代谢途径末端产物的过量积累而引起酶合成的（反馈）阻遏称为末端代谢产物阻遏。通常发生在合成代谢中，特别是在氨基酸、核苷酸和维生素的合成途径中十分常见。若代谢途径是直线式的，末端产物阻遏情况较为简单，末端产物引起代谢途径中各种酶的合成终止。对于分支代谢途径来说，情况比较复杂。

每种末端产物只专一地阻遏合成它自身那条分支途径的酶，而代谢途径分支点前的“公共酶”则受所有分支途径末端产物的共同阻遏；任何一种末端产物的单独存在都不影响酶合成，只有当所有末端产物同时存在时，才能发挥阻遏作用的现象称为多价阻遏。在一些氨基酸合成途径中，末端产物氨基酸必须和它的 tRNA 结合后，才能起到阻遏作用。有些末端代谢产物本身具有独立的阻遏作用，但若与某些物质结合形成复合物，则会增强阻遏作用。末端代谢产物阻遏在微生物代谢调节中有着重要的作用，它保证了细胞内各种物质维持适当的浓度。当微生物已合成了足量的产物，或外界加入该物质后，就停止有关酶的合成，而缺乏该物质时，又开始合成有关的酶。

B 分解代谢物阻遏

当细胞内同时存在两种可利用底物（碳源或氮源）时，利用快的底物会阻遏与利用慢的底物有关的酶合成。现在知道，这种阻遏并不是由于快速利用底物直接作用的结果，而是由这种底物分解过程中产生的中间代谢物引起的，所以称为分解代谢物阻遏。分解代谢物阻遏过去被称为葡萄糖效应。

酶的诱导、分解代谢物阻遏和末端产物阻遏可以同时发生在同一微生物体内，这样，当某些底物存在时微生物细胞内就会合成诱导酶，几种底物同时存在时，优先利用能被快速或容易代谢的底物，而与代谢较慢的底物有关酶的合成将被阻遏；当末端代谢产物能满足微生物生长需要时，与代谢相关酶的合成又被终止。

6.4.3 次级代谢及其调节

6.4.3.1 次级代谢

一般将微生物从外界吸收各种营养物质，通过分解代谢和合成代谢，生成维持生命活动的物质和能量的过程，称为初级代谢。次级代谢是相对于初级代谢而提出的一个概念。一般认为，次级代谢是指微生物在一定的生长时期，以初级代谢产物为前体，合成一些对微生物的生命活动无明确功能的物质的过程。这一过程的产物，即为次级代谢产物。有人把超出生理需求的过量初级代谢产物也看作是次级代谢产物。

次级代谢产物大多是分子结构比较复杂的化合物。根据其作用，可将其分为抗生素、激素、生物碱、毒素及维生素等类型。次级代谢与初级代谢关系密切，初级代谢的关键性中间产物往往是次级代谢的前体，比如糖酵降解过程中的乙酰-CoA 是合成四环素、红霉素的前体；次级代谢一般在菌体对数生长后期或稳定期间进行，但会受到环境条件的影响；某些催化次级代谢的酶的专一性不高；次级代谢产物的合成，因菌株不同而异，但与分类地位无关；质粒与次级代谢的关系密切，控制着多种抗生素的合成。次级代谢不像初级代谢那样有明确的生理功能，因为次级代谢途径即使被阻断，也不会影响菌体生长繁殖。次级代谢产物通常都是限定在某些特定微生物中生成，因此它们没有一般性的生理功能，也不是生物体生长繁殖的必需物质，虽然对它们本身可能是重要的。

关于次级代谢的生理功能，目前尚无一致的看法。

6.4.3.2 次级代谢的调节

A 初级代谢对次级代谢的调节

次级代谢与初级代谢类似，在调节过程中也有酶活性的激活和抑制及酶合成的诱导和阻遏。由于次级代谢一般以初级代谢产物为前体，因此次级代谢必然会受初级代谢的调节。

例如青霉素的合成会受到赖氨酸的强烈抑制，而赖氨酸合成的前体 α-氨基己二酸可以缓解赖氨酸的抑制作用，并能刺激青霉素的合成。这是因为 α-氨基己二酸是合成青霉素和赖氨酸的共同前体。如果赖氨酸过量，它就会抑制这个反应途径中的第一种酶，减少 α-氨基己二酸的产量，从而进一步影响青霉素的合成。

B 碳、氮代谢物的调节作用

次级代谢产物一般在菌体对数生长后期或稳定期间合成，这是因为在菌体生长阶段，被快速利用的碳源的分解物阻遏了次级代谢酶系的合成。因此，只有在对数后期或稳定期，这类碳源被消耗完之后，解除阻遏作用，次级代谢产物才能得以合成高浓度的 NH_4^+，可以降低谷氨酰胺合成酶的活性，而后者的比活力与抗生素的合成呈正相关性，因此高浓度的 NH_4^+ 对抗生素的生产有不利影响。而另一种含氮化合物——硝酸盐却可以大幅度地促进利福霉素的合成，因其可以促进糖代谢和 TCA 循环酶系的活力，以及琥珀酰-CoA 转化为甲基丙二酰 CoA 的酶活力，从而为利福霉素的合成提供了更多的前体，同时它可以抑制脂肪合成，使部分用于合成脂肪的前体乙酰-CoA 转为合成利福霉素脂肪环的前体，另外硝酸盐还可提高菌体中谷氨酰胺合成酶的活力。

C 诱导作用及产物的反馈抑制

在次级代谢中也存在着诱导作用，例如，巴比妥虽不是利福霉素的前体，也不掺入利福霉素，但能促进将利福霉素 SV 转化为利福霉素 B 的能力。同时次级代谢产物的过量积累也能像初级代谢那样，反馈抑制其合成酶系。次级代谢产物及调节酶见表 6-1。

表 6-1 次级代谢产物及调节酶

产物	调节酶
氯霉素	阻遏第一个酶：芳香胺合成酶
卡那霉素	阻遏乙酰基转移酶
嘌呤霉素	抑制合成途径最后一步转甲基酶

此外，培养中的磷酸盐、溶解氧、金属离子及细胞膜透性也会对次级代谢产生或多或少的影响。

课堂讨论

(1) 微生物的代谢调节主要可分为哪两种类型？

(2) 如何利用代谢调控提高微生物发酵产物的产量？

6.5 实训：微生物代谢产物的观察

6.5.1 实训目的

了解微生物的代谢种类，学会判断代谢途径。

6.5.2 实训原理

微生物在生长繁殖中，需要从外界环境吸收营养物质。小分子有机物可被直接吸收；大分子有机物如淀粉、蛋白质等则需微生物分泌胞外酶等将其降解后吸收。不同微生物对生物大分子水解能力各有不同。

有些细菌含有色氨酸酶，可将蛋白胨中的色氨酸水解，产生丙酮酸、氨和吲哚，吲哚不被细菌利用，积累在培养基中，吲哚本身没有颜色，可通过与吲哚试剂中的对二甲基苯甲酸结合，形成红色的玫瑰吲哚，即为阳性。

有些细菌能分解含硫氨基酸。可将半胱氨酸分解为丙酮酸、氨和 H_2S。H_2S 本身无色，若遇到培养基中的铅盐或铁盐，可产生黑色硫化铅或硫化铁沉淀。

$$CH_2SHCHNH_2COOH+H_2O \longrightarrow CH_3COCOOH+NH_3+H_2S \tag{6-5}$$

$$H_2S+Pb(CH_3COO)_2 \longrightarrow PbS\downarrow\ (\text{黑色})\ +2CH_3COOH \tag{6-6}$$

$$H_2S+FeSO_4 \longrightarrow H_2SO_4+FeS\downarrow\ (\text{黑色}) \tag{6-7}$$

细菌具有多种酶系统，能发酵分解糖、醇、糖苷等，产生酸类、气体和其他无机物。但不同细菌具有的分解酶不同，且分解能力及代谢产物也各不相同。酸的产生可以用指示剂来显示，气体的产生可由糖发酵管中倒置的杜氏小管中有无气泡加以证明。由丙氨酸出发的6条发酵途径见表6-2。

表6-2 由丙氨酸出发的6条发酵途径

发酵类型	最终发酵产物	代表菌属
乳酸发酵	乳酸	乳酸菌属
乙醇发酵	乙醇、CO_2	酵母菌属
丙酸发酵	丙酸、CO_2	丙酸杆菌属
2，3-丁二醇发酵	2，3-丁二醇、CO_2	肠杆菌属
混酸发酵	甲酸、乙酸、丁酸、乳酸、H_2、CO_2	变形杆菌属
丁酸发酵	丁酸、丙酸、丁醇、异丙醇、CO_2	梭菌属

6.5.3 实训材料

（1）菌种：枯草杆菌，大肠杆菌，变形杆菌，金黄色葡萄球菌。

（2）培养基：糖发酵培养基（乳糖、葡萄糖、蔗糖、乙二醇），蛋白胨水培养基，柠檬酸铁铵半固体培养基。

（3）试剂：吲哚试剂。

（4）其他器材：试管，接种环，接种针，酒精灯等。

6.5.4 实训方法

6.5.4.1 糖发酵实验

分别接种枯草杆菌、大肠杆菌、变形杆菌和金黄色葡萄球菌于装有糖发酵培养基的毛细管中，置于37℃的恒温箱中，培养24h。

6.5.4.2 吲哚实验

分别接种枯草杆菌、大肠杆菌、变形杆菌和金黄色葡萄球菌于已灭菌的蛋白胨水培养基中，置于37℃的恒温箱中，培养24h。

观察结果时，在培养液中加乙醚约1mL，充分震荡后待培养液上面呈现明显乙醚层时，沿试管壁缓慢加入吲哚试剂10滴。

6.5.4.3 产 H_2S 实验

取4支已灭菌的柠檬酸铁铵半固体培养基，分别刺穿枯草杆菌、大肠杆菌、变形杆菌和金黄色葡萄球菌，置于37℃的恒温箱中，培养24h。

6.5.5 实训报告

（1）通过显色判断微生物的代谢种类。

（2）填写糖发酵结果表格，见表6-3。

表6-3 糖发酵结果

糖类发酵	葡萄糖	乳糖	蔗糖	乙二醇
大肠杆菌	+ −			
枯草杆菌	+ +	+ +		
变形杆菌	+ +			
金黄色葡萄球菌	+ −	+ +	+ +	+ +

注：“+”代表产酸，“−”代表产气。

6.5.6 注意事项

（1）产 H_2S 实验观察时，应注意接种线外围有无向外扩展的情况，若有，证明该菌有运动能力。

（2）加入吲哚试剂后，不可再摇动，否则红色不明显。

（3）配制蛋白胨水培养基应选含色氨酸较多的蛋白胨，以免影响阳性效果。

（4）产 H_2S 实验中，在培养基中加入硫代硫酸钠作为还原剂，其作用是保持还原环境，使 H_2S 不被氧化。此外，细菌如果处于氧气充足的环境中，则不会产生 H_2S。故实验中的培养基不能制成斜面，而采用穿刺接种方式，使在底部产生 H_2S。

6.5.7 实训误差分析

（1）在柠檬酸铁铵半固体培养基接种时，接种针插入太浅，H_2S 不产生。

（2）加入吲哚后不小心发生振荡，红色不明显。

6.5.8 讨论

目前有关细菌对含碳化合物和含氮化合物的代谢实验已成为大学微生物课程的经典实验之一，微生物许多生理生化反应都由此看出。微生物代谢与其他生物代谢有着许多相似之处，但也有不同之处。微生物代谢的重要特征之一，就是代谢类型的多样性。即使同属化能异养菌中的不同微生物，它们分解生物大分子物质、含碳化合物、含氮化合物的能力，代谢途径和代谢产物也各不相同。

通过具体详细的实验步骤，精确的操作方法，实际的拍摄图像进一步了解确认了微生物的不同代谢方式和能力，掌握了实验方法，记忆更为深刻，为接下来的学习做好准备。

拓展训练

一、填空题

(1) 代谢是细胞内发生的全部生化反应的总称，主要是由__________和__________两个过程组成。

(2) 微生物的分解代谢是指__________在细胞内降解成__________，并__________能量的过程；合成代谢是指利用__________在细胞内合成__________，并__________能量的过程。

(3) 生态系统中，__________微生物通过__________能直接吸收光能并同化 CO_2，__________微生物分解有机化合物，通过__________产生 CO_2。

(4) __________和__________的乙醇发酵是指葡萄糖经__________途径分解为丙酮酸后，进一步形成乙醛，乙醛还原生成乙醇；__________的乙醇发酵是利用 ED 途径分解葡萄糖为丙酮酸，最后生成乙醇。

(5) 产能代谢中，微生物通过__________和__________磷酸化将某种物质氧化而释放的能量储存在 ATP 等高能分子中，光合微生物则通过__________磷酸化将光能转变成为化学能储存在 ATP 中。__________既存在于发酵过程中，也存在于呼吸作用过程中。

(6) 巴斯德效应发生在很多微生物中，当微生物从__________转换到__________下，糖代谢速率__________，这是因为__________比发酵作用更加有效地获得能量。

二、选择题

(1) 能被硝化细菌利用的能源是（　　）。

A. 氨　　B. 亚硝酸　　C. 硝酸　　D. 氮气

(2) 酵母菌细胞通过何种方式从糖分子中获得能量？（　　）

A. 光合作用　　B. 发酵　　C. 呼吸　　D. 三羧酸循环

(3) 合成代谢是微生物细胞中的（　　）过程。

A. 合成分子及细胞结构　　B. 在电子载体间传递电子

C. 微生物细胞分解大分子为较小分子　　D. 糖酵解和三羧酸循环是关键产物

(4) 当进行糖酵解反应时，（　　）。

A. 从底物分子丢失电子　　B. 通常获得大量能量

C. 电子加到底物上　　D. 底物分子被氧化

(5) 微生物从糖酵解途径获得的 ATP 分子为（　　）。

A. 2 个　　B. 4 个　　C. 36 个　　D. 38 个

（6）光合作用反应的能量来自（　　）。

A. 氧化还原反应　　B. 日光　　C. ATP 分子　　D. 乙酰辅酶 A

（7）化能自养微生物的能量来源于（　　）。

A. 有机物　　B. 还原态无机化合物

C. 氧化态无机化合物　　D. 日光

（8）酵母菌和运动发酵单细胞菌乙醇发酵的区别是（　　）。

A. 糖酵解途径不同　　B. 发酵底物不同

C. 丙酮酸生成乙醛的机制不同　　D. 乙醛生成乙醇的机制不同

（9）ATP 或 GTP 的生成与高能化合物的酶催化转换相偶联的产能方式是（　　）。

A. 光合磷酸化　　B. 底物水平磷酸化

C. 氧化磷酸化　　D. 化学渗透假说

（10）卡尔文循环途径中 CO_2 固定羧化反应的受体是（　　）。

A. 核酮糖-5-磷酸　　B. 核酮糖-1,5-二磷酸

C. 3-磷酸甘油醛　　D. 3-磷酸甘油酸

（11）CO_2 固定的还原性三羧酸途径中，多数酶与正向三羧酸循环途径相同，只有依赖 ATP 的（　　）是个例外。

A. 柠檬酸合成酶　　B. 柠檬酸裂合酶

C. 异柠檬酸脱氢酶　　D. 琥珀酸脱氢酶

三、名词解释

（1）新陈代谢；

（2）生物氧化；

（3）呼吸；

（4）发酵；

（5）氧化磷酸化；

（6）底物水平磷酸化。

四、简答题

（1）什么是初级代谢和次级代谢，它们之间有什么关系？

（2）什么是微生物的同化作用和异化作用？

（3）试比较底物水平磷酸化、氧化磷酸化和光合磷酸化中 ATP 的产生。

（4）说明次级代谢及其特点，如何利用次级代谢的诱导调节机制及氮和磷调节机制来提高抗生素的产量？

（5）何为固氮作用？简述其种类及过程。

知识链接

利用微生物的代谢产物可以生产十分丰富的食品

利用微生物的代谢产物可以生产十分丰富的食品，下面通过一些例子让大家熟悉一下！

一、发酵生产食醋

食醋是人们日常生活所必需的调味品，也是最古老的利用微生物生产的食品之一。食醋生产是利用醋酸菌在充分供氧的条件下将乙醇氧化为醋酸。反应式为：

$$C_2H_5OH+O_2 \longrightarrow CH_3COOH+H_2O \quad (6\text{-}5)$$

能用于食醋生产的醋酸菌有纹膜醋酸菌、许氏醋酸菌、恶臭醋酸菌和巴氏醋酸菌等。不同原料还需加入不同的微生物。以淀粉为原料时加入霉菌和酵母菌，糖类为原料时加入酵母菌，获得风味迥异的食醋品种。我国名优食醋有镇江香醋、山西陈醋、江浙玫瑰醋、四川麸醋等。

二、酒类

酒类的发酵生产是利用酵母菌在厌氧条件下将葡萄糖发酵为酒精的过程。不同酒类的发酵工艺不同。

（1）白酒类：原料粉碎→配料→蒸煮→加曲和酵母拌匀→入池发酵→蒸馏→白酒。

（2）啤酒类：大麦→浸泡→发芽→烘焙→去根、贮存→粉碎→糖化→加酒花麦芽汁→接种酵母→主发酵→后发酵→过滤或离心→灌装→成品。

（3）葡萄酒：破碎与去梗→压榨与澄清→二氧化硫处理→调整果汁成分→接种酵母→主发酵→后发酵→陈酿→成品调配→装瓶。

（4）黄酒：生产黄酒的微生物是根霉（*Rhizopus*）、曲霉（*Aspergillus*）和绍兴酵母的混合物，原料为糯米。流程为：糯米→清水浸泡→蒸煮→冷却→落缸一并加入清水、麦曲和酵母→糖化发酵→后发酵→压榨→澄清→煎酒→灌装→成品。

不同的酒类酿造所选用的酵母菌不同，所选用的原料、水质甚至环境都会影响酒类的品质和风味。纯净的矿泉水往往较河水和自来水好。有人发现，贵州茅台酒之所以具有其独特的芬芳风味，与其酿酒厂环境中存在的微生物体系有关。

三、发酵生产乳制品

利用乳酸细菌进行发酵，使之成为具有独特风味的食品很多。如酸制奶油、干酪、酸牛乳、嗜酸菌乳（活性乳）、马奶酒、面包格瓦斯以及酸泡菜、乳黄瓜等。这些乳制品不仅具有良好而独特的风味，而且由于易于吸收而提高了其营养价值。有些乳制品还能抑制肠胃内异常发酵和其他肠道病原菌的生长，因而具有疗效作用，受到人们的喜爱。

发酵乳制品的主要乳酸菌有干酪乳杆菌、保加利亚乳杆菌、嗜酸乳杆菌、植物乳杆菌、瑞士乳杆菌、乳酸乳杆菌、乳链球菌、乳脂链球菌、嗜热链球菌、噬柠檬酸链球菌、副柠檬酸链球菌等许多种。嗜柠檬酸链球菌还可以把柠檬酸代谢为具有香味的丁二酮等，使乳制品具有芳香味。

不同的乳制品往往需要由不同的乳酸菌发酵，以保证不同的口味和质量。而且常由两种或两种以上的菌种配合发酵，既可使风味独特多样，又可防止噬菌体的危害。

四、发酵生产酱油

酱油是包括霉菌、酵母菌和细菌等多种微生物参与原料物质转化的混合作用的结果。对发酵速度、成品色泽、味道鲜美程度影响最大的是米曲霉和酱油曲霉，而影响其风味的是酵母菌和乳酸菌。米曲霉含有丰富的蛋白酶、淀粉酶、谷氨酸胺酶和果胶酶、半纤维素酶、酯酶等。涉及酱油发酵的酵母菌有 7 个属的 23 个种，其中影响最大的是鲁氏酵母、易变圆酵母等。而乳酸菌则以酱油四联球菌、嗜盐片球菌和酱油片球菌等与酱油风味的形成关系最为密切：因为它们利用糖形成乳酸，再与乙醇反应形成特异香味的乳酸乙酯。也已发现某些芽孢杆菌是影响酱油风味的主要微生物。

生产酱油的工艺流程为：原料（豆粕、麸皮、麦片）→浸泡→蒸煮→冷却→接种种曲→通风制曲→成曲拌入盐水→入池发酵→浸出淋油→生酱油→加热→调配→澄清→质检→成品。

在酱油生产过程中必须防止霉菌，尤其是那些能产生黄曲霉毒素和其他毒素的曲霉、青霉、镰刀霉的污染，还有其他致病细菌和耐盐性产膜酵母如盐生接合酵母、粉状毕赤氏酵母等的污染。一旦受到这些霉菌或酵母菌的污染，产品中易积累毒素，致害食用者，或破坏原有风味。

五、腐乳的发酵生产

腐乳是大豆制品经多种微生物及其产生的酶，将蛋白质分解为胨、多肽和氨基酸类物质以及一众有机酸、有机醇和酯类而制成的具有特殊色、香、味的豆制品。涉及的微生物主要是毛霉中的腐乳毛霉、鲁氏毛霉、五通桥毛霉、总状毛霉、华根霉等，另外也有利用微球菌或枯草芽孢杆菌酿造的。

生产腐乳的工艺流程为：大豆→豆腐→切坯→豆腐坯→人工接种→毛坯→加入辅料→装坛→后发酵→3~6 个月后即成成品。

六、面包的发酵生产

面包和馒头都是由面粉经酵母菌发酵后制成的。在 30℃ 左右时，酵母菌利用经淀粉酶水解的产物麦芽糖、葡萄糖、果糖、蔗糖等，发酵生成二氧化碳、醇、醛、有机酸等。二氧化碳使面团膨胀发孔。在高温下烘烤时使面包成为多孔的海绵状结构，质地松软可口。发酵过程中产生的有机酸、醇、醛等给予特有的风味。再添加各种辅料使面包增添花色。

面包的生产工艺较简单：面粉加水和酵母→发酵→面团→揉搓→成型→烘烤→成品。

七、氨基酸和维生素 C 等的发酵生产

氨基酸不仅是人体所必需，而且是众多食品工业不可缺少的鲜味剂、甜味剂和添加剂，能使食品提高营养价值和蛋白质利用率，增加风味。如谷氨酸钠即是人们日常生活中菜肴的调味剂，赖氨酸作为大米或饲料的添加剂，则有利于蛋白质的合理和高效利用。

用于发酵生产谷氨酸的微生物有谷氨酸棒杆菌、黄色短杆菌等。它们都是球形、短杆至棒状、无鞭毛、不运动、不形成芽孢、G^+、需 O_2 和需生物素的细菌。合成途径是在形成丙酮酸后，进一步生成乙酰-CoA，进入三羧酸循环，生成 α-酮戊二酸。在有 NH_4^+ 存在时由谷氨酸脱氨酶催化生成 L-谷氨酸。

维生素 C 的合成发酵系由两步完成。首先由弱氧化醋杆菌、黑色醋杆菌、胶醋杆菌等将山梨醇转化成山梨糖，然后山梨糖由双黄假单胞菌氧化为 α-酮基-L-古龙酸，古龙酸再在碱性溶液中转化为烯醇化合物，加入酸后即转化成为 L-抗坏血酸。

八、有机酸的发酵

食品工业和其他工业中都需要大量的有机酸。许多厌氧细菌和兼性厌氧细菌可发酵生产乙酸、乳酸、丙酸、丁酸、甲酸以及丙酮等，这在前面已有阐述；而霉菌也能生产多种有机酸，如柠檬酸就是由黑曲霉或温特曲霉所发酵生产的。

利用微生物产生的酶来生产食品十分普遍。如利用根霉、曲霉、毛霉、红曲霉等产生的淀粉酶来水解淀粉用于酿酒、制醋、生产味精等。利用曲霉产生的蛋白酶水解大豆蛋白质生产酱油、酱类。利用淀粉酶、蛋白酶生产豆腐乳等。由微生物产生的酶有：淀粉酶、蛋白酶、脂肪酶、纤维素酶、半纤维素酶、果胶酶、过氧化氢酶、葡萄糖氧化酶、橙皮苷酶、蔗糖酶、木聚糖酶、菊粉酶、柚苷酶、胺氧化酶、蜜二糖酶、转化酶、凝乳酶、葡萄糖异构酶、花青素酶和乳糖酶等。这些酶可以由细菌、酵母菌、霉菌等微生物的各个类群产生。不同类群的微生物所生产的同一种酶其用途也可能不同。如细菌产生的蛋白酶可用于制造鱼油或改善苏打饼干及酥饼质量，而霉菌生产的蛋白酶可用于改善面包口味和蛋品加工等。

7 微生物的生长及控制

学习引导

学习目标

(1) 了解微生物生长的研究方法。

(2) 理解细菌纯培养生长曲线各个时期的主要特点。

(3) 掌握物理因子、化学药物对微生物生长的影响。

(4) 掌握微生物生长的控制。

重点难点

(1) 重点：细菌纯培养生长曲线，微生物生长的控制。

(2) 难点：如何利用细菌纯培养生长曲线的对数生长期来计算细菌的代时和代数。

7.1 微生物生长的研究方法

常用测定微生物生长的方法有：称干重法，多用于真菌等；比浊法，多用于细菌，微生物在特定波长下有相应的吸收，可用紫外分光光度计测定其对应的值，绘制微生物的生长曲线；测含氮量：凯氏定氮法测微生物中的含氮量，然后计算细胞干重；血球计数板法；平板菌落计数法等。

7.1.1 微生物的分离方法

微生物分离法是获得微生物纯培养物的一种分离方法。通过这个方法可实现一种微生物的纯培养，或获得一个细胞的后代。其具体方法有：

7.1.1.1 划线法

先将已熔化的固体培养基制成平板，待冷凝后，取分离材料在上面划线，可作平行划线、扇形划线或其他形状的连续划线，使菌样逐渐减少，最后得到单个孤立的菌落。

7.1.1.2 稀释倒平板法

将待分离的材料作一系列稀释，取不同稀释度适量涂布于固体培养基平板上或与已熔化的固体培养基一起倾注入平板内，经过培养即有一个微生物细胞繁殖来的单个菌落，如图 7-1 所示。

7.1.1.3 富集培养

富集培养亦称增殖培养、加富培养，如图 7-2 所示。是指利用不同微生物间生命活动特点的不同，人为地提供一些特定的环境条件，使特定种（类）微生物旺盛生长，使其在数量上占优势，更利于分离出该特定微生物，并引向纯培养。

富集的方法主要有三种：选择能促进富集特定种（类）目的微生物生长繁殖的培养基

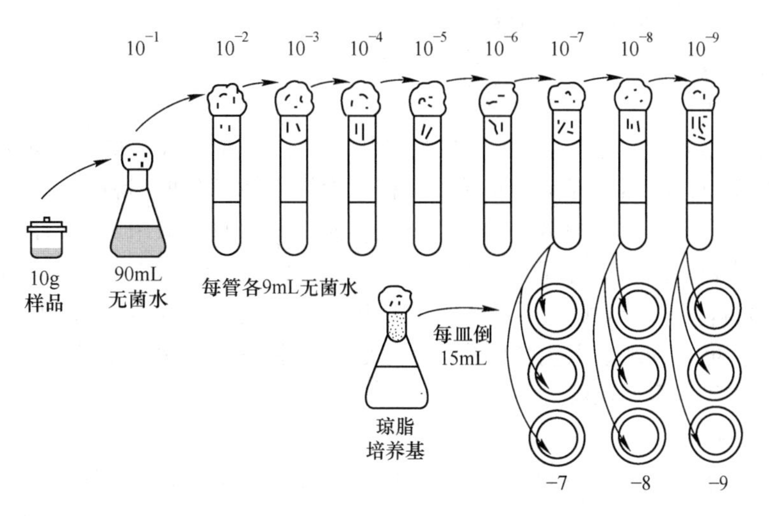

图 7-1 稀释倒平板法图

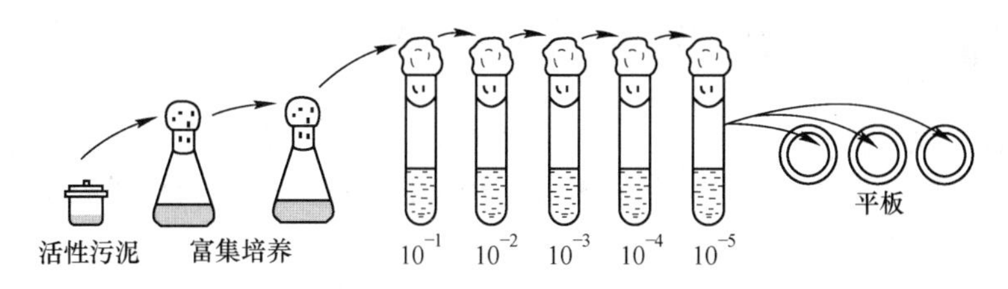

图 7-2 富集培养法图

或培养条件；选择能抑制其他微生物生长繁殖的培养基或培养条件；采用连续培养法，在一定稀释率下，比生长速率小的细胞溢出（被淘汰），比生长速率大的细胞保留并继续培养。富集培养的因素可根据所需分离微生物的生理特点从物理、化学、生物及综合因素等多方面进行选择，如温度、pH、紫外线、高压、光照、氧气、营养等。对于分离得到的菌株，还必须进行性能测定和复筛才能决定是否符合生产上或研究工作的要求。

富集具体方法有：单孢子或单细胞分离法，采取显微分离法从混杂群体中直接分离单个细胞或单个个体进行培养以获得纯培养。在显微镜下使用单孢子分离器进行机械操作，挑取单孢子或单细胞进行培养。也可以采用特制的毛细管在载玻片的琼脂涂层上选取单孢子并切割下来，然后移到合适的培养基进行培养。

选择培养基分离法，各种微生物对不同的化学试剂、染料、抗生素等具有不同的抵抗能力，利用这些特性配制适合某种微生物而限制其他微生物生长的选择培养基，用它来培养微生物以获得纯培养。配制适合于目的微生物生长而同时限制或抑制其他微生物生长的培养基，从而得到目的菌的纯培养物的方法。

7.1.2 微生物的培养方法

微生物培养法是在人为条件下繁殖微生物的方法。根据微生物的种类以及对养料、温度、氧气、水分、酸碱度等环境条件的要求不同，并联系生产和实验上的具体要求，可有不同的培养方法。

7.1.2.1 根据培养时是否需要氧气

可分为好氧培养和厌氧培养两大类。

A 好氧培养

也称“好气培养”。就是说这种微生物在培养时，需要有氧气加入，否则就不能生长良好。在实验室中，斜面培养是指将菌种点接、涂抹或划线接种到斜面培养基上进行微生物固体培养，是最常用的一种微生物培养方法。制作斜面通常采用琼脂固体培养基，先分装于试管中，分装量约为试管高度的1/5，灭菌后趁热将其置于长条形木棒上，或使试管与桌面成30°倾斜，斜面长度以不超过试管长度的1/3为宜，待培养基凝固后保存备用。采用斜面培养，可充分观察微生物的生长状态；而且制备、接种简单易行，常用于微生物菌种的转接、传代与短期保藏。

B 厌氧培养

也称“厌气培养”。这类微生物在培养时，不需要氧气参加。在厌氧微生物的培养过程中，最重要的一点就是要除去培养基中的氧气。一般可采用下列几种方法：

（1）降低培养基中的氧化还原电位。常将还原剂如谷胱甘肽、硫基醋酸盐等，加入到培养基中，便可达到目的。有的将一些动物的死的或活的组织如牛心、羊脑加入到培养基中，也可促进厌氧菌的生长。

（2）化合去氧。化合去氧有很多方法，主要有：用焦性没食子酸吸收氧气；用磷吸收氧气；用好氧菌与厌氧菌混合培养吸收氧气；用植物组织如发芽的种子吸收氧气；用产生氢气与氧化合的方法除氧。

（3）隔绝阻氧。深层液体培养，用石蜡油封存，半固体穿刺培养。

（4）替代驱氧。用二氧气碳取代氧气，用氮气取代氧气，用真空取代氧气，用氢气取代氧气，用混合气体取代氧气。

7.1.2.2 根据培养基的物理状态

可分为固体培养和液体培养两大类：

（1）固体培养。将菌种接至疏松而富有营养的固体培养基中，在合适条件下进行微生物培养。

（2）液体培养。在实验中，通过液体培养可以使微生物迅速繁殖，获得大量的培养物，在一定条件下，还是微生物选择增菌的有效方法。

7.1.2.3 根据培养工艺

可分为间歇培养法和连续培养法两大类：

（1）间歇培养法。间歇培养法又称分批培养法，把微生物接种于一定体积的培养基，培养后一次收获的培养方法。

（2）连续培养法。不断向培养基中补充新鲜养料，并及时不断地以同样速度排出培养物。此法按照不同的控制方式，分恒浊连续培养法，即不断调节流速而使菌液浊度保持恒定，再者是恒化连续培养法，通过控制恒定的流速，来保证微生物恒定的生长速率。对于病毒常采用动植物活体或离体的活组织进行培养。

7.1.3 微生物生长的测定方法

在适宜环境条件下，微生物吸收营养物质，进行新陈代谢，有机体的各细胞组分协调而平衡地增长，为微生物的生长。

7.1.3.1 测量生长的方法

测生长量：单位时间里微生物重量上的变化。

A 直接法

精确的称干重法，粗放的测体积法。将一定量的菌液中的菌体通过离心或过滤分离出来，然后烘干（干燥温度可采用 105℃、100℃或 80℃）、称重。一般干重为湿重的 10%～20%，而一个细菌细胞一般重约 10^{-13}g。该法适合菌液浓度较高的样品。

B 间接法

比浊法或生理指标法，是借助于分光光度计，在一定波长（450～650nm 波段）下测定菌悬液的光密度，就可反映出菌液的浓度。在一定范围内，菌悬液中的细胞浓度与混浊度成正比，即与光密度成正比，菌数越多，光密度越大。此方法快速、简便。浊度仪如图 7-3 所示。

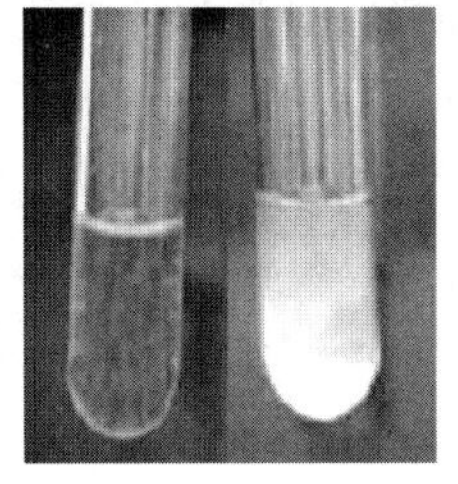
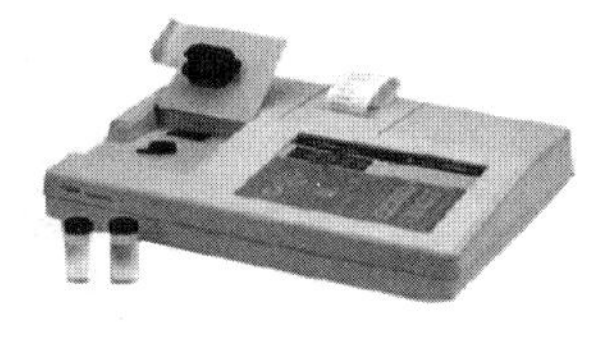

图 7-3 浊度仪

7.1.3.2 微生物细胞数目的检测方法

A 总细胞计数法

（1）血球计数板法。血球计数板被用以对人体内红、白细胞进行显微计数，也常用于计算一些细菌、真菌、酵母等微生物的数量，是一种常见的生物学工具。

（2）细菌计数板计数法。测定微生物细胞数量的方法很多，通常采用的有显微直接计数法和平板计数法。显微计数法适用于各种含单细胞菌体的纯培养悬浮液，如有杂菌或杂质，常不易分辨。菌体较大的酵母菌或霉菌孢子可采用血球计数板，一般细菌则采用彼得罗夫·霍泽细菌计数板。

（3）比浊法。比浊法又称浊度测定法，是通过测量透过悬浮质点介质的光强度来确定悬浮物浓度的方法，这是一种光散射测量技术。

B 活菌计数法

（1）涂布平板法。微生物学实验中的一种操作方法。由于将含菌材料先加到还较烫的培养基中再倒平板易造成某些热敏感菌的死亡，而且采用稀释倒平板法也会使一些严格好氧菌因被固定在琼脂中间缺乏氧气而影响其生长，因此在微生物学研究中常用的纯种分离法是涂布平板法。

（2）倒平板法。其可分为：

1）血球计数板法。利用血球计数板，在显微镜下计算一定容积里样品中微生物的数量。

2）涂片计数法。将已知体积的待测样品均匀涂在载玻片的已知面积内，在显微镜下计算样品中微生物数量。

以上两种方法都是在显微镜下直接计数，故又称为直接计数法。其特点是检测快速；缺点是不能区分死菌与活菌，不适于对运动细菌的计数，需要相对高的细菌浓度，个体小的细菌在显微镜下难以观察。

3）比浊法。样品中由于菌体细胞对光的消散作用而呈混浊，细胞数目越多，对光的消散作用越强，混浊度越高。浊度可以用比色计或分光光度计测量，以光吸收值来表示。单细胞生物在规定的波长范围内的光吸收值的大小与液体中细胞数目及细胞物质量成正比，因而可用于溶液中总细胞的计数。检测时需用直接显微镜计数或平板活菌计数法制作标准曲线。

该方法缺点是灵敏度低，优点是简便、快速、不干扰或不破坏样品。检测时可使用侧臂角瓶在不同的培养时间重复测定样品的浊度，因而广泛地用于生长速率的测定。

活菌计数法是通过在培养基形成的菌落来间接确定其活菌数的方法，也称平板计数法。原理是每个活细菌在适宜培养基和良好生长条件下可以通过生长形成菌落，如图 7-4 所示。

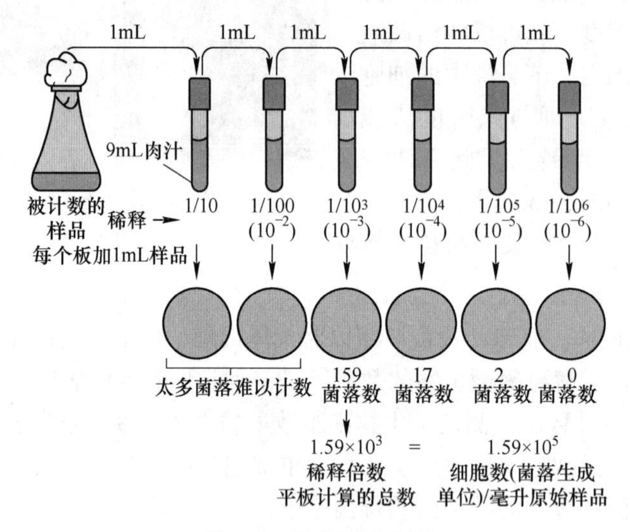

图 7-4 活菌计数法图

7.1.3.3 微生物生长量和生理指标的测定方法

（1）湿重法：将微生物培养液离心，收集细胞沉淀物，然后称重。

（2）干重法：离心得到的细胞沉淀物置 100~105℃ 的烘箱中干燥过夜至除去水分，然后称重。

（3）含氮量测定法：一般微生物细胞的含氮量比较稳定，可以用凯氏定氮法测其总量，再乘以系数 6.2，即为粗蛋白含量，蛋白含量越高，说明菌体数和细胞物质量越高。

（4）DNA 含量测定法：微生物细胞的 DNA 含量比较稳定，采用适当的荧光指示剂与菌体 DNA 作用，荧光比色或分光光度计法测 DNA 含量。

（5）其他生理指标法：如测定碳、磷、RNA、ATP、N-Z 酰胞壁酸等的含量。

课堂讨论

（1）哪些方法可以测定微生物的生长？

（2）简述活菌计数法的操作过程。

7.2 微生物的生长

微生物的生长有个体生长和群体生长。不同的生长具有哪些特点呢？带着这些问题，让我们走进微生物的生长！

7.2.1 微生物的个体生长

微生物的繁殖：单细胞微生物当细胞增长到一定程度时，就以二分裂等方式形成子细胞，引起个体数目的增加，为繁殖。多细胞微生物唯有通过形成无性孢子和有性孢子等使个体数目增加的过程才能称为繁殖（细胞数目的增加若不伴随着个体数目的增加，只能称为生长，不能称为繁殖）。

微生物的发育：从生长到繁殖是一个从量变到质变的过程，这个过程就是发育。

$$群体生长=个体生长+个体繁殖 \tag{7-1}$$

细菌：指新生的细胞长大以及最后分裂为两个子细胞的过程。

酵母：表现为细胞体积的连续增加并在一定的间隔时间发生核与细胞的分裂。分为不等分裂和均等分裂。酵母菌的细胞分裂分为 G_1、S、G_2、M 四个时期。

丝状真菌：其生长主要以极性的顶端生长方式进行。

7.2.2 微生物同步生长及获得方法

7.2.2.1 基本概念

同步培养（Synchronous culture）：设法使群体中的所有细胞尽可能都处于同样的细胞生长和分裂周期中，然后分析此群体的各种生物化学特征，了解单个细胞所发生的变化。

同步生长（Synchronous growth）：通过同步培养而使细胞群体处于分裂步调一致的生长状态，称同步生长，如图 7-5 所示。

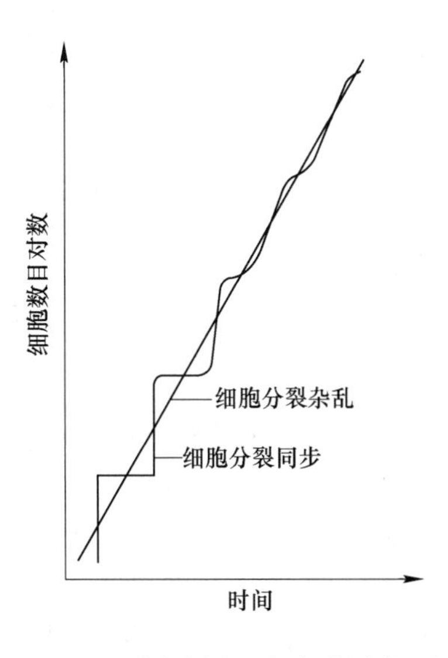

图 7-5 细菌的同步生长与非同步生长

7.2.2.2 获得同步生长的方法

A 环境条件诱导法

用抗生素抑制细菌蛋白质的合成；诱导细菌芽孢发芽；光照、黑暗控制光合微生物；短期热休克；营养物质控制等。

B 机械筛选法

利用处于同一生长阶段细胞的体积、大小的相同性，用过滤法、密度梯度离心法、膜洗脱法收集同步生长的细胞，如图7-6、图7-7所示。

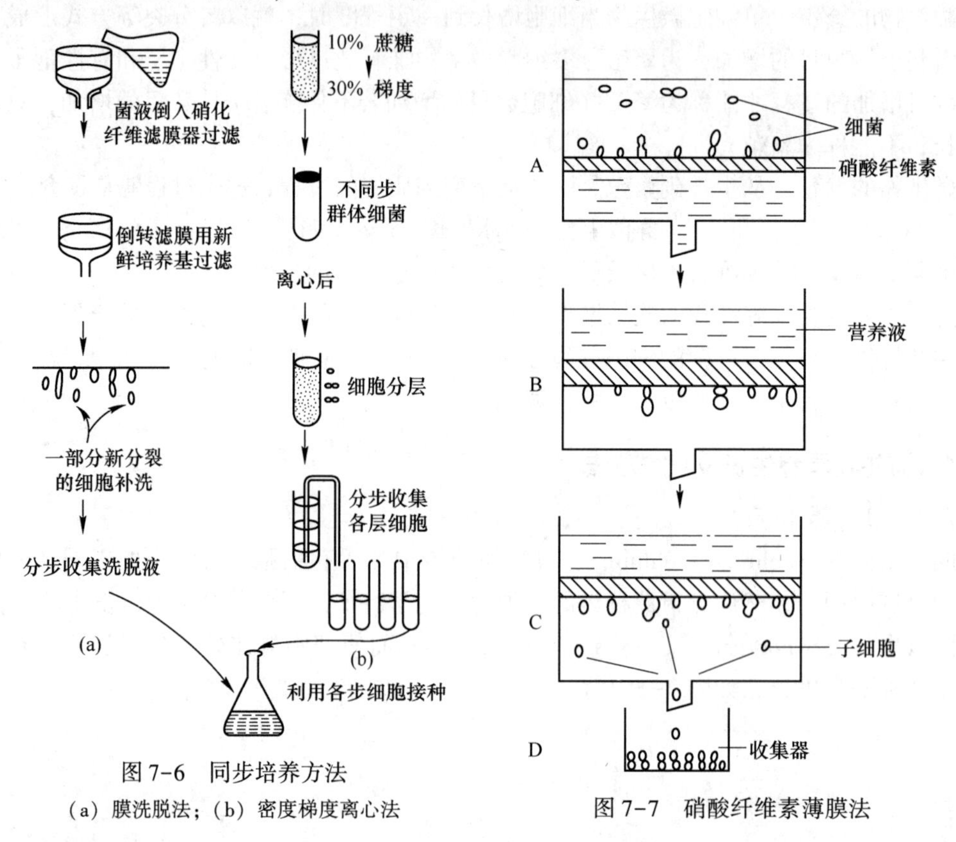

图7-6 同步培养方法

(a) 膜洗脱法；(b) 密度梯度离心法

图7-7 硝酸纤维素薄膜法

这种细胞在培养过程中，一般经历2~3个分裂周期就会丧失同步性。

7.2.3 微生物的群体生长及其规律

7.2.3.1 无分支单细胞微生物的群体生长

A 生长特征

(1) 生长速率：单位时间内细胞数目或细胞生物量的增加。

(2) 世代：一个细胞分裂成为两个细胞的间隔。

(3) 代时：一个世代所需的时间。其计算公式如下所示：

$$n=\lg B_t-\lg B_0/0.301 \quad (7-2)$$

(4) 生长曲线：将少量纯种丝状单细胞微生物接种到恒定容积的新鲜液体培养基中，在适宜的温度、通气等条件下培养，定时取样测定单位体积里的细胞数，以单位体积里的细胞数的对数为纵坐标，以培养时间为横坐标，画出的曲线。

生长曲线描述了单细胞微生物在新的适宜环境条件中，生长繁殖直至衰老死亡全过程的动态变化，如图 7-8 所示。

B　各时期及其特点

(1) 迟缓期。将少量菌种接入新鲜培养基后，在开始一段时间内菌数不立即增加，或增加很少，生长速度接近于零，也称延迟期、适应期。迟缓期分裂迟缓、代谢活跃。

在工业发酵和科研中通常采取一定的措施缩短迟缓期，其方法是：

1) 通过遗传学方法改变种的遗传特性使迟缓期缩短；

2) 利用对数生长期的细胞作为“种子”；

3) 尽量使接种前后所使用的培养基组成成分不要相差太大；

4) 通过适当扩大接种量等方式缩短迟缓期，克服不良的影响。

(2) 对数期（或指数期）。以最大的速率生长和分裂，细菌数量呈对数增加。细菌内各成分按比例有规律地增加，表现为平衡生长，如图 7-9 所示。

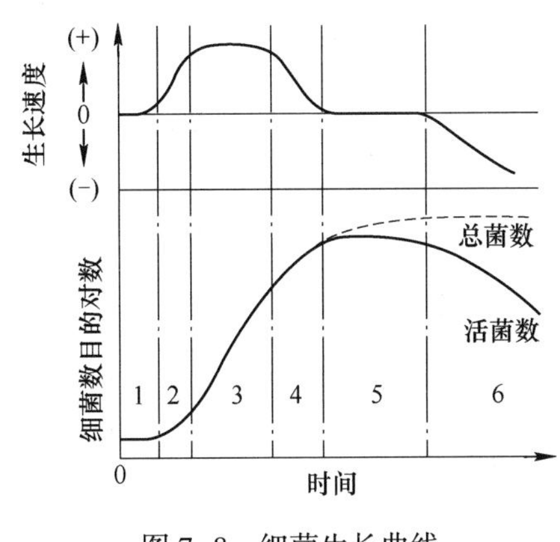

图 7-8　细菌生长曲线

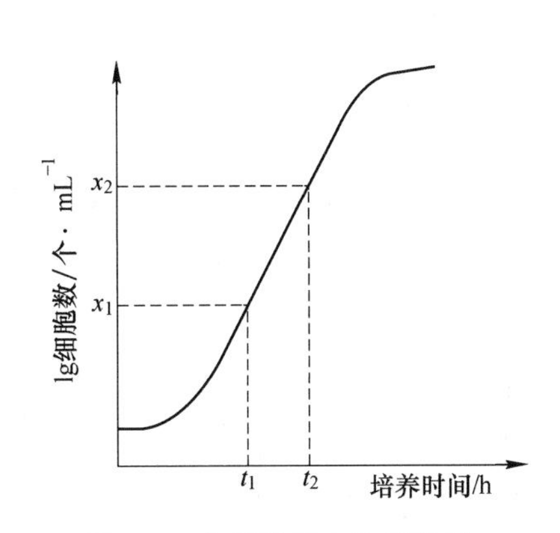

图 7-9　生长曲线中的指数期

对数生长期的细菌个体形态、化学组成和生理特性等均较一致，代谢旺盛、生长迅速、代时稳定，所以是研究微生物基本代谢的良好材料。它也常在生产上用作种子，使微生物发酵的迟缓期缩短，提高经济效益。

在指数生长期中，有三个参数最为重要，这就是：

1) 繁殖代数（n）。从图 7-9 可以得出：

$$x_2 = x_1 \times 2^n \tag{7-3}$$

以对数表示：

$$\lg x_2 = \lg x_1 + n_1 g_2 \tag{7-4}$$

所以

$$n = (\lg x_2 - \lg x_1)/\lg 2 = 3.322(\lg x_2 - \lg x_1) \tag{7-5}$$

2) 生长速率常数（R）。

由生长速率常数的定义可知：

$$R = n/(t_2 - t_1) = 3.322(\lg x_2 - \lg x_1)/(t_2 - t_1) \tag{7-6}$$

3) 代时（G）。按前述平均代时的定义可知：

$$G = 1/R = (t_2 - t_1)/3.322(\lg x_2 - \lg z_1) \qquad (7-7)$$

影响指数期微生物代时长短的因素有：

①菌种。代时随菌种而异。

②营养成分。

③营养物浓度。营养物在低浓度时影响菌体的生长速率，高浓度时影响菌体的生长量。处于较低浓度范围内可影响生长速率和菌体产量的某营养物，称生长限制因子。

④培养温度。对数生长期的意义包括：研究代谢和生理性能的好材料；生产中用其作种子；增殖噬菌体的最佳宿主。

部分细菌的代时见表7-1。

表7-1　部分细菌的代时

菌　名	培养基	培养温度/℃	代时/min
E. coli（大肠杆菌）	肉汤	37	17
E. coli（大肠杆菌）	牛奶	37	12.5
Enterobacter aerogenes（产气肠细菌）	肉汤或牛奶	37	16~18
Enterobacter aerogenes（产气肠细菌）	组合	37	29~44
B. Cereus（蜡状芽孢杆菌）	肉汤	30	18
Bthermophilus（嗜热芽孢杆菌）	肉汤	55	18.3
Lactobacillus acidophilus（嗜酸乳杆菌）	牛奶	37	66~87
Streptococcus lactis（乳酸链球菌）	牛奶	37	26
Streptococcus lactis（乳酸链球菌）	乳糖肉汤	37	48
Azotobacter chroococcum（褐球固氮菌）	葡萄糖	25	344~346
Mycobacterium tuberculosis（结核分枝杆菌）	组合	37	792~793
Nitrobacter agilis（活跃硝化杆菌）	组合	27	1200

C　稳定期

a　特点

（1）细胞数目不增加（$R=0$），即处于新繁殖的细胞数与衰亡的细胞数相等，或正生长与负生长相等的动态平衡之中。

（2）菌体产量达到最高点，而且菌体产量与营养物质的消耗间呈现出一定的比例关系。

b　稳定期到来的原因

（1）营养物，尤其是生长限制因子的耗尽。

（2）营养物的比例失调，如C/N比值不合适。

（3）酸、醇、毒素或H_2O等有害代谢产物的累积。

（4）pH、氧化还原势等物化条件越来越不适宜。

c　稳定期的意义

（1）若以生产菌体或次级代谢物为目的，稳定期是最佳收获期。

（2）对生物测定来说，稳定期是最佳测定时期。

为获得更多的菌体物质或代谢产物可采取措施：补充营养物质、取走代谢产物或改善培养条件，如对好氧菌进行通气、搅拌或振荡等。

D 衰亡期

a 现象

细菌代谢活性降低，细菌衰亡，产生或释放出一些产物，如氨基酸、转化酶、外肽酶或抗生素等。细胞呈现多种形态，有时产生畸形，细胞大小悬殊，有些革兰氏染色反应阳性菌变成阴性反应等。

b 特点

（1）个体死亡的速度超过新生的速度（繁殖数<死亡数），整个群体呈现出负生长（$R<0$）。

（2）细胞形态多样，例如会产生很多膨大、不规则的退化形态，有的微生物因蛋白水解酶活力的增强就发生自溶。

（3）有的微生物在这时产生或释放对人类有用的抗生素等次生代谢产物。

（4）在芽孢杆菌中，芽孢释放往往也发生在这一时期。

单细胞微生物生长的四个时期对比见表7-2。

表7-2 单细胞微生物生长的四个时期对比

时期	生长特点	成因	菌体特征	应用及其他
迟缓期	不立即繁殖	适应新环境	代谢活跃，体积增长较快	与菌种和培养条件有关
对数期	繁殖速度最快	条件适宜	个体形态和生理特性稳定	生产用菌种和科研材料
稳定期	出生率等于死亡率，活菌数最大，代谢产物大量积累	生存条件开始恶化	有些种类出现芽孢	改善和控制条件，延长稳定期
衰亡期	死亡超过繁殖	生存条件极度恶化	出现畸变	细胞裂解，释放产物

c 产生原因

营养物质耗尽、有毒代谢产物的大量积累、理化环境的不利。分解代谢速度远大于合成速度，大量菌体死亡。

7.2.3.2 丝状微生物的群体生长曲线

A 特性

丝状微生物在液体培养基中大多数情况下是以分散的沉淀物方式存在，形态从松散的絮状沉淀到堆积紧密的菌丝球不等。

丝状微生物的生长通常以单位时间内微生物细胞的物质量（主要是干重）的变化来表示。丝状微生物在液体培养基中的生长方式在工业生产中很重要，它影响发酵过程中的通气性、生长速率、搅拌能耗和菌丝体与发酵液的分离难易等。

B 生长曲线

丝状微生物的群体生长有着与单细胞微生物类似的规律。

在深层通气液体培养基中的生长曲线也显示具有迟缓期、对数期、稳定期和衰亡期。

课堂讨论

(1) 试述单个细菌细胞的生长与细菌群体生长的区别。
(2) 近年来是什么原因导致抗生素不敏感的抗性菌株的增多?
(3) 测定微生物的生长有哪些方法?各有何优缺点?

7.3 环境因素对微生物生长的影响

在微生物研究、生产实践与现实生活中，需要控制所不期望的微生物的生长。任何杀死或抑制微生物生长的方法都可以达到控制微生物生长的目的，包括加热、低温、干燥、辐射、过滤等物理方法和消毒剂、防腐剂、化学治疗等化学方法——两大类。

根据需要和目的，对微生物生长控制的要求和采用的方法不同，由此产生的效果也不同：

(1) 防腐 (Antisepsis)。防腐是指在某些化学物质或物理因子作用下，能防止或抑制微生物生长的一种措施。

(2) 消毒 (Disinfection)。消毒是指利用某种方法杀死或灭活物质或物体中所有病原微生物的一种措施。

(3) 灭菌 (Sterilization)。灭菌是指利用某种方法杀死物体中包括芽孢在内的所有微生物的一种措施。

(4) 化疗 (Chemotherapy)。化疗是指利用具有选择毒性的化学物质如磺胺、抗生素等对生物体内部被微生物感染的组织或病变细胞进行治疗，以杀死组织内的病变细胞，是对机体本身无毒害作用的治疗措施。

7.3.1 影响微生物生长的物理因素及控制

7.3.1.1 温度

A 干热灭菌

干热灭菌是通过灼烧或烘烤等方法使蛋白质变性杀死微生物。

a 烘箱热空气法

(1) 温度：171℃，1h；160℃，2h 以上；120℃，12h 以上。

(2) 对象：金属器械、玻璃器皿，油料或粉料。

b 火焰焚烧法

对象：接种针、接种环或带病原菌材料、动物尸体。

B 湿热灭菌

湿热灭菌是利用热蒸汽灭菌，在同样的温度和相同作用时间下，效果要好于干热灭菌。

a 灭菌原理

湿热蒸汽穿透力强，能破坏维持蛋白质空间结构和氢键的稳定性，加速这一重要生命大分子物质的变性；蒸汽存在潜热，当气体变为液体时可释放出大量热量，能迅速提高灭菌物体的温度。

b 灭菌方法

(1) 水煮沸法。将待消毒物品如注射器、金属用具、解剖用具等在水中煮沸 15min 或更长时间，以杀死细菌或其他微生物的营养体和少部分的芽孢或孢子。如果在水中适当加1%碳酸钠或者 2%~5%的石炭酸则杀菌效果更好。

(2) 高压蒸汽法。利用提高压力使水的沸点升高，以提高水蒸气的温度，以便更加有效地杀死微生物。高压蒸汽灭菌的温度越高，微生物死亡越快。在 0.1013MPa 压力下，水蒸气温度达到 121.3℃，灭菌时间 15~30min。

C 巴斯德消毒法

a 高温

高温对牛奶及其他热敏感物质不适宜，因为高热破坏了食品的营养与风味。该法可以使食品中的微生物数量下降 97.3%~99.9%，只能作为消毒而不能作为灭菌。

(1) 高温灭菌原理：高温可引起蛋白质、核酸和脂肪等重要生物大分子降解或空间结构改变等，从而使它们的功能丧失。

(2) 具体方法包括：

1) 低温维持法：在 63℃下维持 30min；高温法，在 72℃下维持 15s。

2) 超高温瞬时法，在 135~150℃下维持 2~6s。

(3) 衡量灭菌效果的指标包括：

1) 十倍致死时间 (Decimal reduction time)：即在一定温度条件下，微生物数量 10 倍减少所需要的时间。

2) 热致死时间 (Thermal death time)：即在一定温度下杀死所有某浓度微生物所需要的时间。

b 低温

(1) 低温原理：通过降低酶的反应速度使微生物生长受到抑制，但不能杀死微生物。

(2) 方法包括：

1) 冷藏法。新鲜食品放 5℃保存，可以防止腐败。但贮藏只能维持几天。微生物菌种放置于冷藏箱中可保存数周至数月。

2) 冷冻法。鲜食品放于-10℃冷冻温度下，微生物基本不再生长。保存菌种需要在-80℃低温冰箱、-78℃干冰或-196℃液氮中保存。

7.3.1.2 辐射

辐射灭菌是利用电磁辐射产生的电磁波杀死大多数物质上的微生物的一种有效办法。

用于灭菌的电磁波有：

(1) 微波。微波是通过热产生杀死微生物的作用。

(2) 紫外线 (UV)。使 DNA 分子中相邻的嘧啶形成嘧啶二聚体，抑制 DNA 复制与转录等功能，杀死微生物。

(3) X 射线和 γ 射线。使其他氧化或产生自由基 (—OH、—H) 破坏和改变生物大分子的结构，以抑制或杀死微生物。

7.3.1.3 干燥和渗透压

通过降低微生物可利用水的数量或活度而影响微生物的生长。

A 干燥

使细胞失水造成代谢停止而抑制微生物生长，也可引起某些微生物细胞的死亡。

B 渗透压

通过限制微生物对水的利用而控制其生长的方法。在高渗环境中，水从细胞中流出，使细胞脱水。

7.3.2 影响微生物生长的化学因素及控制

影响微生物生长的化学因素是一类能够杀死微生物或抑制微生物生长的化学物质。

7.3.2.1 控制微生物生长的作用机理

A 抑菌

抑菌的作用机理是这类物质结合到核糖体上抑制蛋白质合成，导致细菌生长停止。由于它们同核糖体结合不紧，它们在浓度降低时又会游离出来，核糖体合成蛋白质的能力恢复，使细菌生长恢复。

B 杀菌

杀菌是指利用某些物理、化学或生物因素使微生物失去生命活力的作用。化学药剂、抗生素、高温射线、超声波、噬菌体或溶菌酶都具有杀菌作用。

C 溶菌

抑制细胞壁合成或损伤细胞质膜。

化学药剂根据作用效果又将它们分为消毒剂、防腐剂和化学治疗剂。

7.3.2.2 消毒剂和防腐剂

A 消毒剂

消毒剂可抑制或杀死微生物，通常用于生物材料的灭菌或消毒。例如：$HgCl_2$、$CuSO_4$、碘液、乙烯氧化物、甲醛剂、臭氧。

B 防腐剂

防腐剂能杀死微生物或抑制其生长，对人及动物的体表组织无毒性或毒性低，可用于机体表面或用于食品、饮品和药品的防腐。例如：有机汞、0.1%~1%硝酸银、碘液。

C 常见种类及特点

a 醇类

(1) 作用原理：使膜损伤、蛋白质变性，低级醇还是脱水剂。

(2) 对象：用于皮肤及器械消毒。

70%的乙醇杀菌效果最好，实际工作中使用75%的乙醇。

b 醛类

(1) 作用原理：蛋白质烷基化，改变酶和蛋白质的活性。

(2) 对象：2%甲醛浸泡器械或10%甲醛熏蒸房屋。

c 酚类

(1) 作用原理：低浓度酚破坏细胞膜组分，高浓度酚凝固菌体蛋白。酚还能破坏结合在膜上的氧化酶与脱酶。

(2) 对象：0.5%苯酚皮肤消毒；2%~5%痰、粪便和器皿消毒；5%空气喷雾。

苯酚又称石炭酸，甲酚效果要强于苯酚。来苏尔是甲酚与肥皂的混合液，使用浓度为3%~5%。

d 表面活性剂类

(1) 作用原理：破坏菌体细胞膜的结构，造成胞内物质泄漏，蛋白质变性。

(2) 对象：皮肤和黏膜消毒。

e 染料

(1) 作用原理：碱性染料的阳离子与菌体的羧基或磷酸基作用，形成弱电离的化合物，妨碍菌体的正常代谢。

(2) 对象：皮肤和伤口的消毒。

紫药水就是2%~4%结晶紫水溶液。

f 氧化剂类

(1) 作用原理：作用于蛋白质巯基，使蛋白质和酶失活；强氧化剂还可以破坏蛋白质的氨基和酚羟基。

(2) 对象：皮肤和水的消毒。

碘酒就是5%碘+10%碘化钾的混合液；漂白粉。

g 重金属类

(1) 作用原理：使蛋白质变性。

(2) 对象：食用菌、植物组织分离外表面消毒。

2%红汞的水溶液就是红药水，硫酸铜与石灰的混合溶液称为波尔多液。

h 酸碱类

(1) 作用原理：极端酸碱条件可使蛋白质变性。

(2) 对象：排泄物、地面消毒、食品、饮料防腐，如石灰、苯甲酸、山梨酸、丙酸。

7.3.3 化学治疗剂对微生物生长的影响

化学治疗剂是指能够特异性地作用于某些微生物并具有选择性毒性的化学药剂，它们与特异性低的化学药剂相比对人体几乎没有毒性或毒性很小，可用作治疗微生物引起的疾病。

化学治疗剂根据来源可分为两大类，一类是人工合成的，主要是一些生长因子类似物，被称为合成药；另一类是微生物产生的，被称为抗生素。

7.3.3.1 生长因子类似物

在结构上与微生物的生长因子相似但又有区别，它们不能够在菌体细胞内起着生长因子的同样作用，但却能够阻止微生物对生长因子的利用，从而抑制微生物的生长。

叶酸对抗物（磺胺）、嘌呤对抗物（6-巯基嘌呤）、苯丙氨酸对抗物（对氟苯丙氨酸）、尿嘧啶对抗物（5-氟尿嘧啶）、胸腺嘧啶对抗物（5-溴胸腺嘧啶）。

磺胺药物是最早发现，也是最常见的化学治疗剂，抗菌谱广，能用于治疗多种传染性疾病。

作用机理：磺胺是叶酸组成部分对氨基苯甲酸的结构类似物，磺胺的抑菌作用是因为很多细菌需要自己合成叶酸而生长。

作用对象：大多数革兰氏阳性细菌（如肺炎球菌、溶血性链球菌等）、某些革兰氏阴性细菌（如痢疾杆菌、脑膜炎球菌、流感杆菌等），对放线菌也有一定的作用。

磺胺对人体细胞无毒性，因为人缺乏从对氨基苯甲酸合成叶酸的相关酶——二氢叶酸合成酶，不能用外界提供的对氨基苯甲酸自行合成叶酸，而必须直接利用叶酸为生长因子进行生长。

7.3.3.2 抗生素

自20世纪40年代以来，已经找到上万种新抗生素，合成了近10万种半合成抗生素，但其中在临床上常用的仅几十种。抗生素（Antibiotic）是由某些生物合成或半合成的一类次级代谢产物或衍生物，它们在很低浓度时就能抑制或影响其他种生物的生命活动，如杀死微生物或抑制其生长。

抗菌谱：不同微生物对不同抗生素的敏感性不一样，抗生素的作用对象就有一定的范围，这种作用范围就称为抗生素的抗菌谱。

广谱抗生素：对多种类群的细菌起作用。如土霉素、四环素，既对 G^+ 又对 G^- 起作用。窄谱抗生素：只对少数几种细菌起作用。如青霉素只对 G^+ 起作用。

效价单位：衡量抗生素有效成分多少的一种计量单位。有的以抗生素相当生物活性单位的重量为单位，如 1μg=1 单位。有的则是以纯抗生素的活性单位相当的实际重量为1单位加以折算而来的。

作用机制：抑制细菌细胞壁形成；破坏细胞质膜；抑制蛋白质、核酸合成。

A 抗生素的作用方式

（1）抑制细胞壁的形成：青霉素、杆菌肽、环丝氨酸。

（2）干扰蛋白质的合成：链霉素、红霉素、四环素。

（3）阻碍核酸的合成：利福霉素、丝裂霉素、博莱霉素。

（4）损伤细胞膜的功能：多黏菌素、短杆菌素。

B 注意事项

第一次使用药物剂量要足；避免在一个时期内或长期多次使用同种抗生素；不同的抗生素（或与其他药物）混合使用；对现有抗生素进行改造；筛选新的更有效的抗生素。

课堂讨论

（1）试述湿热灭菌比干热灭菌效率高的原因。

（2）试说明罐藏、盐渍、干制保藏食品的微生物学原理。

7.4 实训：环境因素对微生物生长的影响

7.4.1 实训目的

（1）掌握物理因素、化学因素、生物因素对微生物生长的影响的原理。

（2）掌握微生物的接种方法。

7.4.2 实训原理

微生物的生命活动是由其细胞内外一系列理化环境系统统一体所构成的，除营养条件外，影响微生物生长的环境因素，包括物理因素、化学因素和生物因素对微生物的生长繁殖、生理生化过程均能产生很大影响，总之一切不良的环境条件均能使微生物的生长受抑制，甚至导致菌体死亡。物理因素如温度、渗透压、紫外线等，对微生物的生长繁殖新陈代谢过程产生重大影响，甚至导致菌体的死亡。不同的微生物生长繁殖所需要的最适温度不同，根据微生物生长的最适温度的范围，分为高温菌、中温菌和低温菌。

自然界中绝大多数微生物属于中温菌。不同的微生物对高温的抵抗力不同，芽孢杆菌的芽孢对高温有较强的抵抗能力。渗透压对微生物的生长有重大的影响。等渗溶液适合微生物的生长，高渗溶液可使微生物细胞脱水发生质壁分离，而低渗溶液则会使细胞吸水膨胀，甚至可能使细胞破裂。紫外线主要作用于细胞内的DNA，使同一条链的DNA相邻嘧啶间形成腺嘧啶二聚体，引起双链结构的扭曲变形，阻碍碱基的正常配对，从而抑制DNA的复制，轻则使微生物发生突变，重则造成微生物的死亡。紫外线照射的量与所用紫外线灯的功率、照射距离和照射时间有关。紫外线灯照射距离固定、照射的时间越长，则照射剂量越高。紫外线透过物质的能力弱，一层纸足以挡住紫外线的透过。

环境因素中的化学因素和生物因素，如化学药品、pH、氧、微生物间的拮抗作用和噬菌体，对微生物的生长有不同的影响。本实验选数种常用的药物，以测试其抑菌效能和同一药物对不同菌的抑制效力。

微生物作为一个群体，其生长的pH范围很广，但绝大多数种类pH都在5~9，而每种微生物都有生长的最高、最低和最适pH。根据微生物对氧的需求，可把微生物分为需氧微生物和厌氧微生物两大类。在半固体深层培养基管中，穿刺接种上述对氧需求不同的细菌，适温培养后，各类细菌在半固体深层培养基中的生长情况各有不同。需氧微生物生长在表面，厌氧微生物生长在培养基的底部，兼性微生物按照其好氧的程度生长在培养基的不同深度。

物理因素——pH，通过影响细胞质膜的通透性、膜结构的稳定性和物质的溶解性或电离性来影响营养物质的吸收，从而影响微生物的生长速率。

化学因素——结晶紫（染料），通过诱导细胞裂解的方式杀死细胞。

生物因素——土霉素（抗生素），能抑制微生物生长或杀死微生物的化合物，它们主要通过抑制细菌细胞壁合成，破坏细胞质膜，作用于呼吸链以干扰氧化磷酸化，抑制蛋白质和核酸合成等方式来抑制微生物的生长或杀死微生物。

7.4.3 实训材料

（1）菌种：大肠杆菌、枯草芽孢杆菌、金黄色葡萄球菌。

（2）培养基：牛肉膏蛋白胨培养基。

（3）仪器和其他物品：培养皿、移液管、紫外线灯、水浴恒温培养箱、试管、接种环、无菌水、无菌滤纸、无菌滴管；土霉素、新洁尔灭、复方新诺明、汞溴红（红药水）、碘酒、结晶紫。

7.4.4 实训内容

7.4.4.1 温度对微生物的影响

在牛肉膏蛋白胨琼脂斜面培养基上接种大肠杆菌和金黄色葡萄球菌4支，放在0℃、25℃、37℃、50℃培养，25小时后观察菌苔生长情况。

7.4.4.2 紫外线对微生物的影响

（1）取无菌牛肉膏蛋白胨培养基平板3个，分别在培养皿底部标明菌种。

（2）分别取培养24小时的大肠杆菌、枯草芽孢杆菌和金黄色葡萄球菌菌液0.1mL，加在相应的平板上，再用无菌涂棒涂布均匀，然后用无菌黑纸遮盖部分平板。

（3）紫外灯预热15min后关灯，把盖有黑纸的平板置于紫外线灯光下，平板与紫外线灯距离30cm。打开培养皿盖，紫外线照射20min，关灯，移开黑纸，盖上培养皿盖。

（4）37℃培养24小时后观察结果，比较并记录平板用黑纸遮盖和未遮盖部分的菌落数量，判断大肠杆菌、枯草芽孢杆菌、金黄色葡萄球菌对紫外线的抵抗能力。

7.4.4.3 药物的抑菌作用实验

（1）取培养18~24小时的大肠杆菌、枯草芽孢杆菌和金黄色葡萄球菌菌斜面各一支，分别加入4.5mL的无菌水，用接种环将菌苔轻轻刮下，振荡，制成均匀的菌悬液。

（2）取3个无菌培养皿，每实验菌一个培养皿，并注明菌种和试剂药品名称。

（3）分别用无菌滴管加菌液0.2mL于相应的无菌培养皿中。

（4）将融化并冷却至45~50℃的牛肉膏蛋白胨培养基倾入培养皿中15mL，迅速与无菌液混匀，冷却。制成含菌平板。

（5）用镊子取分别浸泡在土霉素、复方新诺明、新洁尔灭、汞溴红和结晶紫溶液中的圆形滤纸各一片，置于同一含菌平板上。

（6）将平板倒置于37℃的恒温箱中，培养24小时后观察结果，用卡尺或尺子测量并记录抑菌的直径。根据其直径的大小，可初步确定测试药品的抑菌效能。

7.4.5 实训报告

将各个条件下微生物的生长情况统计、比较，并进行分析。

7.4.6 实训作业

（1）通过实验说明芽孢的存在对灭菌消毒有什么影响？

（2）为什么选用大肠杆菌、金黄色葡萄球菌和枯草芽孢杆菌作为实验菌？

拓展训练

一、判断题

（1）在最适生长温度下，微生物生长繁殖速度最快，因此生产单细胞蛋白的发酵温度应选择最适生长温度。 （ ）

（2）单细胞微生物典型生长曲线对数期菌种处于快速生长阶段。 （ ）

（3）微生物最适生长温度是一切生理过程中的最适温度。 （ ）

二、选择题

(1) 代时为0.5h的细菌由10^3个增加到10^9个需要（　　）。

A. 40h　　B. 20h　　C. 10h　　D. 3h

(2) 如果将处于对数期的细菌移至相同组分的新鲜培养基中，该批培养物将处于（　　）。

A. 死亡期　　B. 稳定期　　C. 延迟期　　D. 对数期

(3) 细菌细胞进入稳定期是由于（　　）。

①细胞已为快速生长作好了准备；②代谢产生的毒性物质发生了积累；③能源已耗尽；④细胞已衰老且衰老细胞停止分裂；⑤在重新开始生长前需要合成新的蛋白质

A. ①④　　B. ②③　　C. ②④　　D. ①⑤

(4) 对活的微生物进行计数的最准确的方法是（　　）。

A. 比浊法　　B. 显微镜直接计数

C. 干细胞重量测定　　D. 平板菌落计数

(5) 连续培养时培养物的生物量是由（　　）来决定的。

A. 培养基中限制性底物的浓度

B. 培养罐中限制性底物的体积

C. 温度

D. 稀释率

(6)（　　）会降低食物的水活度。

A. 腌肉　　B. 巴斯德消毒法　　C. 冷藏　　D. 酸泡菜

(7)（　　）能通过抑制叶酸合成而抑制细菌生长。

A. 青霉素　　B. 磺胺类药物　　C. 四环素　　D. 以上所有

(8) 常用的高压灭菌的温度是（　　）。

A. 121℃　　B. 200℃　　C. 63℃　　D. 100℃

(9) 巴斯德消毒法可用于（　　）的消毒。

A. 啤酒　　B. 葡萄酒　　C. 牛奶　　D. 以上所有

(10) 消毒外科手术包应采用的消毒方式是（　　）。

A. 焚烧　　B. 高压蒸汽灭菌法

C. 干烤　　D. 煮沸

(11) 杀灭细菌芽孢最有效的方法是（　　）。

A. 煮沸法　　B. 紫外线照射

C. 间歇灭菌法　　D. 高压蒸汽灭菌法

(12) 紫外线杀菌的主要机理是（　　）。

A. 干扰蛋白质的合成　　B. 损伤细胞壁

C. 损伤细胞膜　　D. 干扰DNA的构型

三、简答题

(1) 什么是微生物典型生长曲线，可以分成几个阶段？

(2) 微生物的消毒方法有哪些？

知识链接

微生物的接种和培养方法简介

一、微生物的接种

在实验室中将微生物接到适于它生长繁殖的人工培养基上或活的生物体内的过程叫作接种。使用的主要工具及原料：无菌操作台、培养基、培养皿。方法及步骤如下。

（一）液体接种

从固体培养基中将菌洗下，倒入液体培养基中，或者从液体培养物中，用移液管将菌液接至液体培养基中，或从液体培养物中将菌液移至固体培养基中，都可称为液体接种。

（二）穿刺接种

在保藏厌氧菌种或研究微生物的动力时常采用此法。做穿刺接种时，用的接种工具是接种针。用的培养基一般是半固体培养基。它的做法是：用接种针蘸取少量的菌种，沿半固体培养基中心向管底作直线穿刺，如某细菌具有鞭毛而能运动，则在穿刺线周围能够生长。

（三）活体接种

活体接种是专门用于培养病毒或其他病原微生物的一种方法，因为病毒必须接种于活的生物体内才能生长繁殖。所用的活体可以是整个动物；也可以是某个离体活组织，例如猴肾等；也可以是发育的鸡胚。接种的方式是注射，也可以是拌料喂养。

（四）浇混接种

该法是将待接的微生物先放入培养皿中，然后再倒入冷却至45℃左右的固体培养基，迅速轻轻摇匀，这样菌液就达到稀释的目的。待平板凝固之后，置合适温度下培养，就可长出单个的微生物菌落。

（五）划线接种

这是最常用的接种方法。即在固体培养基表面作来回直线形的移动，就可达到接种的作用。常用的接种工具有接种环、接种针等。在斜面接种和平板划线中就常用此法。

（六）涂布接种

与浇混接种略有不同，就是先倒好平板，让其凝固，然后再将菌液倒入平板上面，迅速用涂布棒在表面作来回左右的涂布，让菌液均匀分布，就可长出单个的微生物的菌落。

（七）三点接种

在研究霉菌形态时常用此法。此法即把少量的微生物接种在平板表面上，成等边三角形的三点，让它各自独立形成菌落后，来观察、研究它们的形态。除三点外，也有一点或多点进行接种的。

（八）注射接种

该法是用注射的方法将待接种的微生物转接至活的生物体内，如人或其他动物中，常见的疫苗预防接种，就是用注射接种，接入人体，来预防某些疾病。

在无菌操作台中进行，避免杂菌影响。

二、微生物培养

微生物培养是在人为条件下繁殖微生物的方法。根据微生物的种类以及对养料、温度、氧气、水分、酸碱度等环境条件的要求不同，并联系生产和实验上的具体要求，可有不同的培养方法。可分好气培养法和厌气培养法两类。

（一）好气微生物培养法

常用：(1) 摇床培养法，即将微生物接种于盛有液体培养基的三角瓶后，放在恒温培养室中的摇床上作有节奏的振荡，使空气不断进入培养液中，促其良好生长；(2) 浅盘培养法，又称表面培养法，在盘内放一浅层培养基，使微生物能够充分接触空气，而有利于生长繁殖，但此法所需空间大，并且容易污染杂菌；(3) 深层培养法，适用于好气微生物的大规模发酵培养，在大容积的液体培养基中，通入无菌空气，并不断搅拌，可使微生物充分接触空气，迅速繁殖并积累代谢产物。

（二）厌气微生物培养法

实验室常用化学还原剂或抽气机吸除培养基中的分子氧，也有用静止状态的深层培养法。在生产中常用密封式发酵罐或不通风的固体发酵法。

根据培养工艺又可分为：(1) 间歇培养法，又称分批培养法，即把微生物接种于一定体积的培养基，经过培养后一次收获的培养方法。(2) 连续培养法，不断向培养基中补充新鲜养料，并及时不断地以同样速度排出培养物，此法按照不同的控制方式，分恒浊连续培养法（不断调节流速而使菌液浊度保持恒定）及恒化连续培养法（通过控制恒定的流速，来保证微生物恒定的生长速率）。对于病毒常采用动植物活体或离体的活组织进行培养。

8 微生物的遗传与变异

学习引导

学习目标

(1) 掌握细菌基因重组的原理和方法。

(2) 掌握真菌基因重组的原理和方法。

(3) 了解微生物诱变育种的原理和方法。

重点难点

(1) 重点：基因突变及修复、细菌的基因重组。

(2) 难点：低频转导，高频转导。

8.1 遗传变异的物质基础

微生物与任何其他生物一样具有遗传与变异特性，微生物遗传的物质也是 DNA 和 RNA，具有一样的分子结构与功能，但微生物的遗传物质较其他生物的遗传物质具有多样性，不仅存在于其细胞染色体，而且存在于真核微生物中的细胞器中，染色体外的质粒、RNA 病毒的 RNA 核酸、无核酸的朊蛋白等都有遗传物质存在。

8.1.1 DNA 是遗传变异的物质基础

遗传变异的物质基础曾是生物学中激烈争论的重大问题。1944 年 Avery 等人以微生物为研究对象进行的三个经典实验有力地证实了核酸是遗传物质，基因是其信息单位，染色体是其存在形式。

8.1.1.1 证明核酸是遗传变异的物质基础的经典实验

A 转化实验

转化是指 A 品系的生物吸收了来自 B 品系生物的遗传物质从而获得 B 品系的遗传性状的现象。转化现象是格里菲斯（Griffith）于 1928 年研究肺炎链球菌感染小白鼠的实验中发现，后经艾弗里（Avery）等于 1944 年证实的。

从活的 S 菌中抽提各种细胞成分，如 DNA、蛋白质、荚膜多糖等，将各种生化组分进行转化试验，结果如图 8-1 所示。

Avery 实验证明了将 R 菌转化为 S 菌的转化因子是 DNA。

B 噬菌体感染实验

1952 年，侯喜（A. D. Hershey）和蔡斯（M. Chase）为了证实噬菌体的遗传物质是 DNA，用放射性同位素标记大肠杆菌 T_2 噬菌体进行实验，如图 8-2 所示。

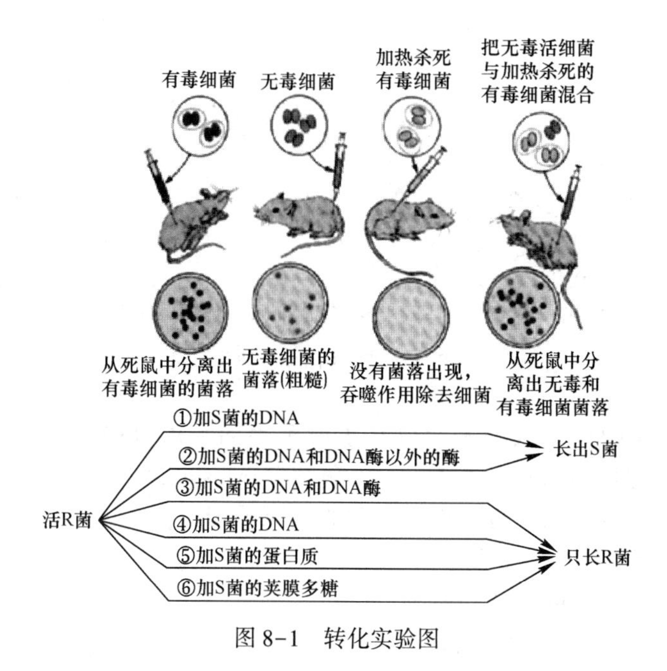

图 8-1 转化实验图

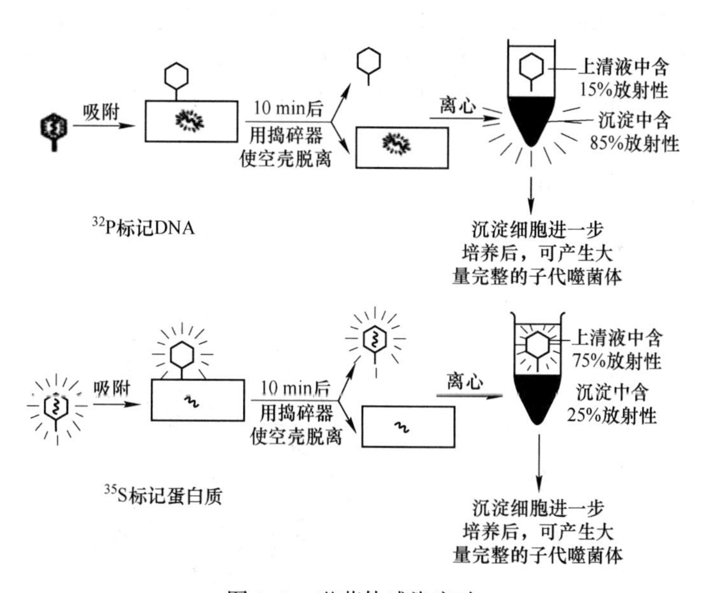

图 8-2 噬菌体感染实验

实验证明，进入细菌细胞内部的物质是 DNA，DNA 包含有产生完全噬菌体的全部信息。

C 植物病毒重建实验

1956 年 H. Fraenkel-Conrat 用烟草花叶病毒进行拆分与重建实验证明，RNA 也是遗传物质基础，如图 8-3 所示。

8.1.1.2 DNA 的化学组成

DNA 是一种大分子化合物，由 4 种核苷酸组成。每一种核苷酸又由碱基、脱氧核糖和

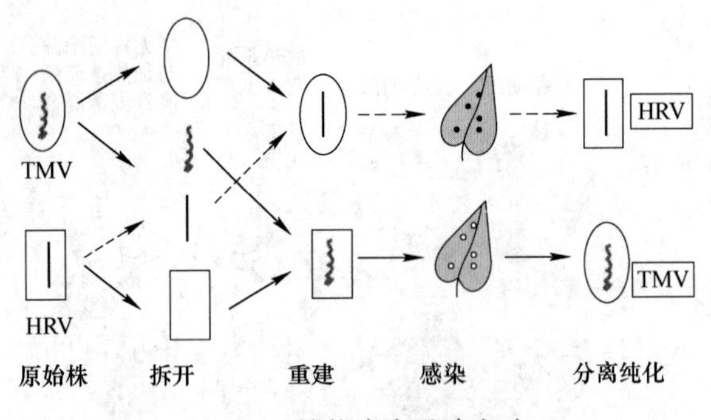

图 8-3　植物病毒重建实验

磷酸 3 部分构成。4 种核苷酸的差异仅在于碱基不同。在 DNA 中，4 种碱基是腺嘌呤（adenine，A）、鸟嘌呤（guanine，G）、胞嘧啶（cytosine，C）和胸腺嘧啶（thymine，T）。脱氧核糖 1 位上的碳原子与嘌呤 9 位上的氮原子相连，5 位上的碳原子与磷酸相连，就构成了 4 种不同的核苷酸，如图 8-4 所示。

8.1.1.3　DNA 的双螺旋结构模型

1953 年美国遗传学家沃森（James Watson）和英国物理学家克里克（Francis Harry Compton Crick）根据英国晶体衍射专家维尔金斯（Maurice Hugh Frederick Wilkins）对脱氧核糖核酸的 X 射线衍射资料，以及碱基含量分析、键长键角资料、酸碱滴定数据等，提出了像麻花一样扭在一起的 DNA 双螺旋结构模型及 DNA 的化学组成，如图 8-5 所示。

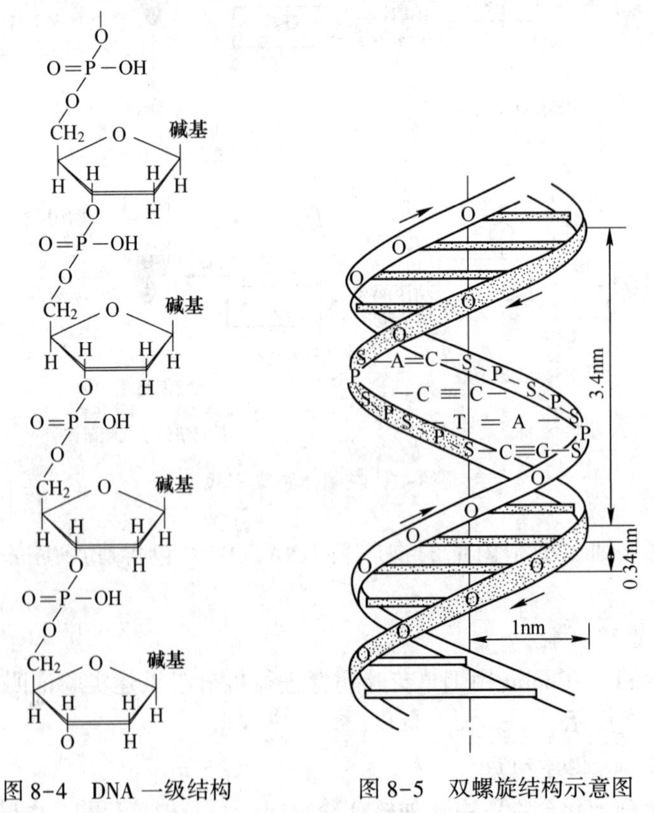

图 8-4　DNA 一级结构　　图 8-5　双螺旋结构示意图

8.1.1.4　DNA 的复制

通过实验证明，DNA 的复制是以半保留复制（Semiconservative replication）形式进行的。其复制过程是这样的：首先碱基对间的氢键断裂，两条核苷酸链的螺旋松开，碱基显露出来，就像拉链一样拉开。然后以每条单链为模板，按照碱基对互补的要求，在 DNA 多聚酶的催化作用下，通过碱基配对，逐渐合成一条新的核苷酸链，再和旧链形成新的双螺旋结构。

8.1.2　微生物的遗传基础

遗传物质在 7 个水平上存在于微生物细胞内。

8.1.2.1　细胞水平

存在部位：真核微生物，细胞核，原核微生物，核区。细胞核或核区的数目在不同的微生物中是不同的，如图 8-6 和图 8-7 所示。

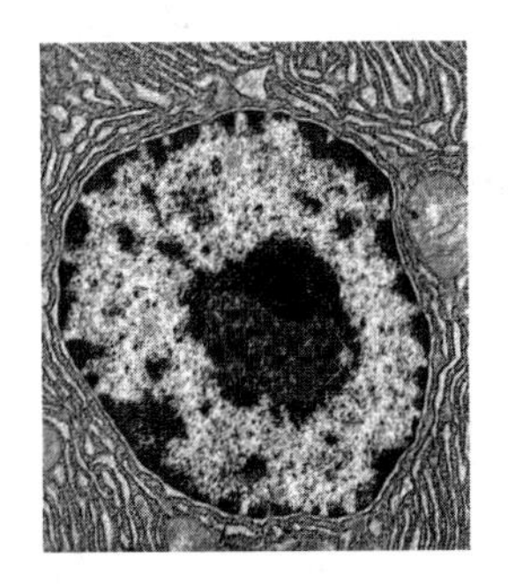

图 8-6　真核细胞的遗传物质

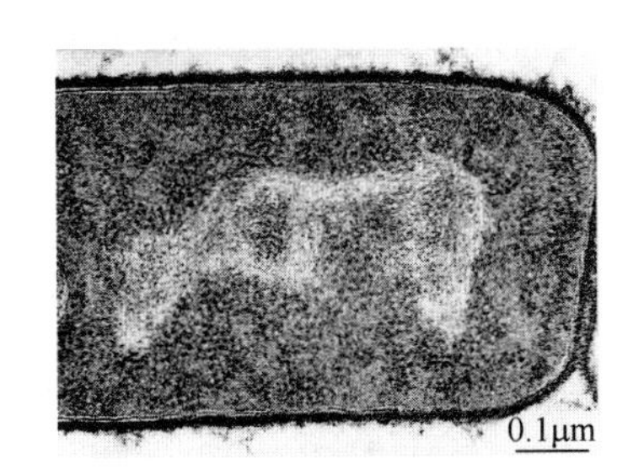

图 8-7　原核细胞的遗传物质

8.1.2.2　细胞核水平

(1) 真核生物：细胞核—核染色体—核基因组。

(2) 原核生物：核区—DNA 链—核基因组。

在核基因组之外，还存在各种形式的核外遗传物质。

8.1.2.3　染色体水平

染色体是由组蛋白与 DNA 构成的线状结构，染色体的数目在不同的生物中是不同的，染色体的倍数在同一生物的不同生活时期是不同的，如图 8-8 所示。

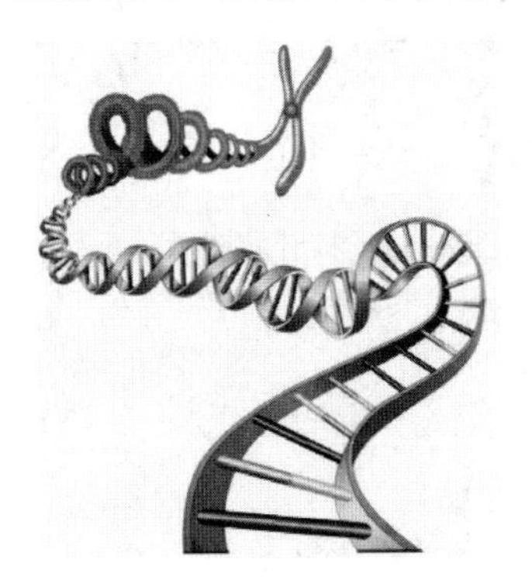

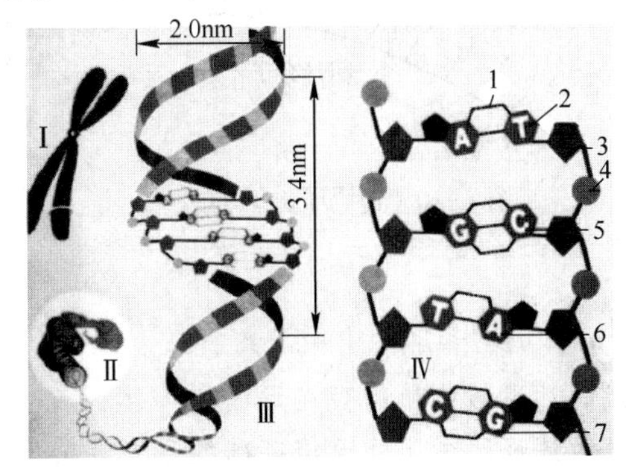

图 8-8　染色体结构图

8.1.2.4 核酸水平

生物体内核酸种类包括DNA和RNA：DNA核酸的结构是双链的，RNA核酸结构是单链的；而DNA长度因种而异。

微生物基因组测序工作是在人类基因组计划的促进下开始的，最开始是作为模式生物，后来不断发展，已成为研究微生物学的最有力的手段。

8.1.2.5 基因水平

DNA分子上的独特片段为基因，基因可以指导蛋白质的合成，结构如图8-9所示。

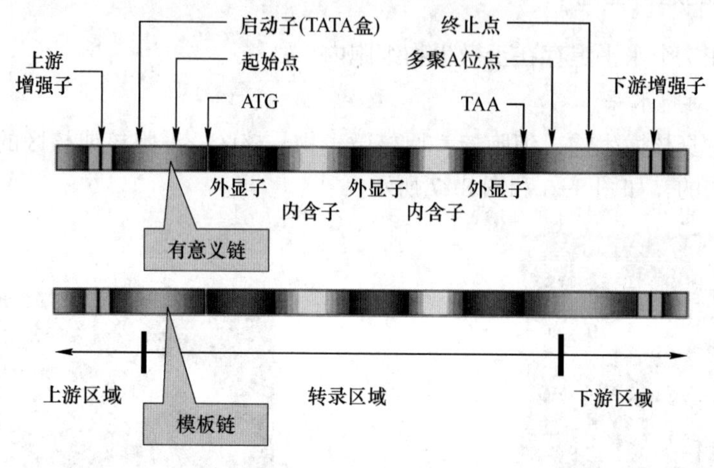

图8-9 基因的结构图

8.1.2.6 密码子水平

DNA上相邻三个碱基决定一个氨基酸，又称为密码子，如图8-10所示。

8.1.2.7 核苷酸水平

核苷酸是最小的突变单位和交换单位，如图8-11所示。

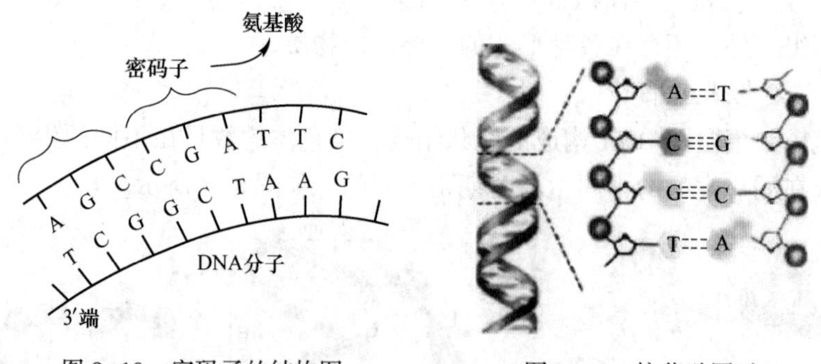

图8-10 密码子的结构图　　图8-11 核苷酸图示

课堂讨论

(1) 试简述遗传物质的存在形式。

(2) 试简述证明微生物遗传基础的三个经典实验。

8.2 微生物的突变

相同遗传型的生物，在不同的外界条件下，会呈现不同的表型，称为饰度（Modification）。但这不是真正的变异，因为在这种个体中，其遗传物质结构并未发生变化。只有遗传性改变，即生物体遗传物质结构上发生的变化，才称为变异。在群体中，自然发生变异的概率极低，但一旦发生后，却是稳定的和可遗传的。同样，微生物具有对 DNA 损伤进行多种方式修复的能力。人们可以利用这种微生物基因的突变进行定向的筛选育种。

突变泛指细胞内（或病毒颗粒内）的遗传物质的分子结构或数量突然发生的可遗传的变化。突变往往导致产生新的等位基因及新的表现型。狭义的突变专指基因突变，也称点突变，而广义的突变则包括基因突变和染色体畸变。突变的概率一般很低，突变是工业微生物产生变种的根源，是育种的基础，但也是菌种发生退化的主要原因。

8.2.1 微生物的突变类型

基因突变简称突变，是变异的一类，泛指细胞内（或病毒粒内）遗传物质的分子结构或数量突然发生的可遗传的变化，可自发或诱导产生。突变的概率一般很低（10^{-9} ~ 10^{-6}）。从自然界分离到的菌株一般称野生型菌株（Wild type strain），简称野生型。野生型经突变后形成的带有新性状的菌株，称突变株（Mutant，或突变体、突变型）。

8.2.1.1 突变类型

基因突变的类型极为多样，人们可从不同的角度对基因突变进行分类，并给以不同的名称。根据突变体表型不同，可把突变分成营养缺陷型、抗性突变型、条件致死突变型、形态突变型、抗原突变型和产量突变型。

A 营养缺陷型

某一野生菌株因发生基因突变而丧失合成一种或几种生长因子、碱基或氨基酸的能力，因而无法再在基本培养基上正常生长繁殖的变异类型为营养缺陷型（Auxotroph）。

B 抗性突变型

野生型菌株因发生基因突变，而产生对某化学药物或致死物理因子的抗性的突变类型为抗性突变型（Resistant mutant）。

C 条件致死突变型

某菌株或病毒经基因突变后，在某种条件下可正常地生长、繁殖并呈现其固有的表型，而在另一种条件下却无法生长、繁殖的突变类型（Conditional lethal mutant）为条件致死突变型。

D 形态突变型

形态突变型（Morphological mutant）指由突变引起的个体或菌落形态的变异，一般属非选择性突变。

E 抗原突变型

抗原突变型（Antigenic mutant）指由于基因突变引起的细胞抗原结构发生改变的变异类型，包括细胞壁缺陷变异、荚膜或鞭毛成分变异等。

F 产量突变型

通过基因突变而产生的在代谢产物产量上明显有别于原始菌株的突变株，称产量突变型（Metabolic quantitative mutant）。有正变株（Plus-mutant）和负变株（Minus-mutant）。

8.2.1.2 基因突变的分子基础

A 碱基置换及其对遗传信息的影响

碱基置换是指DNA中核苷酸的一个碱基被另一个碱基所取代。其中一个嘌呤被另一个嘧啶或是一个嘧啶被另一个嘌呤所取代（G→C或C→G），称颠换（Transversion）；如果一个嘌呤被另一个嘌呤或是一个嘧啶被另一个嘧啶所取代，称转换（Transition）。

根据它们对氨基酸序列的影响不同，可分为下列几种情况：

（1）同义突变：由于遗传密码具有简并性，所以有些碱基替换并不造成氨基酸的变化。

（2）错义突变：指碱基替换后引起氨基酸序列的改变。有些错义突变严重影响到蛋白质的活性，甚至使活性完全丧失，从而影响了基因的表型。

（3）无义突变：编码区的单碱基突变，导致终止密码子的形成，使mRNA的翻译提前终止，形成不完整的肽链，因而其产物一般是没有活性的。

B 移码突变及其产生

移码突变是由于在DNA分子的编码区插入或缺失非3的整数倍个（1个、2个或4个）核苷酸而导致的阅读框架的移位。遗传信息按3个碱基为一组依次排列而成的，蛋白质的翻译是从起始密码子开始，按密码子顺序依次向下读码。当在起始密码子后面加入1个、2个或4个碱基后，则后面的所有密码子的阅读框都发生改变，翻译出来的蛋白质的氨基酸序列与野生型完全不同。如果插入或缺失的碱基正好是3个或其整数倍，那么在翻译出的多肽上可能是多一个、几个或少一个、几个氨基酸，而不完全打乱整个氨基酸序列。

C 缺失和重复

大片段的缺失或重复（超过几个碱基对）是基因突变的主要原因之一。特别是在放线菌的自发突变中，缺失或重复范围从几个基因到几十个基因。

8.2.1.3 基因突变的特点

某一细胞（或病毒粒）在每一世代中发生某一性状突变的概率，称突变率。突变的特点：

（1）不对应性。不对应性是指突变的性状与引起突变的原因间无直接的对应关系。

（2）自发性。由于自然界环境因素的影响和微生物内在的生理生化特点，在没有人为诱发因素的情况下，各种遗传性状的改变可以自发地产生。

（3）稀有性。生物的基因自发突变是随时发生的，但发生的概率是很低的，即突变率很低，也很稳定，一般在10^{-9}～10^{-6}。这反映了物种和基因的相对稳定性。

（4）独立性。基因突变的发生一般是独立的，即在某一群体中既可能发生抗青霉素的突变型，也可发生抗链霉素或其他某药物的突变型，还可发生不属抗药性的突变型。

（5）可诱变性。通过各种理化诱变剂作用，提高突变率，一般可提高10^4～10^5倍。

（6）可逆性。基因突变的过程是可逆的，通常存在于某种生物中的野生型基因A可突变为对应的基因a，这个过程称为正向突变；反之，由基因a也可以突变成野生型基因

A，称为回复突变或回变。

(7) 稳定性。突变的根源是遗传物质结构发生了稳定的变化，产生的变异性状是稳定的、可遗传的。

8.2.2 微生物突变的机制

突变是DNA分子结构或数目的变化。根据引起变化的原因可分为自发突变和诱发突变；根据DNA变化的程度可分为基因突变和染色体畸变。

8.2.2.1 碱基置换

碱基对的置换可由互变异构和化学诱变引起，如图8-12所示。

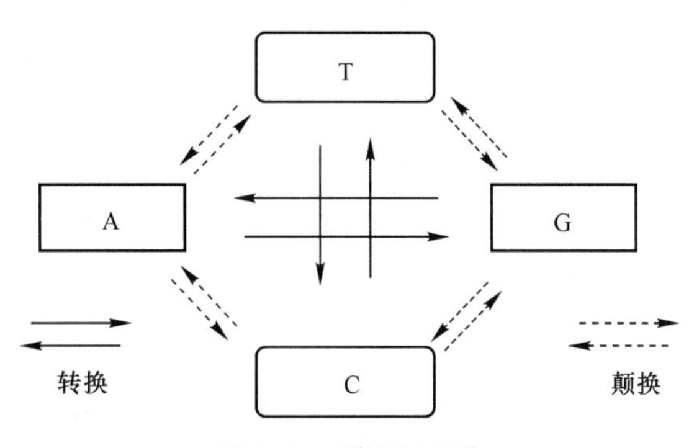

图8-12 碱基的置换

A 互变异构

在DNA分子的四种碱基中，胸腺嘧啶（T）和鸟嘌呤（G）可以酮式或烯醇式出现。胞嘧啶（C）和腺嘌呤（A）可以氨基式或亚氨基式出现。在生物体中，一般以酮式和氨基式结构存在。但在极少数情况下，胸腺嘧啶分子中的N-3位上的氢能转移到C-4位氧上，使酮式转变为烯醇式，但瞬间即恢复为酮式，这种分子结构上的互变称为互变异构。如果就在变为烯醇式的瞬间，DNA的复制刚好到达这一部位，这时的胸腺嘧啶就不再与腺嘌呤配对，而与鸟嘌呤配对。

B 化学诱变剂引起的碱基对置换

能够引起DNA分子中碱基对置换的诱变剂很多，常见的有碱基结构类似物，如亚硝酸、羟胺、烷化剂等。它们可直接或间接地引起DNA分子的碱基对置换。

8.2.2.2 移码突变

移码突变指DNA分子中增添或缺失少数几个碱基对，而造成其后面全部遗传密码发生转录和翻译错误的基因突变。点突变一般只涉及一个密码子的改变，而移码突变涉及突变点以后所有密码子的改变，因此是一类影响较大的突变。与染色体畸变相比，移码突变仍属于DNA分子的微小损伤。

8.2.2.3 染色体畸变

由于某些理化因素的作用造成DNA分子的大损伤所引起的突变叫染色体畸变。包括染色体的缺失、重复、插入、易位和倒位，也包括染色体数目的变化。染色体结构上的变化可分为染色体内畸变和染色体间畸变两类。引起染色体畸变的原因很多，可以自发地进行，也可以诱发进行。亚硝酸等诱发点突变的诱变剂，也可引起染色体畸变。物理诱变剂一般以引起染色体畸变为主。

A 紫外线

DNA 具有强烈的紫外吸收能力，尤其是核酸链上的碱基对。其主要生物学效应是其对 DNA 的作用，包括使 DNA 链断裂、DNA 链内或链间交联、嘧啶碱的水合作用及胸腺嘧啶二聚体的形成。

B X 射线、γ 射线和快中子

X 射线、γ 射线和快中子等属于电离辐射，穿透力强，碰到原子或分子便产生次级电子，次级电子可产生电离作用。它们的直接效应是使碱基间、DNA 间、糖与磷酸间的化学键断裂；间接效应是电离作用引起水或有机分子产生自由基作用于 DNA 分子，导致缺失或其他损伤。

C 热

可使胞嘧啶脱氨基变成尿嘧啶，从而引起碱基配对错误；还可引起鸟嘌呤脱氧核糖键移动，从而在 DNA 复制时出现碱基对的错配。

D 生物诱变因子

转座因子也是实验室中常用的诱变因子，它们可在基因组的任何部位插入，引起该基因的失活导致突变。转座因子是细胞中能改变自身位置的一段 DNA 序列。

课堂讨论

(1) 基因突变的种类有哪些?

(2) 基因突变的特点有哪些?

(3) 简述微生物突变的机制。

8.3 微生物的基因重组

基因突变增加了遗传多样性，以适应环境的变化。但基因突变的概率一般较低，因此在亿万年的进化过程中，生物主要通过基因重组的方式保持物种遗传多样性。来自两个(两个以上) 不同亲本的遗传物质在同一细胞内经过交换、重新组合而产生具有新性状子代个体的过程叫基因重组，由此产生的重组子代可以将重组 DNA 分子遗传给后代。

8.3.1 原核微生物的基因重组

原核细胞没有明显的性别分化，没有典型的有性过程，但原核细胞可以通过细胞间的暂时沟通，供体细菌只提供部分染色体进行基因重组。这种重组只涉及染色体的一部分，所以重组以后的细胞称为局部合子，以区别典型的有性生殖中细胞融合以后形成的合子。两个不同生物个体交换遗传物质并进行重新组合，以产生具有新基因型和表型个体的过程叫基因重组。原核生物缺乏有性系统，进行基因重组时，2 个亲本细胞并不提供整套或等量的遗传物质，而只交换小部分遗传物质，并且是单向的，提供 DNA 的为供体，接受 DNA 的为受体。

8.3.1.1 特点

原核微生物的基因重组形式很多，其特点有：

（1）片段性，仅一小段 DNA 序列参与重组。

（2）单向性，从供体菌向受体菌（或从供体基因组向受体基因组）作单方向转移。

（3）转移机制独特而多样，基因重组的方式主要有转化、转导、接合和原生质体融合几种形式。

8.3.1.2 类型

原核生物的基因重组分为三种方式。

A 转化

来自供体的 DNA 片段或质粒 DNA 转移到受体菌并整合进染色体的过程叫转化。转化后的受体菌称为转化子。

转化可分为 3 个阶段，如图 8-13 所示。

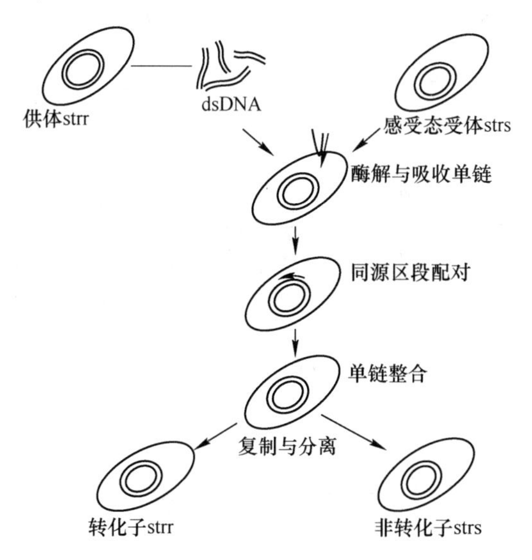

图 8-13 转化过程图

（1）感受态阶段。受体菌细胞容易接收 DNA 片段的生理状态叫感受态。感受态是细菌的一种遗传特性，并且受培养条件的影响，感受态一般在对数中期或后期出现，因菌种而异。

（2）DNA 的结合和吸收阶段。细胞壁上的受体蛋白与 DNA 片段相互作用，吸附 DNA。

结合的 DNA 双链被核酸内切酶切成约 14kb 大小的片段，然后再被分解成单链，一条单链被降解，另一条单链进入细胞。

（3）整合阶段。进入细胞的 DNA 单链取代受体菌染色体上的同源片段的一条单链，被取代的那条单链被降解。

这样形成的杂合双链经修复后将成为含有供体基因的转化子或正常的受体 DNA。

B 接合

通过细胞的接触进行基因的转移，叫接合，如图 8-14 所示。

受体菌叫接合子。接合是借 F 因子（致育因子）实现的。F 因子是一种小分子的双链环状 DNA，约有 40 个基因。带有 F 因子的细胞叫 F^+ 细胞，无 F 因子的叫 F^- 细胞。每个 F^+ 细胞带有 1 个至多个性丝。不同类型细胞接合的结果见表 8-1。

表 8-1 不同类型细胞接合的结果

接合类型	受体菌变化	染色体基因重组	F 因子转移
$F^+ \cdot F^-$	$F^- \rightarrow F^+$	$10^{-4} \sim 10^{-5}$	100%
$Hfr \cdot F^-$	$F^- \rightarrow F^-$	$10^{-1} \sim 10^{-2}$	极少
$F' \cdot F^-$	$F^- \rightarrow F'$	10^{-1}	100%

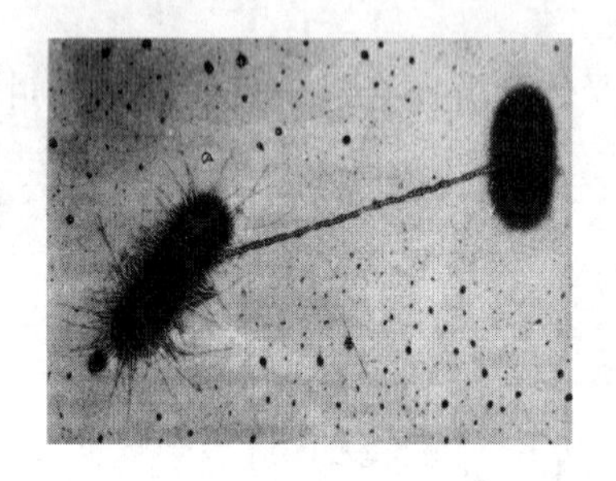

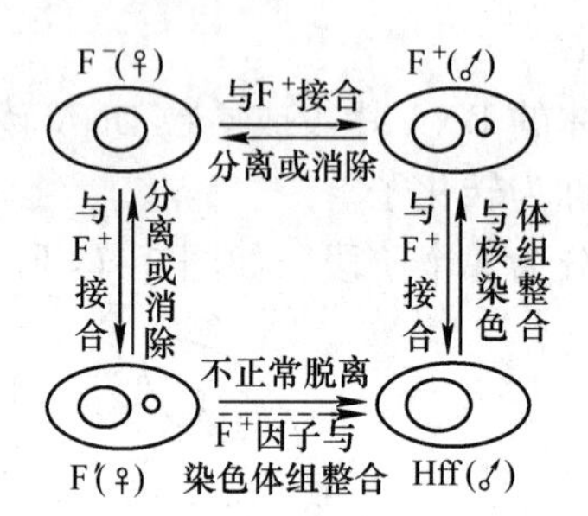

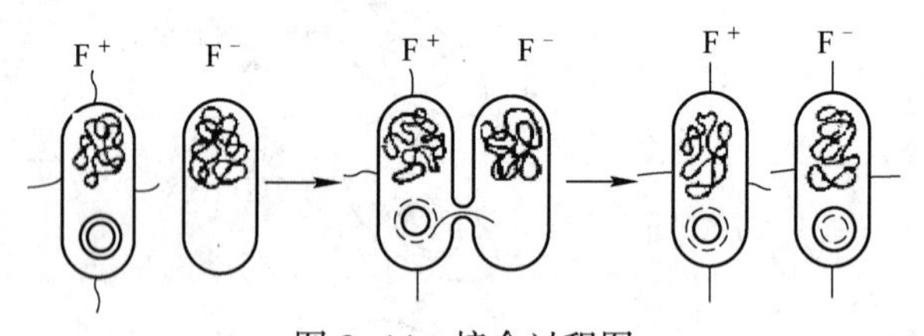

图 8-14 接合过程图

C 转导

供体基因通过噬菌体作为中间载体转移至受体的过程叫转导。转导后的受体菌叫转导子。转导分为两种：

（1）普遍性转导。噬菌体在装配时，会错把大小与其 DNA 相似的细菌染色体片段包装进壳体中，形成转导噬菌体。当这种噬菌体侵染下一个寄主细胞后，就把供体的 DNA 片段带进受体细胞，如图 8-15 所示。

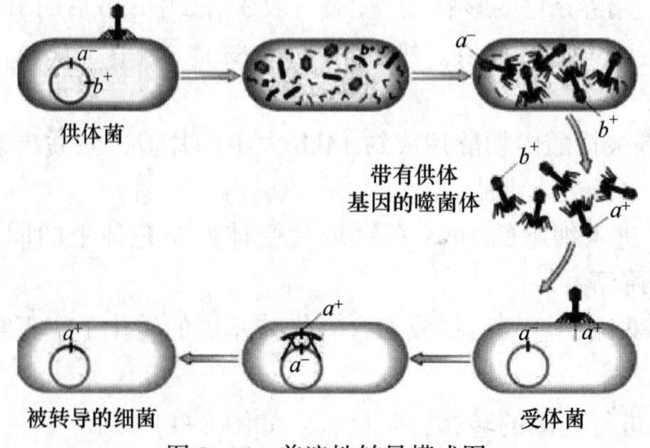

图 8-15 普遍性转导模式图

供体片段可与受体染色体上同源片段配对，通过双交换整合进受体染色体，形成稳定的转导子。

约有90%的供体DNA片段并不能整合进受体染色体上，能表达却不能复制，只能传递给一个子细胞，形成微小的菌落，叫流产转导。

（2）专性转导。原噬菌体受诱导从寄主DNA上脱离下来时，因不正常切割，会偶尔把其整合位点两侧的寄主基因切下并包装进壳体，进而带进下一个受感染的细胞，并可能通过整合带进受体染色体，如图8-16所示。细菌基因重组3种方式的比较见表8-2。

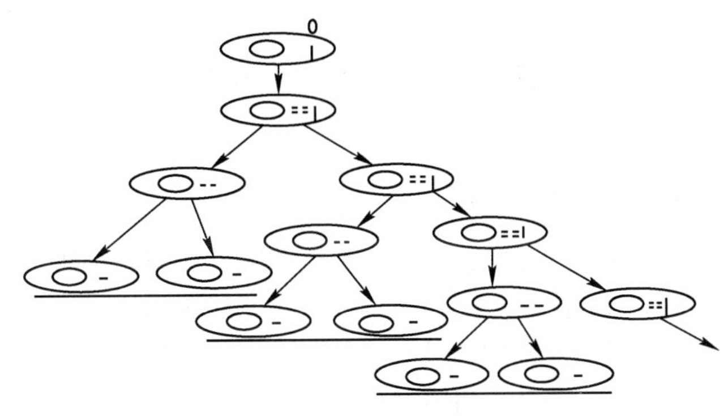

图8-16　专性转导图

表8-2　细菌基因重组3种方式的比较

类型	细胞接触	DNA载体	涉及DNA片段
接合	+	F因子	部分染色体
转导	—	噬菌体	1个/少数基因
转化	—	—	1个/少数基因

8.3.2 真核微生物的基因重组

真核生物一般采用有性生殖进行基因重组，涉及两个性细胞的融合，整个染色体组参与基因重组；在低等的真核生物中，两个体细胞的结合也可完成基因重组；真菌还可以借助准性生殖过程进行基因重组。真核生物的基因重组可以分为有性生殖和准性生殖两部分。

8.3.2.1　有性生殖

真菌有性生殖的过程、结合方式、特点、类型等参见真核微生物。

8.3.2.2　准性生殖

A　异核体

真菌一个细胞内含有两个不同的核。异核菌丝体是指菌丝细胞内含有一个以上的遗传型细胞核。异核菌丝体的形成有几种不同的途径。最普遍的途径是通过不同基因型的体细胞菌丝的融合引起细胞质和细胞核的转移而形成（图8-17）。另一种途径是一个同核的菌丝体通过一个核或多个核的突变而转变为异核的菌丝体。在多核细胞中任何一个核发生突变，都可以使该细胞变成异核体。有的真菌可能还有第三种途径——通过某些细胞核的融合和其后代的繁殖在单倍体核中繁殖和扩散，其结果是形成一个具有单倍体核和双倍体核的菌丝体。

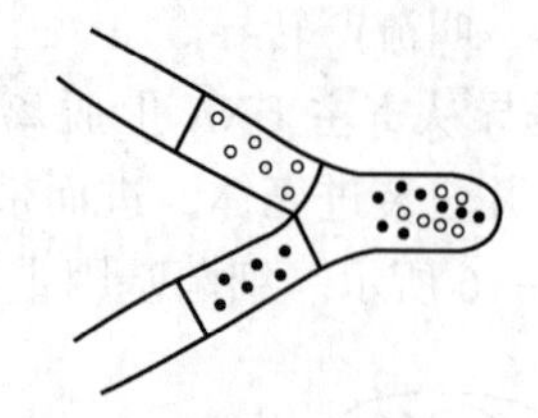

图 8-17 异核菌丝体示意图

B 二倍体化

异核体中的两个核一般不融合，只以 10^{-6} 概率发生融合，形成杂合二倍体。这种二倍体形成后，相当稳定，可以进行有丝分裂。细胞核的融合往往有两种类型：一种是同型核的融合，结果形成纯合的二倍体核；另一种是两种异型的细胞核融合，形成杂合的二倍体核（见图 8-18）。现在已经知道，两种基因型不同的细胞核的融合频率并不高，例如，在构巢曲霉中异核体形成稳定的杂合二倍体的频率只有 $10^{-7}\sim10^{-5}$。

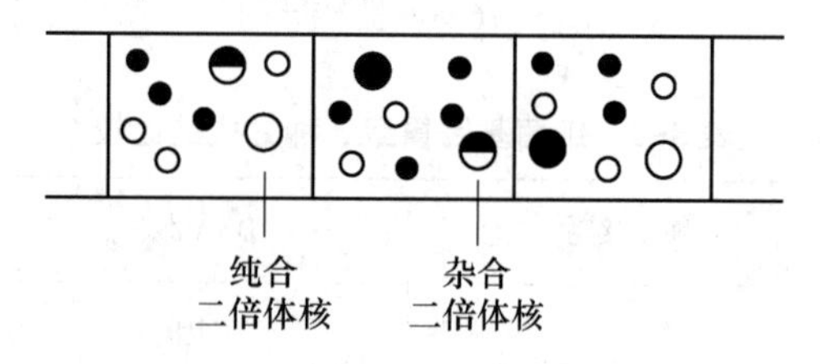

图 8-18 核配合双倍体示意图

C 有丝分裂交换（体细胞交换）

杂合的二倍体核有丝分裂时，一般不交换，但是也可以很低的频率发生同源染色体交换，产生各种重组子。如图 8-19 所示。

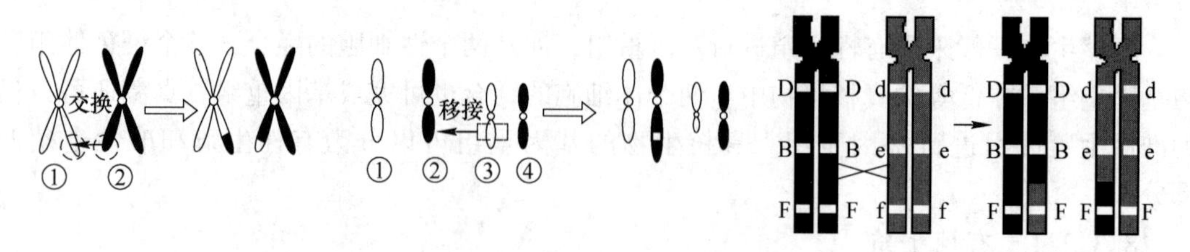

图 8-19 有丝分裂交换示意图

D 单元化

在有丝分裂中，姐妹染色体的着丝粒可能以极小的概率不分裂，形成 $2n+1$ 或 $2n-1$ 的非整倍体核，$2n+1$ 可能失去一条染色体再次成为 $2n$，但是也可能使杂合基因纯合化。$2n-1$ 不稳定，将会逐步失去其他染色体成为 n，也可导致基因重组，如图 8-20 所示。

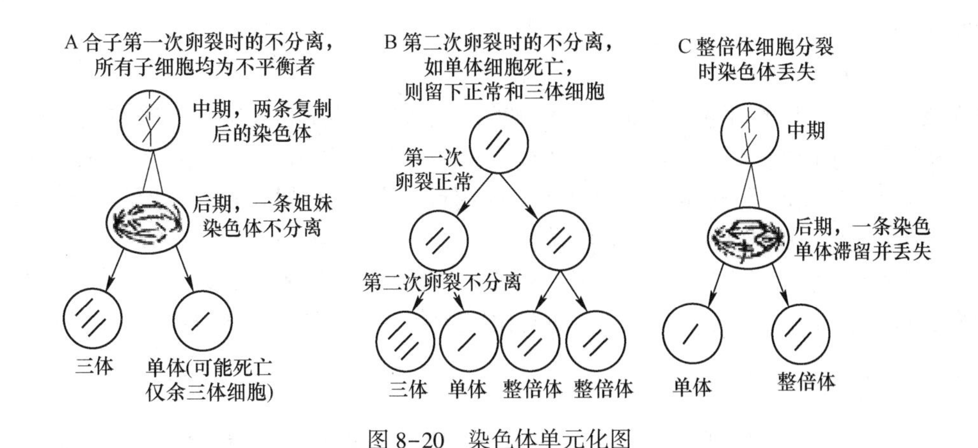

图 8-20　染色体单元化图

课堂讨论

(1) 基因重组有哪些类型，有何意义?

(2) 分析为何子代的遗传型有很多种。

8.4　微生物育种

人工选育分诱变育种和杂交育种两种。诱变育种是以诱发基因突变为手段的微生物育种技术。有物理的（如紫外线、γ 射线、快中子等）和化学的诱变因素。杂交育种是不同基因型的品系或种属间，通过交配或体细胞融合等手段形成杂种，或者是通过转化和转导形成重组体，再从这些杂种或重组体或是它们的后代中筛选优良菌种。通过这种方法可以分离到具有新的基因组合的重组体，也可以选出由于具有杂种优势而在生长势、生活力、繁殖力、抗逆性、产量以及某些酶活性等品质上比其双亲优越的新品系。

8.4.1　选种

要进行微生物的育种就要先选种，包括从自然界中选种和从生产中选种。从自然界中选种，分为以下几类。

8.4.1.1　样品采集

根据我们的目的到最合适的地方去采集样品。在这方面，掌握了解微生物的生态知识有利于菌种的筛选。从土壤中采集样品，又称采土。采土的时候，应注意土壤肥瘦、采土深度、采土季节、采土方法。

8.4.1.2　增殖培养

增殖培养是往样品中加入适合某些微生物生长繁殖的物质，或创造有利于某些微生物生长繁殖的环境条件，这样就促进了某些微生物大量繁殖，如往土样中加入一些石油，能利用石油的微生物容易生长繁殖；把土样加入到含糖浓度高的培养基中，并把 pH 调到 4 以下，就可使酵母菌得到增殖。

8.4.1.3　分离纯化

分离纯化有很多方法：平板划线分离法、稀释涂布分离法、单孢直接挑取法、菌丝尖端切割法等。

8.4.1.4 性能测定

性能测定分为粗测和精测。粗测又称初筛，主要起定性的作用，一般在培养皿上进行。经初筛后的菌种还要进行精测，才能适合生产的需要。精测又称复筛，一般采用接近生产工艺条件的三角烧瓶液体进行振荡培养或用台式发酵罐进行发酵，然后测定发酵液，再进行分析比较，最后选出比较理想的菌种。

从生产中选种：在生产过程中，经常注意那些菌体形态或菌落性状以及某些生理性能上发生自然变异的微生物，将它们挑选出来，进行比较试验，有时可以选出更加理想的菌种。

8.4.2 诱变育种

诱变育种是人为地利用物理和化学等因素，使诱变的细胞内遗传物质染色体或 DNA 的片段发生缺失、易位、倒位、重复等畸变，或 DNA 的某一部位发生改变（又称为点突变），从而使微生物的遗传物质 DNA 和 RNA 的化学结构发生变化，引起微生物的遗传变异，然后设法从群体中选出少数优良性状的菌株，以供科学实验或生产实践中使用。

8.4.2.1 物理诱变

A 紫外线（UV）诱变

DNA 和 RNA 的嘌呤和嘧啶有很强的紫外光吸收能力，最大的吸收峰在 260nm。对于紫外线的作用已有多种解释，但研究得比较清楚的一个作用是使 DNA 分子形成嘧啶二聚体，阻碍碱基正常配对，并可能引起突变或死亡。另外嘧啶二聚体的形成，还会妨碍双链的解开，影响 DNA 的复制和转录。

B 激光诱变

激光辐射可以通过产生光、热、压力和电磁场效应的综合作用，直接或间接地影响生物有机体，引起细胞 DNA 或 RNA、质粒、染色体畸变效应，酶的激活或钝化，以及细胞分裂和细胞代谢活动的改变。不同种类的激光辐射生物有机体，所表现出的细胞学和遗传学变化也不同。

C 离子束注入诱变

离子束注入是 20 世纪 80 年代初兴起的一项高新技术，主要用于金属材料表面的改性。1986 年以来逐渐用于农作物育种，近年来在微生物育种中逐渐引入该技术。

离子注入时，生物分子吸收能量，并且引起复杂的物理和化学上的变化，这些变化的中间体是各类活性自由基。这些自由基，可以引起其他正常生物分子的损伤，可使细胞中的染色体突变，DNA 链断裂，也可使质粒 DNA 造成断裂。

通过对人们所希望的离子进行加速，从而对细胞进行刻蚀加工。注入细胞内部的离子可对部分基因进行修饰、加工、引导外源基因，尤其是大分子基因组转入受体细胞，实现在新遗传背景下的诱变育种及遗传转化。

由于离子束注入射程具有可控性，随着微束技术和精确定位技术的发展，定位诱变将成为可能。离子束注入法进行微生物诱变育种，一般实验室条件难以达到，目前应用相对较少。

D 微波辐射诱变

微波辐射是一种低能电磁辐射，具有较强生物效应的频率范围是 300MHz～300GHz，对生物体具有热效应和非热效应。其热效应是指它能引起生物体局部温度上升，从而引起生理生化反应；非热效应指在微波作用下，生物体会产生非温度关联的各种生理生化反应。在这两种效应的综合作用下，生物体会产生一系列突变效应。

微波能够透射到生物组织内部，使偶极分子和蛋白质的极性侧链以极高的频率振荡，增加分子的运动，导致热量的产生。微波还能够对氢键、疏水键和范德华力产生作用，使其重新分配，从而改变蛋白质的构象与活性。因而，微波也被用于多个领域的诱变育种，如农作物育种、禽兽育种和工业微生物育种，并取得了一定成果。

E 航天育种（空间诱变育种）

航天育种，也称空间诱变育种，是利用高空气球、返回式卫星、飞船等航天器将作物种子、组织、器官或生命个体搭载到宇宙空间，利用宇宙空间特殊的环境使生物基因产生变异，再返回地面进行选育，培育新品种、新材料的作物育种技术。空间环境因素主要有微重力，空间辐射，及其他诱变因素如交变磁场、超真空环境等，这些因素交互作用导致生物遗传物的损伤，使生物发生突变、染色体畸变、细胞失活、发育异常等。

航天育种较其他育种方法特殊，是航天技术与微生物育种技术的有机结合，技术含量高，成本高，个体研究者或一般研究单位都难以实现，只能与航天技术相结合，由国家来完成。

F 常压室温等离子体诱变育种

常压室温等离子体（Atmospheric and Room Temperature Plasma）简称 ARTP，指能够在大气压下产生温度在 25~40℃的、具有高活性粒子（包括处于激发态的氦原子、氧原子、氮原子、—OH 自由基等）浓度的等离子体射流。ARTP 技术作为一种新型的物理方法，在微生物诱变育种领域有着广阔的应用前景。

等离子体中适当剂量的活性粒子作用于微生物，能够使微生物细胞壁/膜的结构及通透性改变，并引起基因损伤，菌株出现遗传物质损伤后，微生物启动 SOS 修复机制，其诱导产生 DNA 聚合酶Ⅳ和Ⅴ，它们不具有 3' 核酸外切酶校正功能，于是在 DNA 链的损伤部位即使出现不配对碱基，复制仍能继续进行。在此情况下允许错配可增加存活的机会。ARTP 对遗传物质造成的损伤，多样性较高；又因为 SOS 诱导修复本身为容错性修复，因此，ARTP 多样性的损伤将可能在修复过程中包容于 DNA 链中，在微生物进行复制修复时，其可能带来多样性的错配可能。

ARTP 应用于微生物突变育种，成本低、操作方便，无须很多物理诱变设备（如离子束注入等）所需的离子或电子加速、真空和制冷等附属设备；ARTP 对遗传物质的损伤机制多样，具有较高的正突变率，突变性能多样，对于真菌、细菌、藻类等都有效果；ARTP 对环境无污染，保证操作者人身安全，无论用何种气体放电，均无有害气体产生。

8.4.2.2 化学诱变

化学诱变就是利用化学诱变剂处理分散均匀的微生物细胞群，以引起碱基置换、染色体断裂、基因重组或基因突变等生物学效应，使后代产生变异。然后采用简便、快速、简单的筛选方法，筛选符合育种目标的菌株，以供生产实践或科学研究用。化学诱变剂是靠各自的活性基团，靠它们特有的化学特性直接与生物分子进行各种特定的化学反应，从而引起生物分子化学性质的变化。

化学诱变剂的种类很多，根据它们对 DNA 的作用机制，可以分为四大类。

A 烷化剂

烷化剂能与一个或几个核酸碱基反应，引起 DNA 复制时碱基配对的转换而发生遗传变异，常用的烷化剂有甲基磺酸乙酯、亚硝基胍、乙烯亚胺、硫酸二乙酯等。

甲基磺酸乙酯（EMS）是最常用的烷化剂，诱变率很高。它诱导的突变株大多数是点突变，该物质有强烈致癌性和挥发性，可用5%硫代硫酸钠作为终止剂和解毒剂。

N-甲基-N′-硝基-N-亚硝基胍（NTG）是一种超诱变剂，应用广泛，但有一定毒性，操作时应该注意。在碱性条件下，NTG会形成重氮甲烷（CH_2N_2），它是引起致死和突变的主要原因。它的效应很可能是CH_2N_2对DNA的烷化作用引起的。

硫酸二乙酯（DMS）也很常用，但由于毒性太强，目前很少使用。乙烯亚胺，生产得较少，很难买到。使用浓度0.0001%~0.1%，高度致癌性，使用时需要用缓冲液配制。

B　碱基类似物

碱基类似物分子结构类似天然碱基，可以掺入到DNA分子中导致DNA复制时产生错配，mRNA转录紊乱，功能蛋白重组，表型改变。该类物质毒性相对较小，但负诱变率很高，往往不易得到好的突变体。

主要有5-氟尿嘧啶（5-FU）、5-溴尿嘧啶（5-BU）、6-氯嘌呤、5-氨基尿嘌呤、2-氨基嘌呤、8-氮鸟嘌呤等等。

C　无机化合物

诱变效果一般，危险性较小。常用的有氯化锂，白色结晶，使用时配成0.1%~0.5%的溶液，或者可以直接加到诱变固体培养基中，作用时间为30min~2d。亚硝酸，易分解，所以现配现用，常用亚硝酸钠和盐酸制取，将亚硝酸钠配成0.01~0.1mol/L的浓度，使用时加入等浓度等体积的盐酸即可。

D　其他类

盐酸羟胺是一种还原剂，作用于胞嘧啶上，使G-C变为A-T。使用浓度为0.1%~0.5%，作用时间60min~2h。

此外，诱变时将两种或多种诱变因子复合使用，或者重复使用同一种诱变因子，效果更佳。

8.4.3　原生质体融合育种

原生质体融合（Protoplast fusion）是20世纪70年代发展起来的育种技术。用水解酶除去遗传物质转移的最大障碍之一细胞壁，制成由原生质膜包被的裸细胞，然后用物理、化学或生物学方法，诱导遗传特性不同的两亲本原生质体融合，经染色体交换、重组而达到杂交目的，经筛选获得集双亲优良性状于一体的稳定融合子，如图8-21所示。

与常规杂交相比，原生质体融合具有多方面的优势：

（1）大幅度提高亲本之间重组频率。

（2）扩大重组的亲本范围。

（3）原生质体融合时亲本整套染色体参与交换，遗传物质转移和重组性状较多，集中双亲本优良性状机会更大。

不足之处有：

（1）原生质体融合后DNA交换和重组随机发生，增加重组体分离筛选的难度。

（2）细胞对异体遗传物质的降解和排斥作用，以及遗传物质非同源性等因素也会影响原生质体融合的重组频率，使远缘融合杂交存在较大困难。

细胞融合后形成杂交细胞，所含基因是两个细胞的总和，类似有性生殖过程中的基因重组。因此也归为基因重组技术。

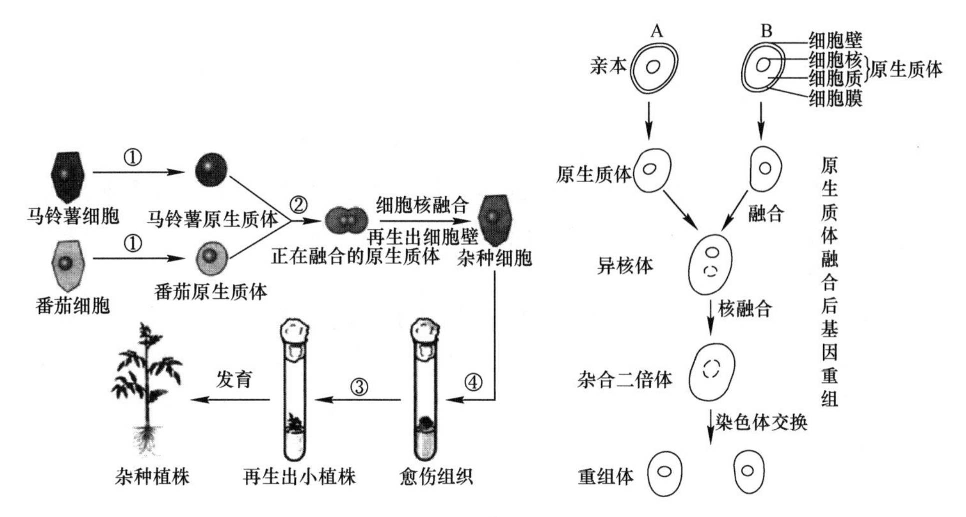

图 8-21 原生质体融合育种图示

8.4.3.1 动物细胞融合育种

动物细胞融合也称细胞杂交（Cell hybridization），是指两个或多个动物细胞融合成一个细胞的过程，融合后形成的具有原来两个或多个细胞遗传信息的单核细胞，称为杂交细胞（Hybrid cell），如图 8-22 所示。

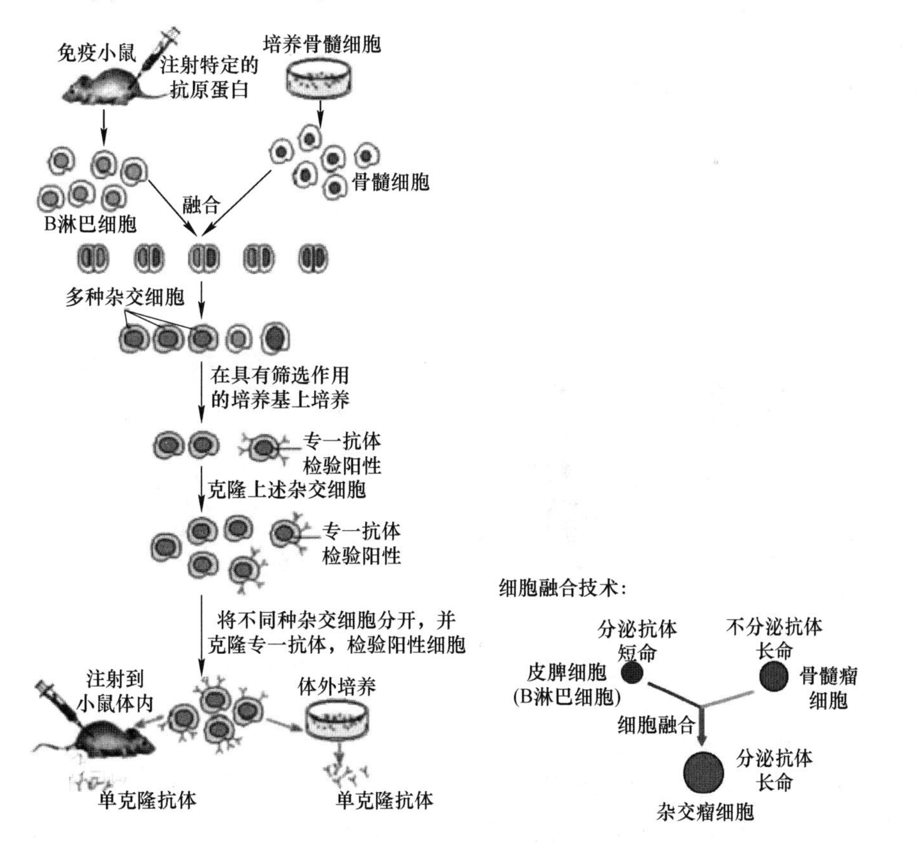

图 8-22 动物细胞融合图示

A 动物细胞融合步骤

(1) 细胞准备，分贴壁和悬浮细胞两种。前者可直接将两亲本细胞混合培养，后者需制成一定浓度的细胞悬浮液。

(2) 细胞融合，加促融因子于将行融合的细胞之中，诱导融合。

(3) 杂种细胞选择。利用选择性培养基等，使亲本细胞死亡，而让杂种细胞存活。

(4) 杂种细胞克隆。对选出的杂种细胞进行克隆（选择与纯化），经过培养，就能获得所需要的无性繁殖系。

诱导细胞融合主要用于制备单克隆抗体。常用方法有三种：生物方法（病毒）、化学方法（聚乙二醇 PEG）、物理方法（离心、震动、电刺激）。化学方法和物理方法可造成膜脂分子排列的改变，去掉作用因素之后，质膜恢复原有的有序结构，在恢复过程中便可诱导相接触的细胞发生融合。

B 常用的融合剂

常用的融合剂有聚乙二醇、灭活的病毒等。

C 灭活的病毒

某些病毒，如仙台病毒、副流感病毒和新城鸡瘟病毒的被膜中有融合蛋白（Fusion protein），可介导病毒同宿主细胞融合，也可介导细胞与细胞的融合，因此可以用紫外线灭活的此类病毒诱导细胞融合。最常用的是灭活的仙台病毒（HVJ，最早在日本仙台一实验室分离出来），为 RNA 病毒。HVJ 含有细胞表面受体的结合位点，可以促使不同细胞凝聚，最终使细胞膜相互融合。

D 病毒诱导细胞融合的过程

(1) 细胞表面吸附许多病毒粒子。

(2) 细胞发生凝集。

(3) 几分钟至几十分钟后，病毒粒子从细胞表面消失。

(4) 该部位与邻接的细胞的细胞膜融合。

(5) 胞浆相互交流，形成融合细胞，如图 8-23 所示。

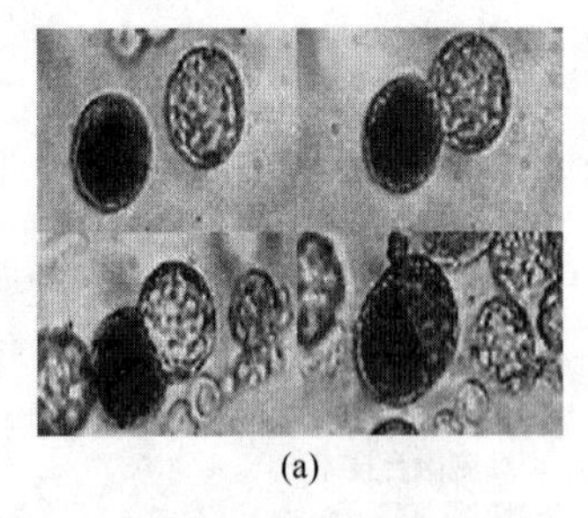

(a)

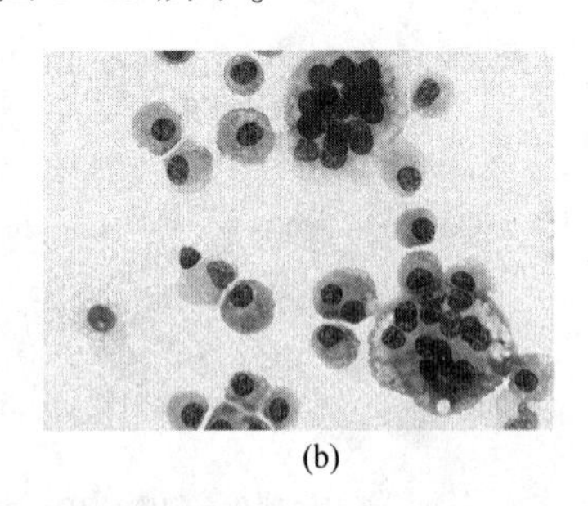

(b)

图 8-23 病毒诱导细胞融合图

(a) 鸡血融合细胞；(b) 小鼠多核巨噬细胞的原生质融合

8.4.3.2 原生质体融合育种的步骤

A 直接亲本及其遗传标记的选择

原生质体融合的亲本应采用具有较大遗传差异的近亲菌株，重组后的新个体具有更大的杂种优势。

B 原生质体制备与再生

原生质体制备与再生的步骤为：

（1）原生质体制备。制备大量具有活性的原生质体是微生物原生质体融合育种的前提。原生质体制备方法：机械法、非酶分离法和酶法。

采用前两种方法制备的原生质体效果差、活性低，仅适用于某些特定菌株。最有效和最常用的是酶法，该法时间短，效果好。

（2）原生质体的鉴定。其鉴定方法包括：

1）低渗爆破法。直接在显微镜下观察原生质体在低渗溶液中吸水膨胀、破裂过程。

2）荧光染色法。原生质体混悬液用荧光增白剂（VBL）染色，洗涤后在荧光显微镜下观察，发出红色光则为完全原生质体，发出绿色光则表明还有细胞壁成分存在（区别细胞壁与细胞膜的不同）。

（3）原生质体的收集和纯化：纯化方法有过滤法、密度梯度离心法、界面法、漂浮法，通常采用离心法。

C 原生质体融合

（1）融合剂和融合手段。化学融合剂普遍采用 PEG 介导的化学融合法；在 PEG 介导融合时，通常需要一定浓度的 Ca^{2+} 和 Mg^{2+}，能更有效地促进融合。物理融合手段主要采用电融合，即：

1）细胞产生偶极化，原生质体相互粘连，细胞沿电力方向排列成串。

2）在外加瞬间高频直流强电压作用下，扰乱原生质体膜的分子排列，使之穿孔，然后发生原生质体膜复原过程，原生质体发生融合，如图 8-24 所示。

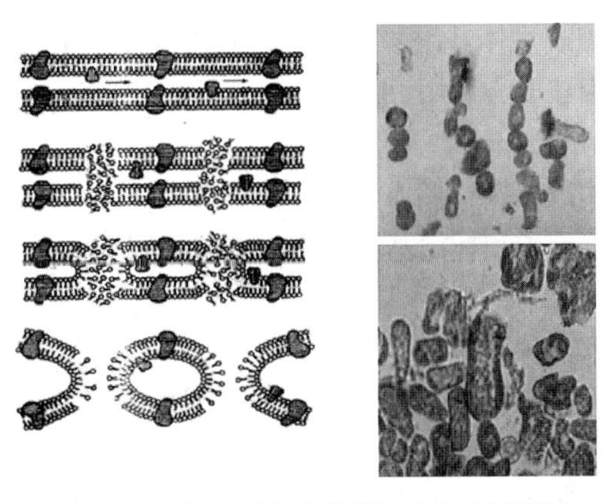

图 8-24 电场中原生质体膜被击穿的过程图

（2）原生质体融合过程。在高渗稳定液中，两个或两个以上凝聚成团，相邻原生质体紧密接触的质膜面扩大，相互接触的质膜消失，细胞质融合，形成一个异核体细胞。

D 融合体再生与检出

原生质体再生包括融合体细胞壁合成、重建和融合体的再生。

原生质体融合试验之前必须摸索出最佳的再生条件和完成再生实验，为融合体再生和复原做好准备。

原生质体必须重新合成细胞壁物质，恢复至完整细胞形态，才能进一步生长、分裂和增殖，这一过程就是原生质体的再生。

影响原生质体再生的因素为菌体生理状态、稳定剂、酶浓度与酶作用时间、再生培养基的组成、原生质体的密度。

E 重组体检出、鉴别与遗传特性分析

利用选择培养基或选择压的作用进行鉴别融合的原生质体，选取合适的方法分析。

8.4.4 基因工程育种

基因工程（Genetic engineering）或重组 DNA 技术（Recombinant DNA technology）是在基因水平上的遗传工程，用人为的方法将所需某一供体生物的遗传物质 DNA 分子提取出来，在离体条件下切割，后与作为载体的 DNA 分子连接起来，再导入某一受体细胞中，让外来遗传物质在其中进行正常复制和表达，从而获得新物种的一种育种技术。

8.4.4.1 发展历史

1927 年，发现 X 射线能诱发生物体突变，以后又发现紫外线等物理因子的诱变作用，于是很快被应用于早期的青霉素生产菌种产黄青霉（*Penicillium chrysogenum*）的诱变育种中，并取得了显著成效；1946 年，当发现了化学诱变剂的诱变作用，并初步研究了它们的作用规律后，在生产实践中就掀起了利用化学诱变剂进行诱变育种的热潮；几乎在同一时期，由于对真核微生物的有性杂交、准性杂交和原核微生物基因重组现象的研究，在育种实践上出现了各种杂交育种新技术。

8.4.4.2 基本步骤

A 目的基因的获取

目的基因（外源基因或供体基因）的获取，通常包括 DNA 纯化技术、酶促消化或机械切割。可从基因文库中获取、利用 PCR 技术扩增和人工合成。

B 基因表达载体的构建

目的基因与克隆载体的连接，形成重组体，是基因工程的核心步骤，基因表达载体包括目的基因、启动子、终止子和标记基因等。对细菌细胞来说，合适的克隆载体有质粒和细菌噬菌体。

C 将目的基因导入受体细胞

将重组 DNA 分子转到合适的宿主中，如大肠杆菌。当利用质粒导入时，对一重组的细菌载体来说此过程又称为转化或转染。

根据受体细胞不同，导入的方法也不一样。将目的基因导入植物细胞的方法有脓杆菌转化法、基因枪法和花粉管通道法；将目的基因导入动物细胞最有效的方法是显微注射法；将目的基因导入微生物细胞的方法是感受态细胞法。

D 目的基因的检测与鉴定

分子水平上的检测：（1）检测转基因生物染色体的 DNA 是否插入目的基因——DNA 分子杂交技术；（2）检测目的基因是否转录出了 mRNA——分子杂交技术；（3）检测目的基因是否翻译成蛋白质——抗原-抗体杂交技术。

个体水平上的鉴定包括抗虫鉴定、抗病鉴定、活性鉴定等。

“工程菌”或“工程细胞株”的表达、监测及实验室和一系列生产性试验等，利用细胞培养技术，培养筛选转化的细胞，一个转化的宿主细胞能生长并产生遗传上相同的克隆细胞，每个细胞都携带着转化的目的基因。所以基因工程按照人们的意愿，进行严格的设计，所以在育种过程中能够定向改变生物的性状。

8.4.4.3 应用

基因工程正在或即将使人们的某些梦想和希望变成现实。基因工程广泛应用于工业、食品、农业、医疗、采矿、冶炼、材料、能源、环境保护和生物学基本理论的研究，带动了生物技术的高速发展。

重要的应用有基因工程药物、转基因植物和转基因动物、改造传统工业发酵菌种、基因治疗、基因工程在微生物研究中的应用、基因工程在环境保护中的应用等。

8.4.4.4 研究展望

基因工程的兴起导致生物科学发生了深刻的变化，主要表现引发了生物科学中技术上的创新和迅猛发展；技术上的重大突破，促使生物科学获得前所未有的高速发展。

课堂讨论

(1) 简述诱变育种的常用方法。
(2) 简述基因工程育种的常用方法。

8.5 菌种的衰退、复壮和保藏

随着菌种保藏时间的延长或菌种的多次转接传代，菌种本身所具有的优良的遗传性状可能得到延续，也可能发生变异。变异有正变（自发突变）和负变2种，其中负变即菌株生产性状的劣化或有些遗传标记的丢失。退化菌种的复壮可通过纯种分离和性能测定等方法来实现，其中一种是从退化菌种的群体中找出少数尚未退化的个体以达到恢复菌种的原有典型性状。另一种是在菌种的生产性能尚未退化前就经常有意识地进行纯种分离和生产性能的测定工作，以达到菌种的生产性能逐步有所提高。

微生物菌种保藏技术很多，但原理基本一致，即采用低温、干燥、缺乏营养、添加保护剂或酸度中和剂等方法，挑选优良纯种，最好是它们的休眠体，使微生物生长在代谢不活泼、生长受抑制的环境中。

在微生物的基础研究和应用研究中，选育一株理想菌株是一件艰苦的工作，而要保持菌种的遗传稳定性更是困难。菌种退化是一种潜在的威胁，因此引起人们的研究与重视。生产菌株生产性状的劣化、遗传标记的丢失称为菌种退化。

8.5.1 菌种的退化

菌种退化（Degeneration）是指群体中退化细胞在数量上占一定数值后，表现出菌种生产性能下降的现象。常表现为：在形态上的分生孢子减少或颜色改变，甚至变形，如放线菌和霉菌在斜面上经多次传代后产生了“光秃”型，从而造成生产上用孢子接种的困难；在生理上常指产量下降，例如黑曲霉的糖化能力、抗生素生产菌的抗生素发酵单位下降等。

8.5.1.1　菌种退化特点

菌种的退化可以是形态上的，也可以是生理上的，具体表现有：菌落和细胞形态的改变，生长速度缓慢，产孢子越来越少，代谢产物生产能力的下降，致病菌对宿主侵染力下降，抗不良环境条件（抗噬菌体、抗低温、抗高温等）能力的减弱等。

8.5.1.2　造成菌种退化的原因

A　基因突变

微生物与其他生物类群相比最大的特点之一就是有较高的代谢繁殖能力，在DNA大量快速复制过程中，因出现某些基因的差错从而导致突变发生，故繁殖代数越多，突变体的出现也越多。一般来说，微生物的突变常常是负突变，是使菌种原有的优良特性丧失或导致产量下降的突变。只有经过大量的筛选，才有可能找到正突变。

B　分离现象

遗传育种获得的菌种若是多核（或是单核）但DNA双链之一发生突变，随着传代，其生产性状也将发生退化。这种退化不是基因突变引起的，而是由于诱变获得的高产株本身不纯。

C　环境条件

环境条件对菌种退化的影响，如营养条件，有人把泡盛曲霉的生产种，在3种培养基上连续传代10次，发现不同培养基和传代次数对淀粉葡萄糖苷酶的产量下降有不同影响，说明营养成分影响菌种退化的速度。环境温度也是重要的作用因素。例如，温度高，基因突变率也高，温度低则突变率也低，因此菌种保藏的重要措施就是低温。其他环境因子，如紫外线等诱变剂也可加速菌种退化。

8.5.1.3　衰退的防止

主要通过以下方法防止菌种的退化：（1）控制传代次数；（2）创造良好的培养条件；（3）利用不同类型的细胞进行接种；（4）采用有效的菌种保藏方法。

A　从菌种选育时考虑

在育种过程中，应尽可能使用孢子或单核菌株，避免对多核细胞进行处理，采用较高剂量诱使单链突变的同时，另一条单链丧失了模板作用，可以减少出现分离回复现象；同时，在诱变处理后应进行充分的后培养及分离纯化，以保证获得菌株的“纯度”。

B　从菌种保藏角度考虑

不论在实验室还是在生产实践上，必须严格控制菌种可传代次数。斜面保藏的时间较短，只能作为转接和短期保藏的种子用，应该在采用斜面保藏的同时，采用沙土管、冻干管和液氮管等能长期保藏的手段。

C　从菌种培养的角度考虑

各种生产菌对培养条件的要求和敏感性不同，培养条件要有利于生产菌株，不利于退化菌株的生长。

8.5.1.4　退化菌种的复壮

在退化的菌种中仍有一些保持原有菌种特性的细胞，故有可能采取一些相应措施，使这些细胞生长、繁殖，以更新退化的菌株，称之为菌种的复壮。

菌种复壮就是在菌种发生退化后，通过纯种分离和性能测定，从退化的群体中找出尚未退化的个体，以达到恢复该菌种原有性状的一种措施，但这是一种消极的措施。

狭义复壮：在菌种已发生衰退的情况下，通过纯种分离和测定典型性状、生产性能等指标，从已衰退群体中筛选出少数尚未退化的个体，达到恢复原菌株固有性状的相应措施。

广义复壮：在菌种的典型特征或生产性状尚未衰退前，就经常有意识地采取纯种分离和生产性状的测定工作，以期从中选择到自发的正突变个体。也称生产育种。

常用方法是：纯种分离；通过宿主体内生长进行；淘汰已衰退的个体。

8.5.2 菌种的保藏

经诱变筛选、分离纯化以及纯培养等一系列艰苦劳动得到的优良菌株，能使其稳定地保存、保持原有的特性、不死亡、不污染，这就是菌种保藏的任务。

8.5.2.1 原理

人为地创造合适的环境条件，使微生物的代谢处于不活泼、生长繁殖受抑制的休眠状态。这些人工环境主要从低温、干燥、缺氧 3 方面设计。

8.5.2.2 常用方法

菌种的保藏方法多样，采取哪种方式，要根据保藏的时间、微生物种类、具备的条件等而定。下面着重介绍几种常用的保藏方法。

A 定期移植保藏法

将菌种接种于适宜的斜面或液体培养基，也可进行穿刺培养，待生长成健壮的菌体（对数期细胞、有性孢子或无性孢子）后，将菌种放置于 4℃ 冰箱中保藏，每间隔一定时间再转接至新的斜面培养基上，生长后继续保藏。对细菌、放线菌、霉菌和酵母菌均可采用。此方法简单、存活率高，故应用较普遍。其缺点是菌株仍有一定的代谢强度，传代多则菌种易变异，故不宜长时间保藏菌种。

B 液体石蜡覆盖保藏法

为了防止传代培养菌因干燥而死亡，也为限制氧的供应以削弱代谢水平，在斜面或穿刺的培养基中覆盖灭菌的液体石蜡。主要适用于霉菌、酵母菌、放线菌、好氧性细菌等的保存。霉菌和酵母菌可保存几年，甚至长达 10 年。本法的优点是方法简单、不需要特殊装置。其缺点是对很多厌氧细菌或能分解烃类的细菌的保藏效果较差；必须直立放在冰箱中，占据较大空间。液体石蜡要求选择优质无毒的产品，一般为化学纯规格。可以在 121℃ 下湿热灭菌 20min。要求液体石蜡的油层高于斜面顶端 1cm，垂直放在 4℃ 冰箱内保藏。

C 载体保藏法

载体保藏法是使微生物吸附在适当的载体上（土壤、沙子等）进行干燥保存的方法。最常用的是沙土保藏法。土壤是自然界微生物的共同活动场所，土壤颗粒对微生物具有一定的保护作用。取河沙过 24 目筛，用 10%~20%的盐酸浸泡除去有机质，洗涤、烘干、分装入安瓿管，加塞灭菌。主要用于能形成孢子或孢子囊的微生物（真菌、放线菌和部分细菌）的保存。此法简便，保藏时间较长，微生物转接也较方便，故应用范围较广。

需要保藏的菌株先用斜面培养基培养，再用无菌水制成细胞或孢子悬液，将 10 滴悬液注入装有洗净、灭菌河沙的沙管内，使细胞或孢子吸附在沙上，放到干燥器中吸干河沙中的水分，将干燥后的沙管用火焰熔封管口，可室温或低温保藏。

D　麸皮保藏法

将麸皮（也可用各种谷物代替）与水或其他培养基成分以一定比例拌匀，加水或培养液与麸皮的比例为1∶(0.8~1.5)，原则上是按照不同菌种对水分的不同要求而定。将拌匀的麸皮分装在试管里，装入的麸皮应保持疏松，不要压紧。高温灭菌后，将菌种的孢子液接入。适宜温度下培养，直至长出菌丝。再放在干燥器中干燥后，20℃以下温度保藏。也可将小管用火焰熔封。该法操作简单，菌种保藏时间长，不易退化，工厂中经常采用。

E　冷冻干燥保藏法

该法是将菌液在冻结状态下升华其中水分，最后获得干燥的菌体样品。它同时具备干燥、低温和缺氧的菌种保藏条件，所以，可使微生物菌种得到较长时间的保存。

这是最佳的微生物菌体保存法之一，保存时间长，可达10年以上。低温冷冻可以用普通-20℃或更低的-50℃、-70℃冰箱，用液氮（-196℃）更好。无论是哪种冷冻，在原则上应尽可能速冻，使其产生的冰晶小而减少细胞的损伤。

不同微生物的最适冷冻温度不同。为防止细胞被冻死，保存液中应加些保护剂，例如甘油、二甲亚砜等，它们可透入细胞，通过降低强烈的脱水作用而保护细胞；大分子物质如脱脂牛奶、血清白蛋白等，可通过与细胞表面结合的方式防止细胞膜受冻伤。其缺点是手续麻烦、需要条件高。

另外还有悬液保藏法、寄主保藏法、液氮保藏法等。

F　蒸馏水保藏法

每个试管中装5mL灭菌的无菌水，用接种环从斜面或平板上挑取一环菌种细胞，接入蒸馏水中并使之悬浮，试管用无菌的橡皮塞塞紧，放置于10℃下低温保藏。需用时，可从管内移出一环接到培养基上，而原来的管加塞后仍可继续保藏。

G　甘油保藏法

甘油保藏法与液氮超低温保藏法类似。菌种悬浮在10%（体积分数）的甘油蒸馏水中，置低温（-80~-70℃）保藏。该法较简便，保藏期较长，但需要有超低温冰箱。实际工作中，常将待保藏的菌种培养至对数期的培养液直接加到已灭菌的甘油中，并使甘油的终浓度在10%~30%左右，再分装于小离心管中，置于低温下保藏。因此，基因工程菌常采用该法保藏。

课堂讨论

（1）简述菌种保藏的常用方法及原理。

（2）简述菌种衰退的原因及复壮的方法。

8.6　实训：微生物遗传实验

8.6.1　实训目的

掌握微生物变异的原理，学习用梯度平板法分离抗药性突变株。

8.6.2 实训原理

基因突变可分为自发突变和诱发突变。许多物理、化学、生物因素对微生物都有诱变作用。

基因中碱基顺序的改变可导致微生物细胞的遗传变异。这种变异有时能使细胞在有害的环境中存活下来，抗药性突变就是一个例子。微生物的抗药性突变是 DNA 分子的某一特定位置的结构改变所致，与药物的存在无关，某种药物的存在只是作为分离某种抗药性菌株的一种手段，而不是引发突变的诱导物。因而在含有一定抑制生长药物浓度的平板上涂布大量的细胞群体，极个别抗性突变的细胞会在平板上生成菌落。将这些菌落挑取纯化，进一步进行抗性试验，就可以得到所需要的抗药性菌株。抗药性突变常用作遗传标记，因而掌握分离抗药性突变株的方法是非常重要的。

为了便于选择适当的药物浓度，分离抗药性突变株常用梯度平板法。本实验用梯度平板法分离大肠杆菌抗链霉素突变株。

8.6.3 操作步骤

（1）取一个已经灭菌的空平皿，把培养皿斜放（一边垫起），在无菌条件下倒入不含药物的底层培养基（10mL LB 培养基）。

（2）待平板中的培养基凝固后将平皿放平，再倒入含有链霉素的上层培养基（10mL LB 培养基，含有链霉素 100μg/mL）。

备注：这样便得到链霉素浓度从一边到另一边逐渐降低的梯度平板。

（3）取一支大肠杆菌液体培养物，用移液管移取 0.2mL 菌液到梯度平板上进行涂布。

（4）将平板倒置于 37℃ 培养 2 天；观察经一次培养的梯度平板上大肠杆菌生长情况。

（5）选择平板上 1~2 个生长在梯度平板中部的单个菌落，用无菌接种环接触单个菌落，朝高药物浓度的方向划线。

（6）将平板倒置于 37℃ 培养 2 天；观察经二次培养的梯度平板上大肠杆菌生长情况。

8.6.4 注意事项

玻璃涂布棒在火焰上灼烧后要待其冷却后再进行涂布，以免烫死细胞；可以蘸上乙醇后在火焰上灼烧，以缩短冷却的时间。

8.7 实训：醋酸杆菌复壮实验

8.7.1 实训目的

实验室保藏醋酸杆菌出现退化，进行复壮实验，以恢复原菌株的固有特性。

8.7.2 实训原理

由于微生物群体会发生自发突变而使该物种原有一系列性状发生衰退，微生物的衰退是一个量变到质变的过程，狭义的复壮是一种消极的措施，指的是在菌种已经发生退化的情况下，通过菌种分离和测定关键性能，从已衰退的群体中筛选出少数尚未退化的个体，以恢复原有菌株的固有特性；广义复壮是一项积极措施，即在菌种尚未退化前，就经常有意识进行纯种分离，获得正突变株。菌种发酵产物山梨糖可以和斐林试剂反应生成砖红色沉淀，故利用斐林显色法快速筛选菌株。

8.7.3 实训材料

（1）菌种：实验室保藏的菌种醋酸杆菌记作 T-1。

（2）斐林试剂：可以和山梨糖反应生成砖红色沉淀，96 孔板。

8.7.4 实训方法（纯种分离法）

保藏斜面制备：从-80℃冰箱中取出一支甘油管全部倒入 50mL 液体培养基中，装在 500mL 的摇瓶中，28℃，151r/min 下培养 20~24h；在无菌条件下划斜面 10~30 支，28℃下培养 1~2 天，储存在 4℃冰箱能保存一个月。月末用保存的斜面一支转接 10~30 支斜面，28℃下培养好，4℃冰箱保存（上次保存的斜面全部丢弃），可连续转接 2~3 次。

斜面活化：取保存在 4℃冰箱中的斜面在无菌条件下划斜面数支，28℃下培养 1~2 天活化。液体种子：用活化的斜面在无菌条件下挑一环到液体种子培养基中，28℃，151r/min 下培养 24h（用过的斜面丢弃）。菌种的保藏：500mL 摇瓶装 50mL 培养基接种培养 24h，无菌条件下，加入灭菌的 50mL 纯甘油，摇匀，倒入甘油管中 10~20 个，-80℃冰箱保存。

（1）液体培养：在无菌条件下，从活化的斜面挑取一环菌到 50mL 液体培养基中，28℃，151r/min，培养 14~18h，待用。

（2）在无菌条件下，梯度稀释 10^{-3}、10^{-4}、10^{-5}、10^{-6}，在平板上均匀涂布，在 28℃下培养 2~3d。

（3）从划线的平板上挑取大量的单菌落至斜面上，并标记 1，2，3，…，在 28℃下培养 2 天，4℃冰箱保藏。

（4）在无菌的条件下，从每支斜面上挑取一环菌到 50mL 液体培养基中，并和斜面对应标记 1，2，3，…，28℃，151r/min 下孵化 20~24h。

（5）取培养好的液体发酵液，每瓶分别稀释 2 倍、4 倍、8 倍，并和斜面对应标记；取 50μL 稀释样品和 50μL 斐林试剂加到 96 孔板中，25℃下反应 15min，观察颜色变化，筛选出颜色最明显菌株，30%甘油保藏。

（6）采用补料分批发酵筛选，将活化后的阳性菌株，接种到装有 50mL 液体培养基的 500mL 三角瓶中，30℃，150r/min 条件下发酵 24h，然后补加甘油 1.25mL，继续发酵，测定发酵过程中二羟基丙酮产量与甘油含量，筛选最优菌株。

（7）菌种稳定性检测（液体传代）

将数支最优菌种从斜面接种到 50mL 液体培养基中进行液体活化，转接于 50mL 液体培养基中 28℃下培养 20~24h，每次接种 5%进行传代培养，通过补料分批检验，传代 3~4 次检测其稳定性；将最优菌种用甘油管保藏。

拓展训练

一、选择题

（1）细菌突变的发生是由于（　　）。

A. 基因重组
B. 基因交换
C. 质粒丢失
D. 核质基因发生突然而稳定的结构改变

（2）不属于基因突变的特点的是（　　）。

A. 不对应性
B. 自发性
C. 突变发生比率高
D. 独立性

（3）减数分裂中发生的染色体交叉互换，也可以发生在某些生物体的有丝分裂中，这种现象称为有丝分裂交换。图 8-25 是某高等动物一个表皮细胞发生有丝分裂交换的示意图。下列说法中不正确的是（　　）。

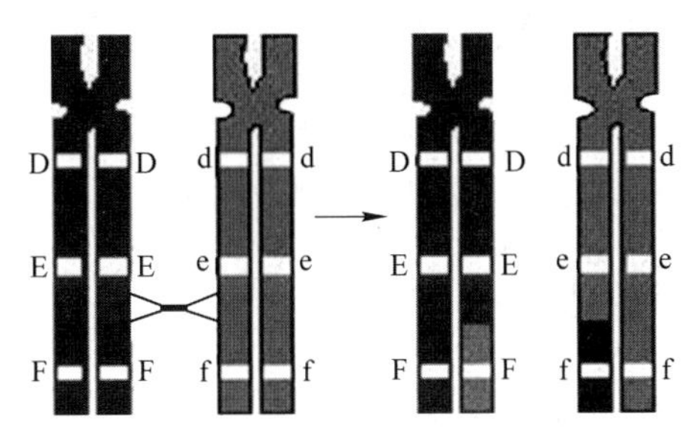

图 8-25　有丝分裂交换示意图

A. 该细胞在发生有丝分裂交换后，产生 4 种基因型的子代表皮细胞
B. 若不考虑该生物在产生配子时发生交换，那么该生物产生的配子有两种基因型
C. 若上面是该生物的精原细胞在产生精细胞时发生减数分裂交换后的结果，由它产生的配子类型有 4 种
D. 若细胞在减数分裂和有丝分裂中都发生交换，减数分裂对于遗传多样性贡献较大

（4）基因重组、基因突变、染色体变异的共同点是（　　）。

A. 都能产生可遗传的变异
B. 都能产生新的基因
C. 产生的变异对生物均不利
D. 在显微镜下均可观察到变异状况

（5）基因突变、基因重组和染色体变异的共同点是都能（　　）。

A. 产生新的基因
B. 产生可遗传的变异
C. 产生新的基因型
D. 改变基因中的遗传信息

二、看图填空题

图 8-26 为肺炎双球菌转化实验的部分图解，请据图回答：

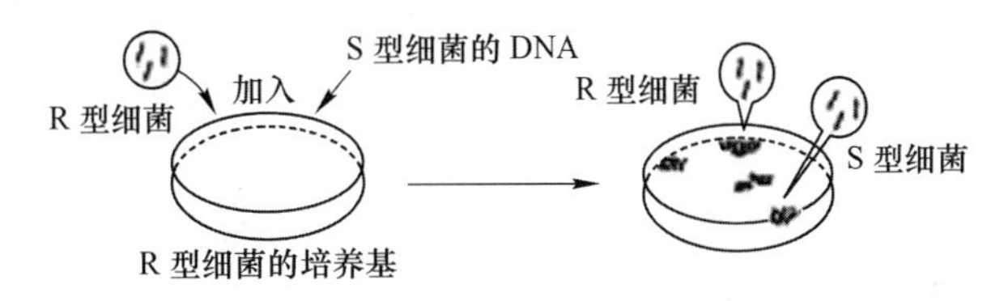

图 8-26　转化实验部分图解（一）

（1）该实验是________________所做的肺炎双球菌转化实验的部分图解。

（2）该实验是在______________实验的基础上进行的，目的是证明______________。

（3）在对 R 型细菌进行培养之前，必须首先进行的工作是______________。

（4）依据上图所示实验，可以作出的假设是______________。

（5）为验证上面的假设，他们又设计了下面的实验（见图 8-27）。

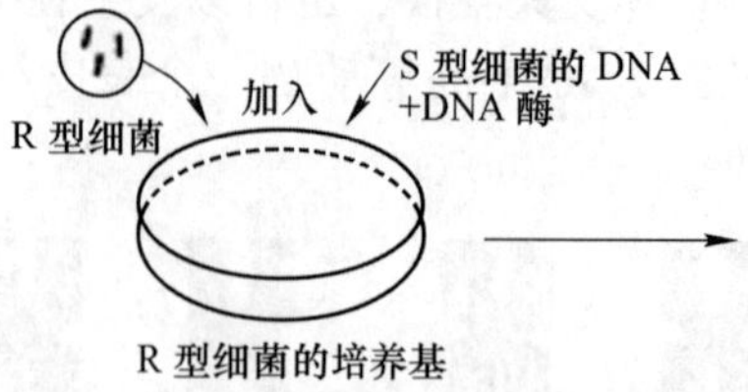

R 型细菌
加入
S 型细菌的 DNA +DNA 酶
R 型细菌的培养基

图 8-27 转化实验部分图解（二）

实验中加入 DNA 酶的目的是______________，他们观察到的实验现象是______________。

（6）通过上面两步实验，仍然不能说明______________，为此他们设计了下面的实验（见图 8-28）。

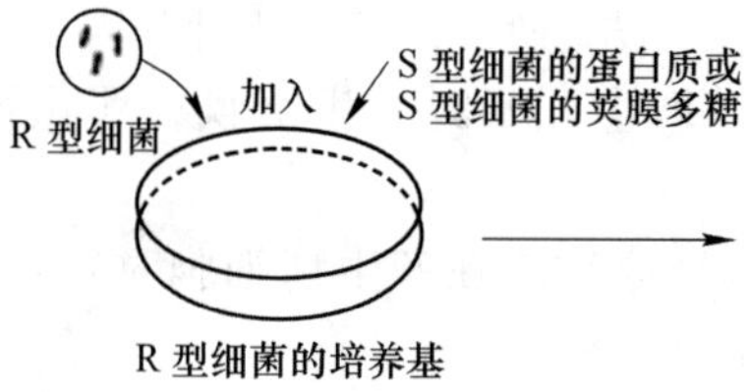

R 型细菌
加入
S 型细菌的蛋白质或 S 型细菌的荚膜多糖
R 型细菌的培养基

图 8-28 转化实验部分图解（三）

他们观察到的实验现象是______________，该实验能够说明______________。

三、填空题

（1）细菌变异的物质基础是菌体内的__________和__________，其化学本质都是__________。

（2）基因突变的机理包括__________、__________、__________以及__________因子的转位。

（3）细菌的遗传性变异主要通过__________、__________两种方式实现。

（4）基因工程的四个步骤分别是：第一步__________；第二步__________；第三步__________；第四步__________。

基因工程育种能够__________（填“定向”或“不定向”）改变生物的性状。

（5）常见的化学诱变剂包括的种类有__________、__________、__________、__________等。

（6）菌种退化采用的防止方法有______________、______________、______________、______________。

(7) 菌种保藏的方法有________、________、________、________、________等。

四、简答题

(1) 简述细菌变异的实际应用。

(2) 简述重组体筛选的主要方法及原理。

(3) 简述微生物在基因工程育种中的重要地位。

(4) 何为原生质体融合？简述原生质体融合育种的步骤。

(5) 诱变育种有哪些特点？

(6) 简述菌种退化的原因及复壮的方法。

知识链接

基因突变的特性

不论是真核生物还是原核生物的突变，也不论是什么类型的突变，都具有随机性、低频性和可逆性等共同的特性。

一、普遍性

基因突变在自然界各物种中普遍存在。

二、随机性

T. H. 摩尔根在饲养的许多红色复眼的果蝇中偶然发现了一只白色复眼的果蝇。这一事实说明基因突变的发生在时间上、在发生这一突变的个体上、在发生突变的基因上，都是随机的。以后在高等植物中所发现的无数突变都说明基因突变的随机性。

在细菌中则情况远为复杂，在含有某一种药物的培养基中培养细菌时往往可以得到对于这一药物具有抗性的细菌，因此曾经认为细菌的抗药性的产生是药物引起的，是定向的适应而不是随机的突变。S. 卢里亚和 M. 德尔布吕克在 1943 年首先用波动测验方法证明在大肠杆菌中的抗噬菌体细菌的出现和噬菌体的存在无关。J. 莱德伯格等在 1952 年又用印影接种方法证实了这一论点。方法是把大量对于药物敏感的细菌涂在不含药物的培养基表面，把这上面生长起来的菌落用一块灭菌的丝绒作为接种工具印影接种到含有某种药物的培养基表面，使得两个培养皿上的菌落的位置都一一对应。根据后一培养基表面生长的个别菌落的位置，可以在前一培养皿上找到相对应的菌落。在许多情况下可以看到这些菌落具有抗药性。由于前一培养基是不含药的，因此这一实验结果非常直观地说明抗药性的出现不依赖于药物的存在，而是随机突变的结果，只不过是通过药物将它们检出而已。

三、稀有性

在第一个突变基因发现时，不是发现若干白色复眼果绳而是只发现一只，说明突变是极为稀有的，也就是说野生型基因以极低的突变率发生突变。在有性生殖的生物中，突变率用每一配子发生突变的概率，也就是用一定数目配子中的突变型配子数表示。在无性生殖的细菌中，突变率用每一细胞世代中每一细菌发生突变的概率，也就是用一定数目的细菌在分裂一次过程中发生突变的次数表示。据估计，在高等生物中，大约 10^5~10^8 个生殖细胞中，才会有 1 个生殖细胞发生基因突变。虽然基因突变的频率很低，但是当一个种群内有许多个体时，就有可能产生各种各样的随机突变，足以提供丰富的可遗传的变异。

四、可逆性

野生型基因经过突变成为突变型基因的过程称为正向突变。正向突变的稀有性说明野生型基因是一个比较稳定的结构。突变基因又可以通过突变而成为野生型基因，这一过程称为回复突变。同样回复突变是难得发生的，说明突变基因也是一个比较稳定的结构。不过，正向突变率总是高于回复突变率，这是因为一个野生型基因内部的许多位置上的结构改变都可以导致基因突变，但是一个突变基因内部只有一个位置上的结构改变才能使它恢复原状。

五、少利多害性

一般基因突变会产生不利的影响，被淘汰或是死亡，只有极少数会使物种增强适应性。

六、不定向性

例如控制黑毛 A 基因可能突变为控制白毛的 a^+ 或控制绿毛的 a^- 基因。

七、有益性

一般基因突变是有害的，但是有极为少数的是有益突变。例如一只鸟的嘴巴很短，突然突变变种后，嘴巴会变长，这样会容易进食和饮水。

一般，基因突变后身体会发出抗体或其他修复体进行自行修复。可是有一些突变是不可回转性的。突变可能导致立即死亡，也可以导致惨重后果，如器官无法正常运作，DNA 严重受损，身体免疫力低下等。如果是有益突变，可能会发生奇迹，如身体分泌特殊变种细胞来保护器官、身体，或在一些没有受骨骼保护的部位长出骨骼。基因与 DNA 就像是每个人的身份证，可它又是一个人的先知，因为它决定着身体的衰老、病变、死亡的时间。

八、独立性

某一基因位点的一个等位基因发生突变，不影响另一个等位基因，即等位基因中的两个基因不会同时发生突变。

(1) 隐性突变：当代不表现，F_2 代表现。

(2) 显性突变：当代表现，与原性状并存，形成镶嵌现象或嵌合体。

九、重演性

同一生物不同个体之间可以多次发生同样的突变。

无论是碱基置换突变还是移码突变，都能使多肽链中氨基酸组成或顺序发生改变，进而影响蛋白质或酶的生物功能，使个体的表型出现异常。

9 微生物生态

学习引导

学习目标

(1) 了解微生物在自然界的分布。
(2) 掌握微生物与生物环境间的相互关系。
(3) 理解微生物在自然界物质循环中的作用。

重点难点

(1) 重点：微生物与生物环境间的6种相互关系。
(2) 难点：微生物在自然界物质循环中的作用。

9.1 微生物在自然界中的分布

微生物的分布很广范，可以分布于土壤中、空气中、水中等地方，它们与周围的环境存在相互作用，可以对人类有利，也可以有害，通过本部分大家来认识一下吧！

组成生态系统的环境微生物，在不同的环境条件下，它们的个体和种群群落，在生物圈的各个生态系统中，与环境相互作用，协同演化，为人类的生存环境与资源能源再生利用保持协调，形成良性循环，又为保护和发展提供了理论依据，也是经济持续发展必须提供的条件之一。另一方面，微生物的生态作用，与国民生产的许多方面都直接或间接地发生着关系，发挥着不同的作用，因此，了解发挥作用的原理与原因，构成了微生物生态的主要内容。

9.1.1 土壤中的微生物

土壤是地球表面的岩石风化壳在母质、地形、气候、生物和时间等5大成土因子的共同作用下形成的。土壤中包含固体无机物（岩石和矿物质）、有机物、水、空气等，能够提供微生物需要的全部营养和环境条件。土壤的酸碱度、湿度、含氧量等可保证微生物生长，温度适中且变化不大，无机和有机营养物质丰富，这些都为各种微生物的生长繁殖提供了有利条件。因此，土壤是微生物最适宜的生活环境和大本营。土壤中微生物种类最多，数量最大，是人类最主要的微生物资源菌种库。据测定，1g干重农田土壤就含几百万个细菌、数十万个真菌孢子和数万个原生动物和藻类（见表9-1）。

表9-1 土壤中的微生物

微生物	数量/克干重	生物量/$g \cdot m^{-3}$
细菌	10^8	160

续表 9-1

微生物	数量/克干重	生物量/g · m^{-3}
放线菌	10^5 ~ 10^6	160
真菌	10^5	200
藻类	10^4 ~ 10^5	32
原生生物	10^4	38

9.1.1.1 分布位置

土壤微生物主要分布于土壤表层和土壤颗粒表面，其数量和分布主要受到土壤养分、含水量、氧气、温度、pH 等因素的影响。另外土壤具有高度的异质性，其内部包含有许多不同的微生物，甚至在微小土壤颗粒中也存在着不同的生理类群。

9.1.1.2 主要菌种

土壤中占优势的细菌有假单胞菌属（*Pseudomonas*）、节杆菌属（*Arthrobacter*）、芽孢杆菌属（*Bacillus*）、土壤杆菌属（*Agrobacterium*）、产碱杆菌属（*Alcaligenes*）、黄杆菌属（*Flavobacterium*），此外，不动杆菌属（*Acinetobacter*）、棒杆菌属（*Corynebacterium*）、微球菌属（*Micrococcus*）、分枝杆菌属（*Mycobacterium*）、葡萄球菌属（*Staphylococcus*）、黄单菌属（*Xanthomonas*）和八叠球菌属（*Sarcina*）也普遍存在于土壤中，但数量相对较少。放线菌占土壤细菌群体的10%~33%，其中链霉菌属和诺卡氏菌属在土壤放线菌中占的比例很大，其次是小单孢菌属（*Micromonospora*）和其他放线菌。放线菌较适合在碱性或中性条件下生长，对干燥抗性比较大。

土壤中真菌的生物量与细菌相当，真菌可以以游离的状态存在或与植物根形成菌根。真菌主要存在于土壤表面10cm处，在30cm以下很难找到真菌。土壤中常见的真菌主要是半知菌，如曲霉、地霉、青霉和木霉，但也可以找到大量的子囊菌和担子菌。能够进行光合作用的蓝细菌和真核藻类等光能自养微生物也能够生活在土壤中。潮湿的土壤中还存在大量的原生动物。土壤中的微生物对土壤的形成、土壤肥力和植物生产都有非常重要的作用。

9.1.2 水体中的微生物

地球表面约有71%为水所覆盖，水体中溶解的 O_2 及 N、P、S 等无机营养元素和丰富的有机物质，足以维持微生物的生存；此外水环境中的温度、pH 值、渗透压等也适合微生物生长繁殖。因此，天然水体也是微生物广泛分布的自然环境。水体生活环境主要包括湖泊、池塘、溪流、河流、港湾和海洋。

根据水体的化学成分和生物群落的明显差异，一般又分为淡水生活环境和海水生活环境两个不同的生态类型。不同水体中微生物的数量和分布主要受到营养物水平、温度、光照、溶解氧、盐分等因素的影响。

9.1.2.1 海水中的微生物

一般海水的含盐量为3%左右，典型的海洋微生物生长的最适盐浓度为3.3%~3.5%，并且在缺乏氯化钠时不生长。地球上的绝大部分海域的海水温度低于5℃，因此，多数海洋微生物具有嗜冷的特点。海水中的微生物种类主要有藻类、革兰氏阴性需氧或兼性厌氧细菌，如假单胞菌属和弧菌属。

9.1.2.2 淡水中的微生物

淡水生活环境分为静水和流水两种情况，不同地域的水体中微生物的种类和数量也各异。水体较深的湖泊中因光线、温度、溶解氧等方面的差异，微生物表现出明显的垂直分布带。在低营养浓度水体中，微生物倾向于生长在固体的表面和颗粒物上，它们要比悬浮和随水流动的微生物能吸收、利用更多的营养物，常常有附着器和吸盘，这有助于附着在各种表面上。另外，在低浓度（1~15mg/L）有机质的水体中有少量的异养型微生物也能够正常生长，这类细菌被称为贫营养细菌或寡营养细菌（Oligotrophic bacteria）。

9.1.2.3 微生物与水的关系

水生微生物生态系统的作用与功能是非常明显的，一方面水中含有的异养型微生物可把腐殖质、有机废弃物等分解并部分转化为微生物蛋白；另一方面，水中还含有各种光合微生物（如光合细菌、蓝细菌、藻类等），它们是最初级生产者，与异养型微生物一起成为水中浮游动物的食料而进入食物链。

天然水体的生态系统一般由水生动植物以及各种各样的微生物所组成，由于微生物的分解和吸附作用，在一定的浓度范围内，对所投入的有机或无机污染物具有明显的自净作用。但当投入的污染物超过一定数量时，水体的生态平衡和自净作用受到破坏，水体就会呈现出受污染状态。

水体的富营养化（Eutrophication）是指水体中因氮、磷等元素含量过高而引起水体表面的藻类和蓝细菌过度生长、繁殖的现象。“水华”和“赤潮”就是由富营养化而引起的典型事例。水体中的氮和磷是藻类增长的限制因子，一般认为，水体中总含磷量达到 $20mg/m^3$，无机氮达到 $300mg/m^3$ 以上就会出现富营养化。与富营养化关系密切的是藻类和蓝细菌中的微囊藻属（*Microcystis*）、腔球藻属（*Coelosphaerium*）和鱼腥藻属（*Anabaena*）。由于藻类的大量繁殖覆盖在水表，大气中的氧不易溶于水，以及藻类和异氧细菌的代谢活动大量消耗水中的溶解氧，造成水体缺氧，在厌氧微生物的作用下，常可引起水体黑臭等。加上一些藻类向水体中分泌毒素，使浮游动物和鱼类无法生存。

9.1.3 空气中的微生物

空气中没有可为微生物直接利用的营养物质和足够的水分，再者大气的化学、物理因子（如紫外线、臭氧等）都不利于微生物的存活，所以大气环境不是微生物生长繁殖的适宜环境，空气中没有固定的微生物种群。由于许多微生物可以产生各种抗逆境的休眠体，可在大气中存活相当长的时间，因此，空气中仍能分离到多种微生物。空气中的微生物来源于土壤、水体和其他微生物源，主要是细菌和真菌。微生物必须靠外力作用才能进入空气中。进入大气的土壤尘粒、水面吹来的小水滴、污水处理厂曝气产生的气溶胶、人和动物体表的干燥脱落物、呼吸道呼出的气体都是大气微生物的来源。

空气中的微生物种类和数量是大气污染程度的标志之一。探索微生物在大气中的传播途径和规律及其变化，对研究大气污染，防止有害微生物，特别是流行性病原菌，对人类和动植物造成大范围损伤具有极其重要的理论和实践意义。

9.1.4 工农业产品中的微生物

微生物在工农业产品上也大量存在。主要由于工农业产品为其提供了良好的营养条件，使其能大量生长繁殖。

9.1.4.1 工业产品上的微生物

微生物引起工业产品的霉腐，大量工业品都是用动植物产品作原料来制造的，如各种纤维制品、木制品、革制品、橡胶制品、油漆、卷烟和化妆品等，它们往往含有微生物所需要的丰富营养，因此其上常常有大量的、种类各异的微生物分布着。有些工业产品如塑料、水性涂料等虽是用人工合成的有机物制造，但仍有很多微生物可以分解、利用它们。还有些工业产品主要由无机材料制成，如光学仪器上的镜头和棱镜，以及建筑泥浆、钢缆、地下管道和金属材料等，也可被多种特殊微生物所破坏。此外，各种电讯器材、感光和录音、录像材料以及文物、书画等也都可被相应的微生物所分解、破坏。

全世界每年由于霉腐微生物而引起工业产品的损失是极其巨大又很难确切估计的。有人把霉腐形象地称作“苗灾”，这是十分恰当的。防止工业产品霉腐的方法很多，一是控制其温度、湿度、氧气和养料等微生物赖以生长繁殖的外界环境条件；二是采用有效的化学抑菌剂、杀菌剂或物理杀菌剂，以抑制它们的生长繁殖或直接杀死它们：三是在工业产品加工、包装过程中，尽量保持环境卫生并严防杂菌的污染等。

在实践中，防霉腐剂的筛选、研究和应用十分重要。在工业防霉剂的筛选中，选用哪些霉菌作为试验对象极其重要，一般认为表9-2所列8种霉菌较有代表性。

表9-2 工业防霉剂筛选时的试验菌种及其特性

菌种名称	破坏性
黑曲霉	在许多材料上广泛生长，抗铜盐
土曲霉（*Aspergillus terrus*）	侵蚀多种木材
出芽短梗霉（*Aereobasidium pullulans*）	侵蚀漆与喷漆
宛氏拟青霉（*Paecilomyces varioti*）	侵蚀塑料与皮革
绳状青霉（*Penicillium funiculosum*）	侵蚀织物以及多种材料
赭绿青霉（*Penicillium ochrochloron*）	侵蚀塑料与织物，抗铜盐
短柄帚霉（*Scopulariopsis brevicaulis*）	侵蚀橡胶
绿色木霉（*Trichoderma viride*）	侵蚀纤维织物与塑料

9.1.4.2 农产品上的微生物

在各种农产品上生存着大量的微生物，粮食尤为突出。按其来源可分为原生性微生物区系和次生性微生物区系。原生性微生物区系是微生物与植物在长期相处的关系中形成的，它们以种子的分泌物为生，与植物的生活和代谢强度息息相关。次生性微生物区系，指的是那些存在于土壤、空气中，通过各种途径侵染粮食的微生物。在粮食微生物中，尤以霉菌危害严重，并且能产生150多种对人和动物有害的真菌毒素。

据估计，全世界每年因霉变而损失的粮食就占其总产量的2%左右，这是一笔极大的浪费。至于因霉变而对人畜引起的健康等危害，更是难以统计。在各种粮食和饲料上的微生物以曲霉属、青霉属和镰孢霉属的一些种为主。例如，在谷物上，一般以曲霉属和青霉属为多见；在小麦上，一般以镰孢霉属为主；而在大米上，则一般以青霉属为多见。现将各种粮食和饲料上所分布的主要霉菌种类列入表 9-3 中。

表 9-3　各种粮食和饲料上的主要霉菌

试样名称	主　要　霉　菌
大米	灰绿霉菌、白曲霉、黄曲霉、赭曲霉、桔青霉、圆弧青霉、常见青霉
面粉	黄曲霉、谢瓦曲霉、青霉、毛霉
小麦	曲霉、青霉、芽枝霉、链格孢霉、葡萄孢霉、镰孢霉、长蠕孢霉、茎点霉、木霉
小麦粉	白曲霉、圆弧青霉、芽枝霉、葡萄孢霉、头孢霉、茎点霉
玉米粉	灰黄曲霉、葡萄曲霉、镰孢霉、圆弧青霉
玉米面	葡萄曲霉、纯绿霉菌、圆弧青霉、镰孢霉
大豆粉	黄曲霉、杂色曲霉、青霉
花生	黄曲霉、灰黄曲霉、溜曲霉、桔青霉、绳状青霉、根霉、镰孢霉、粘霉、茎点霉
调味料	灰黄曲霉、白曲霉、黑曲霉、青霉
米糠	黄曲霉、谢瓦曲霉、毛霉、根霉
乳牛饲料	曲霉、青霉、根霉
家禽饲料	黄曲霉、构巢曲霉、芽枝霉、镰孢霉、茎点霉

农业产品因受气候、物理、化学或生物因素的作用而被破坏的现象，称为材料劣化。引起劣化的微生物有多种，如：

（1）霉变主要指由霉菌引起的劣化。

（2）腐朽泛指在好氧条件下微生物酶解有机质使其劣化的现象，常见的有由担子菌引起的木材或木制品的腐朽现象。

（3）腐烂（或腐败）主要指由细菌或酵母菌引起的使物体变软、发臭性的劣化。

（4）腐蚀主要指由硫酸盐还原细菌、铁细菌或硫细菌引起的金属材料的侵蚀、破坏性劣化。

（5）变质指由各种生物或非生物因素引起的工农业产品质量下降的现象。

对工、农业产品的劣化来说，最主要是霉变与腐烂，因此，研究危害各种工农业产品的微生物种类作用机理以及如何防治其危害的科学，就称霉腐微生物学。

据调查，在目前知道的 5×10^4 余种菌中，已知其中至少有 200 多个种可产生 100 余种真菌霉素。在这些真菌霉素中有 14 种能致癌，其中的 2 种是剧毒的致癌剂，其中之一就是由部分黄曲霉菌株产生的黄曲霉毒素，另一种则是由某些镰孢霉产生的单端孢霉烯族毒素 T_2。这就说明，凡长有大量霉菌的粮食，一般都含有多种真菌毒素，极有可能存在致癌的真菌毒素，因此，“防癌必先防霉”的口号是很有科学依据的。

主要的霉菌毒素有黄曲霉毒素、赭曲霉素、杂色曲霉素、岛青霉素、黄天精、环绿素、展青霉素、桔青霉素、褶皱青霉素、黄绿青霉素、青霉酸、圆弧青霉素、偶氮酸、单端孢霉烯族霉素、二氢雪腐镰刀菌烯酮和 T_2 毒素等。

黄曲霉毒素是于 1960 年起逐渐被认识和发现的。它是一种强烈的致肝癌毒物。B_1 的致癌强度比一向有名的致肝癌剂二甲基偶氮苯（即“奶油黄”）要大 900 倍，比二甲基亚硝胺强75倍。黄曲霉毒素是一种分布极广的霉菌，但也不是其所有的菌株都产毒。据国外不同的研究报道，发现黄曲霉毒素产毒菌株的比例为10%（Mateles，1967）和60%～94%（Moreau，1979），而我国几个研究单位作了不同研究后，则发现该菌产毒菌株的比例在30%左右。

另一类剧毒致癌毒素为T_2。已知镰孢霉属的真菌可产50余种毒素，其中以T_2为最强。三隔镰孢霉（Fusariumtricinctum）和拟分枝孢镰孢霉（F. sporotrichioides）等可产生T_2毒素。被这些菌污染的作物，被人或动物摄入后，经2周至2个月，就会引起血细胞数量急剧下降和骨髓造血机能破坏。

9.1.5　生物体中的微生物

生长在动物体上的微生物是一个种类复杂，数量庞大，生理功能多样的群体。从生存空间位置来说有体表和体内的区别，从生理功能上说任何生活在动物体上的微生物都有其相应的功能，总体上可以分为有益、有害两个方面。对动物有害的微生物可以称为病原微生物，包括病毒、细菌、真菌、原生动物的一些种类。病原微生物可以通过不同的作用方式造成对动物的损害和致病。也可变害为利，如利用昆虫病原微生物防治农林害虫。对动物有益的微生物和动物的互惠共生关系受到广泛的注意和深入研究，如微生物和昆虫的共生、瘤胃共生、海洋鱼类和发光细菌的共生等。

9.1.5.1　微生物和昆虫的共生

多种多样的微生物和昆虫都有共生关系，情况错综复杂，但大部分的共生都具有三个显著的特点：第一，微生物具有昆虫所不具有的代谢能力，昆虫利用微生物的代谢能力得以存活于营养贫乏或营养不均衡的食料（如木材、植物液汁或脊椎动物血液）环境中；第二，昆虫和微生物双方都需要联合，不形成共生体的昆虫生长缓慢，繁殖少而不产生幼体，而许多共生微生物未在昆虫外的环境中发现，有些是不能培养的；第三，许多共生体可以在昆虫之间转移，一般是从亲代到子代，相互和交叉转移也存在。白蚁的消化道中的共生具有典型性，微生物共生体是细菌和原生动物，两者均能分解纤维素，转化昆虫氮素废物尿酸和固氮，这些过程的代谢产物都可以被昆虫同化利用。

9.1.5.2　瘤胃共生

草食动物直接食用绿色植物，植物所固定的能量流动到动物，这是生态系统中能量流动和食物链的重要一环。纤维素是最丰富的植物成分，然而大部分动物缺乏能利用这种物质的纤维素酶，生长在动物瘤胃内的微生物能产生分解纤维素的胞外酶，帮助动物消化此类食物。微生物分解纤维素和其他植物多聚物产生有机酸可被动物消化和利用。没有微生物酶的作用，这样丰富的食物资源就不能被充分利用，微生物对这里的能量流动和物质循环起重要作用。反刍动物瘤胃微生物与动物的共生具有代表性，是微生物和动物互惠共生的典型例子。

瘤胃是一个独特的不同于其他生态环境的生态系统，它是温度（38～41℃）、pH值（5.5～7.3）、渗透压（250～350mOsm）相对稳定的还原性环境（$E_h = 350$mV），同时有相应频繁和高水平营养物供应。大量基质的输入和相应恒定适宜的环境条件使瘤胃微生物种类繁多，数量庞大。细菌数达10^{10}～10^{11}CFu/克内含物。大多数细菌是专性厌氧菌，但也有兼性厌氧菌和好氧菌。真菌的游动孢子达10^3～10^5个/克内含物。在瘤胃内可完成从孢子萌发，长出菌丝，而后又形成孢子的生活周期。细菌噬菌体数量可以达到 $10^6 \sim 10^7$ 噬菌体/mL 内含物，大部分是温和噬菌体。瘤胃原生动物数量约 $10^5 \sim 10^6$ 个/克内含物，大小 20~200μm。

纤维素、蛋白质、半纤维素等多聚物可被瘤胃微生物分解转化，产生的小相对分子质量脂肪酸、维生素以及形成的菌体蛋白（含原生动物）可提供给反刍动物。而反刍动物则为微生物提供了丰富的营养物和良好的生存环境，此外，动物的生理代谢活动也有助于微生物对有机物的分解和生长繁殖。

9.1.5.3 发光细菌和海洋鱼类的共生

一些海洋无脊椎动物、鱼类和发光细菌也可建立一种互惠共生的关系。发光杆菌属和贝内克氏菌属的发光细菌见于海生鱼类。发光细菌生活在某些鱼的特殊的囊状器官中，这些器官一般有外生的微孔，微孔允许细菌进入，同时又能和周围海水相交换。发光细菌发出的光有助于鱼类配偶的识别，在黑暗的地方看清物体。光线还可以成为一种聚集的信号，或诱惑其他生物以便于捕食。发光也有助于鱼类的成群游动以抵抗捕食者。

9.1.6 极端环境中的微生物

地球上的极端环境包括高温、低温、高盐、高碱、高酸、高压环境等。在各种极端环境中生长着不同的微生物。这些极端环境微生物能生活在其他生物无法生存的环境中。如生长在高温环境中的极端嗜热菌最适生长温度达90℃。从深海热泉喷口附近分离的布式热网菌（*Pyrodictum brockii*）最高生长温度可达110℃。高温微生物中以细菌居多，常见的类群有嗜热脂肪芽孢杆菌（*Bacillus stearothermophilus*）、酸热芽孢杆菌（*B. acidocaldarius*）和嗜热硫杆菌（*Thiobacillus stearothermophilus*）。低温微生物存在于地球的两极地区、常年积雪的高山、冻土地带和冰箱等低温环境中。专性嗜冷菌最适生长温度为15℃，最高生长温度为20℃，最低生长温度为0℃甚至更低。目前发现的嗜冷菌大多属于假单胞菌属、弧菌属（*Vibrio*）、产碱菌属（*Alcaligenes*）等。嗜碱菌（*Alkaliphile*）能够在 pH=9 以上的环境中生长良好。从各种环境中分离到的嗜碱微生物包括芽孢杆菌属、微球菌属、假单胞菌属、链霉菌属和真菌。嗜碱菌除了可以从碱性环境中分离到外，在中性甚至酸性的土壤中也能分离到，每克普通的土壤样品中约含 $10^2 \sim 10^5$ 个嗜碱微生物，占中性微生物群体的 1/100~1/10。嗜酸菌（*Acidophile*）的最适 pH=0~5.5，某些藻类和古细菌中的嗜酸热硫化叶菌（*Sulfolobus acidocaldris*）能够在 pH=1~3 的热泉中生长。自然界中存在像盐湖、死海等这样的天然高盐环境，有些微生物只能在这样的高盐环境中生长，被称为嗜盐菌，如盐杆菌属（*Halobacterium*）和盐球菌属（*Halococcus*）等，而那些能够在高盐环境中生活，但最适生长盐浓度在低盐范围的微生物被称为耐盐菌。

研究极端环境微生物生态系统，了解极端环境因子对微生物种群、群落分布和结构组成及其功能的限制性作用规律，对研究微生物分类、生物进化，甚至是生命的起源，开发利用新的微生物资源，包括特异性的基因资源具有重要的意义。极端环境微生物在蛋白质和核酸组成、分子结构、细胞膜分子结构与功能、酶的结构与性质、代谢途径等方面具有其独特的一面，可为微生物生理、遗传和分类乃至生命科学及相关学科许多领域，如功能基因组学、生物电子器材等的研究提供新的课题和材料，已成为当代生命科学与技术的研究热点之一。

课堂讨论

（1）举例说明我们周围哪些环境中存在微生物。

（2）举例说明在我们的食材上可有哪些微生物感染。

9.2 微生物与生物环境间的相互关系

生物间的相互关系是既多样又复杂的。大体上可分为以下五种关系：互生、共生、拮抗、寄生和捕食。这五种关系是微生物和哪些环境间的关系呢？又有哪些特点呢？

9.2.1 互生

互生是指两种可以单独生活的生物，当它们生活在一起时，通过各自的代谢活动而有利于对方，或偏利于一方的一种生活方式。因此，这是一种“可分可合，合比分好”的相互关系。

9.2.1.1 微生物间的互生关系

在微生物间，尤其在土壤微生物间，互生现象是极其普遍的。例如，当好氧性自生固氮菌与纤维分解细菌生活在一起时，后者因分解纤维素而产生的有机酸可供前者用于固氮，而前者所固定的有机氮化合物则可满足后者对氮素养料的需要。

9.2.1.2 人体肠道正常菌群

人体肠道正常菌群与宿主间的关系，主要是互生关系，但在某些特殊条件下，亦会转化成寄生关系。人体肠道中的正常菌群对机体主要有以下几方面的作用：

（1）排阻、抑制外来致病菌。数量巨大的肠道正常菌群可排阻肠道致病菌，例如霍乱弧菌等的感染。

（2）提供若干维生素。例如大肠杆菌可在肠道中合成维生素 B_1、维生素 B_2、维生素 B_6、维生素 B_{12}、维生素 K、烟碱酸、泛酸、生物素和叶酸等供人体利用。

（3）产生若干酶类。比如枯草芽孢杆菌会产生淀粉酶，有些细菌还产生蛋白酶和脂肪酶。

9.2.2 共生

共生是指两种生物共居在一起，相互分工协作、相依有利，甚至达到难分难解、合二为一的一种相互关系。

9.2.2.1 微生物间的共生关系

微生物与微生物间共生的最典型例子是菌、藻共生而形成的地衣。在地衣中的真菌，一般都属于囊菌，而其藻类则为绿藻或蓝细菌。其中的藻类或蓝细菌进行光合作用，为真菌提供有机营养，而真菌则可以其产生的有机酸去分解岩石中的某些成分，进一步为藻类或蓝细菌提供所必需的矿质养料。

9.2.2.2 微生物与植物间的共生关系

根瘤菌与豆科植物间的共生关系是微生物与植物间共生的典型例子。共生固氮菌对农业增产具有重大的实际意义。如种植豆科植物可使土壤肥沃并可提高间作或后作植物的产量。利用根瘤菌制成的根瘤菌肥料对豆科植物的种子进行拌种，可使作物明显增产。

9.2.2.3 微生物与动物间的共生关系

微生物与动物间共生的例子也很多，如白蚁、蟑螂与其消化道中生存的某些原生动物间就是一种共生关系。白蚁可吞食木材和纤维质材料，可是却不能分泌水解纤维素的消化酶。在白蚁的肠道中至少生活有100种原生动物和微生物。这类生活在共栖宿主的细胞外或组织外的生物称为外共生生物。例如，钟形披发虫就可在厌氧条件下水解纤维素供白蚁摄取营养。另一类是内共生（即细胞内共生）。在蜚蠊目（蟑螂）、同翅目（蝉、蚜虫等）和鞘翅目（象鼻虫）的许多昆虫细胞中，经常可以找到作为内共生生物的微生物，它们能为共栖生物提供B族维生素或发挥其他作用。

反刍动物与其瘤胃微生物的共生关系也十分典型。牛、羊等动物都是以植物中的纤维素为主要养料的反刍动物。反刍动物为瘤胃微生物提供了纤维素形式的养料、水分（每天100~200L唾液）、无机盐（磷酸盐、碳酸氢盐、铵盐形式）、合适的温度（37~39℃）和pH值（5.8~7.3），以及良好的搅拌条件和厌氧环境；而瘤胃微生物则通过其分解纤维素的活动而产生大量有机酸供瘤胃吸收，并将产生的大量菌体蛋白以单细胞蛋白形式向反刍动物源源不断地提供养料。

9.2.3 拮抗

拮抗是指由某种生物所产生的某种代谢产物可抑制其他生物的生长发育甚至杀死它们的一种相互关系。一般情况下，拮抗多指微生物间的化学作用，但有时因某种微生物的生长而引起的其他条件改变（如缺氧、pH值改变等）抑制他种生物的现象也称拮抗。例如，在制造泡菜、青贮饲料过程中的乳酸菌，是由于能产生大量乳酸而抑制其他腐败微生物而生长繁殖的。

但微生物间最典型、对人类关系最密切的拮抗作用，是抗生菌所产生的能抑制其他生物生长的抗生素。微生物间的拮抗关系可为抗生素的筛选、食品保藏、医疗保健和动植物病害的防治等提供很多有效的手段。

9.2.4 寄生

寄生是指一种小型生物生活在另一种较大型生物的体内或体表，从中取得营养和进行生长繁殖，同时使后者蒙受损害甚至被杀死的现象。前者称为寄生物，后者称作宿主或寄主。寄生又可分为细胞内寄生和细胞外寄生或专性寄生和兼性寄生等数种。

9.2.4.1 微生物间的寄生关系

微生物间的寄生关系主要是噬菌体与宿主细菌间的关系，还发现真菌寄生于真菌以及细菌或真菌寄生于原生动物的例子。蛭弧菌寄生于细菌是一种细菌寄生于细菌的现象。

9.2.4.2 微生物与植物间的寄生关系

微生物寄生于植物的例子极其常见，各种植物病原体都是寄生物，但寄生的程度分两种，一种是必须从活的植物细胞或组织中获取所需营养物，称专性寄生物（例如白粉菌、锈菌、霜霉菌和植物病毒）；另一种是除寄生生活外，还可生活在死的植物组织上或以死的有机物所配制的培养基中，可称兼性寄生物。

9.2.4.3 微生物与动物间的寄生关系

寄生于动物宿主上的微生物都是一些相应的病原微生物。一类具有重要实践意义的是寄生于人类和高等动物的各种病原微生物，如细菌、放线菌、酵母菌、霉菌和病毒。另一类是寄生于昆虫的各种病原微生物，例如细菌、真菌和病毒。

9.2.5 捕食

捕食是指一种较大型的生物直接捕捉、吞食另一种小型生物以满足其营养需要的相互关系。微生物间的捕食关系主要是原生动物吞食细菌和藻类的现象。这种捕食关系在污水净化和生态系统的食物链中都具有重要的意义。还有一类是真菌捕食线虫和其他原生动物的现象，它们所产生的菌网、菌枝、菌丝和孢子等都可以粘捕线虫，而所产生的菌环则可以套捕线虫。

课堂讨论

(1) 微生物与环境间主要有哪几种关系？

(2) 什么是微生物的共生？包括和哪些生物间的共生？

9.3 微生物在自然界物质循环中的作用

自然界中的物质循环是指地球上存在的各种形式的化合物，通过生物的和非生物的作用不断地消耗、转化和产生的过程，包括氧、碳、氮、硫、磷、铁、锰及各种有毒或无毒污染物的循环。促使这些物质循环的作用有物理作用、化学作用和生物作用，生物是起主导作用的，其主要途径可归为两个方面：化学元素的有机质化或生物合成作用；有机物的无机质化，或分解作用、矿化作用。

化学元素的有机质化过程主要是由绿色植物和自养型微生物（藻类、少数细菌）来完成的。有机物的无机质化过程有动物、植物及微生物的参与，其中微生物是有机物的无机质化的主要推动者，在生物作用中占据了极重要的地位。因此生物圈中的大部分元素都在微生物作用下以不同的速率参与生物地球循环。

9.3.1 碳素循环

碳是构成生物体的主要元素，占生命物质总量的25%。碳素循环（Carbon cycle）主要包括空气中二氧化碳通过光合作用形成有机化合物，以及有机物被分解释放出二氧化碳到大气中，这是自然界最基本的物质循环。

碳素循环包括 CO_2 的固定和 CO_2 的再生。植物和微生物如藻类、蓝细菌以及光合细菌，通过光合作用固定自然界中的 CO_2，进而转化成各种有机碳化合物。动物以植物为食物，经过生物氧化释放出 CO_2，动物、植物的尸体经微生物完全降解后，最终主要产物之一也是 CO_2。地下埋藏的煤炭、石油等，经过人类的开发、利用，例如作为燃料，燃烧后也产生 CO_2，重新加入碳循环。通过这些生物和非生物过程产生的 CO_2，随后又被植物和光合微生物利用，开始新的碳素循环。自然界中的碳素循环如图 9-1 所示。

污水处理中，微生物在有氧（好氧微生物）或无氧（厌氧微生物）的情况下，将有

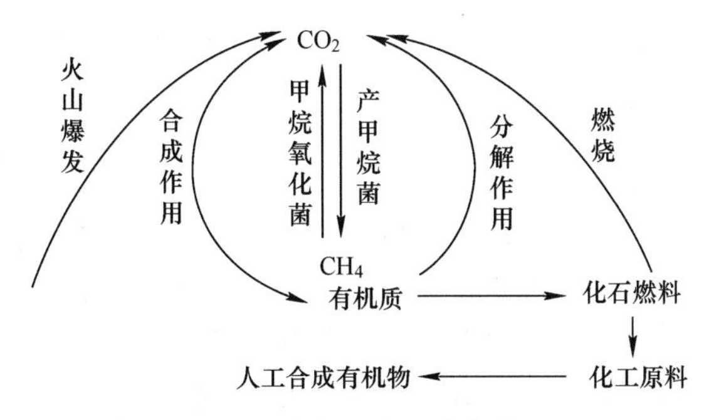

图 9-1 自然界中的碳素循环

机碳合成新的细胞物质或将其分解代谢，然后再经过由合成细胞形成的菌体有机物的絮凝、沉淀、分离，从而达到去除污水中有机碳、净化污水的目的。

9.3.2 氮素循环

氮素是核酸和蛋白质的主要成分，是构成生物体的另一种必需元素，氮素循环（Nitrogen cycle）是指氮气、无机氮化合物、有机氮化合物在自然界中的相互转化过程的总称。空气中的氮气被固氮微生物及植物与微生物的共生体固定成氨态氮，经过硝化微生物的作用转化成硝态氮，后者被植物或微生物同化成有机氮化物。动物食用含氮的植物，又转变成动物体内的蛋白质。动植物、微生物的分解代谢作用将有机态氮分解成氨，以及其遗体、残落物中的有机氮被微生物分解后又以氨的形式释放出来，这种过程叫作氨化作用。由硝化菌产生的硝酸盐在无氧条件下被一些微生物（如反硝化细菌）还原成为氮气，重新回到大气中，开始新的氮素循环。

微生物在氮素循环中的几种作用归纳为：固氮作用、硝化作用、同化作用、氨化作用和反硝化作用。自然界中的氮素循环如图 9-2 所示。

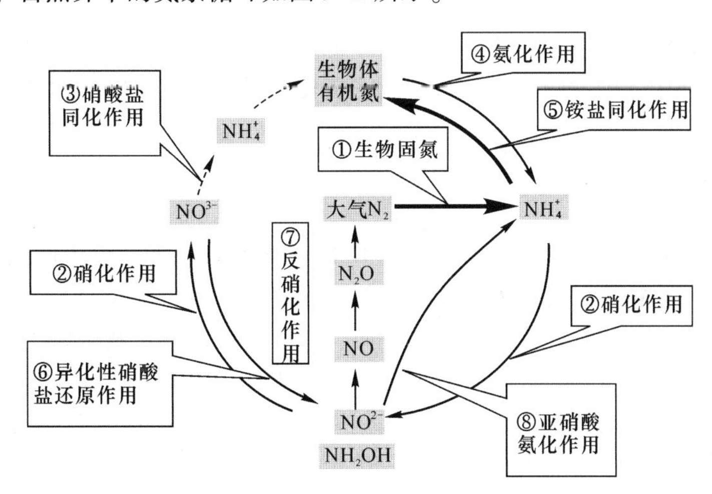

图 9-2 自然界中的氮素循环

（粗线箭头表示微生物与植物的共同作用，虚线箭头表示生物固氮循环中的重要环节）

污水治理中，污水中的含氮有机物被异养型微生物氧化分解，转化为氨氮；然后由自养型硝化细菌将其转化为 NO_3^-；最后再由反硝化细菌将 NO_3^- 还原转化为 N_2，从而达到脱氮的目的。

9.3.3 硫素循环

硫是生物体的重要营养元素，它是一些必需氨基酸和某些维生素、辅酶等的成分，其需要量大约是氮素的十分之一。自然界中的硫和硫化氢等无机硫化物在微生物作用下进行氧化，最后生成硫酸及其盐类。后者被植物和微生物转变成为还原态硫化物，再固定到蛋白质等成分中；动物食用植物和微生物，将其转化为动物有机硫化物；当动、植物的尸体被微生物分解时，含硫的有机质主要是蛋白质降解成为硫化氢，进入到环境中。此外，环境中的硫酸盐在缺氧条件下，能被微生物还原成为硫化氢。

微生物在自然界的硫循环（Sulphur cycle）中，参与了各个过程：脱硫作用、硫化作用、硫同化作用和反硫化作用（硫酸盐还原作用）。自然界中的硫素循环如图 9-3 所示。

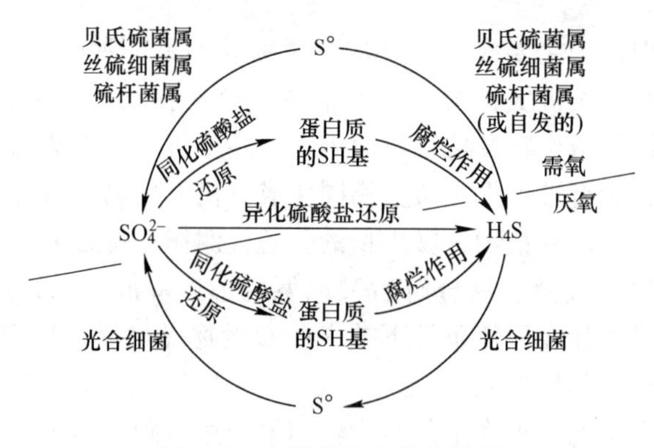

图 9-3 自然界中的硫素循环

在烟气脱硫系统中，可利用微生物溶液作为循环吸收液，在吸收塔内与 SO_2 反应生成硫化物，然后再利用光合细菌或无色硫细菌将硫化物氧化为单质硫。微生物脱硫充分利用了生物硫循环机理。

9.3.4 磷素循环

在生物圈中，磷元素是比较稀缺的。在中性和碱性条件下，由于磷酸中的磷易被+2 价金属离子（Ca^{2+}，Mg^{2+}）和铁离子（Fe^{3+}）所沉淀，其含量更趋下降。

磷在一切生命形式中都是极其重要的元素，在生物体中，它经常以磷酸状态存在。细胞内含磷最多的成分是 RNA 分子。此外，DNA、ATP 和细胞膜上的磷脂等都是重要的含磷有机物。可溶性磷酸盐被植物、藻类及其他微生物吸收后转变成有机磷；含磷有机物被微生物分解成磷酸或可溶性磷酸盐；有机磷矿化生成的磷酸与土壤中盐基结合，成为不溶解的磷酸盐；植物只能利用可溶性磷酸盐，土壤微生物通过产酸降低环境 pH 值或还原 Fe^{3+} 为 Fe^{2+} 使难溶性无机磷溶化；自然界中磷循环（Phosphorus cycle）不仅指各种含磷化合物的消耗和再生、有机磷化合物在食物链网中的转移和重新组合过程，也包括可溶性磷和难溶性磷酸盐的相互转化过程。磷素循环如图 9-4 所示。

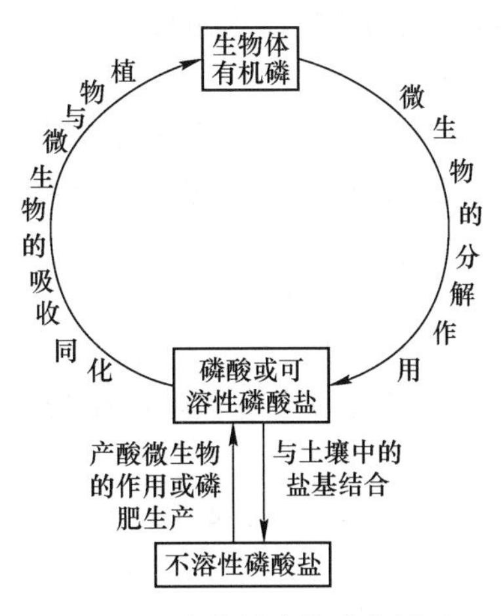

图 9-4 自然界中的磷素循环

污水的生物除磷，就是通过聚磷菌摄取废水中过量的磷，以聚磷酸盐的形式积累于细胞内，然后作为剩余污泥排出。

9.3.5 其他循环

自然界中的微生物，除了参与及推动上述元素的生物地球化学循环外，还以多种方式进行着许多元素的同化代谢和异化代谢，与其他生物协同作用，完成这些元素的生物地球化学循环，如氢、氧、铁、钙、锰、硅等等。微生物在这些元素的生物地球化学循环中所起的作用主要有以下几种反应类型：(1) 有机物的分解作用；(2) 无机离子的固定作用或同化作用；(3) 无机离子和化合物的氧化作用；(4) 氧化态元素的还原作用。

各种元素的生物地球化学循环，不是独立进行的，而是相互作用、相互影响、相互制约、相辅相成的，构成非常复杂的关系，如氢、氧循环与碳、氮循环密不可分，又如铁循环与硫循环也相互交织在一起。

课堂讨论

(1) 简述地球上的物质循环包括哪些，微生物在其中具有什么作用。

(2) 物质循环间有什么联系？

9.4 实训：环境因素对微生物生长的影响

9.4.1 实训目的

(1) 了解不同环境中微生物的存在。

(2) 掌握物理因素、化学因素及生物因素抑制或杀死微生物的作用。

9.4.2 实训原理

不同环境因素对微生物的生长影响不同。同一因素因其浓度或作用时间不同，对微生物的影响也不同。有的是微生物生长繁殖所必需的条件，有的表现为抑制作用，有的表现为杀菌作用。

通过本实验掌握物理的、化学的和生物的环境因素对微生物生长或抑制或杀死的影响，以便为有利微生物创造其生长的条件，而对有害微生物则设法加以控制或杀死。

9.4.3 实训材料

（1）菌种：枯草芽孢杆菌、大肠杆菌、金黄色葡萄球菌。

（2）培养基：牛肉膏蛋白胨琼脂及液体培养基、葡萄糖蛋白胨液体培养基、豆芽汁葡萄糖琼脂培养基。

（3）药品：土霉素、新洁尔灭、复方新诺明、汞溴红（红药水）、结晶紫（紫药水）。

（4）仪器或其他用具：水浴锅、黑纸、紫外线灯、接种工具。

9.4.4 操作步骤

9.4.4.1 环境中微生物的检查

微生物在自然界广泛分布，为了进行纯种培养，必须进行无菌操作。本实验检查空气、土壤、手指、钱币等处微生物的存在，以加强无菌观念。

其方法为：

（1）制备牛肉膏蛋白胨平板培养基，在培养皿的底部，用红蜡笔划分几个区域，用手指、钱币等轻轻在平板上涂抹，37℃培养。

（2）如检查空气中杂菌时，则将培养皿盖打开，在空气中暴露5~10min，再盖上皿盖，37℃培养24h。

9.4.4.2 物理因素的影响

A 紫外线照射的影响

紫外线对细菌生长的影响随紫外线灯的瓦数、照射时间及照射距离的不同，对微生物的生理活动也产生不同的效果。功率大、时间长、距离短时容易杀死微生物；功率小、时间短、距离长时就会有微生物个体残存下来，其中一些个体的遗传性状发生了变异。可以利用这种特性进行灭菌和菌种的诱变选育。

其方法为：

（1）制备牛肉膏蛋白胨平板，吸取0.1mL培养18h的金黄色葡萄球菌或大肠杆菌或枯草芽孢杆菌菌液于平板上，以无菌涂布棒涂布均匀。

（2）用无菌黑纸遮住部分平板，打开皿盖，置紫外灯下照射30min，取出黑纸，盖上皿盖。37℃培养24h后观察结果。

B 微生物对高温的抵抗能力

根据微生物最适生长的温度范围，可分为高温菌、中温菌、低温菌，自然界中绝大部分微生物属于中温菌，但不同的微生物对高温的抵抗力不同，特别是芽孢杆菌对温度抵抗力强。

其方法为：

（1）取盛有牛肉膏蛋白胨培养基的试管8支，编号。

（2）将培养 48h 的枯草芽孢杆菌及大肠杆菌的斜面，加入无菌生理盐水各 4mL，用接种环刮下菌体，混匀，制成菌悬液，在单号试管 1、3、5、7 中各加入两滴枯草芽孢杆菌菌液，在双号试管 2、4、6、8 中各加入两滴大肠杆菌菌液。

（3）将所有试管都放入 100℃ 水浴中，10min 取出 1~4 管，再过 10min 取出 5~8 管。当上述各管取出后立即用冷水冲凉或放入冰浴中冷却，然后放入 37℃ 培养箱中培养，24h 后，观察生长情况。

9.4.4.3　化学因素的影响

一些化学药品对微生物的生长有抑制或杀死作用，实验室内、生产或医疗上常利用适宜的化学药品对有害菌进行消毒或杀菌，应注意药品的浓度及使用时间等其他因素影响。

其方法为圆滤纸片法：

（1）在培养 18~20h 的金黄色葡萄球菌、大肠杆菌、枯草芽孢杆菌的斜面中，加入 4mL 生理盐水，用接种环将菌苔刮下，振荡，制成均匀的菌悬液。

（2）吸取 0.2mL（或 4 滴）菌液，滴入无菌培养皿中，然后将融化而冷却至 50℃ 左右的牛肉膏蛋白胨培养基倾入（12~15mL），混匀，平置待冷。

（3）用镊子取已分别浸泡土霉素、新洁尔灭、复方新诺明、汞溴红（红药水）、结晶紫（紫药水）的药品溶液中的圆滤纸片，置于同一含菌的平板上。

（4）将平板倒置于 37℃ 恒温箱中，培养 24h 后观察结果。记录抑菌圈的直径，根据其直径的大小，可初步确定各种药物的抑菌效能。

9.4.5　实训报告

将实验结果记录于表 9-4 中，并对结果进行分析。

表 9-4　环境因素对微生物生长的影响

环境因素		被测菌种	处理方法	结　果
物理因素	紫外线			
	高温处理			
化学因素	化学药品			

9.5　实训：实验室环境与人体表面微生物的检查

9.5.1　实训目的

（1）证明实验室及体表存在微生物。

（2）比较来自不同场所和不同条件下细菌的数量和类型。

（3）观察不同类群微生物的菌落形态特征。

（4）体会无菌操作的重要性。

9.5.2 实训原理

不同环境因素对微生物的生长影响不同，不同环境中的微生物种类是不同的，其数量及菌落形态不同。通过取样、培养、检查等步骤，熟悉实验室环境及人体表面存在的微生物种类及菌落。

9.5.3 实训材料

（1）培养基：牛肉膏蛋白胨琼脂平板。

（2）无菌水、灭菌棉签、接种环、试管架、酒精灯、记号笔等。

9.5.4 操作步骤

9.5.4.1 写标签

任何一个实验，在动手操作前均需首先将器皿用记号笔做上记号，培养皿的记号一般写在皿底上。如果写在皿盖上，同时观察两个以上培养皿的结果，打开皿盖时，容易混淆。用记号笔写上班级、姓名、日期，本次实验还要写上样品来源（如实验室空气、无菌室空气或头发等），字尽量小些，写在皿底一边，不要写在当中，以免影响观察结果。

9.5.4.2 实验室细菌检查

（1）空气：将一个牛肉膏蛋白胨琼脂平板放在当时做实验的实验室，移去皿盖，使琼脂培养基表面暴露在空气中；将另一牛肉膏蛋白胨琼脂平板放在无菌室或无人走动的其他实验室，移去皿盖。一小时后盖上两个皿盖。

（2）实验台和门的旋钮，其检查步骤为：

1）用记号笔在皿底外面中央画一直线，再在此线中间处画一垂直线。

2）取棉签：左手拿含有棉签的试管，在火焰旁用右手的手掌边缘和小指、无名指夹持棉塞（或试管帽），将其取出，将管口很快地通过煤气灯（或酒精灯）的火焰，烧灼管口；轻轻地倾斜试管，用右手的拇指和食指将棉签小心地取出。放回棉塞（或试管帽），并将空试管放在试管架上。

3）弄湿棉签左手取灭菌水试管，如上法拔出棉塞（或试管帽）并烧灼管口，将棉签插入水中，再提出水面，在管壁上挤压一下以除去过多的水分，小心将棉签取出，烧灼管口，放回棉塞（或试管帽），并将灭菌水试管放在试管架上。

4）取样：将湿棉签在实验台面或门旋钮上擦拭约 $2cm^2$ 的范围。

5）接种：在火焰旁用左手拇指和食指或中指使平皿开启成一缝。再将棉签伸入，在琼脂表面顶端接种（滚动一下），立即闭合皿盖。将原放棉签的空试管拔出棉塞（或试管帽），烧灼管口，插入用过的棉签，将试管放回试管架。

6）划线：另取接种环在火焰上灭菌，先将环端烧热，然后将接种环提起垂直放在火焰上，以使火焰接触金属丝的范围广一些，待接种环烧红，再将接种环斜放，沿环向上，烧至可能碰到培养皿的部分，再移向环端，如此很快地来回通过火焰数次。

左手拿起平板，同样开启一缝，将灭过菌并冷却了的接种环（可在琼脂表面边缘空白处试温度，若发出溅泼声，表示太烫），通过琼脂顶端的接种区，向下划线，直到平板的一半处。注意：接种环与琼脂表面的角度要小，移动压力不能太大，否则会刺破琼脂。

闭合皿盖，左手将平板向左转动至空白处，右手拿的接种环再在火焰上烧灼，使冷。接种环通过前面划的线条再在琼脂的另一半，从上向下来回划线至1/2处。

烧灼接种环，转动平板，划最后1/4，立刻盖上皿盖，烧灼接种环，放回原处。整个划线操作均要求无菌操作，即靠近火焰，而且动作要快。

9.5.4.3 人体细菌的检查

（1）手指（洗手前与洗手后），其步骤为：

1）分别在两个琼脂平板上标明洗手前与洗手后（班级、姓名、日期）。

2）移去皿盖，将未洗过的手指在琼脂平板的表面，轻轻地来回划线，盖上皿盖。

3）用肥皂和刷子，用力刷手，在流水中冲洗干净，干燥后，在另一琼脂平板表面来回移动，盖上皿盖。

（2）头发：在揭开皿盖的琼脂平板的上方，用手将头发用力摇动数次，使细菌降落到琼脂平板表面，然后盖上皿盖。

（3）咳嗽：将去盖琼脂平板放在离口约6~8cm处，对着琼脂表面用力咳嗽，盖上皿盖。

（4）鼻腔，其步骤为：

1）按照实验台检查法的步骤2）和3），取出棉签，并将其弄湿。

2）用湿棉签在鼻腔内滚动数次。

3）按实验台检查法的步骤4）和5），接种与划线，然后盖上皿盖。

9.5.4.4 培养

将所有的琼脂平板翻转，使皿底在上，放入37℃培养箱中，培养1~2天。

9.5.4.5 结果记录方法

（1）菌落计数在划线的平板上，如果菌落很多而重叠，则数平板最后1/4面积内的菌落数。不是划线的平板，也一分为四，数1/4面积的菌落数。

（2）根据菌落大小、形状、高度、干湿等特征观察不同的菌落类型。但要注意，如果细菌数量太多，会使很多菌落生长在一起，或者限制了菌落生长而变得很小，因而外观不典型，故观察菌落的特点时，要选择分离得很开的单个菌落。

（3）菌落特征描写方法如下：

1）大小，包括大、中、小、针尖状。可先将整个平板上的菌落粗略观察一下，再决定大、中、小的标准，或由教师指出一个大小范围。

2）颜色，包括黄色、金黄色、灰色、乳白色、红色、粉红色等。

3）干湿情况，包括干燥、湿润、黏稠。

4）形态，包括圆形、不规则等。

5）高度，包括扁平、隆起、凹下。

6）透明程度，包括透明、半透明、不透明。

7）边缘，包括整齐、不整齐。

9.5.4.6 结果

将平板结果记录于表9-5中。

表 9–5 各菌落的特点

样品来源	菌落数	菌落类型	大小	形态	特征描写 干湿	高度	透明度	颜色
1		1						
		2						
		3						
2		1						
		2						
		3						

9.5.5 实训作业

（1）比较各种来源的样品，哪一种样品的平板菌落数和菌落类型最多？

（2）洗手前后的手指平板菌落数有无区别？

拓展训练

一、填空题

（1）生物间的相互关系是既多样又复杂的，大体上可分为__________、__________、__________、__________、__________五种关系。

（2）人体肠道中的正常菌群对机体主要有以下几方面的作用：____________________、____________________、____________________。

（3）微生物在氮素循环中的作用包括：__________、__________、__________、__________和__________。

（4）微生物在硫素循环中，参与的过程包括：__________、__________、__________、__________和__________。

二、简答题

（1）试述温度对微生物的影响。

（2）为了防止微生物在培养过程中会因本身的代谢作用改变环境的 pH 值，在配制培养基时应采取什么样的措施？

（3）微生物与环境间主要有哪几种关系，微生物对环境具有什么作用？

（4）什么是微生物的寄生，可以寄生在哪些生物上？

（5）分析微生物在物质循环中扮演着什么角色。

（6）简述磷素循环的过程及特点。

知识链接

微生物与污水处理

随着工业高度发展、人口急剧增长，在人类生活的环境中，大量的生活废弃物（粪便、垃圾和废水），工业生产形成的三废（废气、废渣和废水）及农业上使用化肥、农药的残留物等，特别是生活污水和工业废水，不经处理，大量排放入水体，给人类生存环境造成严重污染。环境污染对人畜健康、工业、农业、水产业等都有很大危害。所谓环境污染即是指生态系统的结构和机能受到外来有害物质的影响或破坏，超过了生态系统的自净能力，打破了正常的生态平衡，给人类造成严重危害。所以保护生态环境已成为人类最关心的大问题。

环境保护除保护自然环境外，就是防治污染和其他公害。水源的污染危害最大、污染范围最广、种类最多。包括生活污水、工厂有机废水、有毒、有害污水。为了保护环境，节约水源，生活污水和工业废水必须先经处理，除去其杂质与污染物，待水质达到一定标准后，才能排放入自然水体或直接供给生产和生活重复使用。污水的生物处理较有效、最常用的是微生物处理法。微生物不但能用于处理污染物，还可用于环境监测。所以微生物在环境保护方面起重要作用。

一、微生物处理污水的原理

微生物处理污水是利用各种生理生化性能的微生物类群间的相互配合而进行的一种物质循环的过程。

BOD_5：即“五日生化需氧量”，它是一种表示水中有机物含量的间接指标，一般指在20℃下，1L污水中所含的有机物，在进行微生物氧化时，5日内所消耗的分子氧的毫克数。

COD：使用强氧化剂使1L污水中的有机物质迅速进行化学氧化时所消耗氧的毫克数。

污水处理的方法有物理法、化学法和生物法。各种方法都有其特点，可以相互配合、相互补充。目前应用最广是生物学方法，其优点是效率高、费用低、简单方便。

污水处理按程度可分为一级处理、二级处理和三级处理，一级处理也称为预处理，二级处理称为常规处理，三级处理则称为高级处理。一级处理主要通过格栅等过滤器除去粗固体。二级处理主要去除可溶性的有机物，方法包括生物方法、化学方法和物理方法。三级处理主要是除氮、磷和其他无机物，还包括水的氯化消毒，也有生物、物理、化学方法。

二、生物处理

依处理过程中氧的状况，生物处理可分为好氧处理系统与厌氧处理系统。

（一）好氧生物处理

微生物在有氧条件下，吸附环境中的有机物，并将有机物氧化分解成无机物，使污水得到净化，同时合成细胞物质。微生物在污水净化过程中，以活性污泥和生物膜的主要成分等形式存在。

1. 活性污泥法

活性污泥法又称曝气法，是利用含有好氧微生物的活性污泥，在通气条件下，使污水净化的生物学方法。此法自1914英国人Ardern和Lockett创建以来，至今已有100多年的历史。经过反复改造，发展至今，已成为处理有机废水最主要的方法。

所谓活性污泥是指由菌胶团形成菌、原生动物、有机和无机胶体及悬浮物组成的絮状体。在污水处理过程中，它具有很强的吸附、氧化和分解有机物的能力。在静止状态时，又具有良好的沉降性能。活性污泥是一种特殊的、复杂的生态系统，在多种酶的作用下进行着复杂的生化反应。活性污泥中的微生物主要是细菌，占微生物总数的90%~95%。常见的细菌主要有生枝动胶杆菌、假单胞菌属、无色杆菌属、黄杆菌属、节杆菌属、亚硝化单胞菌、原生动物以钟虫属最为常见。活性污泥与生物膜中的微生物基本相似，均以菌胶团的形式存在。

污水处理中的特殊微生物随污水性质不同需要筛选、培养特殊的微生物，组建各种优势菌群，以处理相应的污水。例如处理含氰（腈）废水，需要筛选产生氰解酶和丙烯氰水解酶的细菌，主要有诺卡氏菌属、腐皮镰孢霉、假单胞菌属、棒杆菌属等。筛选特殊的微生物，降解相应的难分解的有毒污染物，以降低 BOD_5 去除率，提高污水处理质量。活性污泥法分多种方法，目前最常用的是完全混合曝气法。

污水进入曝气池后，活性污泥中主要细菌、动胶菌等大量繁殖，形成菌胶团絮体，构成活性污泥骨架，原生动物附着在上面，丝状细菌和真菌交织在一起，形成一个个颗粒状的活跃的微生物群体。曝气池内不断充气、搅拌，形成泥水混合液，当废水与活性污泥接触时，废水中的有机物在很短时间（约 10~30min）内被吸附到活性污泥上，可溶性物质直接透入细胞内。大分子有机物通过细胞内产生的胞外酶的作用将大分子有机物分解成为小分子物质后渗入细胞内。进入细胞内的营养物质在细胞内酶的作用下，经一系列生化反应，使有机物转化为 CO_2、H_2O 等简单无机物，同时产生能量。微生物利用呼吸放出的能量和氧化过程中产生的中间产物合成细胞物质，使菌体大量繁殖。微生物不断进行生物氧化，环境中有机物不断减少，使污水得到净化。当营养缺乏时，微生物氧化细胞内贮藏物质，并产生能量，这种现象叫自身氧化或内源呼吸。

曝气池中混合物以低 BOD_5 溢流入沉淀池。活性污泥通过静止、凝集、沉淀和分离，上清液是处理好的水，排放到系统外。沉淀的活性污泥一部分回流曝气池与未生化处理的废水混合，重复上述过程。回流污泥可增加曝气池内微生物含量，加速生化反应过程。剩余污泥排放出去或进行其他处理后应用。

2. 生物膜法

生物膜法是以生物膜为净化主体的生物处理法。生物膜是附着在载体表面，以菌胶团为主体所形成的黏膜状物，由于膜中的微生物不断生长繁殖致使膜逐渐加厚。膜的形成有一定规律。初生、生长及老化剥落过程，脱落后再形成新的膜，这是生物膜的正常更新，剥落的膜随水排出。

膜中的微生物相与活性污泥中的基本原理相同，因膜有一定厚度，在膜的表面、底部和中间分布着不同类型的微生物。生物膜的净化原理是：生物膜的表面总是吸附着一层薄薄的污水，称为附着水层或结合水层；其外是能自由流动的污水，称为运动水层；当“附着水”中的有机物被生物膜中的微生物吸附、吸收、氧化分解时，附着水层中有机物质浓度随之降低，由于运动水层中有机物浓度高，便迅速地向附着水层转移，并不断地进入生物膜被微生物分解；微生物所需要的氧是从空气—运动水层—附着水层而进入生物膜，微生物分解有机物产生的代谢产物及最终生成的无机物以及 CO_2 等，则沿相反方向移动。

根据介质与水接触方式不同，有生物转盘法、塔式生物滤池法等。

3. 氧化塘

氧化塘也称稳定塘，是利用自然生态系统净化污水的一处大面积、敞开式的污水处理池塘。氧化塘是利用细菌和藻类的共生关系来分解有机污染物的一种废水处理法。细菌利用藻类光合作用产生的氧和空气溶解在水中的溶解氧，氧化分解塘内有机污染物；藻类利用细菌氧化分解产生的无机物和小分子有机物作为营养源繁殖自身。如此不断循环，使有机物逐渐减少，污水得以净化。过多的细菌和藻体易被微型动物捕食。

此外，流入污水中沉淀下来的固体及衰亡的细胞沉入塘底，这些有机物被兼性厌氧菌分解产生有机酸、醇等简单有机物，其中一部分被上层好氧菌或兼性厌氧菌继续分解，另一部分被污泥中的产甲烷细菌分解成 CH_4。只要上述各个环节保持良好的平衡，氧化塘这个生态系统就能相对稳定，污水得以不断净化。效果好的氧化塘，能使污水中 BOD 去除率达到 80%~95%，磷减少 90%，氮去除率达到 80%以上。由于供氧量低，处理同量污水同暖气池、生物转盘相比，氧化塘需面积大、时间长，但氧化塘构筑简单，投资少，操作容易。此法适宜处理生活污水以及制革、造纸、石油化工、乙烯、焦化和农药等部门的工业废水，还可养藻、养鱼、养鸭、养鹅等。

（二）厌氧生物处理

厌氧生物处理是在缺氧条件下，利用厌氧性微生物（包括兼性厌氧微生物）分解污水中有机污染物的方法。因为发酵产物产生甲烷，又称甲烷发酵。此法既能消除环境污染，又能开发生物能源，备受人们重视。

污水厌氧发酵是一个极为复杂的生态系统，它涉及多种交替作用的菌群，各要求不同的基质和条件，形成复杂的生态体系。甲烷发酵包括 3 个阶段。

1. 液化阶段

由厌氧或兼性厌氧的细菌将复杂有机物如纤维素、蛋白质、脂肪等分解为有机酸、醇等。

2. 产氢产乙酸阶段

由产氢产乙酸细菌群将液化阶段产生的各种脂肪酸、醇等进一步转化为乙酸、H_2 和 CO_2。

3. 产甲烷阶段

产甲烷菌利用乙酸、甲酸、甲醇、CO_2、H_2 等，产生甲烷。产甲烷菌属于古细菌，严格厌氧，主要包括甲烷杆菌属、甲烷八叠球菌属和甲烷球菌属等。产甲烷菌是严格厌氧菌，故污水的厌氧处理必须在厌氧消化池中进行。

发酵后的污水和污泥分别从池的上部和底部排出，所产生的沼气则由顶部排出，可作为能源加以利用。发酵池中也可产生如 H_2S、CO 等一些有毒的气体，故不能贸然进入。

此法主要用于处理农业和生活废弃物或污水厂的剩余污泥，也可用于工业废水处理。

10 病原微生物及传染病的发生

学习引导

学习目标

（1）了解什么是病原微生物及其与正常微生物的区别。

（2）理解病原微生物侵染方式。

（3）掌握病原微生物的致病机理及传染病的发生。

重点难点

（1）重点：人体正常微生物群落与病原微生物。

（2）难点：病原微生物的致病机理。

10.1 人体正常微生物群落与病原微生物

人体正常微生物群落是指栖息在人体皮肤或黏膜上，并随宿主长期进化过程形成的，在一定时期定植在宿主皮肤上或肠道黏膜等的微生物群落。一般在生理性情况下主要表现为有益于宿主的微生物群落，而在病理情况下又可表现为有害于宿主的微生物群落。人体中的正常微生物群落与人体和环境之间形成一个局部的生态平衡系统。在人体免疫、疾病的防御、营养、消化和吸收方面起到一定的作用，发挥这些作用的前提是微生物、人和环境三者之间必须保持动态平衡。

10.1.1 皮肤微生物群落

人的皮肤平均表面积能达到1.5~2.0m^2，是人体最大的器官。皮肤可以防止水分过度散失，是抵御外来病原体的第一道物理屏障，同时也是多种共生物包括细菌、真菌、病毒等微生物的栖息地。已有研究显示，属放线菌门、厚壁菌门和变形菌门的微生物是皮肤细菌的主要菌群，其比例升至高达94%。皮肤细菌在门水平上多样性较低，而属水平上的多样性较丰富，且呈现明显的部位差异。

由于人体不同部位的微生物生长状况存在差异，研究发现微生物的定植部位与皮肤的生理状况密切相关，每种微生物都有其特定的生存环境，如潮湿、干燥或皮脂丰富的地方。根据人体不同部位的环境生长特点，许多研究者将其分为干性、油性和湿性三种。

10.1.1.1 油性部位

油性部位即皮脂溢出部位，包括眉间、头皮、鼻翼、外耳道、耳后皱襞、枕部、背部、腹股沟。这些部位的细菌种类丰富，如前额（6种）、耳后皱襞（15种）、背部（17种）、鼻翼（18种）。丙酸杆菌属是皮脂溢出部位的主要细菌，这与经典的微生物学研究即丙酸杆菌属是亲脂性微生物，主要定植在毛-皮脂单元一致。此外，皮脂溢出部位还有真菌（主要是马拉色菌属）和螨虫等微生物。与皮肤上细菌分布类似，马拉色菌也是根据其生存特性分布的。例如，球形马拉色菌主要分布在背部、枕部及腹股沟，而限制性马拉色菌主要分布在头皮、外耳道、耳后皱襞及眉间。亲脂性微生物毛囊蠕形螨和同类其他螨虫主要定植在毛囊中，较小的皮脂蠕形螨独自定植在皮脂腺和睑板腺上。微生物迁移试验表明皮脂腺丰富的微环境（如前额）比干燥微环境（如前臂）对微生物定植有更强的影响力。

10.1.1.2 湿性部位

葡萄球菌和棒状杆菌喜欢湿度高的部位，在人体肚脐、腋窝、腹股沟、臀线、足底、腋窝、肘窝等有分布。汗腺分布并且经常出汗的部位，汗液中的尿素常常作为氮源为葡萄球菌提供营养。足部真菌种类也很丰富，包括曲霉菌、红酵母、隐球菌、附球菌等。

10.1.1.3 干性部位

前臂、臀部、手等部位皮肤较干燥，这些部位微生物种类相对丰富，有放线菌门、变形菌门、厚壁菌门、拟杆菌门。研究发现这些部位大部分是革兰氏阴性微生物，皮肤干燥部位的微生物菌群比胃肠道及口腔等部位的菌群拥有更复杂的系统发育多样性。

10.1.2 口腔微生物群落

口腔微生物是一个有高度组织的生物膜群体，组成类群极其复杂，多以细菌为主，其生态系统平衡与人类健康密切相关。与人类在共同的进化中，经过自然选择，与宿主口腔形成密切共生关系的、在正常生理状况下不致病而且有益的口腔常驻微生物。同时我们的牙齿、喉咙和食道则更是微生物泛滥的乐园，这些部位积聚的微生物要比皮肤表面多数千倍。目前已知人类口腔中存在有700余种细菌，其中获得纯培养的有250多种。

10.1.2.1 特点

根据微生物的大小、结构、组成等分为三类：原核细胞型、真核细胞型、非细胞型。且数量多、种类复杂、相互关系密切，细菌是最常见的口腔微生物。

10.1.2.2 细菌的分类

按革兰氏染色性质可分为G^+菌、G^-菌；按形态分为球菌、杆菌、弯曲杆菌和螺旋体；按氧耐受性分为需氧菌、兼性厌氧菌、微需氧菌、专性厌氧菌。

10.1.2.3 常见微生物分布

口腔不同部位常见微生物分布见表10-1。

表10-1 口腔不同部位常见微生物分布

部位	优势微生物
唾液	唾液链球菌、缓症链球菌、奈瑟球菌、韦荣球菌、乳杆菌、放线菌
唇	表皮葡萄球菌、口腔链球菌
颊	缓症链球菌
腭	口腔链球菌群、嗜血菌
舌	唾液链球菌、口腔链球菌群、奈瑟球菌

续表 10-1

部位	优势微生物
牙	牙口腔链球菌群、放线菌、梭杆菌、普雷沃菌、卟啉单胞菌、二氧化碳噬纤维菌
牙龈及龈沟	牙龈及龈沟口腔链球菌群、放线菌、梭杆菌、普雷沃菌、卟啉单胞菌、二氧化碳噬纤维菌、韦荣球菌、螺旋体
义齿及矫正器	口腔链球菌群、假丝酵母菌

10.1.3 胃肠道微生物群落

肠道细菌主要是指寄生在人和动物肠道中，一群生物学性状相似的革兰氏阴性细菌。一般随人和动物的粪便排出，广泛分布于水、土壤和腐物中。该类细菌种类繁多，大多数为肠道正常菌群，可引起条件致病。少数为致病菌，经粪—口途径传播，引起肠道感染。如伤寒沙门菌、痢疾志贺菌等。

10.1.3.1 埃希菌属

埃希菌属的细菌有五个种，其中大肠埃希菌（俗称大肠杆菌）是临床最常见的分离菌。该菌一般在婴儿出生几小时后就进入肠道，并伴随终生。是肠道中重要的正常菌群，能合成分泌维生素等营养物供人体吸收利用，但可作为条件致病菌引起肠道外感染。某些血清型具有致病性，能引起肠道感染。此外，大肠埃希菌在环境卫生和食品卫生学中常作为样品被粪便污染的检测指标。

A 形态与染色

革兰氏阴性杆菌，中等大小，宽为 0.4~1μm，长为 0.7~3.0μm，多数菌株有周鞭毛，能运动。有菌毛，无芽孢，某些菌株有微荚膜。

B 致病物质

（1）侵袭力：包括菌毛的黏附、K 抗原的抗吞噬等作用。

（2）肠毒素：为外毒素。有耐热肠毒素（ST）和不耐热肠毒素（LT）两种。耐热肠毒素：一般是低分子多肽，对热稳定。通过激活肠黏膜的鸟苷酸环化酶使细胞内 cGMP 增多而导致腹泻。不耐热肠毒素：为蛋白质，对热不稳定。由 1 个 A 亚单位和 5 个 B 亚单位组成。A 亚单位是毒素活性部位，可以激活腺苷酸环化酶，使 ATP 转化为 cAMP 而导致小肠黏膜分泌功能亢进，出现腹泻。

10.1.3.2 志贺菌属

志贺菌属是引起人类细菌性痢疾的病原菌，俗称痢疾杆菌。

A 形态与染色

革兰氏阴性短小杆菌，宽 0.5~2μm，长 0.7~3.0μm，特殊结构仅有菌毛。

B 致病物质

（1）侵袭力：志贺菌借菌毛黏附在肠黏膜表面，从而侵入细胞内生长繁殖并扩散至相邻细胞，造成上皮细胞死亡，引起局部炎症反应。

（2）内毒素：所有志贺菌都能产生强烈的内毒素。内毒素作用于肠黏膜，使其通透性增加，促进内毒素进一步吸收，导致机体发热、神志障碍、中毒性休克等。肠黏膜局部毛细血管扩张，炎性细胞浸润，导致肠黏膜坏死溃疡，表现出典型的黏液脓血便。另外，内毒素还可作用于肠壁植物神经引起肠道平滑肌痉挛，以直肠括约肌最明显，可出现腹痛、腹泻、里急后重等症状。

（3）外毒素：A 群志贺菌 1 型和 2 型能够产生外毒素，称为志贺毒素。该种毒素具有肠毒素、细胞毒素、神经毒素的生物活性，能够引起水样腹泻、细胞坏死和神经麻痹。

10.1.3.3 沙门菌属

沙门菌属是一群寄生于人和动物肠道中，形态、生化反应和抗原构造相似的革兰氏阴性杆菌。该属细菌种类繁多，目前已被确定的有 2460 多个血清型。少数对人致病，如伤寒沙门菌、甲型副伤寒沙门菌、肖氏沙门菌（原称乙型副伤寒沙门菌）、希氏沙门菌（原称丙型副伤寒沙门菌）。有的对人和动物均致病，即人畜共患的病原菌，如猪霍乱沙门菌、鼠伤寒沙门菌、肠炎沙门菌等。

A 形态与染色

革兰氏阴性杆菌，宽 0.6~2.0μm，长 1.0~4.0μm。除鸡沙门菌及雏沙门菌外均有周鞭毛、菌毛，一般无荚膜，不形成芽孢。

B 致病物质

（1）侵袭力：沙门菌可以借助菌毛黏附于小肠黏膜上皮细胞表面，并穿过上皮细胞到黏膜下组织，被吞噬细胞吞噬后在其内生长繁殖，也可随吞噬细胞移动到达其他部位。Vi 抗原具有抗吞噬、阻挡抗体和补体的作用。

（2）内毒素：该菌具有毒性较强的内毒素，可引起机体发热、白细胞减少、中毒性休克等。并能激活补体系统，产生多种活性介质，吸引白细胞导致肠道局部炎症反应。

（3）肠毒素：由某些沙门菌如鼠伤寒沙门菌产生，导致腹痛和水样腹泻。

10.1.3.4 弧菌属

弧菌属是大群菌体短小、弯曲呈弧状的革兰氏阴性菌。分布广泛，以水中最多。弧菌属目前有 36 个种，至少有 12 个种与人类感染有关，其中最为重要的是霍乱弧菌。霍乱弧菌是引起霍乱的病原菌。霍乱为一种烈性肠道传染病，发病急、传染性强，且死亡率高。曾经发生过 7 次世界大流行，前 6 次是由霍乱弧菌古典生物型引起，1961 年的第 7 次世界大流行是由霍乱弧菌埃尔托生物型引起。1992 年 Ous 菌株在印度、孟加拉国、泰国的一些城市流行，并很快传遍亚洲，进入欧洲和美国，成为新的流行株。

A 形态与染色

霍乱弧菌呈弧形或逗点状，菌体宽 0.5~1.5μm，长 0.8~3.0μm。革兰氏染色阴性。有单鞭毛和菌毛，运动活泼。取病人米泔水样类便或液体培养基培养物做悬滴法检查，可见细菌运动非常活泼，呈穿梭样或流星样。涂片染色检查可见细菌呈鱼群状排列。

B 致病物质

（1）鞭毛、菌毛和其他毒力因子：鞭毛运动可帮助细菌黏附于肠黏膜层，有毒株产生黏液素，有利于细菌穿过。菌毛可使细菌黏附于肠黏膜细胞并在上面迅速繁殖。

（2）霍乱毒素：为不耐热的聚合蛋白由 1 个 A 亚单位与 5 个 B 亚单位组成。A 亚单位是毒性单位，B 亚单位是结合单位。B 亚单位与小肠黏膜上皮细胞上的受体结合，使毒素分子变构，A 亚单位解离，B 亚单位进入细胞内作用于腺苷酸环化酶，使其活化，促使 ATP 转化为 cAMP，使细胞内 cAMP 增高，肠黏膜上皮细胞分泌功能亢进，导致严重的腹泻与呕吐。

10.1.4 人体其他部位的微生物群落

泌尿、男性生殖系统感染主要是由病原微生物侵入泌尿、男性生殖系统而引起的炎症。病原微生物大多数为革兰氏阴性杆菌。由于解剖学上的特点，泌尿道与生殖道关系密切，而尿道外口与外界相通，两者易同时引起感染或相互传播。泌尿系统感染又称尿路感染，肾盂肾炎、输尿管炎为上尿路感染；膀胱炎、尿道炎为下尿路感染。上尿路感染常并发下尿路感染，后者可以单独存在。尿路感染的发病率很高，在感染性疾病中的发病率仅次于呼吸道感染，在不同的性别和年龄中均可发病，其临床表现和结局变化很大。

10.1.4.1 病原微生物

病原微生物是引起泌尿、男性生殖系统感染的重要病原生物条件，最常见的是来自肠道的细菌，以革兰氏阴性杆菌为主，60%~80%为大肠埃希菌，其他为副大肠埃希菌、克雷伯杆菌、粪链球菌等。还有结核分枝杆菌、淋病奈瑟菌、衣原体、支原体、厌氧菌、真菌、病毒等。其中，结核分枝杆菌、淋病奈瑟菌等所致泌尿、男性生殖系统感染属于特异性感染。其他的病原体如滴虫、原虫导致的感染较少。

10.1.4.2 发病机制

尿路感染是尿路病原体和宿主相互作用的结果，尿路感染在一定程度上是由细菌的毒力、接种量和宿主的防御机制不完全造成的，这些因素在最终决定细菌定植水平以及对尿路损伤的程度也有一定的作用。正常人的尿道外口皮肤和黏膜有一些细菌停留，如乳酸杆菌、链球菌、葡萄球菌、小棒杆菌等，称为正常菌群。在致病菌未达到一定数量及毒力时，正常菌群对致病菌能起到抑制平衡的作用，而正常人尿液的酸碱度和高渗透压、尿液中所含的尿素和有机酸均不利于细菌的繁殖，而膀胱的排尿活动又可以将细菌排出体外，故正常人尿路对感染具有防御功能。

近年来，有研究认为细菌的毒力也有重要作用。大肠埃希菌表面包裹着一层酸性的多聚糖抗原，称为 K 抗原。表达特殊 K 抗原的大肠埃希菌菌株毒力强，易引起尿路感染。致病菌黏附于尿路上皮的能力非常重要，这种黏附能力来自致病菌的菌毛，而绝大多数致病菌都有菌毛，每个细菌可有 100~400 根菌毛，主要由亚单位菌毛蛋白构成，分子量为 17~27kD，能产生黏附素。黏附素能与尿路上皮细胞受体结合，使细菌黏附于尿路黏膜，并开始繁殖。不仅如此，尿路上皮细胞分泌的黏液含黏蛋白、氨基葡萄糖聚糖、糖蛋白、黏多糖等，均有抵制细菌黏附和调节黏附结合力的作用。黏液为一层保护屏障，致病菌如能与黏液结合，损害保护层，就能黏附于尿路上皮细胞表面而引起感染。

有研究指出尿路感染的易感性可能与血型抗原、基因型特征、内分泌因素等相关。

10.1.5 食源性病毒

10.1.5.1 食源性病毒

食源性病毒是指以食物为载体，导致人类患病的病毒，包括以粪—口途径传播的病毒，如脊髓灰质炎病毒、轮状病毒、冠状病毒、环状病毒和戊型肝炎病毒，以及以畜产品为载体传播的病毒，如禽流感病毒、朊病毒和口蹄疫病毒等。病毒是比细菌还小，结构简单（基本上由一个 DNA 或 RNA 的核酸分子构成），寄生性严格，只能在活细胞中以复制进行繁殖的一类非细胞型微生物。目前已经发现了 150 多种病毒，但是食品安全只需考虑对人类有致病作用的病毒。与食源性感染有关的是那些能感染肠道细胞，并经粪便或呕吐物排泄出来的病毒，只有数种。

A 甲型肝炎病毒

甲型肝炎病毒（*Hepatitis A virus*，HAV）是甲型肝炎的病原体，1973 年 Feinstone 采用免疫电镜在急性肝炎患者粪便中首先发现。1979 年细胞培养成功，为防治 HAV 奠定了基础。1993 年，第八届国际病毒性肝病会议建议将其归为嗜肝 RNA 病毒。

（1）生物学性状。甲型肝炎病毒呈球形，直径约 27nm，核心为单股正链 RNA（+ssRNA），长约 7500 个核苷酸。衣壳呈二十面体立体对称，无包膜（见图 10-1）。衣壳蛋白具抗原性，可中和抗体，至少存在 7 个基因型，但只有一个血清型。

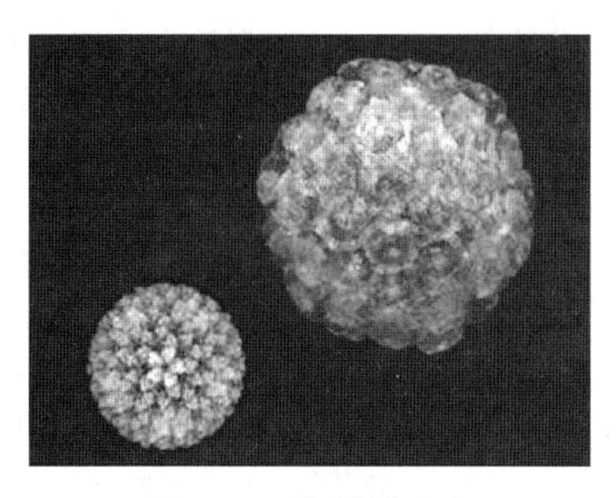

图 10-1 甲型肝炎病毒

甲型肝炎病毒抵抗力较强，能耐受 60℃，1h。对乙醚、酸处理（pH 值为 3）均有抵抗力。25℃干燥下可存活 1 个月。过氧乙酸（2%，4h）、甲醛（0.35%，72h）等可消除其传染性。

（2）致病机制与免疫性。甲型肝炎的潜伏期为 15～50 天，HAV 经口侵入人体，在口咽部或唾液腺中增殖，之后在肠黏膜与局部淋巴结中大量增殖，并侵入血流形成病毒血症，最终侵犯靶器官肝脏。

急性肝炎患者有全身不适、乏力、厌食、厌油、发热、肝大且有压痛等表现。甲型肝炎在急性感染和隐性感染过程中机体都可产生抗 HAV 的 IgM 和 IgG 抗体。IgG 产生后可在机体维持数年，对病毒的再感染有免疫力。

B 脊髓灰质病毒

脊髓灰质炎病毒（*Poliovirus*）是引起脊髓灰质炎的病毒。该疾病传播广泛，是一种急性传染病。病毒常侵犯中枢神经系统，损害脊髓前角运动神经细胞，导致肢体松弛性麻痹，多见于儿童，故又名小儿麻痹症。

（1）生物学性状。脊髓灰质炎病毒具有肠道病毒的共同特征。球形颗粒较小，核衣壳含 4 种结构蛋白，即 VP_1、VP_2、VP_3 和 VP_4。VP_1 为主要的外露蛋白，可诱导中和抗体的产生，对人体细胞膜上受体有特殊亲和力，与病毒的致病性和毒性有关；VP_4 位于衣壳内部，起稳定病毒结构作用；VP_2 与 VP_3 半暴露，具抗原性（见图 10-2）。脊髓灰质炎病毒有三个血清型，各型病毒之间无交叉反应。

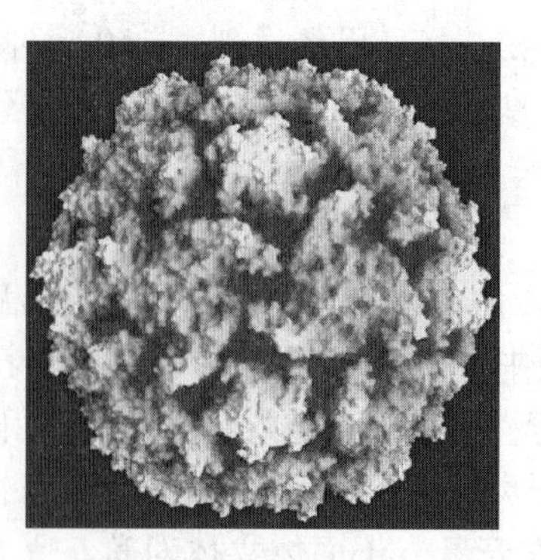

图 10-2 脊髓灰质炎病毒

（2）致病性与免疫性。人是脊髓灰质炎病毒的唯一天然宿主，因为在人细胞膜表面有一种受体，与病毒衣壳上的结构蛋白 VP_1 具有特异的亲和力，使病毒得以吸附到细胞上导致疾病发生。患者与无症状的病毒携带者为传染源，通过粪便污染饮食，经口摄入是主要传播途径。直接或间接被病毒污染的双手、用品、玩具、衣服及苍蝇等皆可成为传播媒介，饮水污染常会引起暴发性流行。该病终年散发，以夏秋为多，但在普种疫苗地区发病率大大减少，几乎无发病。以 1~5 岁小儿发病率最高。自婴幼儿广泛采用疫苗后，世界各地发病年龄有逐步提高趋势，以学龄儿童和少年为多，成人患者也有所增加。

病毒侵入人体后，一天内即可到达局部淋巴组织，在咽、肠淋巴组织等处生长繁殖，并排出病毒。此时绝大多数人（90%~95%）产生大量特异抗体，形成隐性感染；否则病毒将入血，形成第一次病毒血症，可出现有发热、乏力、头痛、肌肉痛，有时伴有咽炎、扁桃腺炎及胃肠炎症状；病毒在体内继续繁殖入血，将形成第二次病毒血症，此时大多患者可出现上呼吸道及肠道症状，少部分患者病毒可随血流经血脑屏障侵犯中枢神经系统，累及脊髓腰膨大部前角运动神经细胞，造成肌群松弛、萎缩，最终发展为松弛性麻痹，发生瘫痪。

感染后人体对同型病毒能产生较持久的免疫力，主要为体液免疫，SIgA 在局部与病毒结合，阻止病毒侵入血液，中和抗体 IgG。IgM、IgA 能够阻止病毒侵入中枢神经系统。

C 诺瓦克病毒

诺瓦克病毒（*Noroviruses*）又称诺如病毒（见图 10-3），诺瓦克病毒潜伏期 1~2 天，可引起急性腹泻，是除轮状病毒外最主要的导致急性无菌性肠胃炎的重要病原，全世界范围内均有流行。美国休斯顿 Baylor 医学院的 Robert L. Atmar 博士等报道诺瓦克病毒潜伏期可持续 10 天，最少 10 个病毒就能导致感染，具有高度传染性。研究表明诺瓦克病毒引发的食源性疾病占所有食品安全事件的半数以上，超过 56%都与色拉、三明治或生鲜食品有关，即受污染的食品都没有经过热处理。它在环境中的存活能力强，可耐受的 pH 范围为 2~9，在 60℃下加热 30min 仍具有活性，在低温下可存活数年，因此全年均可发生感染，寒冷季节呈现高发。

诺如病毒变异速度快，具有高度传染性和快速传播能力，常在托幼机构、学校、医院、养老院等人群密集单位引起爆发。

10. 1. 5. 2 食源性病毒的感染特点

病毒具有严格的寄生性，只对特定动物的特定细胞产生感染，需要特异活细胞才能繁

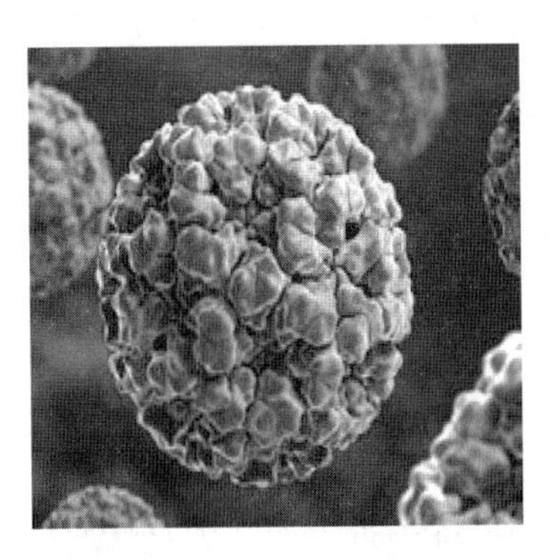

图 10-3 诺瓦克病毒

殖，因此，每类病毒都有其典型的宿主范围，在食品和环境中不繁殖。引起胃肠炎的病毒在不同宿主的各种条件下都具有感染性，也能够在活细胞之外存活，在环境中相当稳定，能够生存在无生命表面、手和干粪便的悬浮液中。多数病毒不耐热，但也存在一些非常耐热、不易被破坏的病毒。食源性病毒感染剂量低，只需较少的病毒即可引发感染，从病毒感染者的粪便中可以排出大量病毒粒子，因此，即使极少量的病毒感染也会对公众健康造成严重危害。

10.1.5.3 食源性病毒的来源及传播途径

食源性病毒虽然在食品中不能增殖，但能够通过人与人的接触、被污染的水、排泄物或者食物传播，常常存在于受污染的新鲜水果、蔬菜等生鲜食品上。水果和蔬菜受到病毒污染主要有两种方式：一是产地受到污染，源自用被污染的水源或未经处理的污水在收获前进行农作物灌溉和施肥；二是在加工、贮藏、销售或最终食用过程中受到病毒携带者引起的直接污染或环境导致的间接污染。

病毒在宿主外存活越久，传播的机会越大。病毒的传播受热、湿度、pH 值等环境条件影响，影响病毒传播的各种因素在不同环境中是变化的。只有了解肠道病毒在环境中的存活状况以及影响因素，才能更好地了解这些病原生物造成的危害，从而切断其传播链。然而到目前为止很少有人研究这个问题，尤其是对土壤、水、食品环境和污染物表面的病毒进行研究。对于食品加工企业来说，应重视员工健康状况，及时接种疫苗，保持良好卫生环境。

10.1.5.4 食源性病毒的预防措施

A 污水处理

污水是水源及食物的主要污染源，如果处理不当或未经处理排放的污水流入到环境中，会污染土壤，一定程度上会造成农作物尤其是使用前不需要热处理的生鲜果蔬受到污染。因此，污水必须达标排放，进一步处理以减少可能带来的健康隐患。

B 清洗工艺

水果、蔬菜、双壳贝类如牡蛎等生鲜食品在生长环境中不可避免会接触土壤、水源和肥料，有可能感染微生物。食用前用大量水清洗表面能洗去灰尘、杂物等污秽，但是去除微生物的效果并不佳。也可以用杀菌剂，如氯、二氧化氯、有机酸等进行辅助清洗。

课堂讨论

(1) 什么是食源性病毒?
(2) 简述病原微生物有哪些危害以及如何防治。
(3) 简述微生物群落的特点。

10.2 病原微生物的毒力和致病性

病原微生物致病力的强弱程度称为毒力。毒力是病原微生物的个性特征，表示病原微生物病原性的程度，可以通过测定加以量化。不同种类病原微生物的毒力强弱不一致，而且可因宿主及环境条件的不同而发生变化。同种病原微生物在不同的毒株或毒型的毒力也不相同。如同一种细菌的不同菌株的毒力也会有强毒、弱毒和无毒之分。

病原微生物侵入宿主机体以后，是否发生传染与机体自身的免疫力和当时的环境条件密切相关。其结局取决于病原微生物与宿主两方面的力量强弱。

10.2.1 病原微生物的致病机制

病原微生物本身要具有一定的毒力和足够的数量，同时要通过合适的途径才能侵入宿主机体，使宿主发生传染。测量病原体对机体感染的程度的指标包括致病力（Pathogenicity）和毒力（Virulence）。

10.2.1.1 致病力

致病力：一种病原体的致病性有赖于它的侵袭宿主并在体内繁殖和抵御宿主抵抗力而不被其消灭的能力，即病原体引起宿主的患病能力。以病原体引起疾病的具有临床症状的病例数与暴露于感染环境中的人数之比作为测量某病原体致病力的指标。

一般认为，致病力的大小取决于病原体在体内的繁殖速度、组织损伤的程度以及病原体能否产生特异性毒素。

10.2.1.2 毒力

微生物致病性有种属特征，致病能力强弱的程度称为毒力，是微生物引起感染的能力，表明疾病严重程度，以严重病例数或致死数与所有病例数之比作为测量某病原体毒力的指标。毒力常用半数致死量（LD_{50}）或半数感染量（ID_{50}）表示。

毒力是病原微生物使宿主致病的能力，包括侵袭力和毒素两种。

A 侵袭力

侵袭力是指病原微生物突破机体的防御机制，侵入机体而获得在体内一定部位生长、繁殖和伤害机体的能力，主要包括荚膜和毒性酶两大类。

(1) 荚膜。有些病原微生物（如肺炎球菌、炭疽杆菌等）的菌体外面，生有一层光滑黏稠的荚膜。荚膜的存在，可以抵抗白细胞的吞噬和消化，有利于病原微生物在机体内生长繁殖。

实验证明，无荚膜的病原体，往往毒力很弱或没有毒力，易被吞噬细胞所消灭；有荚膜的病原体，如果除去荚膜，其毒力也随之大减。

(2) 毒性酶。有些病原微生物在生长繁殖过程中能产生很多有毒的酶类，对机体产生毒害。毒性酶主要有下列几种：

1）血浆凝固酶：血浆凝固酶是一种酶原，在血浆内被激活后，能使机体血浆中的纤维蛋白原转变为纤维蛋白，而使血浆凝固，并沉积于菌体表面，以保护病原微生物不易被吞噬细胞所吞噬。致病性葡萄球菌能产生此酶，造成葡萄球菌感染。

2）透明质酸酶：透明质酸是人体结缔组织细胞间的多糖物质，起组织胶合剂的作用，阻止或减低异物及病原微生物向组织深部的渗透。某些病原微生物（如乙型溶血性链球菌、葡萄球菌、肺炎球菌等）能产生透明质酸酶，分解透明质酸而使之失去黏性，使结缔组织松弛，通透性增加，有利于病原微生物向周围组织扩散蔓延，又称扩散因子。

3）链激酶：链激酶也称溶纤维蛋白酶，一种酶激活剂，能激活血液中的溶纤维蛋白酶原为溶纤维蛋白酶，促使纤维蛋白凝块溶解，阻止血浆凝固，有利于病原微生物在组织内进一步蔓延扩散。这种酶的作用正好跟血浆凝固酶相反。溶血性链球菌能产生此酶。

4）胶原酶：胶原酶能水解肌肉和皮下组织的胶原蛋白，从而便于细菌在组织中扩散。产气荚膜杆菌能产生此酶。

5）脱氧核糖核酸酶：脱氧核糖核酸酶能溶解组织细胞坏死时所释放的 DNA，从而使黏稠性脓汁变稀，便于病原微生物扩散。溶血性链球菌能产生此酶。

6）卵磷脂酶：卵磷脂酶能分解细胞膜上的卵磷脂，使细胞坏死或红细胞溶解。产气荚膜杆菌能产生此酶。

7）溶血素：能溶解红细胞的细胞膜上的蛋白质而使红细胞溶解。链球菌、肺炎球菌等均能产生溶血素。

B　毒素

毒素可分外毒素和内毒素两种，如图 10-4 和图 10-5 所示。

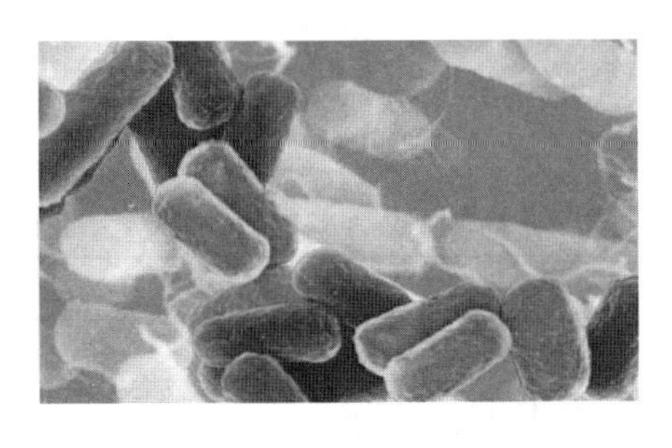

图 10-4　细菌内毒素

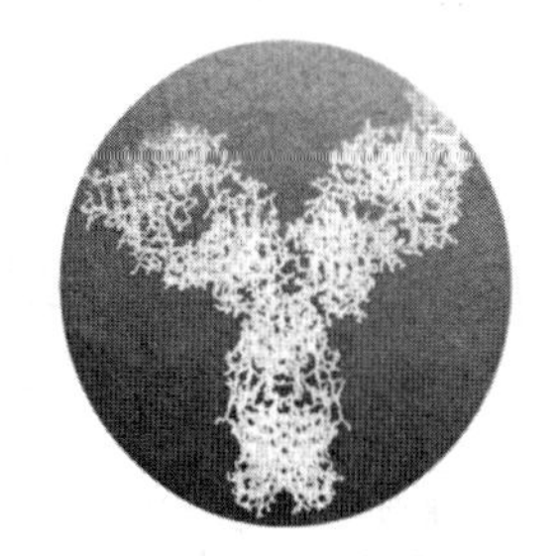

图 10-5　细菌外毒素

a　外毒素

外毒素是某些病原微生物在其生命活动过程中分泌到体外周围环境中的一种代谢产物，为次级代谢产物，其主要成分为可溶性蛋白质，不耐热，不稳定，能被蛋白酶分解，遇酸变性。外毒素是一种非常强效的化合物，可对动物造成局部（例如在肠道内）损伤或通过全身感染造成重大损害。

大多数外毒素是蛋白质，其中许多是酶；作为酶，它们是高度循环的。这就是为什么即使少量的外毒素也可能是剧毒的。

许多革兰氏阳性菌及部分革兰氏阴性菌等均能产生外毒素。如白喉棒杆菌产生白喉毒素，破伤风梭状芽孢杆菌产生破伤风毒素，一个非常著名的外毒素是肉毒梭状芽孢杆菌产生肉毒毒素等。

外毒素具有4个基本特点：

（1）毒性强。外毒素的毒性非常强，如白喉毒素对豚鼠的最小致死量为3~10mg；破伤风毒素对小白鼠的最小致死量为8~10mg；肉毒毒素的毒性更强，比KCN还强1万倍，1mg结晶纯品可杀死2000万只小白鼠。

（2）选择性强。外毒素对机体组织的毒性作用具有一定的选择性，引起特殊病变，如白喉毒素主要毒害心脏、神经等部位，引起心肌炎、神经麻痹；肉毒毒素作用于眼神经和咽神经，引起眼肌麻痹和咽喉头的吞咽机能麻痹。

（3）抗原性强。外毒素的抗原性相当强，能刺激机体产生抗毒素。

（4）减毒后能变成类毒素。用0.3%~0.4%甲醛处理，可使毒性丧失，但仍保持抗原性。这样的外毒素称为类毒素，如用于预防破伤风的破伤风类毒素，预防白喉的白喉类毒素。

b 内毒素

内毒素是许多革兰氏阴性菌细胞壁结构成分，主要成分是磷脂-多糖-蛋白质复合物，主要是脂多糖，而毒性又主要在脂质部分，它赋予某些细菌一定的致病特性。只有当细菌死亡、溶解或用人工方法将菌体细胞裂解后内毒素才会被释放到环境中（比如肠腔）。

当内毒素被释放时，会触发宿主的免疫系统，最终产生针对这些相同的但有活性的致病菌（类似于疫苗）的抗体。如果不加控制，内毒素会进入血液，引起内毒素血症；如果免疫反应过于强烈，则会导致感染性休克。在内毒素浓度较大时可导致失血性休克和严重腹泻等后果，但在内毒素浓度降低时仍可致发热，降低抗感染能力。内毒素的毒性较外毒素弱；抗原性也弱；致病作用也无特异性，所引起的症状大致相同，主要表现出使机体发热、对白细胞产生影响，引起微循环障碍和休克等症状。

内毒素与外毒素不同之处还在于，内毒素对热表现出较强的抵抗力。外毒素在60℃，20min即被破坏，而内毒素在100℃条件下，能经受1h以上的时间。内毒素经甲醛处理后，只能降低毒性，但不能成为类毒素。外毒素和内毒素比较见表10-2。

表10-2 外毒素和内毒素的比较

区别要点	外毒素	内毒素
来源	革兰氏阳性菌和少数革兰氏阴性菌	革兰氏阴性菌
释放方式	细菌生活状态下释放	菌体死亡裂解释放
化学成分	蛋白质	脂多糖
毒性作用	强，具有选择性特异毒性作用	较弱，引起发热、休克等全身反应
稳定性	不稳定，60~80℃，30min被破坏	耐热，经160℃，2~4h才能被破坏
抗原性	强，经甲醛处理可脱毒成类毒素	弱，经甲醛处理不形成类毒素

10.2.1.3 数量

具有毒力的病原微生物侵入机体后，尚需有足够的数量才能引起传染。一般讲，毒力越强，引起机体发病的病原微生物数量越少，如鼠疫杆菌只需几个细胞侵入抵抗力弱的机体，就能引起鼠疫；而毒力弱的病原微生物则需较大的数量才会引起机体感染。

感染性疾病的成立并非由微生物的毒力单方面决定，还要考虑到宿主的健康情况与免疫功能状态。一般而言，毒力强的微生物感染未曾免疫过的机体，能引起病理损害出现显性感染等，而正常机体却能抵抗许多低毒微生物（如条件致病菌）的损害，但当宿主抵抗力降低时则可对这些微生物易感而致病。

病原体的毒力与宿主抵抗力两者之间的较量，引出感染性疾病的发生、发展、转归和预后，由于病原体和宿主之间适应程度不同，双方抗衡的结局各异，产生各种不同的感染谱，即感染过程的不同表现。致病性是对特定宿主而言的，有的只对人类有致病性，有的只对某些动物致病，而有的则属人畜共患性微生物。

10.2.1.4 侵入途径

具有一定毒力和相当数量的病原微生物，还要通过适当的途径，才能侵入机体，使其致病，如伤寒杆菌、痢疾杆菌要经口才引起传染，脑膜炎球菌、流感病毒是经呼吸道感染，破伤风杆菌是经深的伤口传染，乙型脑炎病毒是由蚊子为媒介叮咬皮肤而经血传染。但也有一些病原微生物，可经多种途径进入机体，如结核分枝杆菌既可经呼吸道，又能从消化管或皮肤伤口等途径进入机体。

10.2.2 致病菌入侵方式——黏附

细菌感染最重要的阶段是其对宿主细胞的黏附。细菌表面的特异识别分子——配体（Ligand）和宿主上皮细胞表面对应的识别分子——受体（Receptor）是细菌实现黏附的物质基础，二者互相紧密黏附结合，有利于细菌定居、繁殖、内化（侵袭）和致病。

10.2.2.1 黏附的定义

黏附是细菌的黏附素（配体）与宿主细胞相应受体之间的特异性结合过程，宿主细胞是否具有相应的受体及受体的类型，决定着细菌能否在特定的部位黏附定植。

10.2.2.2 细菌黏附的一般过程

黏附的第一步是非特异性的，借趋化作用使细菌和易感宿主细胞表面接近及定位，继之细菌菌毛末端的配体（Ligand）与易感宿主细胞表面借助静电荷及疏水性结合。

第二步是特异性的，即在第一步的基础上，使各菌毛的特殊配体进一步与相应特异性受体结合，如大多数大肠杆菌的 F_1 只能和上皮细胞的 D-甘露糖受体相结合。

10.2.2.3 黏附分类

A 非特异性黏附

细菌的非特异性黏附主要由细菌与靶细胞表面的分子疏水性、分子间力（范德华力）和静电引力的大小起主要作用，不依赖于黏附素的存在，其中分子的疏水性尤为重要。细菌表面疏水性的强弱，是由疏水物质的含量决定的。

B 特异性黏附

细菌的特异性黏附是借特异性识别分子（黏附素、配体）和靶细胞表面的相应受体相结合，在空间构型上两个分子相匹配。

（1）宿主特异性：由于不同种系动物在遗传学上的差异，细胞膜表面成分不尽相同。只有宿主组织内有相应的受体，细菌才能在宿主体内定居、繁殖。这由同一细菌表面的抗原性决定。

（2）组织特异性：一种细菌只能在特定的组织或器官内定居。

（3）细胞的特异性：定居于一定部位的细菌，能选择性地黏附某一类型的上皮细胞。例如：同是在呼吸道定居的致病菌，脑膜炎球菌特异地黏附非纤毛上皮细胞，多杀巴氏杆菌（*Pasteurella multieida*）能特异地黏附鳞状上皮细胞，百日咳杆菌则黏附于支气管纤毛上皮细胞。

同一型细胞表面成分改变后，能被不同的细菌黏附：颊黏膜细胞表面包被血浆纤维粘连蛋白（Fibronectin，Fn）时，有革兰氏阳性菌黏附，无 Fn 时，黏附革兰氏阴性菌，Fn 存在一定量时，革兰氏阳性菌和革兰氏阴性菌均可黏附。

10.2.2.4 黏附素

使细菌黏附在敏感细胞的表面，利于细菌的定植、繁殖，与细菌的致病性密切相关的物质，称为黏附素。根据来源分为菌毛黏附素和非菌毛黏附素。菌毛黏附素由细菌菌毛分泌并存在于菌毛顶端；非菌毛黏附素来自于细菌表面的其他组分，如 G^- 菌外膜蛋白和 G^+ 菌细胞壁。如鼠疫杆菌的外膜蛋白、A 群链球菌细胞壁的脂磷壁酸等。

普通菌毛是细菌的黏附结构，能与宿主细胞表面的特异性受体结合，菌毛的受体常为糖蛋白或糖脂，与菌毛结合的特异性决定了宿主感染的易感部位。有菌毛的黏附可抵抗肠蠕动或尿液的冲洗作用而有利于定居，一旦丧失菌毛，其致病力亦随之消失。

黏附素与相应受体的对应情况见表 10-3。

表 10-3 黏附素与相应受体

<table>
<tr><th colspan="2">黏附素</th><th>细菌</th><th>受体</th></tr>
<tr><td colspan="2">LTA</td><td>化脓性链球菌、金黄色葡萄球菌、表皮葡萄球菌</td><td>纤连蛋白</td></tr>
<tr><td rowspan="5">表面的蛋白质</td><td>210kDa 蛋白</td><td rowspan="3">金黄色葡萄球菌</td><td>纤连蛋白</td></tr>
<tr><td>59kDa 蛋白</td><td>纤连蛋白原</td></tr>
<tr><td>57kDa 蛋白</td><td>层粘连蛋白</td></tr>
<tr><td>PsaA</td><td>肺炎链球菌</td><td>鼻咽上皮的糖蛋白</td></tr>
<tr><td>纤连蛋白结合蛋白</td><td>化脓性链球菌</td><td>纤连蛋白</td></tr>
<tr><td>糖类</td><td>藻酸盐</td><td>铜绿假单胞菌</td><td>气管、支气管细胞黏蛋白</td></tr>
<tr><td colspan="2">LPS</td><td>空肠弯曲菌、幽门螺杆菌、铜绿假单胞菌、伤寒沙门菌、福氏志贺菌和大肠埃希菌</td><td>—</td></tr>
<tr><td rowspan="3">酶</td><td>3-磷酸甘油醛脱化旅性链球菌</td><td>化脓性链球菌</td><td rowspan="3">纤连蛋白、溶菌酶、肌球蛋白、肌动蛋白纤维蛋白原、纤连蛋白和层粘连蛋白</td></tr>
<tr><td>gingipain R、gingipain K</td><td>牙龈卟啉单胞菌</td></tr>
<tr><td>葡糖基转移酶</td><td>链球菌</td></tr>
<tr><td>热休克蛋白</td><td>chaperonin 60</td><td>幽门螺杆菌、杜氏嗜血杆菌</td><td>—</td></tr>
<tr><td colspan="2" rowspan="2">表面的疏水分子</td><td>链球菌</td><td rowspan="2">胶原质</td></tr>
<tr><td>牙龈卟啉单胞菌</td></tr>
</table>

10.2.3 定植和感染

10.2.3.1 细菌定植

各种微生物（细菌）经常从不同环境落到其宿主上，并能在一定部位定居和不断生长、繁殖后代，这种现象通常称为“细菌定植”。

定植的微生物必须依靠宿主不断供给营养物质才能生长和繁殖，才能进而对宿主产生影响（如导致感染，促进生长等）。这要求细菌必须具有黏附力，细菌只有牢固地黏附在机体的黏膜上皮细胞上，才不会被分泌物、宿主的运动或其器官的蠕动冲击掉，这是细菌能够在人体定植的关键。定植的微生物的黏附机制相当复杂。

10.2.3.2 细菌感染

细菌感染是致病菌或条件致病菌侵入血循环中生长繁殖、产生毒素和其他代谢产物所引起的急性全身性感染，临床上以寒战、高热、皮疹、关节痛及肝脾肿大为特征，部分可有感染性休克和迁徙性病灶。

病原微生物自伤口或体内感染病灶侵入血液引起急性全身性感染。临床上部分患者还可出现烦躁、四肢厥冷及紫绀、脉搏细速、呼吸增快、血压下降等。尤其是老人、儿童、有慢性病或免疫功能低下者、治疗不及时及有并发症者，可发展为败血症或者脓毒血症。

10.2.4 侵染

病原体的侵染过程是指从侵入到发病的过程，侵染是一个连续性的过程，为了分析各个因素的影响，一般将侵染过程分为侵入、潜育和发病三个阶段。

10.2.4.1 传染的发生

一个机体是否发生传染，与下列 3 个因素有着密切的关系：病原微生物、宿主的免疫力和环境条件。没有病原微生物，机体就不会发生传染和传染病；宿主机体的免疫力的强弱，直接决定着传染是否发生；病原微生物和宿主当时所处的外界环境条件也直接地或间接地对传染是否发生与发展起着重要的作用。

A 病原微生物

病原微生物是引起宿主机体发生传染的外因。

B 宿主的免疫力

宿主的免疫力是阻止传染发生的内因。当病原微生物侵入机体以后，机体的种种防御系统将动员起来，与之进行斗争，设法消灭它们。斗争的结果与机体本身的免疫力的强弱关系很大。同样的病原微生物，不同的机体可能出现不同的结果。当人群中发生流脑时，尽管脑膜炎双球菌进入许多人体内，但很多人不发病，少数人仅有轻度的咽炎，只有极少数人才发生典型的脑膜炎。对于一个机体来讲，在不同情况下，也会有不同表现。当机体免疫力很强时，它可以消灭侵入机体内的一定数量和毒力的病原微生物；如果机体的免疫力很弱，碰上上面这些病原微生物，就会发生传染。由此可见，虽然传染的发生必须有病原微生物这个外因条件，但传染发生与否，主要取决于内因，即机体抗传染免疫力的强弱。

一个机体免疫力的强弱，与许多因素有关，如遗传、年龄、营养、性别和药物等。

C 环境条件

环境条件对于病原微生物和机体免疫力双方都有重大影响：一方面它会影响病原微生物的生命力、毒力以及接触、侵入机体的可能性和程度，另一方面也会影响机体的免疫力。

环境条件通常包括自然因素和社会因素两个方面。

a 自然因素

自然因素是指气候、季节、温度和地理环境等方面。呼吸道传染病容易发生在寒冷的冬季，胃肠道传染病多发生在炎热的夏季，流行性乙型脑炎常在夏秋之际流行。

b 社会因素

社会制度及生产力的发展水平对传染病的发生发展会产生很大影响。旧中国的劳动人民受到残酷压迫和剥削，生活饥寒交迫，营养不良，居住拥挤，劳动条件恶劣，造成多种传染病（如天花、霍乱、鼠疫等）的猖獗流行。新中国成立后，优越的社会制度为彻底消灭各种传染病提供了有利条件。党和政府贯彻“预防为主”的方针，大力开展医疗保健工作。劳动人民不仅生活得到改善，而且劳动条件也大为改善。现在，我国已基本控制和消灭了天花、鼠疫、霍乱等烈性传染病。其他传染病如结核、伤寒、白喉等的发病率也大为降低。我们相信，今后随着四个现代化的实现，各种传染病必将进一步得到控制和消灭。

10.2.4.2 传染的结局

病原微生物和人体在一定的环境条件下，相互斗争。经过一段时间，按照双方力量的对比，可出现下面不同形式的结局。

A 不发生传染

如果人体有很强的抗传染免疫力或者病原微生物的一方显得很弱，那么机体可以将侵入的病原微生物全部消灭干净，从而保证身体健康而不发生传染。

B 发生传染

如果机体不能将侵入的病原微生物全部消灭干净，那么病原微生物就会在机体内的适当部位生长繁殖，引起传染。

a 依据传染程度

依据传染程度的不同，传染可分为下面两种情况：

（1）隐性传染。机体有较强的抗传染免疫力，或侵入的病原微生物侵袭力不强，数量不多，因而传染后对人体的损害较轻，不出现或仅出现不明显的临床症状，为隐性传染，或称亚临床传染。

（2）显性传染。机体的抗传染免疫力较弱，或侵入的病原微生物侵袭力较强，数量较多，以致机体组织细胞受到不同程度的损害，生理功能发生改变，出现一系列临床症状，为显性传染。这些临床症状通常称为传染病。

在临床上按感染病情不同，显性传染可分为：

1）急性感染：病情突然发作，病程较短，一般是数日或数周。病愈后，病原微生物从宿主体内消失。较为常见的急性感染病原微生物有肠产毒型大肠杆菌等。

2）慢性感染：病情缓慢，常持续数日至数年。结核分枝杆菌常引起慢性感染。

在临床上按感染部位不同，显性传染可分为：

1）局部感染：病原微生物侵入机体后，局限在某个部位生长繁殖，发生病变，称为局部感染。如化脓性球菌引起的疖等。

2）全身感染：传染发生后，病原微生物或其代谢产物向全身扩散，引起全身症状，称为全身感染。这种感染在临床上常有下列表现：

①毒血症：病原微生物在侵入后，局部生长繁殖，不进入血流，但其产生的毒素进入血流，会引起全身症状，称毒血症，如破伤风、白喉等。

②病毒血症：入侵的病毒，在机体组织中大量繁殖后进入血流，称为病毒血症。

③菌血症：病原微生物侵入血流少，在血流中不繁殖，如伤寒病早期有菌血症期。

④败血症：病原微生物侵入血流，并在其中繁殖，产生毒素，引起全身中毒症状即败血症，如不规则的高热，肝、脾肿大等。

⑤脓毒血症：化脓性细菌引起败血症时，使器官组织产生化脓病灶，称脓毒血症，如金黄色葡萄球菌所致的脓毒血症。

b 依据斗争情况

发生传染以后，机体经过斗争和治疗以后，宿主可出现3种结果：

（1）战胜病原体。大多数传染病人经过彻底治疗、恢复健康后或隐性传染经斗争后，病原微生物被消灭，机体可获得对该疾病的特异性免疫力，如受过白喉杆菌隐性传染的人，不易再得白喉病。

（2）成为带菌者。经过隐性传染或显性传染治疗不彻底，病原微生物在体内没有被及时消灭，而依然留存在机体内，与机体免疫力形成相对平衡状态，称带菌状态。处于带菌状态的人，称为带菌者。由于带菌者体内存在着病原微生物，不但对其本人来讲，存在着潜在的危险（这是因为一旦机体免疫力减弱，病原微生物就有可能乘虚而入，重新引起疾病），而且还会不时地向外界传播病原微生物，引起传染病流行。因此，带菌者是十分危险的。检出以后，带菌者一定要进行隔离和彻底治疗，才能更好地预防和控制传染病的发生和蔓延。

（3）败于病原体。机体如受到十分严重的感染或是没有及时进行治疗，以至于控制不住病原微生物在体内的蔓延和扩散，病情加重，其结果就可能造成机体死亡。

课堂讨论

（1）细菌内毒素与外毒素的主要区别是什么？

（2）细菌性感染的类型有哪些？

（3）什么是传染？传染的发生与哪些条件有关系？

10.3 感染中的宿主因素

细胞表面出现新抗原：病毒感染细胞后，在复制的过程中，细胞膜上常出现由病毒基因编码的新抗原。如流感病毒、副粘病毒在细胞内组装成熟后，以出芽方式释放时，细胞表面已形成血凝素，因而能吸附某些动物的红细胞。病毒导致细胞癌变后，因病毒核酸整合到细胞染色体上，细胞表面也表达出由病毒基因编码的特异性新抗原。此外还有因感染病毒引起细胞表面抗原决定簇的变化。受病毒感染的细胞，在其膜表面出现新抗原，有利于进行病毒感染的诊断。如用细胞培养法分离流感病毒，因培养细胞膜上出现血凝素抗原，红细胞吸附试验（HAd）阳性，可作为病毒增殖的指标。细胞受病毒感染后表面出现病毒新抗原，将成为免疫应答的靶细胞。

10.3.1 感染宿主的风险因素

10.3.1.1 遗传因素

宿主遗传因素和表观遗传学因素在不良结局家族聚集性 HBV 感染中具有重要的作用。如乙肝疫苗广泛接种后，HBsAg 阳性率逐渐下降，但现阶段慢性 HBV 感染仍然是我国公共卫生问题，尤其是在 HBV 感染家族中。HBV 感染具有家族聚集性的特点，HBV 感染者的家族内成员具有更大的感染风险；家族聚集性 HBV 感染具有不良结局特点，具有家族史的个体发展为肝癌是一般人群的 50 倍，感染者对干扰素和核苷酸类似物治疗应答较差，未感染者对疫苗的应答率低于一般人群。MHC－Ⅱ是抗病毒免疫中的重要分子，CIITA 基因控制是 MHC－Ⅱ表达的“分子开关”。白细胞介素（IL）－1B 基因的单核苷酸多态性（SNP）与胃癌发生密切相关。

宿主遗传因素决定着基本的生理过程，明确宿主遗传易感性则可对许多疾病的差异表型作出解释，由此可见，检测宿主遗传易感性最重要的意义在于研究疾病的发病机制。

10.3.1.2 体液因素

抗－HBc 不是中和性抗体，在无 HB－sAg 或抗－HBs 时的高滴度抗－HBc 也许提示肝脏内 HBV 的持续复制及血中感染性 HBV 颗粒。在急、慢性 HBV 感染中肝细胞作为 CTL 的靶细胞是 HLA Ⅰ类限制性及 HBcAg 特异性，CTL 识别肝细胞膜上的 HBcAg 多肽并破坏受感染的肝细胞，母体 IgG 抗－HBc 经胎盘 Fc 受体主动转运到胎儿有助于出生后孩子在免疫功能发育不成熟的状态下，肝脏 HBV 感染细胞的持续而导致慢性感染。

10.3.1.3 血型抗原

以幽门螺旋杆菌（*H. pylori*）为例，*H. pylori* 定植在胃黏膜是由其黏附因子与胃上皮细胞的受体结合介导的。Lewis（Le）血型抗原是其特异性黏附受体之一。*H. pylori* 不能与缺乏 Le^b 抗原表达的胃黏膜结合，已被能表达人类胃黏膜 Le^b 表位的转基因小鼠模型证实。

由于 O 型血者的 *H. pylori* 黏附受体含量高，而且 *H. pylori* 能产生唾液酸特异性红细胞凝集素，因而 O 型血者较其他血型者更易感染 *H. pylori*。

10.3.2 天生对抗感染的抵抗力

免疫力是指机体抵抗外来侵袭，维护体内环境稳定性的能力。

10.3.2.1 特异性免疫

病毒具有较强的免疫原性，它能诱导机体产生正常的免疫应答，有助于病毒感染后的恢复，防御再感染，对机体起保护作用，这种保护作用称为抗病毒免疫。通常病毒抗原结构单一、稳定，引起全身感染并有明显病毒血症者，可获得持久的免疫力；反之，病毒抗原性容易变异、型别多，且病毒不侵入血流者，感染后仅获得短暂的免疫力。

A 体液免疫

机体在感染病毒或接种疫苗后，血清中可出现特异性抗体，其中具有保护作用的主要是中和抗体。它由病毒衣壳或包膜上的抗原刺激机体产生，此抗体能与病毒结合，阻止病毒吸附和穿入易感细胞，消除病毒的感染能力，对宿主细胞有保护作用，这种保护作用称为病毒中和作用。补体的参与可以明显地促进病毒中和作用。中和抗体对于已经进入细胞内的病毒不能发挥作用。所以在病毒感染中，免疫血清主要用于预防而不是治疗。此外病毒抗体与病毒结合后，能增强吞噬细胞的吞噬，能导致病毒感染细胞的裂解，即调理作用。这些特异性抗体主要有：IgG、IgM 和 IgA。

a IgG

这类抗体是主要的病毒中和抗体，出现较晚，持续较久。中和作用强。IgG 类抗体不仅可以中和血液循环中的病毒体，还可以通过 ADCC 效应破坏病毒感染的细胞。

b IgM

感染或疫苗接种后，最早出现的抗体是 IgM，故检查 IgM 抗体可作早期诊断。IgM 可中和血液循环中的病毒。IgM 分子量大，不能通过胎盘，如在新生儿血中测得被动特异性 IgM 抗体，可诊断为宫内感染，尤其适用于垂直传播的病毒体。

c IgA

主要指分泌型 IgA（SIgA）。这类抗体主要来源于黏膜固有层的浆细胞，存在于黏膜分泌液中，可阻止病毒经局部黏膜入侵，在局部免疫中起主要作用。

B 细胞免疫

由于病毒是细胞内寄生的微生物，故细胞免疫在抗病毒免疫中发挥主要作用。细胞免疫主要依靠迟发型变态反应性 T 细胞（TD）和杀伤性 T 细胞（TC 或 CTL）。病毒抗原激活 TD. TC 细胞，使之成为致敏 TD. TC。致敏 TC 可以直接破坏病毒感染的细胞。致敏 TD 与感染细胞接触后，可释放多种淋巴因子，这些淋巴因子可直接破坏靶细胞，也可以活化巨噬细胞，增强其吞噬、消化病毒以及破坏受病毒感染细胞的能力。还可以活化自然杀伤细胞（NK）和 TC 细胞，增强其杀伤靶细胞的能力，可以抑制病毒蛋白质的合成，干扰病毒复制、增殖，保护正常细胞不受病毒感染。

10.3.2.2 非特异性免疫

A 干扰素的抗病毒作用

干扰素具有广谱抗病毒作用，干扰素激活细胞产生的抗病毒蛋白可以阻断细胞中感染病毒的复制，限制病毒扩散。α、β 干扰素可以活化巨噬细胞及 NK 细胞，可促进多数细胞 MHC-I 类抗原表达，有利于 Te 细胞发挥作用。γ 干扰素作为一种细胞因子可诱导多种细胞的 MHC-I 类抗原表达，参与抗原递呈和特异性免疫识别。

B 屏障作用

完整的皮肤黏膜及其附属结构、分泌物是抗病毒的第一道防线，如呼吸道的纤毛，汗液中的脂肪酸、胃酸等具有阻拦、排出、中和或杀灭病毒的作用。完善的血脑屏障，可阻止病毒进入中枢神经系统。胎盘屏障可保护胎儿免受病毒的损害。

C 吞噬作用

巨噬细胞在抗病毒感染中具有重要作用。它不仅可以吞噬、灭活病毒，而且能产生多种生物活性物质参与抗病毒免疫。

D NK 细胞的抗病毒作用

NK 细胞是一种不受 MHC 限制，也不依赖抗体的具有杀伤作用的免疫细胞，它具有杀灭肿瘤细胞和病毒感染细胞的能力。病毒感染细胞后，细胞膜可发生变化成为 NK 细胞识别的靶细胞，NK细胞与靶细胞接触后，可从胞质中释放穿孔素而溶解病毒感染细胞。此外，NK细胞还可释放肿瘤坏死因子（TNF），改变靶细胞溶酶体的稳定性，使水解酶外溢，导致细胞溶解。

课堂讨论

（1）什么是特异性免疫和非特异性免疫？

（2）感染中的宿主因素包括哪些？

10.4 实训：主要病原菌的认识

10.4.1 实训目的

认识几种常见病原微生物的形态、染色特性和培养特性。

10.4.2 实训内容

（1）观察大肠杆菌、沙门氏菌、巴氏杆菌、葡萄球菌、链球菌、炭疽杆菌、魏氏梭菌的形态、染色特性、生化特性。

（2）观察大肠杆菌、沙门氏菌、葡萄球菌、链球菌在普通培养基上的培养特性。

（3）观察大肠杆菌、沙门氏菌在鉴别培养基上的培养特性。

（4）观察大肠杆菌、链球菌在血液琼脂培养基上的溶血现象。

10.4.3 实训部分

10.4.3.1 链球菌

以马腺疫链球菌和兽疫链球菌为例。

A 马腺疫链球菌

（1）形态特征：为革兰氏阳性链球菌，在脓汁病料标本中呈40~50个圆形、卵圆形或似三角形菌体组成的弯曲的长链，无芽孢与鞭毛。

（2）培养特性：在血液琼脂上，培养18~24h后，形成灰白色、半透明、表面光滑的露滴状小菌落，呈β型溶血；在血清琼脂上能生成细小、黏稠、湿润、透明、表面具有颗粒状构造的露滴状菌落。

B 兽疫链球菌

（1）形态特征：为革兰氏阳性链球菌。形态大致同其他链球菌，在脏器涂片标本中呈单个、成对或短链状（3~5个）存在。新分离菌株，特别是在鲜血或血清培养基上，能产生荚膜。

（2）培养特性：普通培养基和鲜血琼脂培养基上培养24h后，生成针尖大小的无色小菌落，呈β型溶血。

10.4.3.2 大肠埃希氏菌

（1）形态特征：革兰氏阴性短杆菌，常单独存在，偶呈短链排列，周身鞭毛，能运动，无芽孢，不形成荚膜。在组织和渗出液涂片染色标本上，常呈两极着色。要注意同巴氏杆菌相区别。

（2）培养特性：普通琼脂平皿上，24h后，形成圆形、微隆起、湿润、半透明无色菌落。致病菌株呈β型溶血。在远藤氏培养基上，形成带金属光泽的红色菌落。

10.4.3.3 沙门氏菌

仅以马流产沙门氏菌为例。亦可根据各地情况，以其他沙门氏菌为例。

（1）形态特征：马流产沙门氏菌为革兰氏阴性两端钝圆小杆菌，多单独存在，有时呈2~3个菌体相连的短链，有鞭毛，无芽孢及荚膜。

（2）培养特性：普通琼脂平皿上，形成圆形、闪光、微隆起、灰白色菌落。时间稍久，菌落变干，表面产生皱纹，边缘形成黏液滴样。

10.4.3.4 布氏杆菌

（1）形态特征：革兰氏阴性球状或短杆菌，多单独存在，少短链，无运动性，不形成芽孢与荚膜。利用柯氏鉴别染色法，此菌被染成红色，而其他杂菌被染成绿色。

（2）培养特性：牛型和绵羊型布氏杆菌初分离需在5%~10% CO_2 环境中始能生长。在肝汤琼脂上，72h形成细小、湿润、闪光、圆形隆起菌落。

血清肝汤琼脂内做振荡培养，3~6天后牛型布氏杆菌在距表面0.5cm处形成带状生长。

10.4.3.5 巴氏杆菌

以多杀性巴氏杆菌为例。

（1）形态特征：革兰氏阴性球杆菌，菌体两端钝圆，常单独存在，有时成双排列。组织膜抹片用碱性美蓝或瑞氏染色，本菌呈典型的两极染色。

（2）培养特性：血液琼脂平皿上，发育良好。24h形成淡灰色、露珠样小菌落，表面光滑闪光，边缘整齐，不溶血。

10.4.3.6 炭疽杆菌

（1）形态特征：革兰氏阳性大杆菌。在组织标本中单个存在或呈短链排列，有荚膜，无芽孢，菌体呈杆状，两端相连处呈竹节状；但在人工培养物标本中，细菌呈长链排列，无荚膜，有卵圆形的中央芽孢。

（2）培养特性：在普通琼脂上培养24h，生成灰白色、微凸、毛玻璃样不透明菌落，边缘不整，呈火焰状。扩大观察如卷发状。明胶穿刺，呈倒立杉树状。

10.4.3.7 芽孢杆菌

以魏氏梭菌和破伤风梭菌为例。亦可根据各地特点，以其他梭菌为例。魏氏梭菌和破伤风梭菌的特点见表10-4。

表10-4 魏氏梭菌和破伤风梭菌的特点

菌名	形态特征	培养特征
魏氏梭菌	革兰氏阳性，两端钝圆大杆菌。在动物体内形成荚膜，中央或偏端芽孢	8~14h可使牛乳培养基“暴烈发酵”
破伤风梭菌	革兰氏阳性，两端钝圆的细长杆菌。菌体末端有圆形或椭圆形芽孢，比菌体宽很多，使菌体形似鼓槌状	严格厌氧菌，在葡萄糖血液琼脂上，发育呈互相交错长丝，有些菌落边缘不整，如小蜘蛛样

10.4.3.8 猪丹毒杆菌

（1）形态特征：革兰氏阳性，平直或微弯的细杆菌。在慢性猪丹毒心内膜疣状物上，多呈长丝状；不运动，不形成荚膜和芽孢。

（2）培养特性：在血液琼脂上，24~48h 后生成针尖大露滴样圆形小菌落，菌落无色透明，周围可形成狭窄的绿色溶血环。在普通琼脂上生长不佳。明胶穿刺不液化，呈试管刷状生长。

10.4.3.9 结核分枝杆菌

以结核菌和副结核菌为例。结核菌和副结核分枝杆菌的特点见表 10-5。

表 10-5 结核菌和副结核分枝杆菌的特点

菌名	形态特征	培养特征
结核菌	革兰氏阳性细菌，细长或弯曲杆菌，牛型比人型短而粗，禽形具多形性，无芽孢、荚膜，能运动，酸性染色阳性（红色）	营养要求严格，生长缓慢，在甘油琼脂上，2~6 周形成干燥颗粒状、乳白不透明叠起的菌落
副结核分枝杆菌	革兰氏阳性短杆菌，在病料或培养基上均成丛、成团排列。用抗酸性标本镜检，呈红色球杆状、短棒状的杆菌	初分离需加入已死的结核杆菌或枯草分枝杆菌浸液，在丹钦或改良小川培养基上，初代经 6 周，始形成细小灰白色菌落

10.4.4 实训报告

描述微生物的染色特性，绘出其形态图，并进行比较分析培养特性。

拓展训练

一、选择题

（1）下列（　　）不是影响口腔生态系统的宿主因素。

A. 抗体　B. 中性白细胞　C. 细菌　D. 唾液蛋白质

（2）口腔菌丛的主要成员不包括（　　）。

A. 微需氧菌　B. 兼性厌氧菌　C. 厌氧菌　D. 绝对厌氧菌

（3）植物病原菌包括（　　）。

A. 所有的植物病原微生物　B. 病毒、类病毒

C. 真菌、细菌　D. 细菌、植原体

（4）植物病原细菌侵染寄主最主要的条件是（　　）。

A. 高湿　B. 高温　C. 低温　D. 高温、高湿

（5）引起非侵染性病害的因素有（　　）。

A. 真菌　B. 营养不良　C. 线虫　D. 类病毒

（6）细菌性病害的典型症状是（　　）。

A. 坏死　B. 腐烂　C. 萎蔫　D. 畸形

（7）脓状物是（　　）所特有的病症。

A. 细菌　B. 病毒　C. 真菌　D. 线虫

（8）化脓性细菌在机体血液中大量繁殖产生毒素，并随血流到达其他器官，产生的化脓性病灶称为（　　）。

A. 菌血症　B. 脓毒血症　C. 内毒素血症　D. 毒血症

E. 败血症

（9）下列结构中，与细菌侵袭力有关的是（　　）。

A. 芽孢　B. 荚膜　C. 细胞壁　D. 中介体

E. 核糖体

（10）细菌外毒素的特点是（　　）。（多选）

A. 耐热且抗原性强　B. 均由细菌合成后分泌至胞外

C. 经甲醛处理可脱毒成类毒素　D. 引起特殊病变和临床表现

E. 引起 DIC

二、填空题

（1）细菌引起感染的能力称__________，其强弱程度称__________，常用__________和__________作为衡量指标。

（2）感染的后果与病原菌本身的侵入和__________密切相关。

（3）内毒素主要是细菌细胞壁中的成分。其他微生物如__________、__________和__________中亦存在类似物质。

（4）真菌的致病形式有多种，其中深部感染主要是__________致病性真菌感染。常见的有__________和__________等。

三、简答题

（1）什么是食源性病毒，主要分为哪几类？

（2）胃肠道微生物群落对人体主要有哪些有益作用？

（3）构成细菌侵袭力的物质基础有哪些，其作用是什么？

（4）细菌内毒素与外毒素的主要区别是什么？

知识链接

人体正常微生物群落

正常菌群指的是正常人体的体表及与外界相通的腔道中，存在着的不同种类和数量的微生物。在正常情况下，这些微生物对人类无害。它们是生活在健康的人或动物各部位、数量大、种类较稳定、一般能发挥有益作用的微生物种群。这些细菌，有些只作暂时停留；而有些由于与人类长期相互适应以后，形成伴随终生的共生关系。

一、生理意义

正常菌群不仅与人体保持平衡状态，而且菌群之间也相互制约，以维持相对的平衡。在这种状态下，正常菌群发挥其营养、拮抗和免疫等生理作用。

二、病理意义

（一）感染与致病机理

某些因素破坏了人体与正常菌群之间的平衡，正常菌群中各种细菌的数量和比例发生变化时，称为菌群失调。若菌群失调没有得到有效控制，出现临床症状，引起二重感染，称菌群失调症。

人体各部位的正常菌群，离开原来的寄居场所，进入身体的其他部位，或当机体有损伤和抵抗力降低时，原来为正常菌群的细菌也可引起疾病，因此称这些细菌为条件致病菌或机会致病菌。

（二）生理作用

（1）拮抗作用：正常菌群在生物体的特定部位生长后，对其他的菌群有生物拮抗的作用。产生这种生物屏障的往往是一些厌氧菌。正常菌群通过紧密与黏膜上皮细胞结合来占领位置，由于在这些部位的菌群数量很大，在营养竞争中处于优势，并通过自身代谢来改变环境的pH值或释放抗生素，来抑制外来菌的生长。

（2）营养作用：正常菌群的存在影响着生物体的物质代谢与转化。如蛋白质、碳水化合物、脂肪及维生素的合成，胆汁的代谢、胆固醇的代谢及激素转化都有正常菌群的参与。

（3）免疫作用：正常菌群的抗原刺激可以使宿主产生免疫，从而减少了本身的危害。已有实验表明，某些诱发的自身免疫过程具有抑癌作用。

（三）宿生部位

（1）皮肤：皮肤表面的微生物群落是人体的第一道屏障，主要有葡萄球菌、类白喉棒状杆菌、绿脓杆菌、丙酸杆菌。它们参与着皮肤细胞代谢，起到了免疫和自净的作用。

（2）肠道：肠道的微生物生态系统很复杂，菌群生物量很庞大。在肠的不同部位，由于pH值、营养状况的不同，菌群的种类分布有很大的不同。多数的肠道菌群属共生类型，主要是厌氧菌，如双歧杆菌、乳杆菌、消化球菌等，数量恒定存在，具有合成维生素、蛋白质，生物拮抗等生理作用，起到保持宿主健康的作用。有很少量的致病菌在生理平衡状态是不会危害宿主的，但如果数量超出正常水平就会致病。还有一类是介于这两种类型之间的，如大肠杆菌、链球菌等，它们能产生毒素，具有生理和致病两方面的作用。

（3）阴道：阴道的生态系统常驻菌有乳杆菌、表皮葡萄球菌、大肠杆菌等。乳杆菌黏附在阴道黏膜上皮细胞上，可产生酸性生存环境，对大肠杆菌、类杆菌、金黄色葡萄球菌有拮抗作用，对于保护自身健康和胎儿在妊娠期的卫生有着重要的意义，是一道重要的生物屏障。

此外在外耳道、眼结膜、鼻咽腔、尿道等部位都会有正常菌群的分布。

（四）菌群紊乱

生物体内多数组织器官都是无菌的，正常菌群中的细菌偶尔少量侵入这些部位是能被机体的自身免疫所应付的。但如果正常菌群与宿主间或正常菌群各菌种间的平衡被打破，就会出现菌群失调，致病作用就会显著，严重者引起二重感染。这种状况往往是由于长期大量使用抗生素、免疫抑制剂等外来因素引起的。

参 考 文 献

[1] 刘慧. 现代食品微生物学 [M]. 北京：中国轻工业出版社，2014.
[2] 贺淹才. 基因工程概论 [M]. 北京：清华大学出版社，2008.
[3] 刘红芝，王强，周素梅. 酵母甘露聚糖分离提取及功能活性研究进展 [J]. 食品科学，2008，5：465-468.
[4] 杨文远，高明远，白玉白，等. 纳米材料与生物技术 [M]. 北京：化学工业出版社，2005.
[5] 于爱莲，王月丹. 病原生物与免疫学 [M]. 北京：北京大学医学出版社，2015.
[6] 吴波. 显微镜下的微生物世界 [M]. 北京：北方妇女儿童出版社，2012.
[7] 戴维丝·拉荣. 医学重要真菌鉴定指南 [M]. 5版. 北京：中华医学电子音像出版社，2016.
[8] 桑亚新，李秀婷. 食品微生物学 [M]. 北京：中国轻工业出版社，2017.
[9] 王伟东，洪坚平. 微生物学 [M]. 北京：中国农业大学出版社，2015.
[10] 贾杰. 现代真菌病学 [M]. 郑州：郑州大学出版社，2001.
[11] 王自勇. 实用医药基础 [M]. 杭州：浙江大学出版社，2006.
[12] 杨汝德. 现代工业微生物学教程 [M]. 北京：高等教育出版社，2006.
[13] 闵航. 微生物学 [M]. 杭州：浙江大学出版社，2011.
[14] 周德庆. 微生物学教程 [M]. 北京：高等教育出版社，2011.
[15] 周长林. 微生物学与免疫学 [M]. 北京：中国医药科技出版社，2013.
[16] 罗晶，马萍. 医学免疫学与病原生物学 [M]. 2版. 上海：上海科学技术出版社，2013.
[17] 李庆章. 生命科学导论 [M]. 北京：中国农业出版社，2005.
[18] 周长林. 微生物学 [M]. 北京：中国医药科技出版社，2015.
[19] 夏和先，齐永长. 病原生物学与免疫学基础 [M]. 南京：东南大学出版社，2015.
[20] Cox J C，Coulter A R. Adjuvants aclassification and review of their modes ofaction [J]. Vaccine，1997，15 (3)：248-256.
[21] Fujino T，Fujiyoshi S，Yashiki S，et al. HTLV I transmisson from mother to fetus via placenta [J]. Lancet，1992，340：1157.
[22] 贾向志，李元. 溶菌酶的研究进展 [J]. 生物技术通讯，2002，13 (5)：374-377.
[23] 耿晶，李佳薪，念诚，等. 免疫细胞代谢及其功能调节研究进展 [J]. 中国细胞生物学学报，2019，6 (8)：124-127.
[24] Norata G D，Caligiuri G，Chavakis T，et al. The cellular and molecular basis of translational immunometabolism [J]. Immunity，2015，43 (3)：421-234.
[25] 成梦群，尹健彬，张旋. 巨噬细胞自噬在炎症性疾病中的作用研究进展 [J]. 中国医药导报，2019，16 (21)：35-38.
[26] 吕允相，吴惠梅，方磊，等. 自噬对巨噬细胞吞噬金黄色葡萄球菌的影响 [J]. 安徽医科大学学报，2014，49 (6)：706-710.
[27] 王运刚，杨李，崔玉宝. Treg细胞在过敏性免疫应答和过敏原特异性免疫治疗中的作用机制研究进展 [J]. 中国病原生物学杂志，2013，8 (8)：765-769.
[28] 韩贞珍. 浅谈影响血清学实验因素 [J]. 中国畜禽种业，2018，14 (7)：45.
[29] 郑焕春. 微生物在富营养化水体生物修复中的作用 [J]. 中国生态农业学报，2009，17 (1)：152-155.
[30] 赵富玺. 医学微生物学 [M]. 北京：人民军医出版社，2004.
[31] 李志香，张家国. 食品微生物学及其技能特训 [M]. 北京：中国轻工业出版社，2018.
[32] 何培新. 高级微生物学 [M]. 北京：中国轻工业出版社，2017.

[33] 周长林. 微生物学实验指导 [M]. 北京：中国医药科技出版社，2015.
[34] 杜连祥，路福平. 微生物学实验技术 [M]. 北京：中国轻工业出版社，2015.
[35] 傅本重. 微生物学 [M]. 西安：西北工业大学出版社，2018.
[36] 王国惠. 环境工程微生物学 [M]. 北京：科学出版社，2018.
[37] 陈玮. 微生物学及实验实训技术 [M]. 北京：化学工业出版社，2017.
[38] 约翰 · 波斯特盖特. 微生物与人类 [M]. 周启玲，周育，毕群，译. 北京：中国青年出版社，2007.
[39] 乐毅全，王士芬. 环境微生物学 [M]. 北京：化学工业出版社，2019.